国家科学技术学术著作出版基金资助

电力电子并网变流器运行韧性分析及控制

查晓明　黄　萌　著

国家自然科学基金重点项目“电力系统安全性框架下
并网电力电子变流器运行韧性分析及评估研究”（51637007）资助

科学出版社
北　京

内 容 简 介

随着大规模新能源并网发电、大容量直流输电技术的应用，传统电力系统正在向以半导体材料为基础的电力电子化电力系统转变。大功率电力电子并网变流器的安全稳定运行已成为电力系统可靠运行的重要保证。

本书提出电力电子并网变流器的运行韧性概念，系统性地描述其在电网扰动下的运行特性。面向新能源并网、直流输电等应用需求，从系统聚合建模出发，揭示电网扰动下并网变流器的动态响应机理，分析并网变流器受扰运行时的稳定问题和非线性运行问题，提出并网变流器安全运行域分析方法及改进控制策略。

本书可供从事新能源发电、电力电子工程技术方面和从事电力电子化电力系统方面的科研人员、教师、工程师等参考。

图书在版编目（CIP）数据

电力电子并网变流器运行韧性分析及控制 / 查晓明，黄萌著. —北京：科学出版社，2023.11

国家科学技术学术著作出版基金资助

ISBN 978-7-03-074530-9

Ⅰ. ①电… Ⅱ. ①查… ②黄… Ⅲ. ①电力电子技术－变流器－研究 Ⅳ. ①TM46

中国国家版本馆 CIP 数据核字（2023）第 004043 号

责任编辑：吉正霞 李 娜 / 责任校对：高 嵘
责任印制：彭 超 / 封面设计：苏 波

科学出版社 出版
北京东黄城根北街 16 号
邮政编码：100717
http://www.sciencep.com
北京凌奇印刷有限责任公司印刷
科学出版社发行 各地新华书店经销
*
2023 年 11 月第 一 版 开本：787×1092 1/16
2024 年 10 月第二次印刷 印张：14 1/2
字数：341 000

定价：150.00 元

（如有印装质量问题，我社负责调换）

作者简介

查晓明，1967 年生，安徽怀宁人，武汉大学电气与自动化学院二级教授、博士生导师，副院长（2009—2020 年），学院教授委员会主任，校学术委员会工学部委员，综合能源电力装备及系统安全湖北省重点实验室主任，武汉市“黄鹤英才计划”入选者（2014 年），国务院政府特殊津贴专家（2020 年），宝钢教育优秀教师奖获得者（2021 年）。分别于 1989 年、1992 年、2001 年取得应用电子技术专业学士、电力电子技术专业硕士、电力系统及其自动化专业博士学位，2001 年 10 月至 2003 年 6 月在加拿大 University of Alberta（阿尔伯塔大学）进行博士后研究。1992 年进入武汉大学执教，主要从事电力电子与电力传动、电力系统及其自动化学科的教学与科研工作。

先后主持国家级重点项目 5 项，其中 2016 年国家自然科学基金重点项目 1 项（优秀结题）、2017 年国家重点研发计划项目课题 1 项、2018 年国家自然科学基金智能电网联合基金集成项目课题 1 项（重点项目类）、2009/2015 年 973 专题 2 项（国防重点项目类）。另外主持国家自然科学基金面上项目、科技部 973 项目子课题、国家自然科学基金重点项目子课题等多个项目，公开发表论文 150 余篇，其中 SCI 收录论文 50 余篇，EI 收录论文 100 余篇，授权发明专利 20 余项，成果形成相关国家和行业标准共计 6 项，参与行业、团体标准起草和审查等多项。

获 2021 年湖北省科技进步奖一等奖，2020 年中国电力科学技术进步奖一等奖，2017 年教育部高等学校科学研究优秀成果奖（科学技术）技术发明奖二等奖、2013 年湖北省科技进步奖二等奖、2011 年军队科技进步奖一等奖、2005 年湖北省技术发明奖二等奖、湖北省优秀博士论文等奖励。

前言

随着我国构建新型电力系统的推进，以新能源发电、交直流输配电、电动汽车充放电为代表的并网电力电子变流设备在“源网荷储”层面均得到井喷式发展，传统电力系统向电力电子化电力系统的转变已逐渐成为现实。

电力电子并网变流器是进行功率变换的接口装备，广泛应用于可再生能源的并网发电、超高压特高压交直流输电、电力储能、微电网、定制电力及电动汽车等用电环节。在电力系统运行大规模依赖电力电子技术应用的情形下，大功率电力电子并网变流器的安全可靠运行已成为电力系统安全的重要保证。

电力电子并网变流器是由功率半导体开关器件构成变流拓扑结构、辅以多环路的控制策略所形成的复杂电力电子设备，具有响应速度快、控制灵活的优点。然而，与一般的电力电子电源类设备不同，电力电子并网变流器需要接入交流电网，承受非理想电网条件和电网中不可避免的故障扰动影响。由于电力电子开关器件耐流、耐压能力的限制以及控制环路线性化设计的局限，电力电子并网变流器在故障扰动下表现出非线性强、抗扰性弱的特征。实际上，近年来，国内外均出现过与新能源发电、直流输电相关的电力系统安全事故，电力电子并网变流器的安全可靠运行面临挑战。

在上述背景下，本书围绕电力电子并网变流器的运行问题，提出运行韧性的概念来描述电力电子并网变流器在电网故障扰动下的稳定运行能力，进而讨论运行韧性的分析和控制，以期从理论和应用角度为迎接以上技术挑战提供思路。本书的研究一方面可扩展到电力电子化电力系统分析中，为电力系统中的电力电子并网设备建模与分析提供参考；另一方面也为大功率电力电子并网设备设计运行提供技术基础，在并网应用中发挥电力电子设备的性能潜力。

全书分为 8 章。第 1 章介绍电力电子并网变流器在新能源发电、直流输电、电能质量治理等工程中的应用现状，梳理电力电子并网变流器运行挑战，提出电网故障扰动下并网变流器运行韧性概念及安全运行边界；第 2 章介绍电力电子并网变流器的常用拓扑结构和基本控制，给出直流环路电压控制、终端电压控制、电流环、锁相环、功率同步控制、下垂控制以及虚拟同步发电机控制的数学模型，对目前并网变流器稳定性和控制技术进行简要评述；第 3 章针对大规模并网变流器接入场景，提出基于哈密顿作用量的同调等值方法，给出变流器聚合判据，建立单机聚合等效模型；

第4章进行电网故障扰动下并网变流器锁相环准稳态时域建模、大信号稳定性建模，给出锁相环运行边界；第5章分析电网相位扰动下并网变流器安全运行边界，建立并网变流器在电流控制时间尺度下的数学模型，得到以电流参考值为表征的并网变流器稳定性、调制能力以及功率传输容量多约束运行域；第6章建立考虑锁相环与电流控制交互的系统模型，揭示电网故障下锁相环与控制环的交互机理，量化分析电流/功率控制参数对锁相环稳定性的影响；第7章建立不对称电网条件下模块化多电平并网变流器的小信号模型，以电流参考值给出系统小信号稳定运行边界，推导不对称电网故障扰动下的变流器暂态电流表达式，给出考虑暂态电流峰值的安全运行边界；第8章提出并网变流器的自适应限幅控制策略，根据电流控制时间尺度和功率控制时间尺度安全运行边界，给出并网变流器的多时间尺度限幅范围，结合电力电子半导体器件耐受电流边界，设计平衡和不平衡电网故障下的电力电子并网变流器自适应限幅控制策略。

本书由武汉大学查晓明教授、黄萌博士合作撰写。其中，查晓明教授撰写了前言以及第1章的内容，黄萌博士撰写了第2～8章的内容。全书由查晓明教授统稿。

在本书撰写过程中，武汉大学电气与自动化学院廖书寒博士、刘浴霜博士、刘懿博士，硕士赵健韬、闫寒、车江龙等大功率电力电子技术研究中心成员参与了初稿撰写、参考文献整理、图表绘制等工作，在此向他们表示衷心的感谢。

与本书有关的研究工作得到了国家自然科学基金（重点项目51637007，面上项目51177113，优秀青年基金项目52222707）、国家科学技术学术著作出版基金等项目的支持，在此深表谢意。感谢科学出版社编辑对本书写作的指导和帮助。

由于作者水平有限，疏漏之处在所难免，敬请读者不吝赐教。

作　者
2023年9月于武汉大学

目录

第 1 章 绪 论

1.1 大功率电力电子技术发展概述

人们长期以来对石油、煤炭等传统化石燃料的大量开采与使用，以二氧化碳为代表的若干种温室气体的过度排放导致全球气候变暖，进一步引发冰川融化、海平面上升、生物种类多样性减少、作物减产以及人类生存环境恶化等环境问题，对人类社会的安全造成威胁。近年来，保护环境、减缓地球气候变化以实现可持续发展受到国际社会极大的关注[1]，绿色低碳能源转型也成为我国经济社会发展的重要战略目标[2]。电力行业是碳排放的重点行业，作为能源枢纽的电力系统正在向以新能源为主体的新型电力系统转变和发展[3]。在以新能源为主体的电力系统中，确保能源电力安全可靠供给、最大化消纳新能源是系统的主要任务。风力发电、光伏发电等新能源通常经电力电子装备接入电力系统，高比例电力电子接入条件下，保障电力系统安全可靠的前提下逐步使用新能源代替传统能源，是实现能源清洁低碳转型的关键[4]。

在构建新型电力系统的进程中，电力电子技术发挥着不可或缺的作用。随着调整能源结构、开发利用清洁高效新能源、促进能源发展转型以及提高能源利用效率等重要任务的提出[5, 6]，大量电力电子设备被逐渐接入电力系统中，广泛应用于可再生能源的并网发电、超高压特高压交直流输电、电力储能、微电网、定制电力以及电动汽车等用电环节，以实现新能源的并网并对其进行高效传输、储存与使用。这些电力电子技术在电力系统中的大规模应用，使得传统电力系统的结构发生根本性变化，也给电力系统带来了巨大的经济效益和社会效益，极大地改善了电力系统的运行控制灵活性、适应性和安全性。从整体来看，电力系统在电源侧、输电网络以及负荷侧均呈现日益明显的电力电子化趋势和特征，大规模和大范围应用电力电子技术以构建电力电子化电力系统的趋势明显[7]。

电力电子技术正是一种应用于电力领域的电子技术，是使用电力电子器件对电能进行变换和控制的技术[8]。1974 年，美国的 Newell 用一个倒三角形（图 1.1）对电力电子学进行了描述，认为它是由电力学、电子学和控制理论三个学科交叉形成的，这一观点被全世界普遍接受[9]。

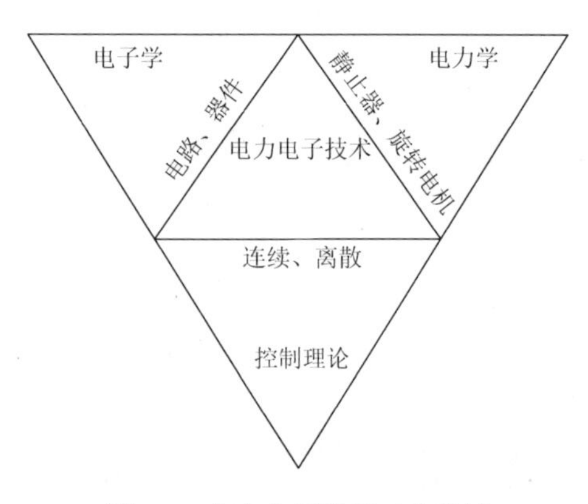

图 1.1 电力电子学倒三角描述

面向电力领域的应用，在电力电子器件的开发方面，高压大容量功率半导体器件和宽禁带半导体器件持续高速发展。按照功率半导体器件衬底材料的不同，现有的功率半导体分立器件的材料可分为三代。第一代半导体材料主要以锗（Ge，早期产品，现已不常见）和硅（Si）为代表；第二代半导体材料主要是以砷化镓（GaAs）和磷化铟（InP）为代表的化合物半导体材料；第三代半导体材料主要是以碳化硅（SiC）、氮化镓（GaN）为代表的宽禁带半导体材料。与第一代、第二代半导体材料相比，第三代半导体材料具有更宽的禁带宽度以及更高的击穿电场、热导率、电子饱和速率及抗辐照能力，适合制作高温、高频、抗辐射及大功率半导体器件[10]。

按照器件结构，现有的功率半导体分立器件包括二极管、功率晶体管、晶闸管等，图 1.2 给出了硅基和宽禁带器件应用发展示意图[11]。其中功率晶体管又可分为双极晶体管（bipolar transistor，BT）、结型场效应晶体管（junction field-effect transistor，JFET）、金属-氧化物-半导体场效应晶体管（metal-oxide-semiconductor field effect transistor，MOSFET）和绝缘栅双极型晶体管（insulated gate bipolar transistor，IGBT）等。门极关断晶闸管（gate turn-off thyristor，GTO）通过门极施加负的脉冲电流使其关断，属于全控型器件，具有一般晶闸管的耐高压、电流容量大以及承受浪涌能力强的优点，已逐步取代了普通晶闸管。在 20 世纪 80 年代初，把 MOSFET 与 BT 的技术优点相结合，促成了新型功率器件 IGBT 的发明。IGBT 集 MOSFET 电压控制特性和 BT 低导通电阻特性于一体，具有驱动简单、驱动功率小、输入阻抗大、导通电阻小、开关损耗低、工作频率高等特点，继承了 MOSFET 较宽的安全工作区（safe operation area，SOA）特性，是电力电子器件家族中最重要的成员之一。IGBT 经历了平面穿通型、平面非穿通型、沟槽栅场截止型和精细沟槽栅型等 7 代结构的迭代优化，并衍生出逆导型 IGBT（reverse conducting IGBT，RC-IGBT）、逆阻型 IGBT（reverse blocking IGBT，RB-IGBT）和超结型 IGBT（super junction IGBT，SJ-IGBT）等新型器件结构[11]。

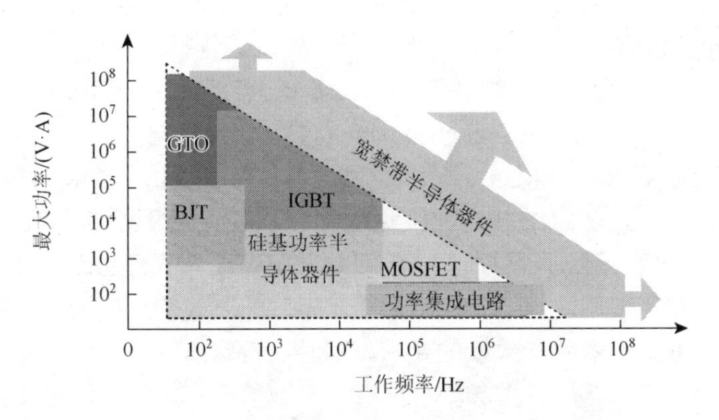

图 1.2 硅基和宽禁带器件应用发展示意图[11]

进入 21 世纪，在产业技术需求的驱动下，各国相继开始了以 SiC 和 GaN 为代表的宽禁带器件的研发。宽禁带半导体材料在跃迁能级、饱和漂移速率和导电导热性能方面具有优势，SiC MOSFET 和 GaN 高电子迁移率场效晶体管（high electron mobility transistor，

HEMT）等器件非常适合应用于高压、高温、高频和高功率密度等领域，给电力电子器件的发展带来了新的机遇。宽禁带半导体器件的成熟与应用，极大地拓展了功率半导体器件家族的应用领域，具有更优异的器件性能和更广阔的开关频率范围。SiC 以其 3.26 eV 的宽带隙和高导热率等优异性能，在 1 200 V 以上的功率器件应用中得到了长足发展，SiC IGBT 和 MOSFET 正逐渐在电力系统、新能源、电动汽车等高端应用中占据越来越多的市场份额。

目前，焊接式高压大功率 IGBT 器件模块功率等级已达到 750 A/6 500 V，压接式高功率密度 IGBT 的功率等级达到了 3 600 A/4 500 V。SiC 电力电子器件已推出 8 in①单晶衬底材料样品，而 6 in SiC 器件已实现 10 kV 以上电压等级的样品，其中单管器件最高电压达到 27 kV 以上，600～1 700 V 的 SiC 器件已经实现了商业化[11]。

由于现有电力系统是基于同步发电机的交流电系统，而新能源发电、交直流输配电、电能质量治理中一般包含直流环节，所以电力电子并网变流器成为系统中的关键接口设备。随着电力系统应用需求和电力电子器件性能的发展，大功率电力电子并网变流器的拓扑结构设计也不断推陈出新。面向电力系统应用中的高压耐压需求，一般可采用三类技术方案：功率开关器件串联技术、变压器多重化技术和多电平技术。功率开关器件串联技术基于基本两电平或三电平电压源变流器（voltage source converter，VSC）拓扑。该拓扑结构简单，但采用了器件（如 IGBT 功率开关）串联，每个 IGBT 的参数以及动作时间不尽相同，易造成每个开关器件电压不均匀，部分开关器件易过压，因此需要增添复杂的动态均压电路。

变压器多重化技术通过移相变压器将多个变流器输出的电压叠加，得到一个阶梯波电压，降低了输出电流的谐波，提高了电能质量，同时减小了滤波器的体积。然而，高压场合下变压器体积庞大，设计十分复杂，同时损耗也会增大。多电平技术是目前应用最广泛、最实用的一种技术。一般为多个直流源或电容与开关器件的组合，通过适当的调制方法输出阶梯波电压，多电平技术通过增加开关器件以及直流侧电压源和电容的数量一方面可提高装置耐压等级，另一方面增多了阶梯波的阶梯数量，增加了电平数量，改善了输出波形质量，减小了滤波器体积。目前，常见的多电平变流器包括：中性点钳位（neutral point clamping，NPC）多电平变流器、级联 H 桥（cascaded H-bridge，CHB）多电平变流器、模块化多电平变流器（modular multi-level converter，MMC）。

2001 年，德国学者 Rainer Marquardt（雷纳·马夸特）提出了 MMC 拓扑[12]。MMC 的基本单元是半桥逆变器。与 CHB 多电平变流器相同，MMC 也具有模块化、易扩展等优势。但是，与 CHB 多电平变流器不同的是，MMC 拓扑具有公共直流母线，非常适合高压直流输电，目前已广泛投入使用。MMC 采用子模块串联的方式构造变流阀，避免了大量器件的压接式串联，降低了对器件一致性的要求。同时，特殊的调制方法决定了其可以在较低的开关频率下获得很高的等效开关频率，随着电平数的升高，输出波形接近正弦，可以省去交流滤波器。除了上述优点，相比于两电平、三电平 VSC，MMC 还具有输出交流电压变化率小、模块化设计便于扩容及冗余配置等众多优点。目前，各类电力电子拓扑结构仍然在不断发展中，随着宽禁带半导体器件应用的成熟，性能更优、运行更可靠的电力电子

① 1 in = 2.54 cm。

拓扑结构也是研究和应用的重要方向。

电力电子并网变流器的控制包含功率开关调制、电流/电压控制、并网同步控制等，可根据应用需求进行设计，具有相当大的灵活性。由于电力电子并网变流器采用了功率半导体开关，所以需对脉冲宽度进行调制，等效地获得需要的波形。在并网应用中，常用的调制包括正弦脉冲宽度调制（sinusoidal pulse width modulation，SPWM）、空间矢量脉冲宽度调制（space vector pulse width modulation，SVPWM）等。在多电平变流器中，调制策略又可以分为两大类：载波调制和非载波调制。

电力电子并网变流器的电流/电压控制包括幅相控制和波形控制两类。幅相控制的优点是结构简单、无需电流传感器、静态特性良好，但稳定性差、动态响应慢、动态过程中存在直流电流偏移和很大的电流过冲[13]。波形控制策略主要包括开环控制、比例积分微分（proportional plus integral plus derivative，PID）控制、双闭环控制、滞环控制、无差拍控制、重复控制等。在大功率并网变流器应用中，由于将交流分量从三相旋转坐标系转换到两相静止坐标系，转换后一般可应用线性化的PI控制器（proportional plus integral controller，比例积分控制器）。

并网变流器还需要与电网同步，目前广泛采用的电力电子非同步机电源可分为电网跟踪型与电网构造型，电网跟踪型变流器外部特性表现为电流源特性，电网构造型变流器外部特性表现为电压源特性，包括幅相同步控制（间接电流控制）、功率同步控制（包含虚拟同步发电机控制等），电网跟踪型变流器与幅相同步控制的电网构造型变流器往往需要采用锁相环（phase-locked loop，PLL）同步控制，如图1.3所示。在电力电子化电力系统中，由于交流电网强度弱、系统惯量低，电网构造型变流器控制逐渐引起了人们的关注。

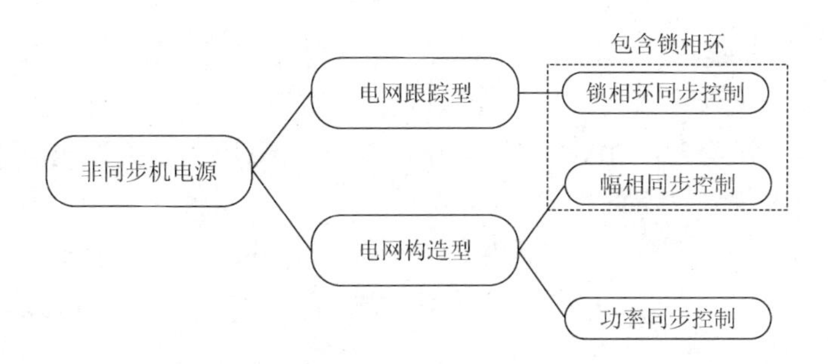

图1.3 电力电子并网变流器的同步控制

1.2 电力电子并网变流器应用现状

1.2.1 在新能源发电中的应用

国际社会普遍认为，二氧化碳过度排放是引起气候变化的主要因素。目前，全球范围内能源及产业发展低碳化的大趋势已经形成，各国纷纷出台碳中和时间表。我国当前的碳排放主要来源于化石能源的利用过程。《中华人民共和国气候变化第二次两年更新报告》显示，能源活动是我国温室气体的主要排放源，约占我国全部二氧化碳排放的 86.8%。

截至 2021 年，我国可再生能源装机规模突破 10 亿 kW，风电、光伏发电装机均突破 3 亿 kW。图 1.4 给出了 2011～2021 年我国光伏发电、风电的装机总量以及年发电量变化趋势图，截至 2021 年底，全国风电累计装机 3.28 亿 kW，光伏发电累计装机 3.06 亿 kW。其中，陆上风电累计装机 3.02 亿 kW、海上风电累计装机 2 639 万 kW，海上风电装机跃居世界第一。同时，我国的可再生能源发电量稳步增长，2021 年，全国可再生能源发电量达 2.48 万亿 kW·h，占全社会用电量的 29.8%。其中，水电 13 401 亿 kW·h，同比下降 1.1%；风电 6 526 亿 kW·h，同比增长 40.5%；光伏发电 3 259 亿 kW·h，同比增长 25.1%[14]。

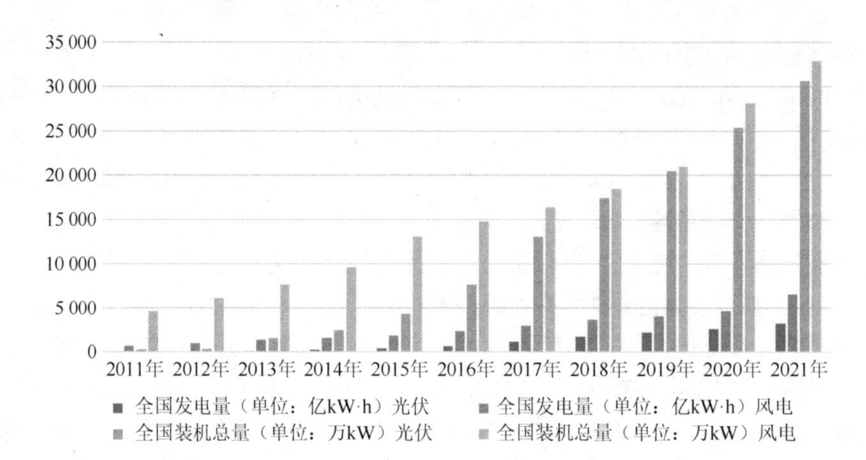

图 1.4 2011～2021 年全国光伏发电/风电年发电量及装机总量变化示意图[14]

一般来说，可再生能源输出的电能不能满足直接并网的要求，也无法直接向负载供电。需要先通过电力电子变流设备将可再生能源电源输出的电能变换为符合负荷要求的电能。新能源的发电方式主要有“集中式发电、中高压接入、高压远距离外送消纳”和“分布式发电、低压接入、就地消纳”两种模式。

分布式发电模式较为简单，图 1.5 是一种分布式新能源发电系统示意图。以直驱风机为例，机侧 AC（交流）/DC（直流）变流器将风机发出的交流电转换为直流接入直流母

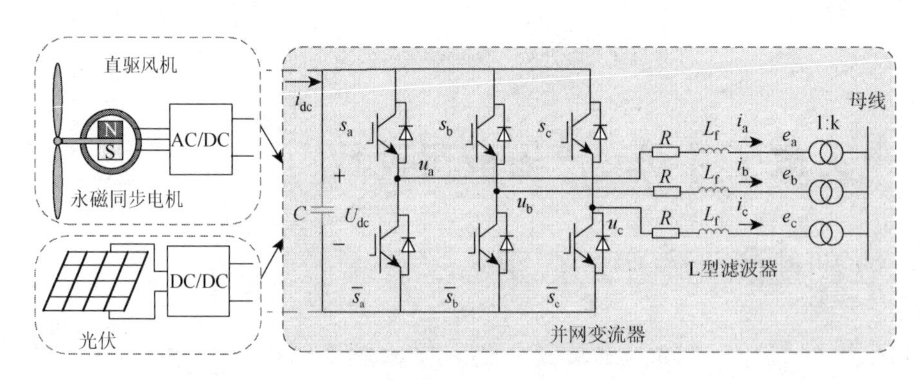

图 1.5 分布式新能源发电系统示意图

线，再通过网侧 DC/DC 变流器接入交流电网。但是，风机的输出功率会随风速的变化而变化，发电机转速通常为实现跟踪风能的最大功率点而改变，最大化对风能的有效利用。因此，风机输出电压的频率是不断波动的，风机自身无法满足并网的要求，不能直接与固定 50 Hz/60 Hz 频率的交流电网相连。在利用风能时，首先需要把频率不断变化的交流电转换成直流电，再经过电力电子设备将直流电转换成与电网电压同步的交流电实现并网。类似地，利用光伏发电输出的直流电也需要电力电子变流器将直流电转换成与电网电压同步的交流电实现光伏发电的并网。

因此，电力电子变流器是并网系统中的关键接口设备。并网变流器具有良好的可控性和多种灵活的运行模式，能够将可再生能源电源输出的电能转换为满足并网和负载要求的电能，可以保证网侧电流正弦化、实现功率解耦控制、维持单位功率因数运行、实现能量双向流动，具有较强的功能和诸多的优点，因此广泛应用在可再生能源接入场合，得到了快速发展。

集中式发电模式适用于我国能源资源“西富东贫”、消费“东多西少”、能源生产与消费中心逆向分布的场景。采用集中式发电模式将新能源发电资源汇集送出、高压远距离外送消纳具有很好的应用前景。目前，大多数新能源电站采用交流汇集方式，如图 1.6 所示。在图 1.6（a）所示的风电场中，每簇风机的电力经升压站内部的一个 DC/AC 变流器转换为较高频率的交流电，经变压器升压后，由交流母线汇集电能，再经 AC/DC 变流器转换为高压直流电送出。在图 1.6（b）所示的光伏电站中，每簇光伏电池板阵列接入直流母线，再通过大功率 DC/AC 变流器汇集接入交流电网。从以上交流汇集应用中可以得到，大功率电力电子并网变流器是新能源电源和交流电网的重要接口，并网变流器在系统中发挥着功率变换和并网同步的重要作用。

1.2.2 在直流输电中的应用

并网变流器是直流输电中的核心装备，一般也称为换流器。电网换相变流器高压直流（line-commutated converter high voltage direct current，LCC-HVDC）输电技术，是目前最成熟的高压直流输电技术。与传统交流输电相比，LCC-HVDC 具有如下显著优点：

（1）远距离、大容量、大功率传输时，成本低、经济性好；

（2）有功潮流快速可控；

（3）无输电线路稳定性问题；

（4）可实现大区域电网间的非同步互联及隔离。LCC-HVDC 主要包括整流站、直流输电线路、逆变站。其中，整流站和逆变站采用晶闸管构成三相桥式（6 脉动或 12 脉动）结构，由晶闸管串联实现高耐压。

尽管 LCC-HVDC 在高电压、大容量、远距离直流输电领域发挥着巨大作用，但其自身也存在诸如无功功率控制能力较弱且自身需要大量无功功率补偿、不便于构造多端直流电网以及变流器依靠交流电网换相易发生换相失败等缺陷，使得电网换相高压直流输电技术逐渐无法满足当今复杂的输配电网络对直流输电系统坚强、灵活、完全可控的需求。

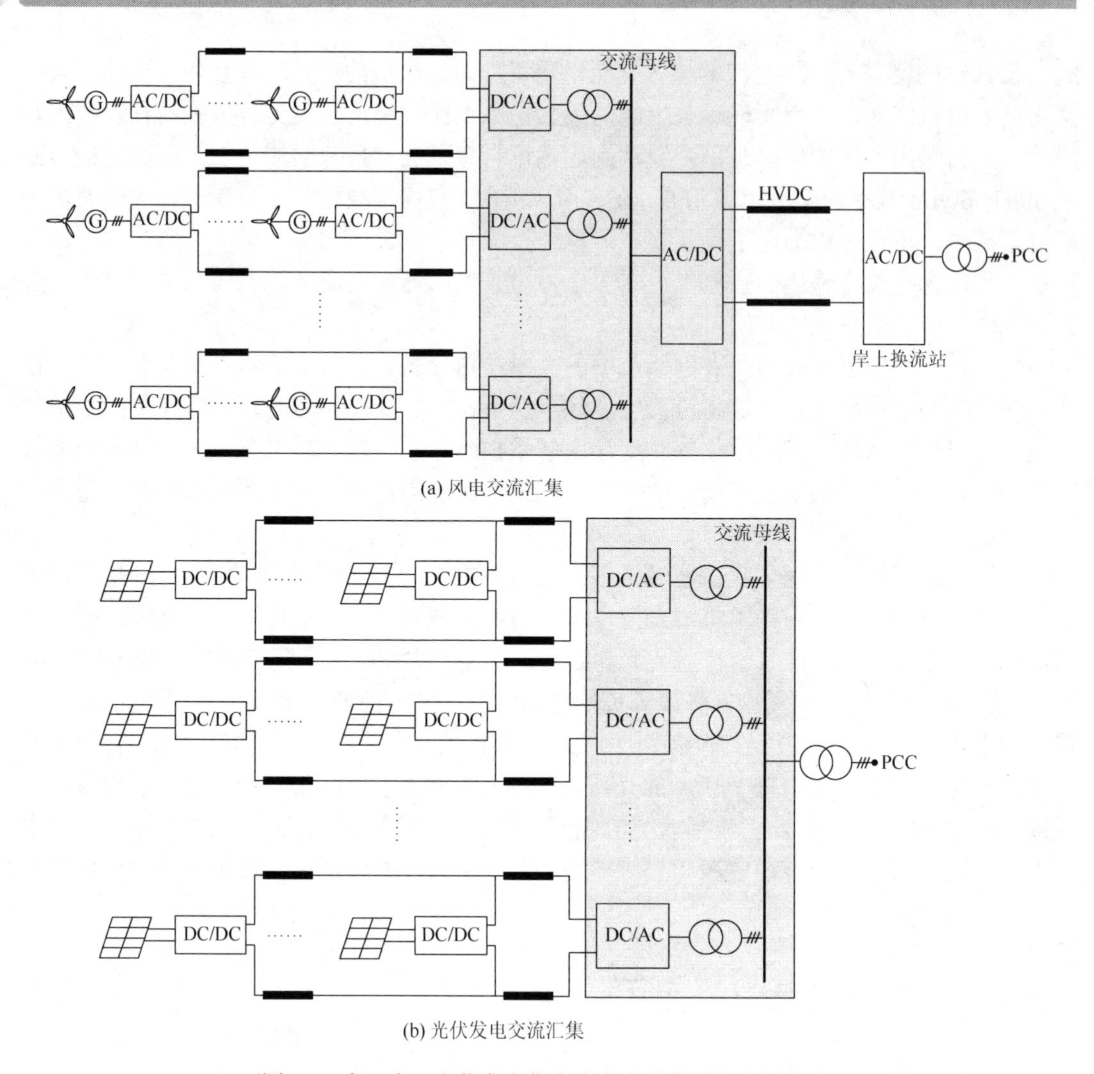

(a) 风电交流汇集

(b) 光伏发电交流汇集

图 1.6 在风电、光伏发电集中式交流汇集系统中的应用

随着 IGBT 器件技术的成熟，电压源高压直流（voltage source converter high voltage direct current，VSC-HVDC）输电系统显示出更多优势。其结构如图 1.7 所示，主要包括全控型电力电子器件构成的 VSC、换流变压器、换流电抗器、直流滤波器、交流滤波器等。其中，VSC 拓扑结构有两种，第一种为三相桥式变流器，主要器件为大功率可关断型半导体器件及其反向并联二极管；第二种为 MMC。由于 Si IGBT 耐压能力有限，在直流输电应用中，通常采用 MMC，即构成 MMC-HVDC 输电系统[15]。VSC-HVDC 输电系统具有以下优势：

（1）可以实现有功功率和无功功率的完全独立快速解耦控制，克服了传统电网换相高压直流输电无法控制无功功率的缺陷；

（2）可以动态补偿交流母线的无功功率，稳定交流母线电压，克服了传统电网换相高压直流输电自身消耗大量无功功率的缺陷；

（3）可以工作在无源逆变模式，进而向无源网络供电，克服了传统电网换相高压直流输电依赖交流系统进行换相的本质缺陷；

（4）在系统潮流反转时，直流电流方向反转而直流电压极性不变，有利于构造并联多端直流输电系统，克服了传统电网换相高压直流输电构造多端直流系统时直流侧需要机械开关切换母线极性的缺陷。

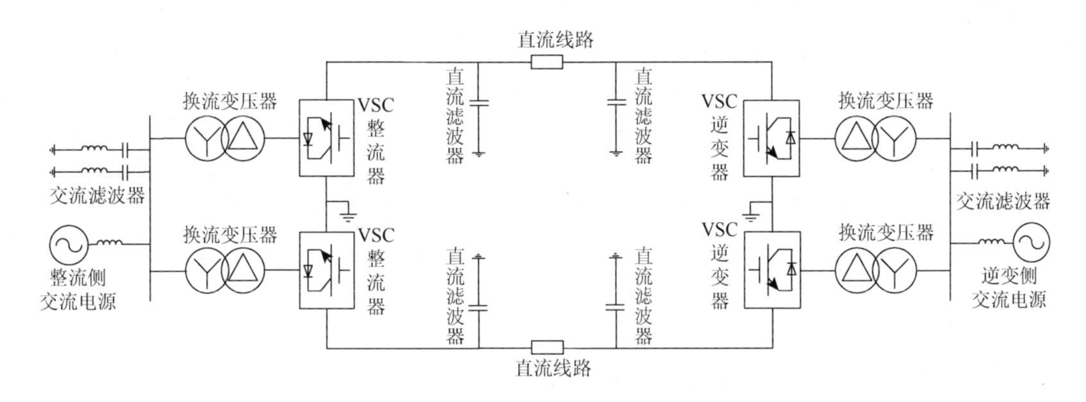

图 1.7 VSC-HVDC 输电系统基本结构示意图

不过，VSC 采用的全控型器件在运行过程中的开关频率高于电网换相变流器，这些器件的导通电阻也更大，阀损耗较大。目前，双端 VSC-HVDC 输电系统的运行损耗约为 2%，而 LCC-HVDC 输电系统的运行损耗为 1%。同时，VSC 具有二极管续流效应，在直流侧出现短路故障时，无法依靠自身切除短路电流，VSC-HVDC 输电系统都要配备造价高昂的直流断路器，增加了建造成本，并且电压等级也局限于直流断路器的耐压水平。

截至 2022 年 3 月，我国国家电网累计建成“15 交 14 直”共 29 项特高压工程，在运、在建工程线路长度 4.6 万 km，累计送电超过 2.5 万亿 kW·h，中国南方电网有限责任公司（简称南方电网）拥有“西电东送”4 条直流特高压通道，有力地促进了清洁能源的大规模集约开发和大范围消纳[16]。未来随着西电东送规模的进一步扩大，柔性直流输电还会得到长足发展。不管是电力电子器件还是电力电子设备及其工程应用等方面的发展与进步，都极大地满足了现代电力系统运行控制及接纳新型电源和负荷的要求，大大提高了电力电子技术应用于电力系统的适应能力。

1.2.3 在电能质量治理中的应用

随着经济社会的发展，精密的科研、工业设备等电力负荷对电能质量提出了要求，电能质量直接影响了相应产品的质量，在严重情况下，甚至可能造成设备损坏。因此，保证并提高电能质量，是目前电力行业亟待解决的问题之一。

衡量电能质量的三个主要指标为电压、频率、波形。一般情况下，电压偏移不超过额定值的±5%，频率偏移不超过±0.2 Hz。波形理论上应为理想正弦波，但电力系统含有大量谐波，一般以谐波畸变率作为波形质量的衡量要素，IEEE Std 519-1981 对 69 kV 及以下电力系统的谐波畸变率，规定在 5%以内。

新能源大规模并网，电力电子变流器的开关特性，在一定程度上增大了电能的谐波畸变率，但是电力电子变流器的接入，也为电能质量的治理提供了可能。关于电能质量治理的控制技术，大致可以分为两类：一类是面向输电系统的灵活交流输电（flexible AC transmission system，FACTS）；另一类是面向配电系统的用户电力技术。这两种实现方式皆以电力电子技术为依托，前者通过调节交流输电系统的电压、电网阻抗、功率角，以实现网络结构的灵活控制与功率的合理分配，从而降低线损并提高系统的稳定性；后者针对配电系统中的电能质量问题，通过有源滤波器（active power filter，APF）、静止同步补偿器（static synchronous compensator，STATCOM）、静止无功发生器（static var generator，SVG）、电网动态电压恢复器（dynamic voltage restorer，DVR）、统一电能质量调节器（unified power quality controller，UPQC）等技术手段，以改善电网电能质量和增强配电网供电可靠性。

在电能质量治理应用中，大都使用电力电子并网变流器作为功率调节设备。以 APF 为例，APF 主要应用于配网中谐波、无功功率及不平衡功率的实时补偿。20 世纪 80 年代，受益于全控型半导体器件及脉冲宽度调制技术的成熟，且基于瞬时无功功率理论的谐波电流检测方法被提出[17]，有源滤波技术得以飞速发展，目前已在世界各国得到了广泛应用。按有源滤波器在配网中连接方式的不同，可分为电压源型及电流源型。电流源型有源滤波器在并网时与非线性负载并联以补偿配网中的谐波电流，而电压源型有源滤波器在并网时通过隔离变压器与非线性负载串联，以调节配网谐波电压。电流源型有源滤波器具有更加良好的动态补偿特性，且短路电流保护设计更加简单，因此得到了更加广泛的应用。图 1.8 为 APF 接入配网结构示意图。APF 包括指令运算电路及电流发生电路。电流发生电路又可分为跟踪控制电路、驱动电路及电力电子主电路。可以发现，APF 主电路部分实际上也是一个电力电子并网变流器，其直流侧仅由电容支撑，无须其他电源提供有功功率。

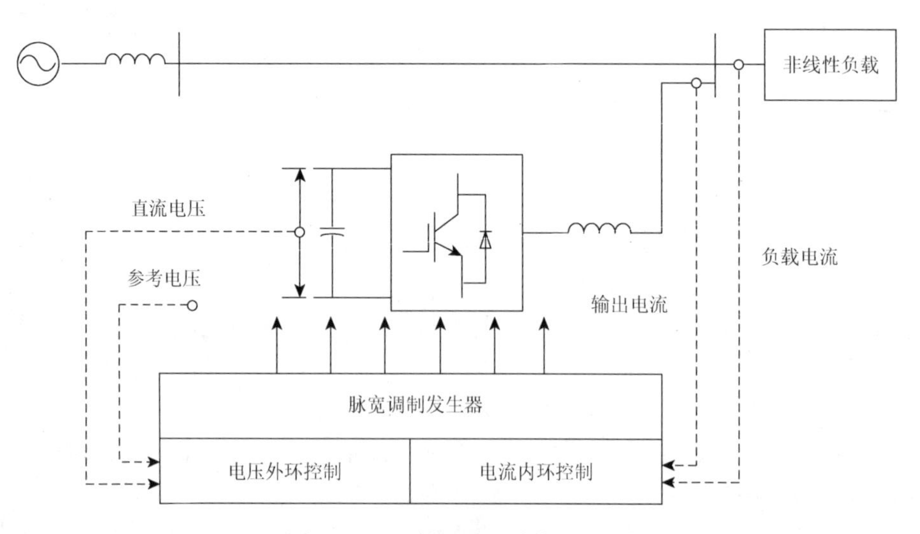

图 1.8　APF 接入配网结构示意图

1.3 电力电子并网变流器运行挑战

应用于现代电力系统各环节中的电力电子设备在电网干扰下会展现出与传统电磁装备不同的动态特性与响应规律，其在电网扰动下的运行状态使得电力系统的动态响应发生改变[18]。尤其在如今电力系统新能源装机占比大、送受端装备电力电子化程度高、动态行为日趋复杂的情况下，接入电网的电力电子设备必将给整个电力系统的安全运行带来极大威胁[19]。

随着电力电子设备开始大量接入电力系统，风电场等通过变流器并网的新能源发电基地出现的系统振荡问题尤为显著[20-22]。例如，2009 年 10 月，位于美国得克萨斯州的某双馈风电场与串补电路相互作用，发生了频率约为 20 Hz 的次同步振荡事故，造成了大量双馈风机的撬棒电路被损毁，以及切机跳闸事故[23]。2010 年 10 月开始，位于我国河北沽源地区的双馈风电场自其串补电容投运以来，频繁发生频率在 3～12 Hz 的次同步振荡现象，造成大量风机脱网以及变压器异常振动[24]。2014 年 3 月，位于德国北海某海上风电场中柔性直流输电系统与交流电网发生交互作用，引发了频率在 250～350 Hz 的高频谐波振荡，导致直流变流站停运[25]。2015 年 7 月，位于我国新疆哈密地区的风电场多次发生频率为 20～40 Hz 的次同步振荡事故，导致数百公里以外的火电机组轴系扭振保护动作[26]。这些发生振荡事故的风电场有一个共同特点，即接入了大量电力电子变流器。这些接入电网的电力电子变流器之间以及变流器与电网之间都存在一定的交互作用，而这种交互作用在电网受到扰动或者冲击时会进一步激发，导致系统中出现各种频率的振荡现象，进而使得并网电力电子变流器失去稳定，最终使得并网系统运行失败[27]。在电力系统安全故障扰动下，并网变流器系统的复杂运行行为使得电力系统动态安全裕量难以把握和控制，极大地影响到电力系统的安全运行。

另外，如今电网中新能源发电占比越来越大，由电网线路故障导致的新能源大规模脱网与大停电等事故也时有发生。例如，2011 年 2 月 24 日，位于我国甘肃酒泉的风电基地一个风电场单条馈线电缆头三相短路故障，导致该地区 11 个风电场 598 台风电机组大规模脱网，损失出力达 840.43 MW[28]。2016 年 9 月 28 日，澳大利亚南部地区电网由台风和暴雨等极端天气的侵袭引发了 6 次线路故障，新能源大规模脱网，进而导致全南澳大利亚州大停电事故[29]。2019 年 8 月 9 日，英国电网由于雷击造成某输电线路单相接地跳闸，电网中的部分海上风电场、电厂、分布式电源连锁脱网，造成系统功率缺额超过系统频率响应容量，进而发生大规模停电事故[30]。在发生事故的系统中，占比较高的为低抗扰性的电力电子并网电源，如风电机组、分布式电源等。电网线路或其中设备故障后，并网电力电子变流设备失稳，引发保护动作，从而导致风机与分布式电源持续脱网，系统出力损失严重，进而触发低频减载动作切除负荷，造成大停电事故。

另外，应用于新型电力系统各环节的电力电子设备往往采用半导体器件而非电磁感应进行能量转换，并且半导体器件材料与铜铁等电磁材料的工作与失效机理完全不同，电力电子设备中半导体的工作状态也会对整个电力系统的响应情况产生显著影响。因此，除了电力电子设备在电网中不稳定运行引发的电力系统安全问题以外，并网电力电子变流器中电力电子元器件的失效也会对整个电力系统的运行造成严重危害。在电力电子元器件中，功率半导体器件最为脆弱，因此变流器中功率半导体器件的可靠性直接影响到整个系统的安全[31]。通常情况下，变流器中 IGBT 模块的失效是由于在长期使用过程中温度的变化导致器件封装材料的疲劳与老化失效。在电网故障下，突然增长的过电压过电流则有可能造成过大的电应力、热应力或机械应力，进而将 IGBT 芯片瞬间击穿，造成器件短时失效，使得并网电力电子变流器失去正常工作的能力。

综上所述，电力电子变流器的响应和电力电子器件的工作状态都会深刻影响电网故障下并网变流器系统的运行行为，对整个电力系统的安全、高效运行带来巨大的挑战。电力系统运行安全规程给定的变流器运行边界条件，是满足电力系统动态安全评定的功角稳定、频率稳定、暂态电压稳定以及输电容量限制的要求，并没有具体考虑并网变流器实际运行情况和承受能力。在电网故障下，并网电力电子变流器系统的运行失败主要表征为变流器的失稳以及器件的短时失效。为研究电网故障下系统的运行情况，需要同时结合变流器以及器件在故障下的性能来对并网变流器的耐受冲击能力进行分析。然而，器件和电路系统长期存在一个明显的专业分界线，各自相对独立地进步与发展，这种专业的鸿沟已成为开展系统综合性能分析的主要障碍，进而导致电网故障下并网变流器系统考虑设备及器件的安全边界模糊，电力电子变换的灵活性未能得到有效发挥。因此，本书首先对电力电子并网变流器面临的非理想电网条件和电网故障扰动进行梳理和分类。

1.3.1 电网强弱程度影响

电力电子变流器具有强非线性特性，大规模电力电子装备的应用为电网引入大量非线性负载。此外，电力系统的远距离输电，也不可避免地为电网引入线路阻抗。光伏发电与风电系统的电力电子装备以及电缆等，会引入大量感性阻抗或容性阻抗。电力电子非线性负载以及线路阻抗的存在，导致实际的电力系统并非理想网络，因此进行系统分析时，不可避免地需要考虑电网阻抗的影响。与理想强电网相对应，这种非理想电网也可称为弱电网。

目前，弱电网对并网变流器运行稳定性的影响已有大量研究成果。文献[32]基于并网逆变器系统小信号模型，从阻尼角度分析电网阻抗与并网逆变器交互失稳机理，并提出将直流电压微分量引入电压环及电流环的输入环节，从而实现在直流侧串联虚拟电阻，以提升弱电网下并网逆变器系统功率振荡阻尼效果。文献[33]针对弱电网情况下虚拟同步发电机与静止无功发生器并联系统，建立了全阶非线性动态数学模型，指出电网的等效电感越大，线路上能够传输的极限有功功率越小，还会增加无功功率损耗，会对系统的稳定性造成不利影响。

在并网过程中，锁相环能够实现电网电压相位、频率的实时跟踪，但电网阻抗不可避免地会对锁相环的锁相能力造成一定的影响。文献[34]采用相图法对基于锁相环同步的并网变流器系统的暂态稳定性，指出在电网发生严重故障时，仅增加二阶锁相环的阻尼比可能无法使系统稳定，进一步提出一种在故障发生/清除暂态期间，在二阶锁相环和一阶锁相环之间切换的自适应锁相环，以保持锁相环的暂态稳定性和相位跟踪精度；文献[35]和[36]从时域角度定量解析了锁相环在不同扰动（包含电网阻抗扰动）下的时域解析解，并给出了稳定边界，为锁相环的参数设计提供了一定的参考。

此外，电网阻抗的存在，使得多并网变流器系统的交互耦合作用更为复杂。文献[37]

基于状态空间平均法建立了多并网变流器传递函数模型，基于所建立的模型和相对增益矩阵原理，提出了一种多个并网变流器电流控制回路之间交互影响的分析方法，定量分析了多并网变流器电流控制回路之间的交互影响与系统频率、控制参数以及电网强度之间的关系，指出随着电网强度的减弱，变流器交互影响增强，且交互影响较强的频率降低。文献[38]建立了考虑锁相环的多并网变流器系统的状态空间模型，采用基于特征值的分析方法研究了两个变流器之间的相互作用，进一步研究了两种采用不同锁相环带宽和功率设定点的并网变流器系统的稳定性边界。

电网阻抗往往表现为阻感特性，短路比（short circuit ratio，SCR）现已被广泛用于表征电力电子设备所接入系统的强弱程度[39]。SCR 与设备容量、电路阻抗以及设备所接入系统的电压相关联。在如图 1.9 所示的变流器并网系统简化拓扑结构中，在电网电压稳定的前提下，SCR 同时定义了线路电流的大小和电网阻抗值。SCR 的表达式如式（1.1）所示。

$$\mathrm{SCR}=\frac{S_{\mathrm{ac}}}{S_e}=\frac{3V_g^2}{Z_sS_e}=\frac{V_g}{Z_sI_1} \tag{1.1}$$

式中，V_g 为电网电压幅值；Z_s 为弱电网阻抗值；S_{ac} 为交流系统短路容量；S_e 为并网设备的额定容量；I_1 为线路相电流幅值。目前，SCR＞3 的系统被视为强电网；当 2≤SCR≤3 时，系统被定义为弱电网；当 SCR＜2 时，系统被定义为极弱电网[40]。

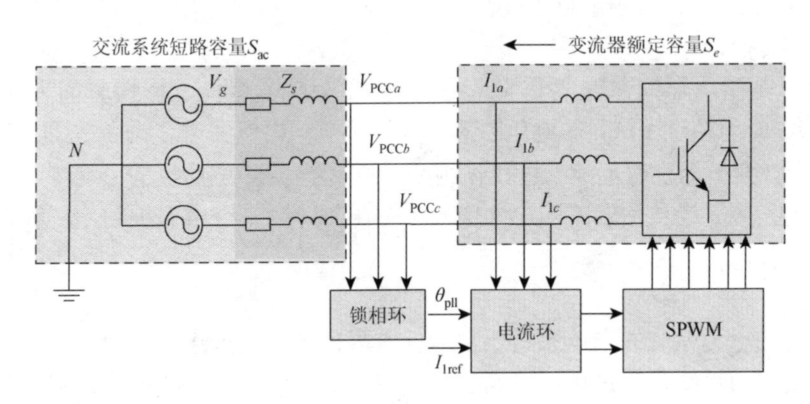

图 1.9　变流器并网系统简化拓扑结构

1.3.2　电网故障扰动的影响

电网故障扰动是引发并网变流器失稳的主要原因之一，主要包括一次设备受到外力或者绝缘、操作、设计等导致的断线、短路等故障。电网故障将改变电力系统原本的运行状态，严重情况下可能导致并网电力电子变流器的失稳，进而触发继电保护动作，导致新能源机组的持续脱网，造成大面积停电事故。

在电力系统的分析中，戴维南定理（Thevenin’s theorem）和诺顿定理（Norton’s theorem）是常用的两种电路简化方法，示意图如图 1.10 所示。U_s 为等效电压源，其值等于原有源二端网络断开时端口处的开路电压；I_s 为等效电流源，其值等于原有源二端网络的短路电流；R_s 为等效电阻，其值等于将原有源二端网络中所有独立源的激励化为零时该网络的端口等效电阻。为简化分析，通常假设电网电压恒定，理想电网常基于戴维南定理，设置电压源和串联阻抗的大小，对不同强度的电网进行等效建模。基于电网的戴维南定理，可以将各类故障对电网的影响大致归结于三种类型：电压突变、阻抗变化以及频率扰动，其中阻抗变化表现为电网强度。

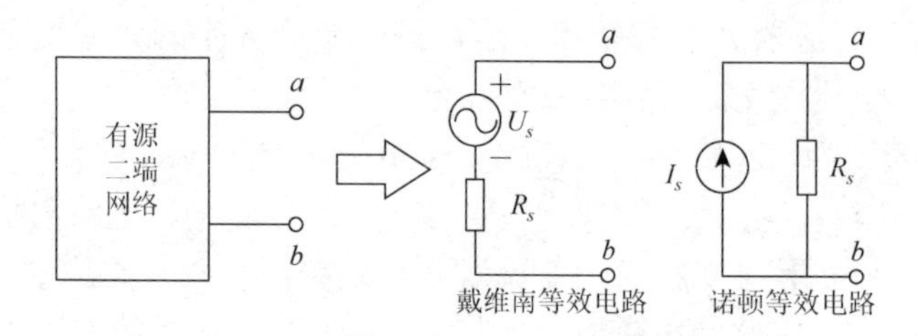

图 1.10　有源二端网络的戴维南和诺顿等效电路

1. 电压突变原因

电压突变可进一步分为电压暂降、过电压以及相位突变，电压暂降及过电压往往表现为电压幅值与相位的同时扰动。在并网变流器系统中，主要着眼于公共耦合点（point of common coupling，PCC）的电压特征量。

1）电压暂降

电压暂降是指电压有效值暂时降至额定值的 10%～90%，持续时间为半个周期至 1 min[41]。持续时间超过 1 min 的电压跌落称为欠电压。自然灾害（雷击等）及负载突变，如设备故障（如变压器励磁涌流）、短路故障、大型感应异步电动机的启动等[42]，都可能导致电压暂降的发生。当传输线或配电网中发生电压暂降时，继电保护动作，敏感负载经常跳闸或停止运行。

2）过电压

过电压是指电力系统的电压超过正常运行电压。当雷电流注入电力系统时，电流的短时增大会引起电力系统外部过电压。当线路单相接地时，非故障相电压、带有并联电抗器的超高压线路断线故障、空载长线的电感-电容效应、发电机突然甩负荷、断路器操作造成的电能、磁能暂态转化、电感及电容串联谐振等，皆会造成电力系统的内部过电压。

3）电压相位突变

电压相位往往与电压幅值一同发生变化，这意味着，线路上的压降发生了变化，压降与线路阻抗以及线路电流密切相关，因此短路、断线造成的阻抗、电流变化皆会导致电压相位突变。

2. 频率波动原因

1）功率输入、输出不平衡

我国电力系统的标准频率为 50 Hz，电力系统的理想运行工况应是维持电力系统的频率不发生改变，然而由于负荷端和发电端的功率存在波动性，实际电力系统的频率是实时波动的。具体地，电网频率的稳定取决于电能输入和电能消耗之间的平衡，以负载增加为例，原动机输入功率未变，此时功率输入、输出不相等，系统频率降低，原动机转速降低，释放了转子中储存的动能，减缓了频率偏差。进一步地，发电机组会调整输出，抑制频率进一步跌落，这就是“一次调频”。当系统调频资源不足，无法抑制频率偏差时，频率将持续跌落，造成发电机组及其他设备失效，进而引发频率崩溃。

2）电力系统谐波

电力系统中的部分一次设备及负荷具有非线性特性，在吸收电网基波能量的同时，会向电网注入畸变谐波。此外，随着新能源大规模并网，并网变流器等电力电子器件的非线性特性在一定程度上也对电网的稳定运行造成不利影响。电力系统谐波的频率呈现随机特性，大量谐波的注入会引起附加损耗和发热，电力设备（包括并网变流器）会因此发生损坏及降低使用寿命，谐波也会造成系统谐振等，危害电力系统安全稳定运行。

以上电网故障均会对电力系统的安全运行造成严重影响，因此本书后续也对并网变流器在电网不同故障条件（电压突变、阻抗突变、频率扰动等）下的表现与响应机制进行了详细的分析。

在实际工况下，电网故障扰动通常伴随其强弱程度的变化，从而给并网变流器的建模、分析、运行带来极大挑战。

1.3.3 新能源发电并网导则要求

考虑到故障扰动对电力电子并网设备的影响，各国电力系统领域科技及工程技术研究人员针对各国电力系统安全运行特点及要求，制定了一系列新能源电源的并网导则[43]，严格规定了并网电力电子变流器接入电网满足低电压穿越、高电压穿越、频率穿越、有功功率/无功功率输出控制、接入点的电能质量以及故障保护操作等技术要求。并网导则的制定与电网的客观情况息息相关，因而不同国家并网导则的条款不尽相同，甚至同一国家、不同电网运营商的并网导则也有所不同。

电网故障下并网变流器的低电压穿越特性便是并网导则中极为关键的要求，各国都有各自不同的低电压穿越标准。例如，德国意昂电力公司规定在短路或故障导致三相对称电压跌落的情况下，并网系统能够稳定运行在图 1.11（a）中虚线以上的能力，且保持发电厂与电网的连接，不得脱网；若发电厂不能保持故障下的电网连接，德国并网导则允许在减少再同步时间的同时将限制曲线变为图 1.11（a）指示为德国图线的曲线，以保证故障期间的无功功率支撑[44]。而丹麦电网的并网导则要求，三相故障下的电压跌至额定电压的 20%～75%时实现故障穿越，持续 10 s，风电场应在电压重新到达额定值 90%以上发出额定功率，如图 1.11（a）中指示为丹麦的图线所示，此外，电压跌落期间，风电场必须尽量发到额定电流 1.0 倍的无功电流[45]。西班牙并网导则要求风电厂在电压跌落至额定电压 20%时能够实现低电压穿越，远距离保护的最大激活时间为电压跌落后 500 ms 内，而电压恢复的最长时间需要保证在 1 s 以内，其低电压穿越曲线如图 1.11（a）中指示为西班牙的图线所示[46]。美国的并网导则规定，风电场必须具有在电网电压跌至额定电压的 15%时能够维持并网运行 625 ms 的低电压穿越能力，且在故障后 3 s 内能够恢复到额定电压的 90%，即运行在图 1.11（a）中指示为美国的图线以上的能力[47]。

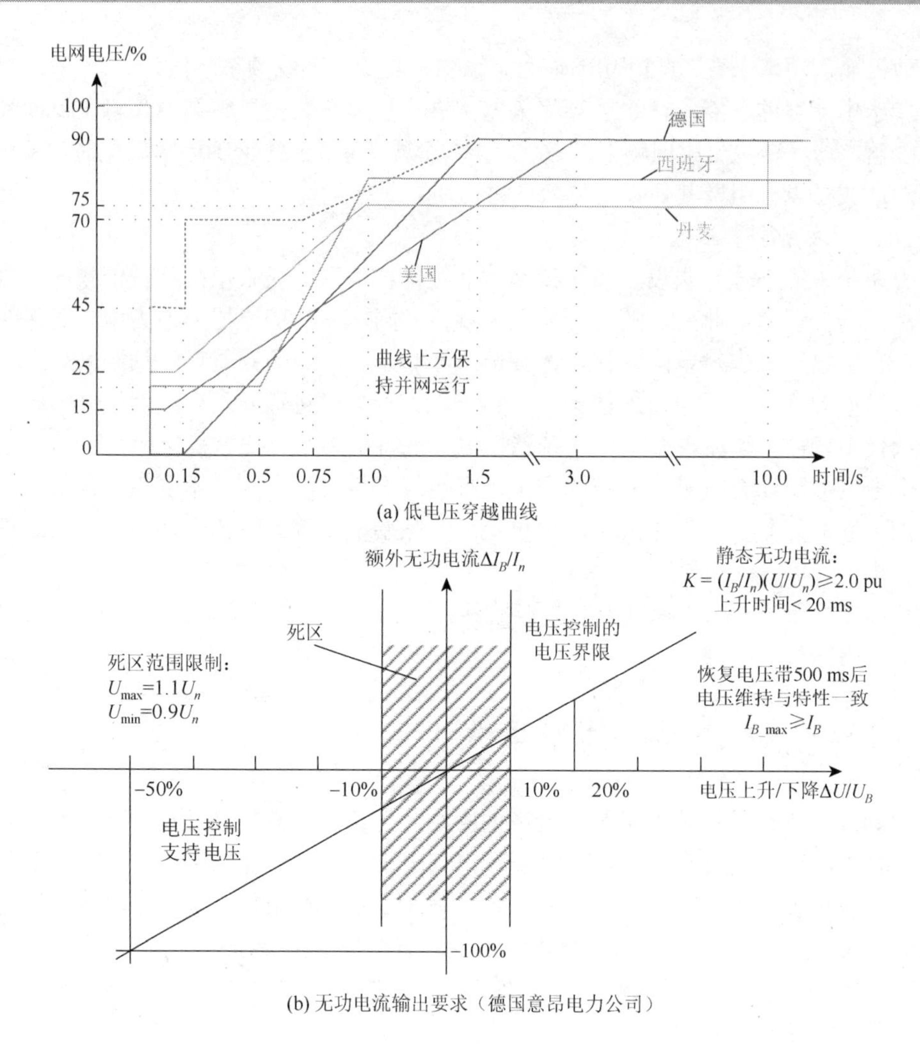

(a) 低电压穿越曲线

(b) 无功电流输出要求（德国意昂电力公司）

图 1.11 不同国家风电系统在电网故障下的并网导则

U_n—额定电压；I_n—额定电流；U—当前电压；I_B—无功电流；$\Delta U=U-U_0$，$\Delta I_B=I_B-I_{B0}$

此外，为实现低电压穿越，各国也都规定了故障期间风电场的无功功率输出特性。例如，爱尔兰电网呈典型的弱电网结构，故障期间的有功支撑更为关键，因此规定故障期间风电场必须维持正比于并网点电压标幺值的有功功率输出，系统有剩余容量才用于无功功率输出。而其他国家的并网导则一般仅规定故障期间风电场的输出无功电流。德国意昂电力公司的并网导则便规定了电网故障时，如果电压跌落幅度大于 10%，故障识别后 20 ms 内，发电机需要向电网注入无功电流，电压每跌落 1%无功电流需要增加 2%，如图 1.11（b）所示。

随着新能源并网技术的快速发展，电力系统的结构和运行模式也在不断变化中，为适应此变化，各国并网导则也在不断发展和变化中。美国电气电子工程师学会（Institute of Electrical and Electronics Engineers，IEEE）也在《互联分布式能源与电力系统相关接口的设备一致性测试规程》（IEEE 1547.1—2005）中给出了早期的分布式能源接入电网的并网标准[48]。而随着新能源装机容量的日益增长，老旧的并网标准已经不能满足现代电力系统的运行需求，电力系统领域科技及工程技术研究人员在不断积累经验、总结规律后，于 2020 年 5 月在《互联分布式能源与电力系统相关接口的设备一致性测试规程》（IEEE 1547.1—2020）中给出了新的并网电力电子变流器系统在电网扰动和故障期间满足电网安全要求的运行边界条件[49]。

我国的风电并网导则是在以上各并网导则的基础上，结合我国国情与电网情况逐步完善的。2006 年，我国开始执行《风电场接入电力系统技术规定》（GB/Z 19963—2005），对并网系统的工作条件与性能要求进行了初步的约束与规定。2009 年，我国国家电网公司制定企业标准《风电场接入电网技术规定》（Q/GDW 392—2009），在并网变流器的功率控制和低电压穿越能力等多个方面给出了更为详细的要求。2022 年，我国正式实施国家标准《风电场接入电力系统技术规定 第一部分：陆上风电》（GB/T 19963.1—2021），全面而详尽地给出了我国风电并网的各项技术指标与要求。与故障扰动相关的内容包括：①风电场并网点电压跌至 20%额定电压时，风电场内的风电机组能够保证不脱网连续运行 625 ms；②风电场并网点电压在发生跌落后 2 s 内能够恢复到额定电压的 90%时，风电场内的风电机组能够保证不脱网连续运行；③风电场并网点电压正序分量低于标称电压的 80%时，风电场应具有动态无功支撑能力，自并网点电压跌落出现的时刻起，风电场动态无功电流上升时间不大于 60 ms；④风电场并网点电压正序分量在标称电压的 110%～130%之间时，风电场应能够通过从电力系统主动吸收动态无功电流支撑电压恢复，自并网点电压升高出现的时刻起，风电场动态无功电流上升时间不大于 40 ms[50]。通过以上标准的实施，风电并网行为逐步规范，系统安全性提升，极大限度地避免了新能源的非正常运行给电网带来的冲击以及给人民生活带来的不便和经济上的损失。

虽然以上新能源发电并网导则使得与电网相连的电力电子变流器满足了新能源并网的技术要求，但这些要求并没有具体考虑到电网扰动下并网电力电子变流器自身的稳定性问题给整个并网系统带来的安全问题，电力电子并网变流器自身耐受电网故障扰动冲击能力缺乏系统性描述。

1.4 电力电子并网变流器运行韧性

1.4.1 电力电子并网变流器运行韧性概念

当电网中发生故障或扰动时，目前电力系统中传统发电机与大规模电力电子设备并存，电网扰动同时具备机电暂态与电磁暂态下的冲击作用，可能导致电网电压幅值、相位、频率或电网阻抗等发生不同程度的扰动。在这些扰动的冲击下，并网变流器同步环节迅速动作，引发变流器的故障响应并产生各种电磁脉冲，可能导致电力电子器件的短时失效，包括变流器功率器件的过电流烧坏、过热机械形变以及瞬态 di/dt、du/dt 引起的器件误导通等问题[51]，使得并网变流器无法耐受电网故障。而目前的并网导则并未考虑电力电子变流器的响应及器件失效特性，即使变流器在设计时满足并网导则等电力系统层面的安全运行规范，在电网故障扰动下的运行过程中仍然可能出现失稳、振荡、过流烧毁器件等问题。

具体来说，电力电子并网变流器的安全运行问题主要表现在以下几个方面：

（1）故障冲击下变流器与电网的同步运行首先受到影响，可能导致变流器的同步稳定问题。当变流器遭受电网故障扰动冲击时，电网扰动首先使得并网点电压受到影响，而并网点电压的变化则通过锁相环的动作将电网故障冲击传递至并网变流器中，进而影响变流器的动态响应行为和故障耐受能力。这是因为并网变流器的锁相环存在一定的稳定边界，电网故障对并网点电压的影响可能使得变流器越过锁相环的稳定边界，导致同步环节的振荡失稳，变流器无法实现相位与频率的响应跟踪，难以正常运行[52]。

（2）电网故障也会经由同步动作引发并网变流器中其他环节的复杂动态响应，主要表现为变流器中各控制环节参与下的多时间尺度响应。由于并网电力电子变流器内部开关周期的脉宽调制、电流内环控制、电压/功率外环控制等环节的存在，并网变流器的动态响应表现出明显的多时间尺度特征。具体表现为，并网变流器的各控制环路在各自的时间尺度上分别响应，又在某些环路响应的时间尺度相近时相互作用。在每个时间尺度下并网变流器都存在不同的响应特性及稳定性问题，如不同频率的振荡或严重的过电流、过电压等问题，因而变流器在各时间尺度下的动态响应均对其故障耐受能力产生影响[7]。

（3）电力电子变流器在电网故障冲击下产生响应后，会进一步将冲击带来的影响传递至变流器内的电力电子半导体器件中，导致器件的短时失效。在电力电子变流器中器件的失效大概率意味着功率半导体器件的失效。当并网变流器在电网故障下运行时，极易使得流经变流器的电流过大，变流器上开关半导体器件 IGBT 容易遭受过高的电应力和热应力，继而在故障发生后的微秒到毫秒时间内引发元器件短时失效的问题[31]。元器件的短时失效会直接使变流器的物理结构发生变化，进而加剧故障下并网系统的不安全运行，使变流器无法耐受电网故障。

为了描述和衡量系统安全运行的能力，目前工程和研究也已从不同角度建立了理论体系，本书首先对相关的概念进行辨析。

（1）电力系统安全性。电力系统安全泛指电力系统防避和抵御自然和人类活动的扰动破坏而维持其向用户供电的能力。其影响因素涉及用电负荷、发电、输电、一次设备、二次设备和系统结构，包括规划、设计、建设、运行、管理、保护、通信、监控、防灾和灾变后恢复等诸多环节。其量化指标为电力系统安全度。

（2）电力系统韧性。在电力系统安全性的基础上，有学者提出了韧性电网概念，即能够全面、快速、准确感知电网运行态势，协同电网内外部资源，对各类扰动做出主动预判与积极预备，主动防御，快速恢复重要电力负荷，并能自我学习和持续提升的电网。韧性电网应能够有效应对电网内外部的各类威胁和扰动，既包括大概率、低影响的常规扰动事件，也包括小概率、中高影响的极端事件。其中，常规扰动事件发生的频次较高，可以从统计学角度对其进行量化分析，如利用可靠性指标进行评估。极端事件发生概率小，可以通过韧性曲线进行描述。电网韧性评估可针对特定事件集开展。

（3）电力电子可靠性。电力电子可靠性定义为其在规定条件下和规定时间内完成预期功能的概率，可靠性是衡量系统性能是否退化的关键参数。通常，功率变流器系统由开关元件、二极管、电容元件、驱动电路、信号处理和控制电路等部分组成，变流器的可靠性是由构成变流器的各个元器件的可靠性共同决定的。要评估变流器的可靠性必须对组成变流器的各个元器件的失效率进行估计。

（4）电力电子鲁棒性。鲁棒性指的是控制系统在一定（结构、大小）的参数摄动下，维持其他某些性能的特性。针对电力电子设备，鲁棒性描述了当其特性或参数受到的来自本身及环境的影响，或控制对象的模型化误差等不确定性在一定范围内变化时，保证反馈控制系统的稳定性、渐进调节和动态特性不受影响的能力。其中，最基本的要求是控制系统在考虑上述不确定性时都能保证控制系统的稳定。

从以上概念分析可以发现，电力电子并网变流器在电网故障扰动下的安全运行问题尚无准确的描述。因此，本书提出了电力电子运行韧性的概念，关注变流器在故障后的运行暂态过程，反映变流器耐受电网故障扰动冲击的能力。从电力电子运行控制角度来看，并网变流器应具有明确的运行韧性边界，而边界由其自身多尺度控制和器件耐受边界决定，表现为运行韧性安全域。

当前电力电子变流器的设计和运行主要基于额定工作点小信号特性开展，变流器是否能在一定范围内安全运行不明，导致安全裕量难以量化，故障穿越等功能设计依赖仿真试验经验[53]。因此，基于并网变流器的非线性特性，准确刻画其安全运行边界有利于系统设计与运行控制。

电力电子并网变流器在电网故障扰动冲击下安全运行，不发生器件/控制结构损坏的能力可视为电力电子运行韧性。如图 1.12 所示，电力电子运行任性概念内涵包括三个方面：①电力电子并网变流器需要应对来自电网的故障扰动并保持稳定运行，不仅关注故障扰动后新的准稳态工作点的稳定性，还需要关注扰动发展、恢复等暂态过程中的稳定性。②电力电子并网变流器需要保持其器件/拓扑/调制结构的完整性，在故障扰动暂态过程中保障器件安全可靠，故障切除后能立即自主恢复运行。③对电力电子并网变流器运行状态进行评估，通过加载各类故障扰动工况求取其多尺度指标及安全裕度，应用硬件在环测试和全功率电网模拟测试手段进行验证。本书重点对①和②方面的问题进行阐述。

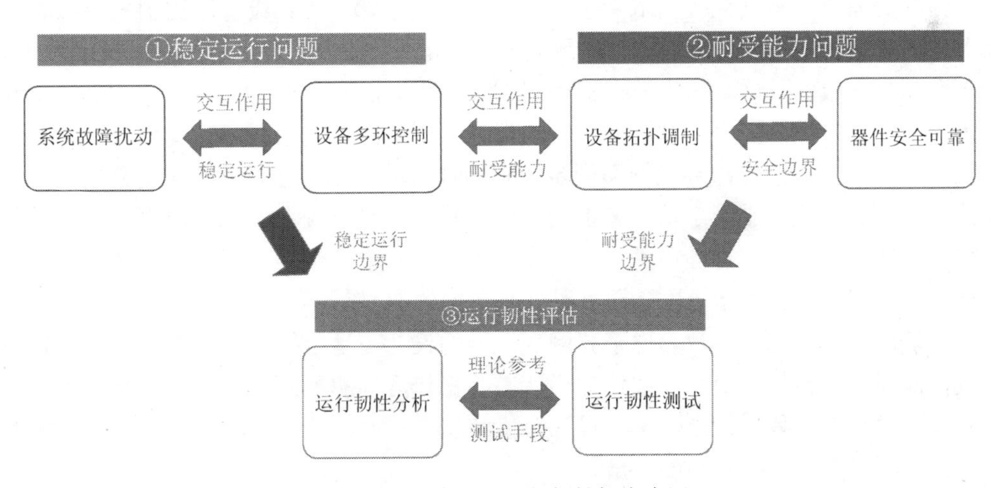

图 1.12　电力电子运行韧性概念内涵

综上，电力电子运行韧性与其他相关概念的区别与联系如表 1.1 所示。

表 1.1 相关概念的区别与联系

性能	定义	系统状态	边界界定	结果表达
电力系统安全性	电力系统受扰动后避免因失稳而发生停电事故的性能	稳态/暂态过程	电力系统暂态失稳	电力系统安全域（注入功率的集合）
电力系统韧性	对各类扰动做出主动预判与积极预备，快速恢复重要电力负荷，并能自我学习和持续提升	暂态过程	系统功能	韧性指标
电力电子可靠性	一定时间内，在一定条件下无故障执行指定功能的能力	稳态过程	器件老化疲劳失效	剩余寿命
电力电子鲁棒性	参数和结构摄动下系统的稳定性	稳态/暂态过程	系统结构和参数调整极限	鲁棒参数域
电力电子运行韧性	耐受电网故障扰动冲击的能力	暂态过程	多尺度指标体系	运行韧性安全域

1.4.2 电力电子并网变流器安全运行边界

根据运行韧性的概念，为增强电力电子并网变流器的运行韧性，必须确保其在故障扰动后具有足够的安全裕度，并保持一定的调节能力。因此，在变流器并网工作时，需要明确其安全运行边界，从而通过运行控制保证其处于安全运行边界内。当电网发生故障时，电力电子变流器并网点电压首先受到扰动，影响并网变流器与电网的同步运行，变流器的各控制环节发生响应并产生各种电磁脉冲，导致电力电子功率器件的电热应力变化，出现功率器件的过流烧坏、过压击穿以及过热等问题，最终使并网变流器完全失去运行韧性。

从时间尺度上看，并网变流器的控制包含系统层控制、设备层控制[54]，系统层控制主要考虑并网变流器与电网频率/相位同步，时间尺度为秒级以上；设备层控制主要考虑并网变流器电压电流控制，时间尺度为微秒到毫秒级；并网变流器底层还应具有开关调制策略，时间尺度在微秒级。因此，并网变流器运行韧性指标和安全运行边界也具有时间尺度特征，可分为系统-设备-器件三个层次。并网变流器在不同时间尺度层面下的安全运行边界示意图如图 1.13 所示。系统层边界为并网同步控制的吸引域，表现为频率/相角的稳定边界；设备层边界为电压电流控制稳定域，表现为小信号稳定边界及最大功率传输边界等；器件层边界可基于器件手册和可靠性模型分析，表现为器件安全工作区（注：为方便展示，各层边界均以二维坐标形式显示，实际边界可以是多维的）。

在目前的工程应用中，电力电子并网变流器的设计与运行往往考虑额定容量和某些特定工况，而对变流器处于受扰非线性运行状态的稳定运行能力刻画不足。此外，在变流器设计和运行时往往需要凭借经验选择设计余量和安全裕度，这种情况会造成器件利用率低下或在某些极端工况下安全裕度不足[53]。

当电网遭受故障冲击时，并网系统的同步能力、变流器的故障响应与器件短时失效之间存在关联，故障响应过程中并网系统的同步失稳，可能引起变流器中电压/电流/功率失稳，进而导致其桥臂中流过的电流大幅突增、开关器件两端电压明显变化甚至器件结温突增，

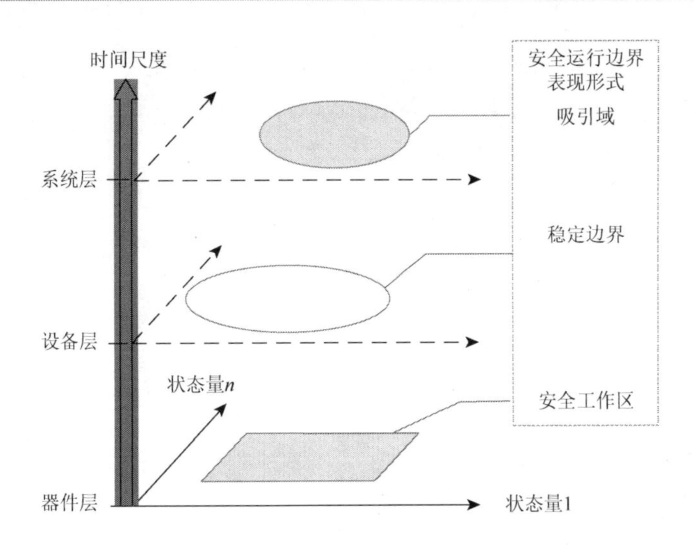

图 1.13 并网变流器安全运行边界示意图

引发电力电子器件的短时失效，而器件的短时失效使得变流器桥臂开关器件短路或者开路，变流器难以实现正常的交直流转换功能，影响并网系统的同步运行。系统的同步行为、变流器的响应与器件短时失效相互耦合，进一步加剧了系统的安全问题。

电网故障扰动下并网变流器的安全运行是一个系统问题，故障扰动将导致变流器内部复杂的动态行为，不同深度和不同持续时间的扰动引发变流器不同环节主导的响应。

虽然现有的研究水平已经可以分别从并网系统同步控制、变流器稳定控制和器件耐受冲击能力提高这几个方面提升并网系统的安全运行，但长期以来系统层面、设备层面与器件层面之间的研究未能充分关联，尚未有综合考虑这几个方面以推导并网电力电子变流器在电网故障下安全运行边界的工作。此项工作长期空白，导致并网电力电子变流器在电网扰动或故障冲击时，常因自身保护措施有限而退出运行，无法实现有效的电力系统安全性预防及紧急控制，而变流器中电力电子器件在设计与选择时也没有合适的筛选条件去保证其在电网故障下也能正常工作。因此，需要将电网故障下并网系统的运行安全问题、电力电子变流器的故障响应问题与电力电子器件的短时失效问题相结合，综合分析并提升并网变流器系统的耐受电网冲击、保持并恢复稳定运行的能力。

考虑到电网故障下并网电力电子变流器的故障耐受能力在系统层面主要与其同步环节影响下的运行行为相关，在设备层面主要取决于变流器各控制环节的稳定性，而在器件层面则主要取决于功率半导体对过电流及过热等瞬间冲击的耐受能力。因此，本书提出以运行韧性来描述电力电子并网变流器在故障后直至故障恢复时间段内，依据自身控制和器件极限动态调节运行范围保持并网和恢复正常运行的能力。并网电力电子变流器具备运行韧性即意味着其在电网扰动或故障下的响应过程中的运行行为不足以导致变流器系统失效。

图 1.14 给出了并网变流器运行韧性的分析框架。运行韧性分析是一项从并网系统到变流器设备再到功率器件层面的分析体系：系统层面主要考虑变流器对电网的同步能力、电网与变流器间交互作用等影响，根据电力系统安全分析，研究系统的安全问题及运行边界；设备层面主要考虑电力电子变流器的控制、调制以及保护限幅等环节的响应特性，通过稳

定性分析等方法，研究电网故障下变流器各控制环节的稳定性及稳定边界；而器件层面则主要考虑器件耐压耐流、功率损耗以及器件温升等耐受极限，通过器件失效分析，判断器件是否失效并推导器件短时失效边界。

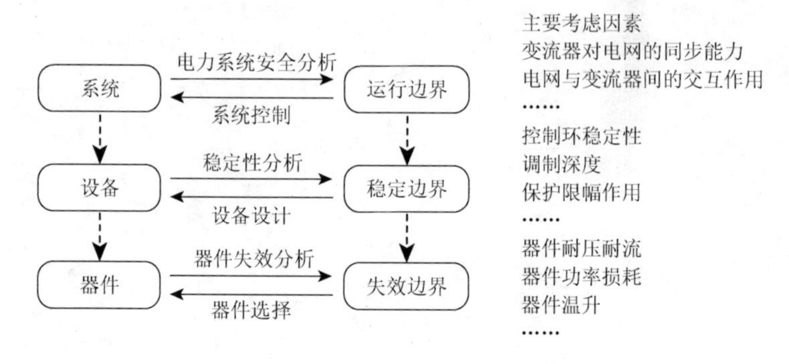

图 1.14 并网变流器运行韧性的分析框架

第 2 章

电力电子并网变流器及其控制

随着新能源的大规模并网，越来越多的电力电子变流器被用作新能源系统与交流电网的接口。与传统的高惯性同步机电源系统不同，非同步机电源的广泛渗透，使得传统电力系统的结构与运行特性发生变化。以并网变流器为代表的元器件及其控制策略，直接决定了新能源并网系统是否能够安全、稳定运行。

在并网逆变系统中，按照控制方式，并网变流器可以分为电压源变流器、电流源变流器；按照相数，可以分为单相变流器、三相变流器；按照输出电平数，可以分为二电平变流器、三电平变流器等。不同的并网变流器拓扑结构及其原理可以参考电力电子技术相关教材，本章选取分布式新能源发电、电能质量治理中常用的三相两电平电压源变流器和大功率新能源发电、直流输电中常用的模块化多电平变流器，分别对其模型和控制进行介绍与系统建模。

2.1 电压源变流器概述

2.1.1 电压源变流器拓扑结构

图 2.1 给出了一个三相电压源变流器的拓扑结构。其中，i_{dc}为直流侧注入电流，C为直流侧稳压电容，v_{dc}为直流电压，$s_{a+/b+/c+}$、$s_{a-/b-/c-}$分别为桥式电路的 6 个 IGBT 桥臂，$v_{ka/kb/kb}$分别为三相桥臂输出电压，R 为输出滤波器电感及死区等综合因素的等效阻尼，L_f为滤波电感，$i_{a/b/c}$、$v_{sa/sb/sc}$分别为变流器滤波出口 a、b、c 三相电流、电压，变流器经过变压器与交流母线相连接。

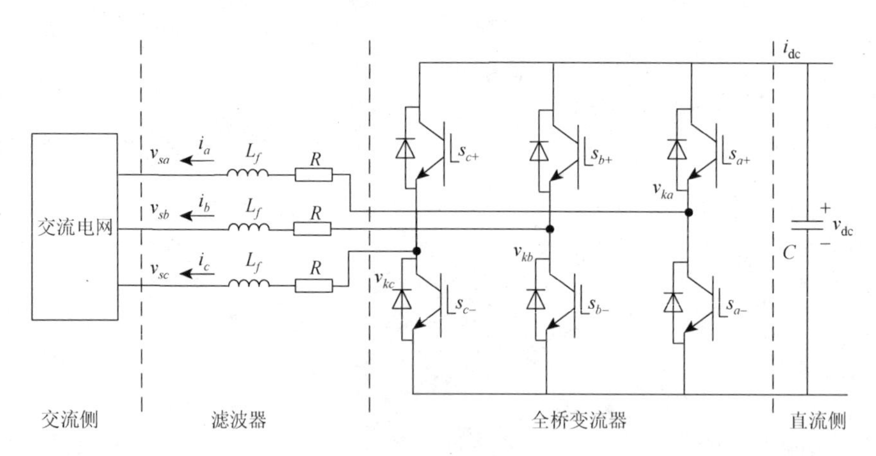

图 2.1 三相电压源变流器的拓扑结构

当直流侧为电压源或并联大电容时，直流侧电压基本无脉动，此时变流器为电压源变流器；当直流侧串联一个大电感时，电流脉动很小，此时直流侧可看作直流电流源，此变流器为电流源型变流器。如图 2.1 所示的三相逆变电路直流侧则与大电容并联，是典型的电压源型逆变电路。

在新能源发电系统中，以风电、光伏发电为例，在直驱永磁风力发电系统以及光伏发电系统中，前级整流器往往采用输出功率随风速、光照强度变化的最大功率点跟踪（maximum power point tracking，MPPT）控制，后级变流器采用电压定向矢量控制。

考虑到风速、光照强度变化的时间尺度远大于变流器的动态响应时间尺度，在对并网变流器控制环路进行分析时，可以认为风速、光照强度恒定，进而变流器直流侧的输入功率可以视作恒定。因此，图 2.1 所示变流器直流侧的前级系统可以等效为一个恒功率源（constant power source，CPS）。

为了抑制开关器件采用脉宽调制（pulse width modulation，PWM）带来的高次谐波，变流器桥臂与交流电网之间需要增设滤波环节。滤波往往采用 L 滤波、LC 滤波、LCL 滤波三种形式，分别如图 2.2（a）、（b）、（c）所示。

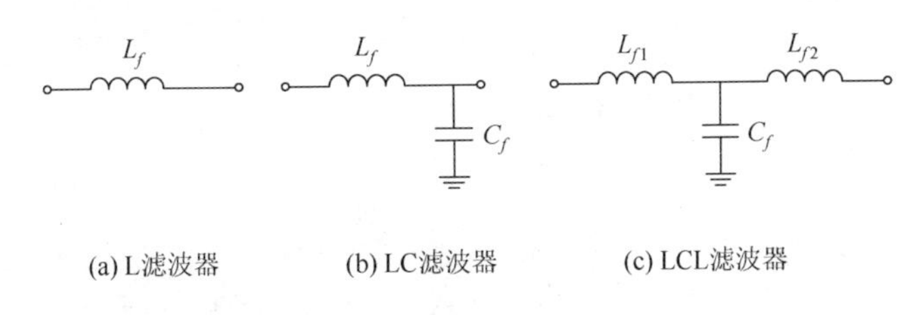

图 2.2 滤波形式

L 滤波具有一阶滤波特性，结构简单，控制容易实现。随着输送功率等级的提高，开关频率往往设置得较低，以降低开关损耗，为了进一步抑制电流谐波，需要相应增大电感值，随之而来的是体积的增大以及成本的提高。此外，滤波电感的增大会增加系统的惯性，电流环动态响应速度下降；电感的压降增大，需要进一步增加直流电压。

LC 滤波为二阶滤波，相比于 L 滤波，滤波效果较好。其结构简单，适合于中高功率等级，在小功率场合也有较多应用。

LCL 滤波具有三阶低通滤波特性，滤波效果好，在同等开关频率的电流谐波条件下，LCL 滤波可以采用较小的电感设计，从而降低滤波器的损耗、体积以及成本。但是，当 LCL 滤波、LC 滤波在某一频率范围内时，系统可能产生谐振，影响系统的稳定性。针对谐振问题，可以通过增大系统阻尼（无源阻尼、有源阻尼）进行解决。

2.1.2 电压源变流器主电路数学模型

用 $\boldsymbol{U}_{kabc}$ 表示并网变流器桥臂三相输出电压，$\boldsymbol{U}_{sabc}$ 表示无限大电网的三相电压，$\boldsymbol{I}_{abc}$ 表示线路三相电流，$\boldsymbol{X}_{abc}$ 统一表示三相电压/电流在 abc 坐标系下的电气量，即 $\boldsymbol{X}_{abc}=[x_a, x_b, x_c]^{\mathrm{T}}$，则图 2.1 所示变流器主电路存在以下数学关系：

$$\boldsymbol{U}_{sabc}-\boldsymbol{U}_{kabc}=\boldsymbol{I}_{abc}R+L_f\frac{\mathrm{d}\boldsymbol{I}_{abc}}{\mathrm{d}t} \tag{2.1}$$

在基于矢量定向的并网变流器控制策略中，涉及不同坐标系之间的变换，这些坐标系主要有两相旋转坐标系（dq 坐标系）、两相静止坐标系（$\alpha\beta$ 坐标系）以及三相静止坐标系（abc 坐标系），因此需要明确电气量在不同坐标系之间的变换关系。dq 变换是在 Clark（克拉克）变换的基础上经过 Park（派克）变换，如式（2.2）和式（2.3）所示。

$$\boldsymbol{X}_{dq}=\boldsymbol{T}_{\alpha\beta\to dq}\boldsymbol{T}_{abc\to\alpha\beta}\boldsymbol{X}_{abc} \tag{2.2}$$

$$\boldsymbol{T}_{abc\to dq}=\boldsymbol{T}_{\alpha\beta\to dq}\boldsymbol{T}_{abc\to\alpha\beta} \tag{2.3}$$

式中，$\boldsymbol{X}_{abc}$ 表示三相电压在 abc 坐标系下的电气量矩阵；$\boldsymbol{X}_{dq}$ 表示三相电压在 dq 坐标系下的电气量矩阵；$\boldsymbol{T}_{abc\to dq}$ 表示 dq 变换（将 abc 三相坐标系变换为 dq 两相旋转坐标系）；$\boldsymbol{T}_{ab\to dq}$ 表示 Park 变换（将 $\alpha\beta$ 两相静止坐标系变换为 dq 两相旋转坐标系）；$\boldsymbol{T}_{abc\to\alpha\beta}$ 表示 Clark 变换（将 abc 三相坐标系变换为 $\alpha\beta$ 两相静止坐标系），具体如式（2.4）所示。

$$\boldsymbol{T}_{abc\to\alpha\beta}=\lambda\begin{bmatrix}1 & -\dfrac{1}{2} & -\dfrac{1}{2}\\ 0 & \dfrac{\sqrt{3}}{2} & -\dfrac{\sqrt{3}}{2}\end{bmatrix} \tag{2.4}$$

式中，等功率 Clark 变换，对应 $\lambda=\sqrt{2/3}$；等幅值 Clark 变换，对应 $\lambda=2/3$。假设 PCC 电压的估计相角为 θ_{PLL}，其一阶导为 ω_{PLL}，Park 变换如式（2.5）所示。

$$\boldsymbol{T}_{\alpha\beta\to dq}=\begin{bmatrix}\cos\theta_{\mathrm{PLL}} & \sin\theta_{\mathrm{PLL}}\\ -\sin\theta_{\mathrm{PLL}} & \cos\theta_{\mathrm{PLL}}\end{bmatrix} \tag{2.5}$$

基于式（2.3）～式（2.5），可以得到

$$\boldsymbol{T}_{abc\to dq}=\lambda\begin{bmatrix}\cos\theta_{\mathrm{PLL}} & \cos(\theta_{\mathrm{PLL}}-2\pi/3) & \cos(\theta_{\mathrm{PLL}}+2\pi/3)\\ -\sin\theta_{\mathrm{PLL}} & -\sin(\theta_{\mathrm{PLL}}-2\pi/3) & -\sin(\theta_{\mathrm{PLL}}+2\pi/3)\end{bmatrix} \tag{2.6}$$

基于式（2.2）和式（2.3）以及式（2.6），式（2.1）可转化为

$$\boldsymbol{U}_{sdq}-\boldsymbol{U}_{kdq}=L_f\begin{bmatrix}0 & -\omega_{\mathrm{PLL}}\\ \omega_{\mathrm{PLL}} & 0\end{bmatrix}\boldsymbol{I}_{dq}+L_f\frac{\mathrm{d}\boldsymbol{I}_{dq}}{\mathrm{d}t}+\boldsymbol{I}_{dq}R \tag{2.7}$$

当忽略线路电阻以及滤波电感内阻时，式（2.7）可最终写成

$$\begin{cases}u_{sd}=L_f\dfrac{\mathrm{d}i_d}{\mathrm{d}t}-\omega_{\mathrm{PLL}}L_f i_q+u_{kd}\\ u_{sq}=L_f\dfrac{\mathrm{d}i_q}{\mathrm{d}t}+\omega_{\mathrm{PLL}}L_f i_d+u_{kq}\end{cases} \tag{2.8}$$

2.1.3 电压源变流器控制

VSC 的控制环路一般包括电压外环、电流内环、锁相环。在弱电网条件下，需要进一步考虑弱电网阻抗，跟踪型并网变流器系统典型主电路及控制环路，如图 2.3 所示。其中，VSC 模块为电压源变流器等效电路，Network 模块为电网侧等效电路，PLL 模块

为锁相环控制框图，DVC（DC-link voltage control）模块为直流环路电压控制，TVC（terminal voltage control）模块为终端电压控制，ACC（alternating current control）模块为交流电流控制。

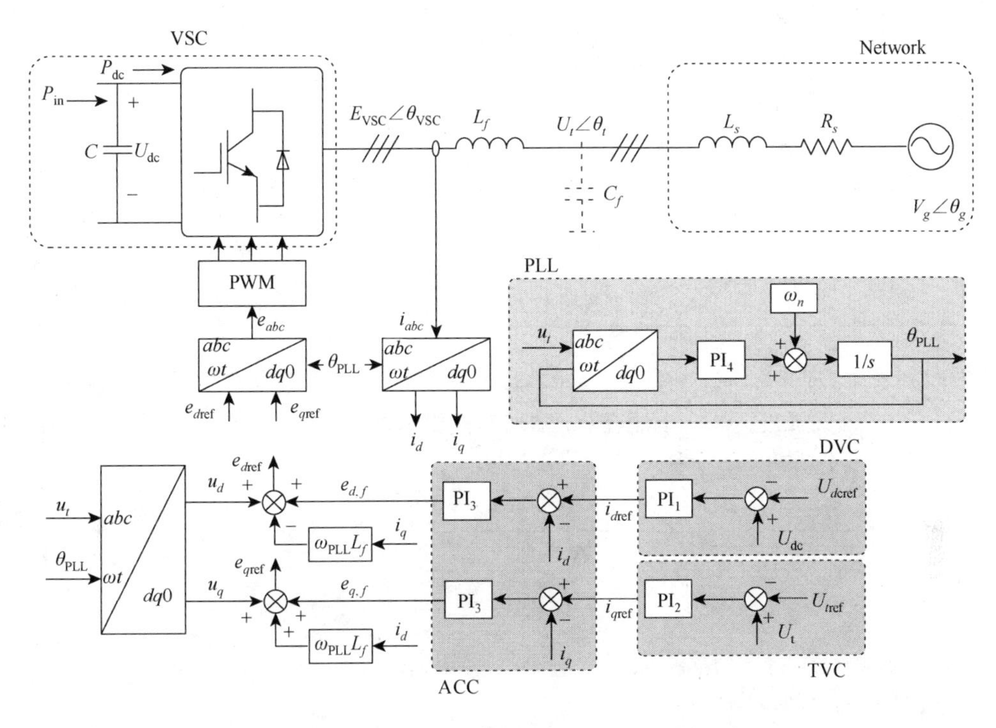

图 2.3　并网变流器系统典型主电路及控制环路

在图 2.3 中，P_{in} 为恒功率输入，C 为稳压电容，U_{dc} 为直流侧电压，E_{VSC}、θ_{VSC}、u_t、θ_t、V_g、θ_g 分别为变流器桥臂输出电压、PCC 采集的电压以及电网电压幅值和相位。L_f、C_f 分别为滤波电感、滤波电容，L_s、R_s 分别为弱电网等效电感、电阻。i_{abc} 为采集的三相电流，i_d 为电流的 d 轴分量，i_q 为电流的 q 轴分量，u_t 为采集的 PCC 的三相电压，u_d 为 PCC 电压的 d 轴分量，u_q 为 PCC 电压的 q 轴分量。θ_{PLL} 为锁相环的估计相角，ω_n 为电网的固有角频率，一般情况下其值为 100 π。$U_{d\mathrm{cref}}$ 为直流电压参考值，$U_{t\mathrm{ref}}$ 为终端电压参考值，$i_{d\mathrm{ref}}$、$i_{q\mathrm{ref}}$ 分别为直流环路电压调节、终端电压调节输出的 d 轴电流参考值与 q 轴电流参考值，$e_{d\mathrm{ref}}$、$e_{q\mathrm{ref}}$ 分别为 PWM 调制的 d 轴、q 轴参考电压。控制环路采用 PI 调节。

在研究控制环路的动态特性时，$\omega_{\mathrm{PLL}} \neq \omega_n$，考虑到幅值和角频率的时变特性，需要将终端电压、线路电流以及电网电压等电气量看作时变相量，其关系如图 2.4 所示。其中，$\alpha\beta$ 为两相静止坐标系，dq 为同步旋转坐标系，旋转角频率为 ω_{PLL}，d 轴与 α 轴相角差为 θ_{PLL}。

并网变流器的并网原理，往往是通过采集并网点的电压矢量，通过控制环路计算出变流器桥臂输出电压的指令值，进而经由 SPWM 或 SVPWM，使得并网变流器桥臂输出对应的电压矢量，这种控制方式统称为电压矢量定向控制。当以电网电压矢量

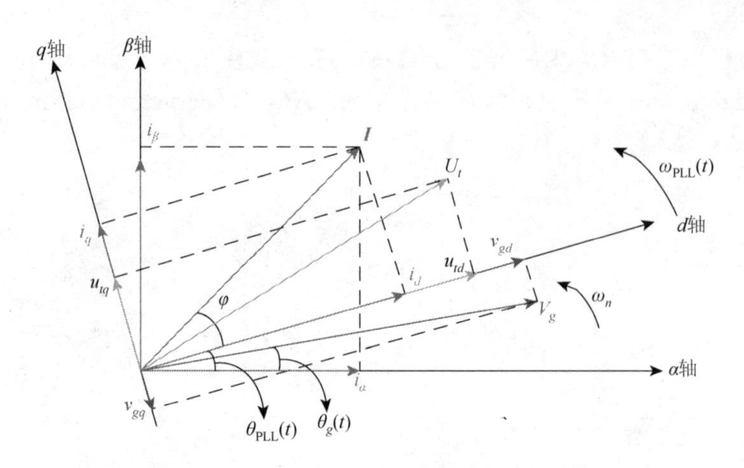

图 2.4 终端电压、线路电流以及电网电压时变关系示意图

$\boldsymbol{V}_g$ 的方向为 d 轴方向时，$v_{gd}=V_g$，$v_{gq}=0$。若电网为弱电网，则 PCC 变流器的输出电流为 $\boldsymbol{I}$，相位超前 d 轴的弧度为 φ，电流在 dq 轴上的投影分比为 i_d、i_q，则可以得到变流器的瞬时有功功率 p 和无功功率 q 分别为

$$\begin{cases} p=\dfrac{3}{2}(e_d i_d+e_q i_q) \\ q=\dfrac{3}{2}(e_d i_q-e_q i_d) \end{cases} \tag{2.9}$$

假定直流侧输入的有功功率为恒定值 P_{in}，采用恒功率控制，不考虑电网电压的波动且忽略变流器的功率损耗，则存在

$$C_{\mathrm{dc}}U_{\mathrm{dc}}\dot{U}_{\mathrm{dc}}=P_{\mathrm{in}}-P_{\mathrm{dc}}=P_{\mathrm{in}}-\frac{3}{2}(e_d i_d+e_q i_q) \tag{2.10}$$

为了表达方便，参考文献[55]中的表示方法，当 $u(t)$为 PI 控制器的输入，$y(t)$为输出时，k_p 为比例增益，k_i 为积分增益，τ 为积分时间常数，则有以下关系：

$$y(t)=k_p u(t)+k_i\int_0^t u(t)\mathrm{d}t=k_p\left[u(t)+\frac{1}{\tau}\int_0^t u(t)\mathrm{d}t\right] \tag{2.11}$$

式中，$k_i=\tau k_p$。记状态量 $x(t)$与 $u(t)$存在以下关系：

$$x(t)=\frac{1}{\tau}\int_0^t u(t)\mathrm{d}t \tag{2.12}$$

则式（2.12）可以进一步表示为

$$\begin{cases} \dot{x}=\dfrac{1}{\tau}u(t) \\ y(t)=k_p[u(t)+x(t)] \end{cases} \tag{2.13}$$

1. DVC

直流电压环的作用是稳定或者调节直流电压，引入直流电压反馈并通过 PI 控制器进行调节，可以实现直流电压的无静差控制。将变流器直流侧的直流电压与直流电压参考值

U_{dcref}进行比较，由 PI 控制器进行调节，进而得到 d 轴电流参考值。直流电压环的输出即为 d 轴电流参考值 i_{dref}，其数学表达式为

$$\begin{cases} \dot{x}_1 = \dfrac{1}{\tau_1}(U_{dc} - U_{dcref}) \\ i_{dref} = k_{p1}(U_{dc} - U_{dcref} + x_1) \end{cases} \tag{2.14}$$

式中，$\tau_1 = \dfrac{k_{p1}}{k_{i1}}$，$k_{p1}$、$k_{i1}$ 分别为直流电压环 PI 调节的比例增益、积分增益。

2. TVC

交流电压环的作用是稳定或者调节并网点的交流电压。将 PCC 采集的实际电压幅值 U_t 与终端电压参考值 U_{tref} 进行比较，由 PI 控制器进行调节，进而得到 q 轴电流参考值。交流电压环的输出为 q 轴电流的参考值 i_{qref}，其数学表达式为

$$\begin{cases} \dot{x}_2 = \dfrac{1}{\tau_2}(U_t - U_{tref}) \\ i_{qref} = k_{p2}(U_t - U_{tref} + x_2) \end{cases} \tag{2.15}$$

式中，$\tau_2 = \dfrac{k_{p2}}{k_{i2}}$，$k_{p2}$、$k_{i2}$ 分别为交流电压环 PI 调节的比例增益、积分增益。在一些并网变流器的控制中，可以忽略交流电压环，直接给定 q 轴电流参考值。

3. AAC

电流内环是在 dq 同步旋转坐标系下进行控制的，将线路实际采样电流的 dq 分量，分别与由 DVC、TVC 输出的电流 dq 分量参考值 i_{dref}、i_{qref} 进行比较，由 PI 控制器实现直流无静差调节，从而使电流实际值跟随指令值。d 轴、q 轴动态电流可以分别用 $e_{d,f}$、$e_{q,f}$ 表示；电流环采用前馈解耦的电流控制，基于前馈解耦的电流控制可以实现电流 d 轴、q 轴分量的解耦，其数学模型如下：

$$\begin{cases} \dot{x}_{3d} = \dfrac{1}{\tau_3}(i_{dref} - i_d) \\ e_{d,f} = k_{p3}(i_{dref} - i_d + x_{3d}) \end{cases} \tag{2.16}$$

$$\begin{cases} \dot{x}_{3q} = \dfrac{1}{\tau_3}(i_{qref} - i_q) \\ e_{q,f} = k_{p3}(i_{qref} - i_q + x_{3q}) \end{cases} \tag{2.17}$$

式中，$\tau_3 = \dfrac{k_{p3}}{k_{i3}}$，进一步对电流环进行解耦，得到

$$\begin{cases} L_f \dfrac{\mathrm{d}i_d}{\mathrm{d}t} = k_{p3}(i_{dref} - i_d + x_{3d}) \\ L_f \dfrac{\mathrm{d}i_q}{\mathrm{d}t} = k_{p3}(i_{qref} - i_q + x_{3q}) \end{cases} \tag{2.18}$$

基于式（2.18）以及式（2.8）所示的主电路方程，可以写出图 2.3 所示拓扑的主电路方程：

$$\begin{cases} u_{td} = k_{p3}(i_{d\text{ref}} - i_d + x_{3d}) - \omega_{\text{PLL}} L_f i_q + e_d \\ u_{tq} = k_{p3}(i_{q\text{ref}} - i_q + x_{3q}) + \omega_{\text{PLL}} L_f i_d + e_q \end{cases} \tag{2.19}$$

$i_{d\text{ref}}$、$i_{q\text{ref}}$也可以直接通过功率控制环路实现，当 $\theta_{\text{PLL}} = \theta_t$、$u_{tq} = 0$ 时，功率控制框图如图 2.5（a）所示；当 θ_{PLL} 与 θ_t 不相等，或者需要考虑锁相环的动态特性时，功率控制环路如图 2.5（b）所示。

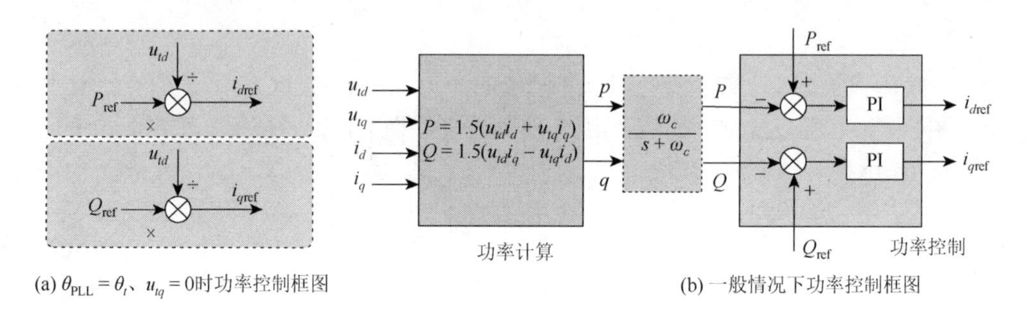

(a) $\theta_{\text{PLL}} = \theta_t$、$u_{tq} = 0$时功率控制框图　　(b) 一般情况下功率控制框图

图 2.5　功率控制框图

在图 2.5（a）中，恒存在 $\theta_{\text{PLL}} = \theta_t$、$u_{tq} = 0$，因此可以根据有功功率、无功功率参考值，直接计算出电流 dq 轴参考值。当需要考虑锁相环的动态响应时，需要计算瞬时功率，将其与指令值进行比较，并经过 PI 调节，进而得到电流 d 轴、q 轴参考值。在图 2.5（b）中，通过瞬时功率表达式计算出 p、q，并通过一阶滤波器，得到平均有功功率 P、平均无功功率 Q，控制环路中的电气量存在以下关系：

$$\begin{cases} \dot{x}_P = \dfrac{1}{\tau_P}(P_{\text{ref}} - P) \\ i_{d\text{ref}} = k_p(P_{\text{ref}} - P + x_P) \end{cases} \tag{2.20}$$

$$\begin{cases} \dot{x}_Q = \dfrac{1}{\tau_Q}(Q_{\text{ref}} - Q) \\ i_{q\text{ref}} = k_q(Q_{\text{ref}} - Q + x_Q) \end{cases} \tag{2.21}$$

2.1.4　脉宽调制

PWM 的基本原理是面积等效原理，即面积相等而形状不同的窄脉冲加在具有惯性的环节上时，其效果基本相同。因此，对于调制信号，可以将其看作 N 等份彼此相连的脉冲序列，脉冲宽度相等，但幅值不相等，如果将该脉冲序列用相同数量的等幅不等宽的矩形脉冲代替，使其中点重合，面积对应相等，即可得到 PWM 波形。

在并网变流器系统的 PWM 调制模块中，SPWM 与 SVPWM 是两种常用的调制方式。如果调制信号是正弦波形，载波是高频三角波，经调制得到的脉冲宽度将会按正弦规律变化，这种 PWM 波形也称为正弦脉宽调制波形。空间矢量脉宽调制的基本思想是利用逆变电路的开关模式进行线性组合，从而逼近期望输出的电压矢量，与 SPWM 技术相比，SVPWM 技术具有直流电压利用率高、高频调制下谐波含量低等优势。

1. SPWM

记正弦波调制信号为式（2.22），其频率为 $\omega = 2\pi f$，三角波载波信号为 $v_c(\omega_s t)$，其频率为 $\omega_s = 2\pi f_s$。SPWM 通过比较正弦波调制信号与三角波载波信号实现脉宽调制，载波信号决定开关的状态，如图 2.6 所示。功率器件的开关频率等于载波频率。

$$v_a^{\text{ref}}(\omega t) = V_m^{\text{ref}} \sin(\omega t) \tag{2.22}$$

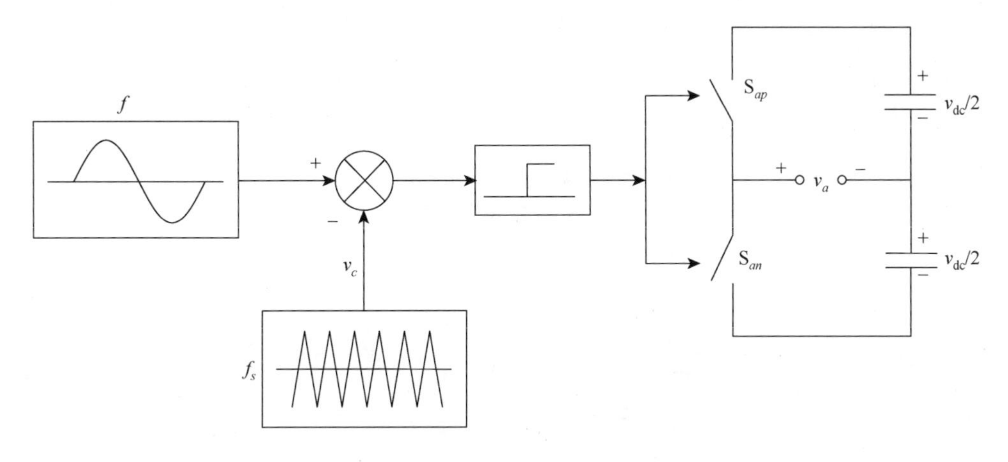

图 2.6　正弦波脉宽调制控制示意图

若 $v_a^{\text{ref}}(\omega t) > v_c(\omega_s t)$，桥臂 S_{ap} 导通，则逆变桥输出电压为 $v_a(\omega t) = v_{dc}/2$（v_{dc} 为变流器直流侧电压）；若 $v_a^{\text{ref}}(\omega t) \leqslant v_c(\omega_s t)$，桥臂 S_{an} 导通，则逆变桥输出电压为 $v_a(\omega t) = -v_{dc}/2$。$v_a(\omega t)$ 为正弦波脉宽调制出的波形，如图 2.7 所示。$v_a(\omega t)$ 的基波电压分量为

$$V_{a1} = \frac{v_{dc}}{2}\frac{V_m^{\text{ref}}}{V_c} \tag{2.23}$$

式中，V_{a1} 为 a 相电压基波分量幅值；V_c 为载波信号幅值。

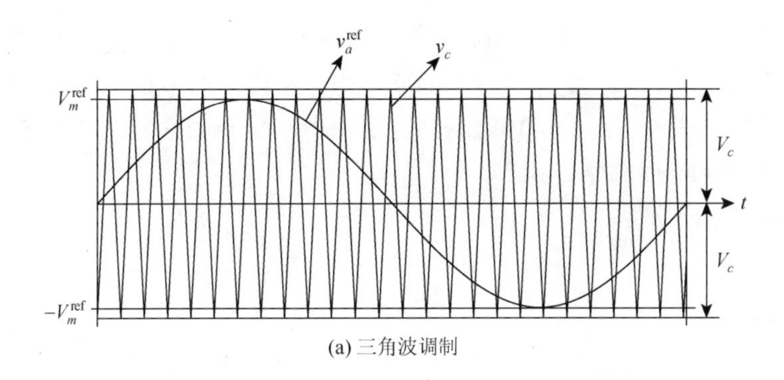

(a) 三角波调制

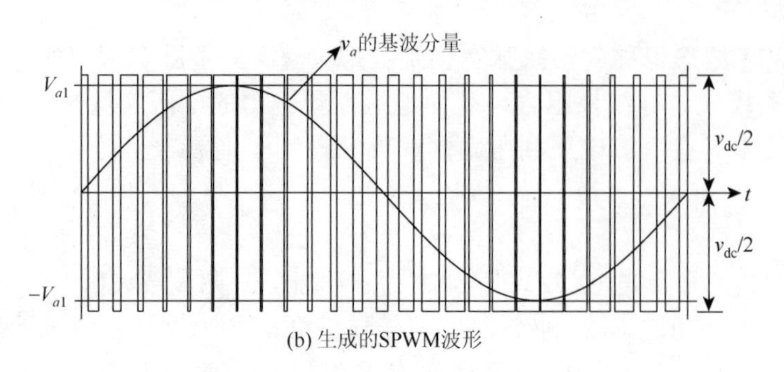

(b) 生成的SPWM波形

图 2.7 正弦波脉宽调制信号波形

图 2.8 为三相桥式 PWM 逆变电路，采用如图 2.7 所示的双极性控制方式。a、b、c 三相的 PWM 控制公用三角波载波信号 $v_c(\omega_s t)$，三相的调制信号 v_{ra}、v_{rb}、v_{rc} 依次相差 120°，N'为直流电源的假设中点。以 a 相为例，当 $v_{rU}>v_c$ 时，给桥臂 S_1 施加导通信号，给桥臂 S_4 施加关断信号，则 $v_{aN'}=v_{dc}/2$；当 $v_{ra}<v_c$ 时，给桥臂 S_4 施加导通信号，给桥臂 S_1 施加关断信号，则 $v_{aN'}=-v_{dc}/2$。当给 $S_1(S_4)$施加导通信号时，可能使 $S_1(S_4)$导通，或者二极管 $D_1(D_2)$续流导通，这取决于阻感负载中电流的方向。

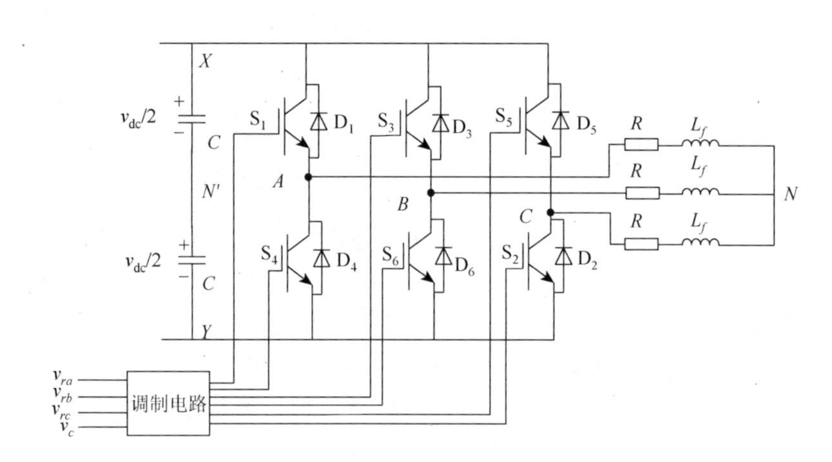

图 2.8 三相桥式 PWM 逆变电路

2. SVPWM

PWM 控制往往是使变流器的输出电压尽量接近正弦波，在用于交流电动机驱动的各种变频器中使用十分广泛，而在交流电动机的驱动中，最终目的不是使输出电压为正弦波，而是使电动机的磁链成为圆形的旋转磁场，进而使电动机产生恒定的电磁转矩。因此，需要进一步介绍 SVPWM 技术。

三相电压存在以下关系：

$$\begin{cases} v_{aN}=v_{aY}+v_{YN}=S_a v_{dc}+v_{YN} \\ v_{bN}=v_{bY}+v_{YN}=S_b v_{dc}+v_{YN} \\ v_{cN}=v_{cY}+v_{YN}=S_c v_{dc}+v_{YN} \end{cases} \tag{2.24}$$

式中，S_a、S_b、S_c是开关布尔变量，并定义为

$$S_a,S_b,S_c=\begin{cases}1, & \text{上桥臂导通}\\0, & \text{上桥臂关断}\end{cases} \tag{2.25}$$

对三相开关的导通状态进行组合，可以得到 8 种工作状态，分别为 S_6、S_1、S_2导通，S_1、S_2、S_3导通，S_2、S_3、S_4导通，S_3、S_4、S_5导通，S_4、S_5、S_6导通，S_5、S_6、S_1导通，S_1、S_3、S_5导通以及 S_2、S_4、S_6导通。根据布尔变量，这 8 种工作状态可以依次表述为 100、110、010、011、001、101、111 以及 000。前 6 种工作状态有输出电压，属于有效工作状态，后两种工作状态没有输出电压，为零工作状态。

当三相电压平衡时，存在

$$v_{aN}+v_{bN}+v_{cN}=0 \tag{2.26}$$

根据式（2.24）与式（2.26），可以得到 v_{YN}的表达式为

$$v_{YN}=-\frac{S_a+S_b+S_c}{3}v_{\mathrm{dc}} \tag{2.27}$$

将式（2.27）代入式（2.24），可以得到

$$\begin{cases}v_{aN}=\left(S_a-\dfrac{S_a+S_b+S_c}{3}\right)v_{\mathrm{dc}}\\v_{bN}=\left(S_b-\dfrac{S_a+S_b+S_c}{3}\right)v_{\mathrm{dc}}\\v_{cN}=\left(S_c-\dfrac{S_a+S_b+S_c}{3}\right)v_{\mathrm{dc}}\end{cases} \tag{2.28}$$

将相电压转换到两相静止坐标系下，可以得到

$$\begin{bmatrix}X_\alpha\\X_\beta\end{bmatrix}=\frac{2}{3}\begin{bmatrix}1 & -\dfrac{1}{2} & -\dfrac{1}{2}\\0 & \dfrac{\sqrt{3}}{2} & -\dfrac{\sqrt{3}}{2}\end{bmatrix}\begin{bmatrix}\left(S_a-\dfrac{S_a+S_b+S_c}{3}\right)v_{\mathrm{dc}}\\\left(S_b-\dfrac{S_a+S_b+S_c}{3}\right)v_{\mathrm{dc}}\\\left(S_c-\dfrac{S_a+S_b+S_c}{3}\right)v_{\mathrm{dc}}\end{bmatrix}=\frac{1}{3}v_{\mathrm{dc}}\begin{bmatrix}2S_a-S_b-S_c\\\sqrt{3}(S_b-S_c)\end{bmatrix} \tag{2.29}$$

将式（2.29）写成复数形式，为

$$X_\alpha+\mathrm{j}X_\beta=\frac{1}{3}v_{\mathrm{dc}}[(2S_a-S_b-S_c)+\mathrm{j}\sqrt{3}(S_b-S_c)] \tag{2.30}$$

基于式（2.30），变流器的 8 种工作状态的电压矢量可以表示为

$$
\begin{cases}
\boldsymbol{v}_1 = \dfrac{2}{3}\boldsymbol{v}_{\mathrm{dc}}, & 100 \\
\boldsymbol{v}_2 = \dfrac{1}{3}\boldsymbol{v}_{\mathrm{dc}}(1+\sqrt{3}\mathrm{j}) = \dfrac{2}{3}\boldsymbol{v}_{\mathrm{dc}}\mathrm{e}^{\mathrm{j}\frac{\pi}{3}}, & 110 \\
\boldsymbol{v}_3 = \dfrac{1}{3}\boldsymbol{v}_{\mathrm{dc}}(-1+\sqrt{3}\mathrm{j}) = \dfrac{2}{3}\boldsymbol{v}_{\mathrm{dc}}\mathrm{e}^{\mathrm{j}\frac{2\pi}{3}}, & 010 \\
\boldsymbol{v}_4 = -\dfrac{2}{3}\boldsymbol{v}_{\mathrm{dc}}, & 011 \\
\boldsymbol{v}_5 = \dfrac{1}{3}\boldsymbol{v}_{\mathrm{dc}}(-1-\sqrt{3}\mathrm{j}) = \dfrac{2}{3}\boldsymbol{v}_{\mathrm{dc}}\mathrm{e}^{-\mathrm{j}\frac{2\pi}{3}}, & 001 \\
\boldsymbol{v}_6 = \dfrac{1}{3}\boldsymbol{v}_{\mathrm{dc}}(1-\sqrt{3}\mathrm{j}) = \dfrac{2}{3}\boldsymbol{v}_{\mathrm{dc}}\mathrm{e}^{-\mathrm{j}\frac{\pi}{3}}, & 101 \\
\boldsymbol{v}_0 = \boldsymbol{v}_7 = 0, & 000/111
\end{cases}
\tag{2.31}
$$

图 2.9 给出了变流器 8 种工作状态电压矢量示意图。平面被 6 个有效矢量分为 6 个区域，两个相邻有效矢量之间的区域称为扇区，每个扇区占据 60°范围。由于三相桥中只有 8 个独立的基本矢量，基于面积等效原理可以得到参考旋转电压矢量 $\boldsymbol{v}_{\mathrm{ref}}$。通过选择具有一定动作持续时间的基本矢量，可以等效地合成每个切换周期的参考电压矢量，所有持续时间之和等于切换周期。

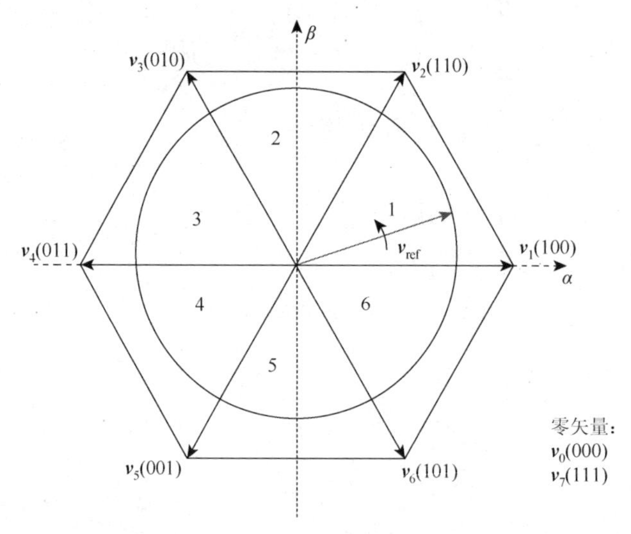

图 2.9　变流器 8 种工作状态电压矢量示意图

2.2　模块化多电平变流器概述

2.2.1　模块化多电平变流器拓扑结构

模块化多电平变流器的通用拓扑结构如图 2.10 所示。其中，电阻 R_0 代表整个桥臂损耗的等效电阻，L_0为桥臂电抗器。i_{sj}为j相交流电流（j代表abc三相中的某一相，$j=\{a, b, c\}$），同一桥臂所有子模块构成的桥臂电压为u_{uj}或u_{lj}（其中，下标u代表上桥臂，l代表下桥臂），流过桥臂的电流为i_{uj}或i_{lj}，v_{dc}为直流电压，i_{dc}为直流侧电流。并网变流器的每个桥臂由n个子模块SM组成，用k表示子模块序号，$k=\{1, 2, \cdots, n\}$。子模块SM结构如图2.10（b）所示，C为子模块电容，U_C代表子模块电容电压。

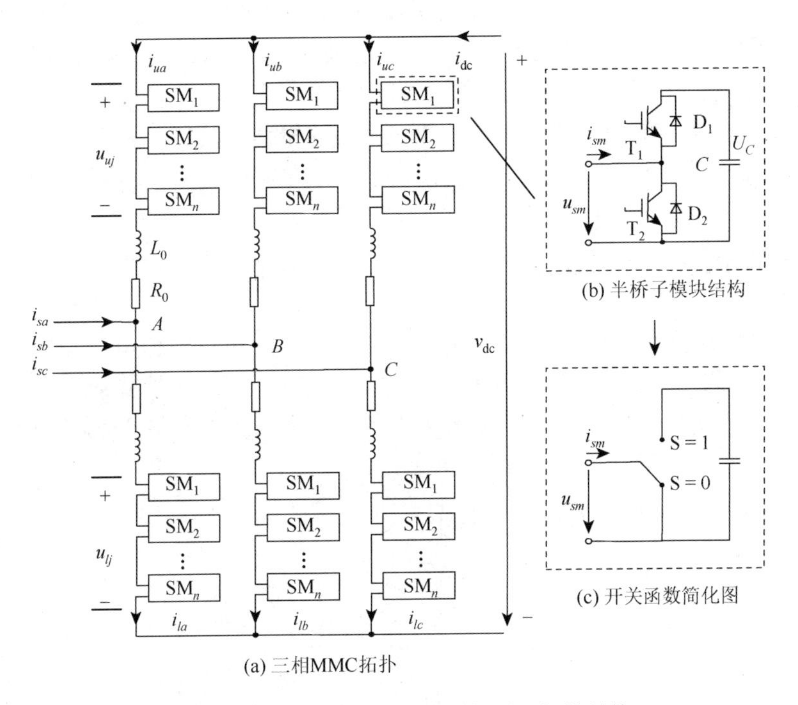

(a) 三相MMC拓扑

图2.10 模块化多电平变流器的通用拓扑结构

图2.10所示的横块化多电平变流器的拓扑结构包括三个相单元，每个相单元包含上、下桥臂。每个桥臂由n个相同的子模块串联而成，其中，子模块可以为半桥型子模块、双钳位型子模块、全桥型子模块三者中的一种，分别如图2.10（b）、图2.11（a）、图2.11（b）所示。并网变流器的交流相电流、桥臂电流以及直流电流的参考正方向如图2.10中箭头所示。

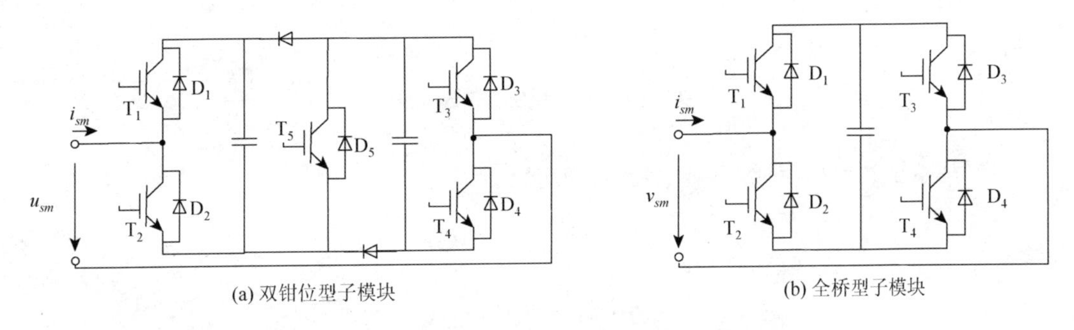

(a) 双钳位型子模块

(b) 全桥型子模块

图2.11 双钳位型子模块与全桥型子模块的拓扑结构

半桥型子模块由两组 IGBT 及续流二极管和储能电容 C 组成，由 IGBT 与二极管各自的导通条件可知，不论流入子模块的电流方向如何，该子模块是否投入并网变流器桥臂，仅由可控器件 T_1 和 T_2 决定。为了防止子模块电容发生直通故障，T_1 与 T_2 在稳态运行时的开关状态必须互补。与半桥型子模块相比，双钳位型子模块额外增加的开关器件增强了子模块的控制灵活性，并使得并网变流器具备了直流故障短路电流切断能力。但是，双钳位型子模块无法解决传统 LCC-HVDC 构造多端直流输电网络时潮流翻转困难的问题，针对该问题，全桥型子模块由于其很高的控制灵活性，受到了 MMC-HVDC 领域学者的广泛关注。

采用全控开关器件的并网变流器本质上仍为电压源变流器，但与两电平、三电平 VSC 每个桥臂可等效为开关不同，MMC 通过其子模块的投切，其每个桥臂均可等效为受控电压源，进而同时且快速地控制并网变流器输出多电平交流电压及稳定的直流电压 U_{dc}。

2.2.2　模块化多电平变流器主电路数学模型

MMC 三相桥臂相互独立，且具有严格的对称性，因此可以根据单相 MMC 等效电路来推导 MMC 交、直流侧数学模型，如图 2.12 所示。其中，（u_u, u_l）分别为上下桥臂全部子模块级联的电容电压之和，L_T为变压器等效电感，点 O 为直流侧等效接地点。

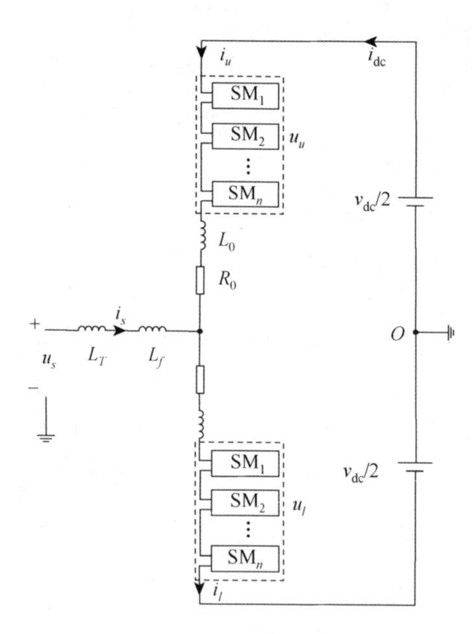

图 2.12　单相 MMC 等效电路

根据基尔霍夫电压定律，可以得到等效电路方程：

$$\begin{cases} u_s = \dfrac{v_{dc}}{2} - u_u - L_0 \dfrac{di_u}{dt} - R_0 i_u + (L_T + L_f)\dfrac{di_s}{dt} \\ u_s = -\dfrac{v_{dc}}{2} + u_l + L_0 \dfrac{di_l}{dt} + R_0 i_l + (L_T + L_f)\dfrac{di_s}{dt} \end{cases} \tag{2.32}$$

根据基尔霍夫电流定律，可得交流电流 i_s、内部环流 i_{diff} 与上、下桥臂电流（i_u, i_l）之间的关系：

$$\begin{cases} i_s = i_l - i_u \\ i_{\text{diff}} = \dfrac{i_l + i_u}{2} \end{cases} \tag{2.33}$$

内部环流 i_{diff} 一般包含直流分量 i_{dc} 和二倍频分量 i_{cir}。在 MMC 稳态运行时，直流分量会流入直流侧，而二倍频分量只会在各相桥臂之间流动。将式（2.32）中的两个方程相加后再代入式（2.33）可以得到交流侧数学模型，即

$$u_s = \frac{u_l - u_u}{2} + L_{\text{eq}}\frac{\mathrm{d}i_s}{\mathrm{d}t} + R_{\text{eq}}i_s \tag{2.34}$$

式中，$R_{\text{eq}} = R_0/2$；$L_{\text{eq}} = L_T + L_f + L_0/2$。

由式（2.34）可知，通过对虚拟电势（$u_l - u_u$）/2 进行控制可以间接控制交流电压和交流电流，这是后面电流解耦控制策略的主要依据。将式（2.32）中的两个方程相减后代入式（2.33）可以得到直流侧数学模型，即

$$\frac{v_{\text{dc}}}{2} = L_0\frac{\mathrm{d}i_{\text{diff}}}{\mathrm{d}t} + R_0 i_{\text{diff}} + \frac{u_l + u_u}{2} \tag{2.35}$$

从式（2.35）可以看出，环流会在桥臂电感和桥臂电阻上产生压降，使得直流侧电压并不严格等于上下桥臂电压之和，因此在后面的 MMC 控制策略中将对环流进行抑制。

2.2.3　模块化多电平变流器控制

1. 相序分离环节

在不对称电网条件下，系统中还会产生负序分量和零序分量，使得三相电压和电流不再平衡。变压器是三角形连接方式，系统中没有零序分量回路，因此后续的分析中可以忽略三相电压和电流中的零序分量。为了更好地对电压锁相以及电流进行控制，需要采取相序分离的手段分离出不对称三相电压、电流中的正序分量和负序分量。本书用上标中的 +、−和 0 来区分正序分量、负序分量和零序分量。

设 f_j 为三相电压或电流，其可以表示为正序分量和负序分量之和，即

$$\begin{bmatrix} f_a \\ f_b \\ f_c \end{bmatrix} = \begin{bmatrix} f_m^+ \sin(\omega t + \phi^+) \\ f_m^+ \sin\left(\omega t - \dfrac{2}{3}\pi + \phi^+\right) \\ f_m^+ \sin\left(\omega t + \dfrac{2}{3}\pi + \phi^+\right) \end{bmatrix} + \begin{bmatrix} f_m^- \sin(\omega t + \phi^-) \\ f_m^- \sin\left(\omega t + \dfrac{2}{3}\pi + \phi^-\right) \\ f_m^- \sin\left(\omega t + \dfrac{2}{3}\pi + \phi^-\right) \end{bmatrix} \tag{2.36}$$

式中，(f_m^+, f_m^-) 为正、负序分量幅值；(ϕ^+, ϕ^-) 为正、负序分量初始相角。

引入 Clark 变换矩阵为

$$\boldsymbol{T}_{abc\to\alpha\beta}=\frac{2}{3}\begin{bmatrix}1 & -\dfrac{1}{2} & -\dfrac{1}{2}\\ 0 & \dfrac{\sqrt{3}}{2} & -\dfrac{\sqrt{3}}{2}\end{bmatrix} \tag{2.37}$$

通过式（2.37）将式（2.36）变换至两相静止坐标系下的表达式，即

$$\begin{bmatrix}f_\alpha\\ f_\beta\end{bmatrix}=\begin{bmatrix}f_m^+\sin(\omega t+\phi^+)\\ -f_m^+\cos(\omega t+\phi^+)\end{bmatrix}+\begin{bmatrix}f_m^-\sin(\omega t+\phi^-)\\ f_m^-\cos(\omega t+\phi^-)\end{bmatrix} \tag{2.38}$$

将 f_α 和 f_β 移相 90°后得到的表达式为

$$\begin{bmatrix}f'_\alpha\\ f'_\beta\end{bmatrix}=\begin{bmatrix}-f_m^+\cos(\omega t+\phi^+)\\ -f_m^+\sin(\omega t+\phi^+)\end{bmatrix}+\begin{bmatrix}-f_m^-\cos(\omega t+\phi^-)\\ f_m^-\sin(\omega t+\phi^-)\end{bmatrix} \tag{2.39}$$

根据式（2.38）和式（2.39）可以得到如下关系：

$$\begin{bmatrix}f_\alpha^+\\ f_\beta^+\\ f_\alpha^-\\ f_\beta^-\end{bmatrix}=\frac{1}{2}\begin{bmatrix}1 & 0 & 0 & -1\\ 0 & 1 & 1 & 0\\ 1 & 0 & 0 & 1\\ 0 & 1 & -1 & 0\end{bmatrix}\begin{bmatrix}f_\alpha\\ f_\beta\\ f'_\alpha\\ f'_\beta\end{bmatrix} \tag{2.40}$$

由式（2.40）可知，两相静止坐标系下的正序分量、负序分量可以通过三相总量和移相 90°后的三相总量共同求出，从而实现相序分离。最后可以通过式（2.41）中的变换矩阵再将这些正序分量、负序分量变换至同步旋转坐标系下，相序分离环节结构图如图 2.13 所示。

$$\begin{cases}\boldsymbol{T}_{\alpha\beta/dq}^+=\begin{bmatrix}\sin(\omega t) & -\cos(\omega t)\\ \cos(\omega t) & \sin(\omega t)\end{bmatrix}\\ \boldsymbol{T}_{\alpha\beta/dq}^-=\begin{bmatrix}-\sin(\omega t) & -\cos(\omega t)\\ \cos(\omega t) & -\sin(\omega t)\end{bmatrix}\end{cases} \tag{2.41}$$

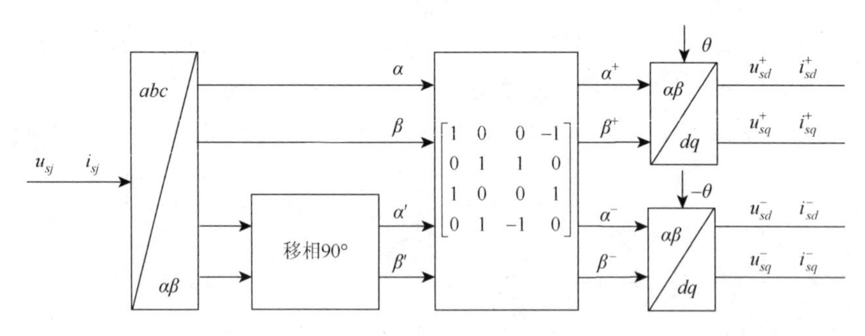

图 2.13 相序分离环节结构图

2. 双序电流控制器

在不对称电网条件下，根据式（2.34）可得 MMC 系统交流侧的时域微分方程：

$$\begin{cases} u_s^+ = L_{eq}\dfrac{\mathrm{d}i_s^+}{\mathrm{d}t} + R_{eq}i_s^+ + u_c^+ \\ u_s^- = L_{eq}\dfrac{\mathrm{d}i_s^-}{\mathrm{d}t} + R_{eq}i_s^- + u_c^- \end{cases} \tag{2.42}$$

式中，u_c 为变流器的等效输出电压。

由式（2.42）可以将系统回路分解成图 2.14 所示的正序和负序等效电路。

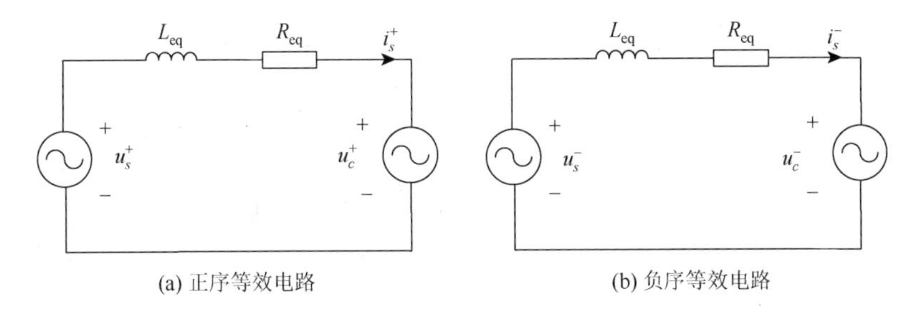

图 2.14　MMC 交流侧等效回路

为了将三相电压、电流正弦量变换至同步旋转坐标系下，以建立一个统一模型，引入的基频正、负 Park 变换矩阵，分别为

$$\begin{cases} T_{abc/dq}^+(\theta) = \dfrac{2}{3}\begin{bmatrix} \sin(\omega t) & \sin\left(\omega t - \dfrac{2\pi}{3}\right) & \sin\left(\omega t + \dfrac{2\pi}{3}\right) \\ \cos(\omega t) & \cos\left(\omega t - \dfrac{2\pi}{3}\right) & \cos\left(\omega t + \dfrac{2\pi}{3}\right) \end{bmatrix} \\ T_{abc/dq}^-(\theta) = \dfrac{2}{3}\begin{bmatrix} -\sin(\omega t) & -\sin\left(\omega t + \dfrac{2\pi}{3}\right) & -\sin\left(\omega t - \dfrac{2\pi}{3}\right) \\ \cos(\omega t) & \cos\left(\omega t + \dfrac{2\pi}{3}\right) & \cos\left(\omega t - \dfrac{2\pi}{3}\right) \end{bmatrix} \end{cases} \tag{2.43}$$

式（2.42）经过式（2.43）变换得到的表达式为

$$\begin{cases} u_{cd}^+ = -L\dfrac{\mathrm{d}i_{sd}^+}{\mathrm{d}t} - Ri_{sd}^+ + u_{sd}^+ + \omega L i_{sq}^+ \\ u_{cq}^+ = -L\dfrac{\mathrm{d}i_{sq}^+}{\mathrm{d}t} - Ri_{sq}^+ + u_{sq}^+ - \omega L i_{sd}^+ \\ u_{cd}^- = -L\dfrac{\mathrm{d}i_{sd}^-}{\mathrm{d}t} - Ri_{sd}^- + u_{sd}^- - \omega L i_{sq}^- \\ u_{cq}^- = -L\dfrac{\mathrm{d}i_{sq}^-}{\mathrm{d}t} - Ri_{sq}^- + u_{sq}^- + \omega L i_{sd}^- \end{cases} \tag{2.44}$$

为了对 dq 轴项实现完全解耦，本节采用了前馈解耦的控制方法，定义新的控制变量 (u_d^+, u_q^+) 和 (u_d^-, u_q^-)，其数学表达式分别为

$$
\begin{cases}
u_d^+ = u_{sd}^+ - u_{cd}^+ + \omega L_{\text{eq}} i_{sq}^+ \\
u_q^+ = u_{sq}^+ - u_{cq}^+ - \omega L_{\text{eq}} i_{sd}^+ \\
u_d^- = u_{sd}^- - u_{cd}^- - \omega L_{\text{eq}} i_{sq}^- \\
u_q^- = u_{sq}^- - u_{cq}^- + \omega L_{\text{eq}} i_{sd}^-
\end{cases}
\tag{2.45}
$$

将式（2.45）代入式（2.44）中，并将其转换至频域，可得

$$
\begin{cases}
u_d^+ = (sL_{\text{eq}} + R) i_{sd}^+ \\
u_q^+ = (sL_{\text{eq}} + R) i_{sq}^+ \\
u_d^- = (sL_{\text{eq}} + R) i_{sd}^- \\
u_q^- = (sL_{\text{eq}} + R) i_{sq}^-
\end{cases}
\tag{2.46}
$$

从式（2.46）可以知道，由于耦合项已被补偿掉，d 轴和 q 轴方向上为各自独立的一阶模型。然后在电流控制回路中引入负反馈和 PI 控制器，使正、负序 dq 轴电流各自跟随其参考值 $(i_{sdref}^+, i_{sqref}^+)$ 和 $(i_{sdref}^-, i_{sqref}^-)$，可以表示为

$$
\begin{cases}
u_d^+ = \left(k_{p1} + \dfrac{k_{i1}}{s}\right)\left(i_{sdref}^+ - i_{sd}^+\right) \\
u_q^+ = \left(k_{p1} + \dfrac{k_{i1}}{s}\right)\left(i_{sqref}^+ - i_{sq}^+\right) \\
u_d^- = \left(k_{p2} + \dfrac{k_{i2}}{s}\right)\left(i_{sdref}^- - i_{sd}^-\right) \\
u_q^- = \left(k_{p2} + \dfrac{k_{i2}}{s}\right)\left(i_{sqref}^- - i_{sq}^-\right)
\end{cases}
\tag{2.47}
$$

式中，(k_{p1}, k_{i1})和(k_{p2}, k_{i2})分别为正、负序电流控制器中 PI 环节的比例增益和积分增益。

上述推导过程中的双序电流解耦控制框图如图 2.15 所示。其控制目标为抑制负序电流，因此 i_{sdref}^- 和 i_{sqref}^- 均设置为 0。这样，通过内环电流控制器的作用得到 MMC 的期望输出电压 u_c^+ 和 u_c^-，进而参与到调制环节，最后根据子模块电容均压策略得到各桥臂子模块的触发脉冲信号。

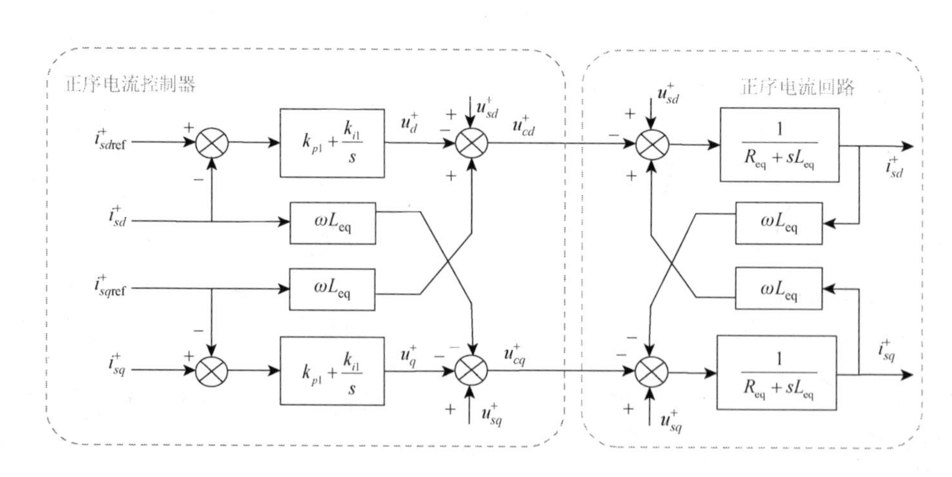

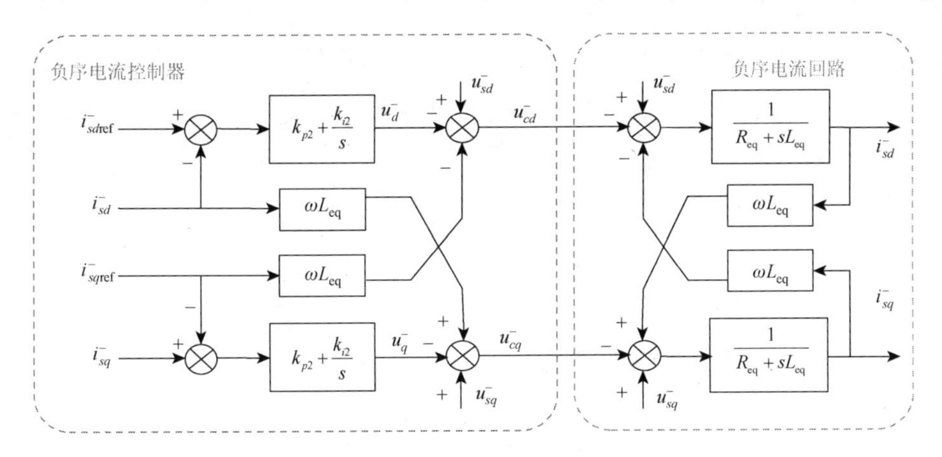

图 2.15　双序电流解耦控制框图

3. 环流抑制器

在 MMC 的实际运行中，子模块电容在充放电过程中会出现电压波动的情况，导致各相的上下桥臂电压之和并不相等，使得环流在 MMC 内部各个相单元之间流动，进而引起桥臂电流发生畸变。同时，在交、直流侧的功率交换过程中，环流的存在也会造成不必要的功率损耗，因此需要采取必要的手段对环流进行抑制。环流主要表现为二倍频负序特性，其在桥臂电感和桥臂电阻上产生的压降即为上、下桥臂电压之和的二倍频负序分量 $\boldsymbol{u}_{\text{cir}}^-$，即

$$u_{\text{cir}}^- = L_0\frac{\mathrm{d}i_{\text{cir}}^-}{\mathrm{d}t} + R_0 i_{\text{cir}}^- \tag{2.48}$$

引入二倍频负序 Park 变换矩阵，可得

$$\boldsymbol{T}_{abc/dq}^-(2\theta) = \frac{2}{3}\begin{bmatrix} -\sin(2\omega t) & -\sin\left(2\omega t+\dfrac{2\pi}{3}\right) & -\sin\left(2\omega t-\dfrac{2\pi}{3}\right) \\ \cos(2\omega t) & \cos\left(2\omega t+\dfrac{2\pi}{3}\right) & \cos\left(2\omega t-\dfrac{2\pi}{3}\right) \end{bmatrix} \tag{2.49}$$

通过式（2.49）将式（2.48）变换至同步旋转坐标系下可以得到

$$\begin{cases} u_{\text{cir}d}^- = L_0\dfrac{\mathrm{d}i_{\text{cir}d}^-}{\mathrm{d}t} + R_0 i_{\text{cir}d}^- + 2\omega L_0 i_{\text{cir}q}^- \\ u_{\text{cir}q}^- = L_0\dfrac{\mathrm{d}i_{\text{cir}q}^-}{\mathrm{d}t} + R_0 i_{\text{cir}q}^- - 2\omega L_0 i_{\text{cir}d}^- \end{cases} \tag{2.50}$$

与双序电流解耦控制策略相同，本节同样采用了前馈解耦的控制方法，定义新的控制变量(u_{2fd}^-, u_{2fq}^-)，分别表示为

$$\begin{cases} u_{2fd}^- = u_{\text{cir}d} - 2\omega L_0 i_{\text{cir}q}^- \\ u_{2fq}^- = u_{\text{cir}q} + 2\omega L_0 i_{\text{cir}d}^- \end{cases} \tag{2.51}$$

将式（2.51）代入式（2.50）中，并转换至频域可以得到

$$\begin{cases} u_{2fd}^- = (sL_0 + R_0)i_{\text{cir}d}^- \\ u_{2fq}^- = (sL_0 + R_0)i_{\text{cir}q}^- \end{cases} \tag{2.52}$$

从式（2.52）可以看出，耦合项 $2\omega L_0 i_{\text{cir}d}^-$ 和 $2\omega L_0 i_{\text{cir}q}^-$ 已被消除，进而可以利用负反馈和 PI 控制器分别对 $i_{\text{cir}d}^-$ 和 $i_{\text{cir}q}^-$ 进行独立控制，控制方程为

$$\begin{cases} u_{2fd}^- = \left(k_{\text{pcir}} + \dfrac{k_{\text{icir}}}{s}\right)\left(i_{\text{cir}d\text{ref}}^- - i_{\text{cir}d}^-\right) \\ u_{2fq}^- = \left(k_{\text{pcir}} + \dfrac{k_{\text{icir}}}{s}\right)\left(i_{\text{cir}q\text{ref}}^- - i_{\text{cir}q}^-\right) \end{cases} \tag{2.53}$$

式中，$(k_{\text{pcir}}, k_{\text{icir}})$为环流抑制器中 PI 环节的比例增益和积分增益；$(i_{\text{cir}d\text{ref}}^-, i_{\text{cir}q\text{ref}}^-)$ 为 dq 轴环流参考值。

上述推导的二倍频负序环流控制框图如图 2.16 所示。同样，为了抑制二倍频负序环流，$i_{\text{cir}d\text{ref}}^-$ 和 $i_{\text{cir}q\text{ref}}^-$ 分别设置为 0，这样通过环流抑制器得到输出参考电压 u_{cir}^-，并将其作为修正量加入调制环节即可达到抑制环流的目的。

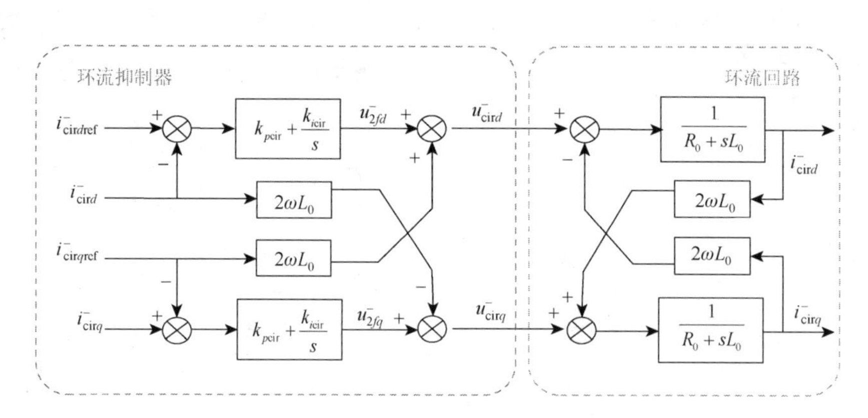

图 2.16　二倍频负序环流控制框图

结合电压、电流控制环路、环流抑制环路以及锁相环路，并网变流器的完整控制环路如图 2.17 所示。功率外环控制、电流内环控制得到的 e_{vj}^*、环流抑制环路得到的 $u_{\text{cir}j}$ 以及直流电压 U_{dc}，共同决定上桥臂、下桥臂输出的参考电压 u_{uj}^*、u_{lj}^*，进而通过最近电平逼近调制（nearest level modulation，NLM），最终得到触发脉冲。

e_{vj}^*、$u_{\text{cir}j}$、U_{dc}、u_{uj}^*、u_{lj}^* 之间有如下关系：

$$\begin{cases} u_{uj}^* = -e_{vj}^* - u_{\text{cir}j} + \dfrac{1}{2}U_{\text{dc}} \\ u_{lj}^* = e_{vj}^* - u_{\text{cir}j} + \dfrac{1}{2}U_{\text{dc}} \end{cases} \tag{2.54}$$

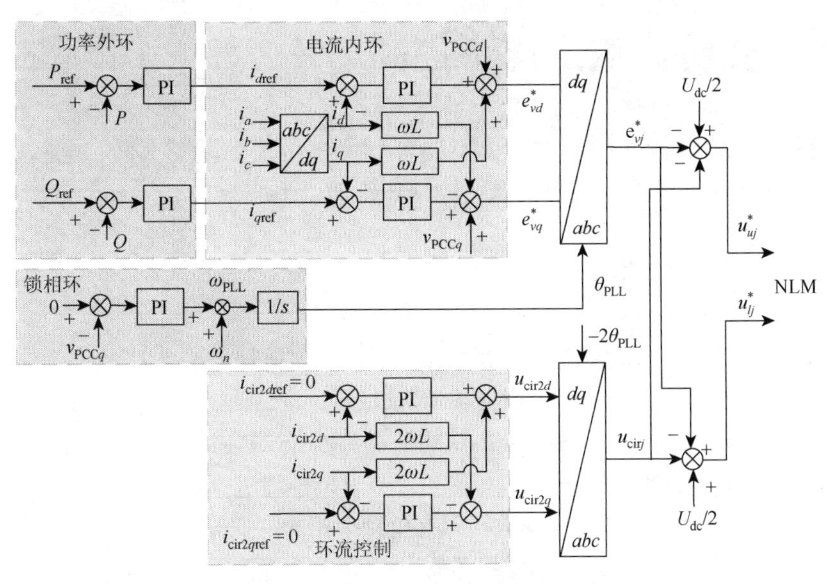

图 2.17　并网变流器的完整控制环路

2.2.4　最近电平逼近调制

MMC 一般采用最近电平逼近调制，也称为量化取整法，其原理是使用最近的电平瞬时逼近调制波，原理简单，实现容易，适用于电平数很多的场合。对于应用于 HVDC 领域的并网变流器，受 IGBT 通流能力的限制，为了实现较高的传输容量，并网变流器通常采用上百个子模块级联的方式来提高直流电压。例如，美国 Trans Bay Cable 工程变流器的单个桥臂由 216 个子模块（含冗余）串联而成。此时，交流侧输出电压波形近似于正弦波，系统的谐波含量已经很低，不需要再借助高频的调制方式。因此，在工程实际中，电平数很高的情况下大多采用 NLM 这类基频调制方式，以降低器件的开关损耗，进而降低换流站的总损耗。

在理想情况下，忽略控制器计算时间和触发延迟，认为 NLM 能够用最近的电平瞬时逼近正弦调制波。如果每次电平阶跃幅值都是一个单位电平 V_C，那么 NLM 的目标是将阶梯波和正弦调制波瞬时值之差控制在 $\pm V_C/2$。最近电平逼近调制策略流程图如图 2.18 所示，其中电容均压可由电容电压排序策略实现，最终得到每个子模块的触发脉冲信号。

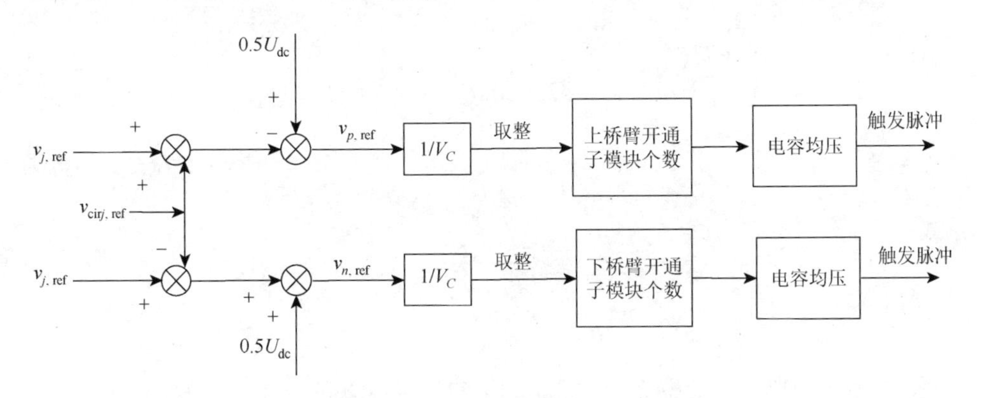

图 2.18　最近电平逼近调制策略流程图

2.3 并网变流器电网同步控制

并网变流器根据其同步控制方式的不同可分为电网跟踪型变流器和电网构造型变流器，下面将分别对两种类型变流器的典型控制环路加以说明。

2.3.1 电网跟踪型控制

在电网跟踪型并网变流器系统中，锁相环广泛用于电压信号的实时跟踪，为并网变流器提供相位及频率参考。单同步坐标系锁相环（single synchronous reference frame-phase locked loop，SSRF-PLL）结构适用于三相平衡电压的情况。以 SSRF-PLL 为例，如图 2.3 中 PLL 控制框图所示，通过采集 PCC 的电压信号，鉴相环节对采样值进行 dq 变换，q 轴电压分量输入 PI 控制器，进行 PI 调节，角频率差与电网固有角频率相加并积分，即可输出锁相环的估计相角。锁相环的估计相角进一步反馈到鉴相环节，PI 调节的直流无静差调节特性，最终使得整个闭环系统 PI 控制器的输出趋近于 0，锁相环估计相角与电压信号实际相角的相位差 d 由振荡趋于稳定，从而实现“锁相”。当频率和相位均没有被锁定时，u_{tq} 是一个交流分量；当频率被锁定而相位未被锁定时，u_{tq} 为一个直流分量；当频率、相位皆被锁定时，u_{tq} 为 0。

在三相电压平衡的条件下，设 a 相的初始相位为 0，则 PCC 的三相电压分别为

$$\begin{cases} u_{ta} = \sqrt{2}U_t \cos\theta_t \\ u_{tb} = \sqrt{2}U_t \cos\left(\theta_t - \dfrac{2\pi}{3}\right) \\ u_{tc} = \sqrt{2}U_t \cos\left(\theta_t + \dfrac{2\pi}{3}\right) \end{cases} \tag{2.55}$$

根据 dq 变换通式（2.2），可以得到

$$\begin{cases} u_{td} = \sqrt{2}U_t \cos(\theta_t - \theta_{\text{PLL}}) \\ u_{tq} = \sqrt{2}U_t \sin(\theta_t - \theta_{\text{PLL}}) \end{cases} \tag{2.56}$$

基于以上分析，锁相环路的输入、输出关系为

$$\begin{cases} \dot{x}_4 = \dfrac{\sqrt{2}}{\tau_4}U_t \sin(\theta_t - \theta_{\text{PLL}}) \\ \dot{\theta}_{\text{PLL}} = \omega_n + k_{p4}[\sqrt{2}U_t \sin(\theta_t - \theta_{\text{PLL}}) + x_4] = \omega_{\text{PLL}} \end{cases} \tag{2.57}$$

式中，$\tau_4 = \dfrac{k_{p4}}{k_{i4}}$，$k_{p4}$、$k_{i4}$ 分别为直流电压环 PI 调节的比例增益、积分增益；U_t、θ_t 满足以下关系式：

$$\begin{cases} U_t = \sqrt{u_{td}^2 + u_{tq}^2} \\ \theta_t = \arctan(u_{t\beta} / u_{t\alpha}) \end{cases} \tag{2.58}$$

在图 2.3 所示的单个变流器系统中，式（2.57）也可以进一步表示为

$$\begin{cases} \dot{x}_4 = \dfrac{\sqrt{2}}{\tau_4}[-V_g \sin\delta + IZ_s \sin(\theta_s + \varphi)] \\ \dot{\delta} = k_{p4}[-\sqrt{2}V_g \sin\delta + \sqrt{2}IZ_s \sin(\theta_s + \varphi) + x_4] \end{cases} \tag{2.59}$$

式中，Z_s、θ_s、φ、δ 满足

$$\begin{cases} Z_s = \sqrt{R_s^2 + (\omega_{\mathrm{PLL}} L_s)^2} \\ \theta_s = \arctan[(\omega_{\mathrm{PLL}} L_s) / R_s] \\ \varphi = \arctan(i_q / i_d) \\ \delta = \theta_{\mathrm{PLL}} - \theta_g \end{cases} \tag{2.60}$$

在电网非对称故障中，由于二次谐波的存在，单同步坐标系锁相环不能达到理想效果。在此基础上，基于双同步坐标系的解耦锁相环（decoupled double synchronous reference frame-phase locked loop，DDSRF-PLL），可以弥补单同步坐标系锁相环在电网电压不平衡时锁相能力的不足。双同步坐标系锁相环包含两个旋转坐标系：正序 dq^{+1} 坐标系以及负序 dq^{-1} 坐标系。正序 dq^{+1} 坐标系以角速度 ω 旋转，负序 dq^{-1} 坐标系则以相反角速度 $-\omega$ 旋转。正、负序坐标系中的振荡，包括正、负序分量在与其相反的旋转坐标系下分解会产生二次谐波，可以通过解耦网络的引入得到抑制。

DDSRF-PLL 结构复杂且存在滤波环节，会在一定程度上降低锁相环的锁相速度。针对以上局限性，移动平均滤波器（moving average filter，MAF）、陷波器（notch filter，NF）、双二阶广义积分器锁相环（double second-order general integrator phase locked loop，DSOGI-PLL）等被用来对锁相环进行改进。

2.3.2　电网构造型控制

在电网阻抗比较大的弱电网中，采用电网构造型变流器有利于提高系统的稳定性。电网构造型变流器的外在特性表现为电压源特性，通过构造 PCC 的电压、频率，来实现无锁相环的并网控制，较为典型的有：功率同步控制（power synchronization control，PSC）、下垂控制（droop control，DC）以及虚拟同步发电机（virtual synchronous generator，VSG）控制等。

1. 功率同步控制

功率同步控制通过功率同步环路使并网变流器与电网同步，其控制框图如图 2.19 所示。对有功功率参考值与实际有功功率的差值进行积分，得到相角差$\Delta\theta_t$，进一步将其与电网相角相加，则可以得到 PCC 电压的相位 θ_t。类似地，对无功功率参考值与实际无功功率的差值进行积分，得到幅值差ΔU_t，进一步将其与相位参考值相加，则可以得到 PCC 电压的幅值 U_t。接着，与图 2.3 所示控制框图类似，PCC 的电压幅值和相位进一步经过电压外环控制、电流内环控制，得到并网变流器桥臂电压参考值。

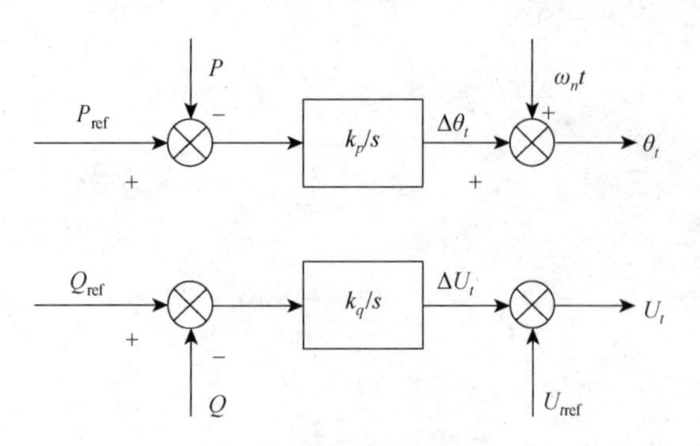

图 2.19　功率同步控制框图

功率同步控制的电气量存在以下数量关系：

$$\begin{cases}\theta_t = \omega_n t + k_p \int (P_{ref} - P)\,dt \\ U_t = U_{tref} + k_q (Q_{ref} - Q)\end{cases} \tag{2.61}$$

2. 下垂控制

下垂控制与功率同步控制类似，区别在于下垂控制将积分环节后移。下垂控制主要分为两种：一种是基本下垂控制，另一种是加了一阶低通滤波器的下垂控制，如图 2.20 所示。低通滤波器的加入可增加并网变流器系统的虚拟惯性。

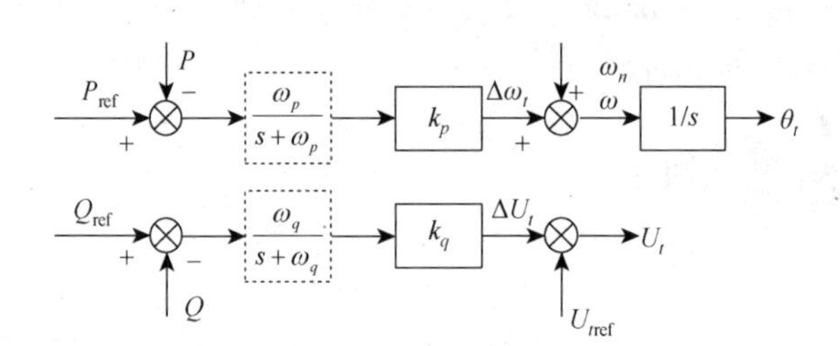

图 2.20　下垂控制

下垂控制中电气量有如下关系：

$$\begin{cases}\omega_t = \omega_n + k_p \dfrac{\omega_p}{s+\omega_p}(P_{ref} - P) \\ U_t = U_{tref} + k_q \dfrac{\omega_q}{s+\omega_q}(Q_{ref} - Q)\end{cases} \tag{2.62}$$

3. 虚拟同步发电机控制

虚拟同步发电机控制框图如图 2.21 所示。在下垂控制中，P-f 下垂根据频率差$\Delta\omega_t$调整有功功率参考值来实现，D_p为下垂系数，在虚拟同步控制中，D_p为阻尼系数。类似地，根据电压幅值差ΔU_t调整无功功率参考值，以实现 Q-U_t 下垂控制，D_q为下垂系数。

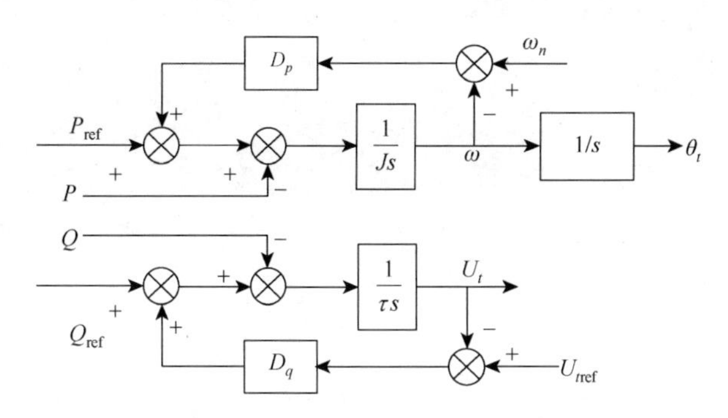

图 2.21　虚拟同步发电机控制框图

虚拟同步发电机控制的电气量存在以下关系：

$$\begin{cases} \omega_t = \dfrac{1}{Js}[D_p(\omega_n - \omega_t) + P_{ref} - P] \\ U_t = \dfrac{1}{\tau s}[D_q(U_{tref} - U_t) + Q_{ref} - Q] \end{cases} \tag{2.63}$$

第 3 章

规模化并网变流器同调等值聚合方法

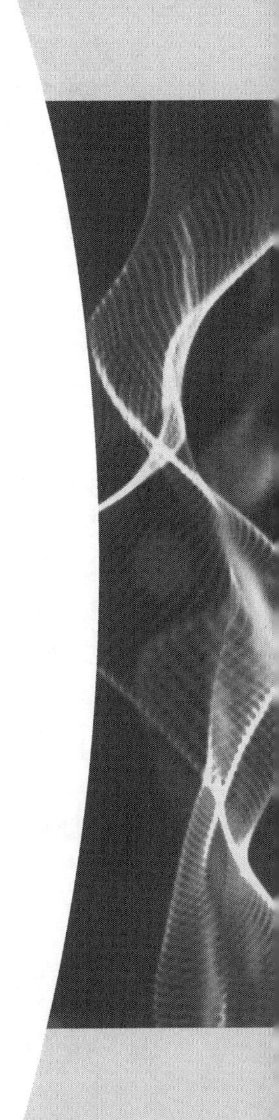

与同步发电机相比，单台新能源发电装备的容量小，所以在新能源逐步代替常规非再生能源的过程中，不论是分布式发电还是集中式新能源发电，都需要多台新能源发电机并联以满足“源荷”平衡的需求。因此，新能源并网电力系统中存在大量并联的并网变流器。并网变流器的惯量低，动态过程呈现多时间尺度特征，且多台并网变流器之间存在交互作用。以上特征给多并网变流器及新能源并网电力系统的控制和稳定运行带来了挑战。

当并网变流器并联在非理想电网时，电网阻抗不为零，系统中任意一台并网变流器的动态都将引起公共连接点的电压波动，从而影响其他并网变流器的动态特性，也就是说并联并网变流器之间存在交互影响。在此条件下，并网变流器并联后的动态特性与单台并网变流器的动态特性不同。因此，为了准确分析并联并网变流器群的稳定性，需要对多并联并网变流器建立准确的模型。在传统电力系统中，同步发电机以同步速度旋转，使得定子侧电压频率恒定，且旋转电机有较大的机械惯量，在电力系统受扰后，同步发电机的转速变化较慢，系统的稳定性较强。而新能源发电装置的出力由电力电子变流器控制，电力电子变流器的小惯量、非线性特性及动态过程的多时间尺度特征使得原本复杂的电力系统稳定问题变得更复杂[9]。在大规模并网变流器接入的系统中，若将每台并网变流器及其连接网络的详细动态过程均纳入动态模型中，模型阶数将非常高且计算复杂。综上可知，单台并网变流器模型本身的复杂性及并联并网变流器数量的大幅增加对新能源并网电力系统详细模型的计算能力提出了极高的要求。为了简化系统分析，节省计算空间且节约计算时间，亟须对大规模并网变流器进行等值建模。

同调等值法将多个动态行为相似的并网变流器聚合成一个保留单台变流器结构的模型，即同调并网变流器单机聚合等值，等值后的模型具有明确的物理意义，并且可以准确地表征多并网变流器的整体动态特征。同调判别是并网变流器同调等值建模的基础。在传统电力系统中，发电机的机电暂态和电磁暂态过程的时间尺度相差较大，在分析电力系统机电暂态过程中，发电机的同调性依据两台发电机的功角摇摆曲线的相似性进行判断。然而，并网变流器含有多时间尺度的控制环路，其响应也呈现出多尺度特性。为了研究可以全面表达并网变流器动态特征的同调判据，本章利用哈密顿作用量可表征所有状态变化趋势的特点，从能量转化的角度寻求可判别变流器同调的物理量。

本章首先介绍哈密顿原理及其在电路系统中的应用方法；之后建立并网变流器的哈密顿模型，并提出基于哈密顿作用量的同调等值判据，利用能量守恒原理，提出实用化的等效判据。针对不同分析对象和目的，提出对应的同调变流器聚合方法，介绍同调并网变流器的单机聚合模型和等效参数计算方法，并分析单机聚合模型的适用场景。

3.1 并网变流器的哈密顿模型

哈密顿力学利用动力学系统的能量交换来表征状态变量的变化趋势。为了全面考虑并网变流器多时间尺度动态过程的相似性，本节通过力学系统和电路系统物理量的类比，将哈密顿力学的概念和定理应用于三相并网变流器系统中，为并网变流器同调判别的物理量选取提供依据。在此基础上建立并网变流器的哈密顿模型，为同调判据的推导奠定基础。

3.1.1　哈密顿原理在电路系统中的应用

在理论力学中，哈密顿原理和拉格朗日方程均为牛顿第二定律的等价形式，区别在于牛顿第二定律从合外力的角度描述质点的加速度和质点的运动轨迹，而哈密顿原理和拉格朗日方程从系统中动能、势能和非保守力做功之间的能量转化关系的角度来描述系统的运动过程[1]。其中，非保守力是指做功与路径相关的力。依据动力学系统是否受到非保守力的作用，可以分为保守系统和非保守系统。从能量角度，保守系统中仅存在储能元件上的能量转换，非保守系统中存在储能元件与外界的能量交换。为了分析的一般性，本节对非保守系统的拉格朗日方程及哈密顿方程进行介绍。

哈密顿原理可由拉格朗日方程推导而来，非保守系统中的拉格朗日方程如下：

$$\frac{\mathrm{d}}{\mathrm{d}t}\frac{\partial L_a}{\partial \dot{q}_k}-\frac{\partial L_a}{\partial \dot{q}_k}=Q_k \tag{3.1}$$

式中，$\dot{q}_k$ 为广义速度；Q_k 为系统中的非保守力在广义坐标 q_k 上的投影；L_a 为拉格朗日能量函数，定义为系统中动能与势能之差，即

$$L_a=T-V \tag{3.2}$$

式中，T 为动能，是广义速度 $\dot{q}_k$ 的函数；V 为势能，是广义坐标 q_k 的函数。

拉格朗日方程是由牛顿运动方程投影到广义坐标系的结果，因此拉格朗日方程与牛顿运动方程等价。

对式（3.1）中的各项乘虚位移，并沿着一条可行的路径自 $t=0$ 时的共同端点和 $t=\tau$ 时的共同端点对时间进行积分，并由等时变分中的变分运算和积分运算的可互易性可得

$$\int_0^{\tau}\left(\frac{\mathrm{d}}{\mathrm{d}t}\frac{\partial L_a}{\partial \dot{q}_k}-\frac{\partial L_a}{\partial \dot{q}_k}-Q_k\right)\delta q_k\mathrm{d}t=\int_0^{\tau}\left(\frac{\mathrm{d}}{\mathrm{d}t}\frac{\partial L_a}{\partial \dot{q}_k}\delta q_k-\frac{\partial L_a}{\partial \dot{q}_k}\delta q_k-Q_k\delta q_k\right)\mathrm{d}t=0 \tag{3.3}$$

根据微分的运算法则，可将式（3.3）变换为

$$\frac{\partial L_a}{\partial \dot{q}_k}\delta q_k\Big|_0^{\tau}+\int_0^{\tau}\left(-\frac{\partial L_a}{\partial \dot{q}_k}\delta \dot{q}_k-\frac{\partial L_a}{\partial q_k}\delta q_k-Q_k\delta q_k\right)\mathrm{d}t=0 \tag{3.4}$$

由于 $t=0$ 时和 $t=\tau$ 时的位置为虚拟路径和实际路径的共同端点，所以 $\delta q_k\big|_0^{\tau}=0$。此外，由 L_a 的定义可知 L_a 为 q_k 和 $\dot{q}_k$ 的函数。因此，根据变分法的运算法则，可将式（3.4）变换为

$$\int_0^{\tau}(-\delta L_a-Q_k\delta q_k)\mathrm{d}t=0 \tag{3.5}$$

哈密顿函数 S 为 L_a 对时间的积分，即

$$S=\int_0^{\tau}L_a\mathrm{d}t \tag{3.6}$$

因此，式（3.5）变换为

$$\delta S=-\int_0^{\tau}Q_k\delta q_k\mathrm{d}t \tag{3.7}$$

式（3.7）就是非保守系统的哈密顿方程。拉格朗日方程和哈密顿方程都是力学系统的分析方法。通过对电路系统和力学系统进行对比，可将哈密顿原理应用到电路系统的分析

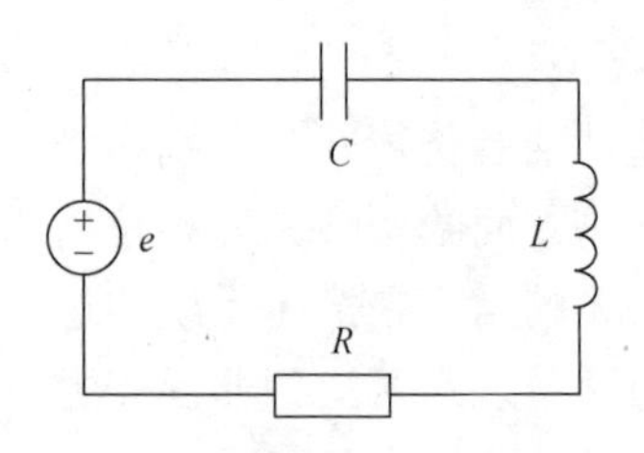

图 3.1 简单的 *RLC* 电路

中。图 3.1 是简单的 *RLC* 电路，整个系统由电阻 R、电感 L、电容 C 和电源电动势 e 串联组成。

为了不与前面定义的广义坐标混淆，用 $\widehat{q}$ 表示电路中的电荷。电路中各元件两端的电位差如下：

$$\begin{cases} u_L = L\dfrac{\mathrm{d}i}{\mathrm{d}t} = L\dfrac{\mathrm{d}^2\widehat{q}}{\mathrm{d}t^2} \\ u_R = Ri = R\dfrac{\mathrm{d}\widehat{q}}{\mathrm{d}t} \\ u_C = \dfrac{1}{C}\int i\mathrm{d}t = \dfrac{\widehat{q}}{C} \end{cases} \tag{3.8}$$

根据基尔霍夫电压定律，可得

$$L\frac{\mathrm{d}^2\widehat{q}}{\mathrm{d}t^2} + R\frac{\mathrm{d}\widehat{q}}{\mathrm{d}t} + \frac{\widehat{q}}{C} = e(t) \tag{3.9}$$

图 3.2 是由弹簧振子和阻尼器组成的最基本的耗散力学系统。在该系统中，质量为 m 的质点在并联的弹簧（弹性系数为 k）、阻尼器（阻尼系数为 μ）以及强迫力 $f(t)$的联合作用下运动。

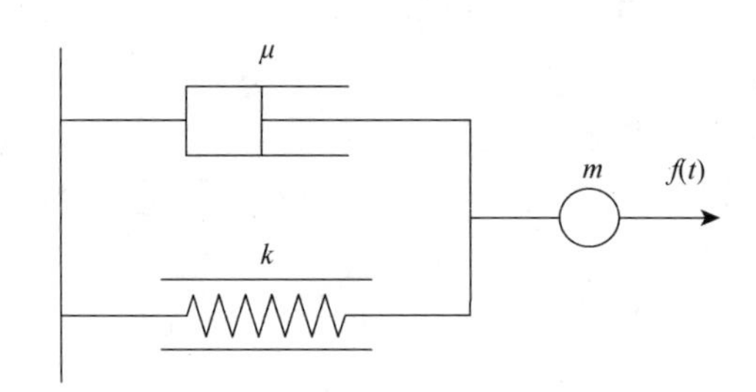

图 3.2 最基本的耗散力学系统

弹簧振子系统的动能、势能和非保守广义力分别为

$$\begin{cases} T = \dfrac{1}{2}m\dot{x}^2 \\ V = \dfrac{1}{2}kx^2 \\ Q = f(t) - \mu\dot{x} \end{cases} \tag{3.10}$$

式中，x 为质点 m 的位置。

由非保守系统的拉格朗日方程（3.1）可得图 3.2 所示系统的运动方程为

$$m\frac{\mathrm{d}^2q}{\mathrm{d}t^2} + \mu\frac{\mathrm{d}q}{\mathrm{d}t} + kq = f(t) \tag{3.11}$$

对比式（3.9）与式（3.11），可以得到电路系统与力学系统有表 3.1 所示对应关系，因此可以用分析力学中的方法来分析电路系统。

表 3.1　电路变量和力学系统变量的对应关系

哈密顿力学概念	力学系统物理量	电路系统物理量
广义坐标 q	位移 x（角位移 θ）	电荷 $\hat{q}$
广义速度 $\dot{q}$	速度 $\dot{x}$（角速度 ω）	电流 i
广义力 Q	力 F（转矩 T）	电动势 e
惯性元件	质量 m（转动惯量 T_J）	电感 L
弹性元件	刚性系数 K_s（扭转刚性系数 K_θ）	电容的倒数 $1/C$
阻尼元件	阻力系数 μ（旋转阻力系数 ω）	电阻 R
动能	$mv^2/2$	磁场能
势能	$kx^2/2$	电场能

利用表 3.1 中电路变量和力学系统变量的对应关系，可将力学系统中的哈密顿原理运用到电路系统的分析中，以实现并网变流器的哈密顿建模。

3.1.2　并网变流器的哈密顿建模

在进行并网变流器的哈密顿建模前，需要先定义其广义坐标。由表 3.1 可知，电路系统的广义坐标为电路中相互独立的电流对应的电荷量。易知，变流器的滤波电感电流 $i_p(p=a,b,c)$和直流侧电容 i_C 上流过的电流相互独立，所以变流器系统的广义坐标定义为流过滤波电感上的电荷量 $q_p(p=a,b,c)$和流过直流电容上的电荷量 q_C。

并网变流器的哈密顿作用量 S 为

$$S=\int_0^\tau L_a\mathrm{d}t=\int_0^\tau(T-V)\mathrm{d}t \tag{3.12}$$

由表 3.1 中电路系统与力学系统物理量的对应关系可知，T 为电感中储存的磁场能，V 为电容中储存的电场能。

$$\begin{cases}T=\dfrac{1}{2}L_f(\dot{q}_{La}^2+\dot{q}_{Lb}^2+\dot{q}_{Lc}^2)\\ V=\dfrac{1}{2}CU_{\mathrm{dc}}^2=\dfrac{q_C^2}{2C}\end{cases} \tag{3.13}$$

式中，q_{La}、q_{Lb} 和 q_{Lc} 分别为 A、B、C 三相交流电感上流过的电荷量，其导数分别为并网电流 i_a、i_b、i_c；q_C 为直流电容上储存的电荷量。由表 3.1 可知，在电路系统中，广义坐标为储能元件上的电荷量，所以本书用电荷量来表达磁场能和电场能，便于后续利用哈密顿力学理论进行分析。

三相变流器系统中存在直流侧能量输入、交流侧能量输出及电阻上的能量耗散，使得三相变流器的储能元件整体与外界有能量交换。因此，三相变流器系统为非保守系统。并网变流器的非保守力为电阻上的电压 u_R，并网电压 e_a、e_b 和 e_c 及直流母线电压 U_{dc}。将并网变流器的哈密顿函数表达式及非保守力形式代入式（3.7），可得并网变流器的哈密顿原理：

$$\delta\int_0^{\tau}\left[\frac{L_f\left(\dot{q}_{La}^2+\dot{q}_{Lb}^2+\dot{q}_{Lc}^2\right)}{2}-\frac{q_C^2}{2C}\right]\mathrm{d}t=-\int_0^{\tau}\left[-\sum_{p=a,b,c}\left(e_p+R\dot{q}_{Lp}\right)\delta q_{Lp}+U_{\mathrm{dc}}\delta q_{\mathrm{dc}}\right]\mathrm{d}t \quad (3.14)$$

由基尔霍夫电流定律，可得直流侧输入电流 i_{dc}、直流电容上的电流 i_C 和直流侧输出电流 $i_{\mathrm{dc}o}$ 的关系：

$$i_{\mathrm{dc}}=i_C+i_{\mathrm{dco}}=i_C+s_a i_a+s_b i_b+s_c i_c \quad (3.15)$$

将式（3.15）进行积分，可得 q_{dc} 与广义坐标的关系：

$$q_{\mathrm{dc}}=q_C+s_a q_a+s_b q_b+s_c q_c \quad (3.16)$$

将式（3.16）代入式（3.14），可得变换到广义坐标系下的标准哈密顿原理形式：

$$\delta\int_0^{\tau}\left[\frac{L_f\left(\dot{q}_{La}^2+\dot{q}_{Lb}^2+\dot{q}_{Lc}^2\right)}{2}-\frac{q_C^2}{2C}\right]\mathrm{d}t=-\int_0^{\tau}\left[-\sum_{p=a,b,c}(e_p+R\dot{q}_{Lp}-U_{\mathrm{dc}}s_p)\delta q_{Lp}+U_{\mathrm{dc}}\delta q_C\right]\mathrm{d}t \quad (3.17)$$

根据等时变分中的积分运算与变分运算的可互易性及变分运算的特性，可将式（3.17）左侧变换为

$$\delta\int_0^{\tau}\left[\frac{L_f\left(\dot{q}_{La}^2+\dot{q}_{Lb}^2+\dot{q}_{Lc}^2\right)}{2}-\frac{q_C^2}{2C}\right]\mathrm{d}t=\int_0^{\tau}\left(-\sum_{p=a,b,c}L_f\ddot{q}_{Lp}\delta q_{Lp}+\frac{q_C}{C}\delta q_C\right)\mathrm{d}t \quad (3.18)$$

将式（3.18）代入式（3.17）可得

$$\int_0^{\tau}\left[-\sum_{p=a,b,c}\left(L_f\ddot{q}_{Lp}+e_p+R\dot{q}_{Lp}-U_{\mathrm{dc}}s_p\right)\delta q_{Lp}+\left(\frac{q_C}{C}+U_{\mathrm{dc}}\right)\delta q_C\right]\mathrm{d}t=0 \quad (3.19)$$

由于广义坐标之间相互独立，即 δq_{La}、δq_{Lb}、δq_{Lc}、δq_C 线性无关，由式（3.19）可得每一个广义坐标变分前的系数等于 0，即

$$\begin{bmatrix}\ddot{q}_{La}\\ \ddot{q}_{Lb}\\ \ddot{q}_{Lc}\\ q_C\end{bmatrix}=-\begin{bmatrix}\dot{q}_{La}\\ \dot{q}_{Lb}\\ \dot{q}_{Lc}\\ 0\end{bmatrix}\frac{R}{L_f}+\begin{bmatrix}s_a/2L_f\\ s_b/2L_f\\ s_c/2L_f\\ C\end{bmatrix}U_{\mathrm{dc}}-\begin{bmatrix}e_a\\ e_b\\ e_c\\ 0\end{bmatrix}\frac{1}{L_f} \quad (3.20)$$

式（3.20）为三相并网变流器的状态方程。由以上推导可知，式（3.17）所示的并网变流器哈密顿原理与微分方程形式的数学模型等价。变流器的电场能与磁场能转化量的累积可用哈密顿作用量表征，且哈密顿作用量原理可反映变流器所有状态变量的变化趋势。因此，可以应用哈密顿原理推导并网变流器的同调判据。

3.1.3 并网变流器的广义哈密顿作用量

由 3.1.2 节可知，非保守系统中哈密顿作用量 S 和广义力 Q_k 共同决定状态变量的变化趋势。为了有效判别并网变流器的同调性，需要定义一个新的变量，其可以综合表征 S 和 Q_k 的影响。因此，定义广义哈密顿作用量 $\hat{S}$ 为

$$\hat{S}=\int\hat{L}_a\mathrm{d}t=\int(T-V-U)\mathrm{d}t \quad (3.21)$$

式中，U 表示非保守力做功转化的广义势能，具体表达式为 $U=-\sum_{k=1}^{N}\int_{\gamma}Q_k\mathrm{d}q_k$。

利用新定义的变量 $\hat{S}$ 可将式（3.7）非保守系统的哈密顿原理表示为

$$\delta\hat{S}=0 \tag{3.22}$$

式（3.7）和式（3.22）的等价性证明如下。

由式（3.21）广义哈密顿作用量 $\hat{S}$ 的定义可知

$$\delta\hat{S}=\delta S-\delta\int U\mathrm{d}t=\delta S+\delta\int\left(\sum_{k=1}^{N}\int_{\gamma}Q_k\mathrm{d}q_k\right)\mathrm{d}t \tag{3.23}$$

由于等时变分中变分运算与积分运算的互易性，式（3.23）可以变为

$$\delta\hat{S}=\delta S+\int\left[\sum_{k=1}^{N}\delta\left(\int Q_k\dot{q}_k\mathrm{d}t\right)\right]\mathrm{d}t \tag{3.24}$$

同时，在式（3.24）中有

$$\delta\left(\int Q_k\dot{q}_k\mathrm{d}t\right)=\int\delta(Q_k\dot{q}_k)\mathrm{d}t=\int(Q_k\delta\dot{q}_k+\dot{q}_k\delta Q_k)\mathrm{d}t \tag{3.25}$$

由微分运算法则可知

$$\frac{\mathrm{d}(Q_k\delta q_k)}{\mathrm{d}t}=\dot{Q}_k\delta q_k+Q_k\delta\dot{q}_k \tag{3.26}$$

对式（3.26）进行积分运算可得

$$Q_k\delta q_k=\int(\dot{Q}_k\delta q_k)\mathrm{d}t+\int(Q_k\delta\dot{q}_k)\mathrm{d}t \tag{3.27}$$

将式（3.27）代入式（3.25）可得

$$\delta(\int Q_k\dot{q}_k\mathrm{d}t)=Q_k\delta q_k+\int(\dot{q}_k\delta Q_k-\dot{Q}_k\delta q_k)\mathrm{d}t \tag{3.28}$$

实际上，非保守力 $Q_k(q_k,\dot{q}_k,t)$ 同时受 q_k 和 $\dot{q}_k$ 的影响。在路径已知的情况下，利用相轨迹曲线可将 $\dot{q}_k$ 用 q_k 表示，因此非保守力可以写成仅含 q_k 的表达式。在此前提下，非保守力 Q_k 的变分为

$$\delta Q_k=\frac{\mathrm{d}Q_k}{\mathrm{d}q_k}\delta q_k \tag{3.29}$$

将式（3.29）代入式（3.28）可得

$$\delta\left(\int Q_k\dot{q}_k\mathrm{d}t\right)=Q_k\delta q_k \tag{3.30}$$

将式（3.30）代入式（3.24）和式（3.22）可得

$$\delta\hat{S}=\delta S+\int\sum_{k=1}^{N}Q_k\delta q_k\mathrm{d}t=0 \tag{3.31}$$

由此可知，式（3.22）与式（3.7）所示的非保守系统的哈密顿原理完全等价。式（3.22）中的哈密顿原理仅与一个量 $\hat{S}$ 相关，也就是说，广义哈密顿作用量 $\hat{S}$ 可以独立用作表征非保守系统的动态特性。因此，$\hat{S}$ 被用作推导并网变流器的同调判据。

并网变流器的非保守力为电阻上的电压 u_R、并网电压 e_a、e_b 和 e_c 及直流母线电压 U_{dc} 做功对应的广义势能之和：

$$U=-\sum_{k=1}^{N}\int_{\gamma}Q_k\mathrm{d}q_k=\int\sum_{p=a,b,c}e_p\dot{q}_{Lp}\mathrm{d}t+\int\left(R\sum_{p=a,b,c}\dot{q}_{Lp}^2\right)\mathrm{d}t-\int U_{\mathrm{dc}}\left(\dot{q}_C+\sum_{p=a,b,c}s_p\dot{q}_{Lp}\right)\mathrm{d}t \tag{3.32}$$

将式（3.13）和式（3.32）代入式（3.21）可得，三相并网变流器的广义哈密顿作用量为

$$\mathrm{d}\hat{S}=\hat{L}_a\mathrm{d}t=\left[\frac{L_f\sum\limits_{p=a,b,c}\dot{q}_{Lp}^2}{2}-\frac{q_C^2}{2C}-\int\left(R\sum_{p=a,b,c}\dot{q}_{Lp}^2\right)\mathrm{d}t+\int U_{\mathrm{dc}}\left(\dot{q}_C+\sum_{p=a,b,c}s_p\dot{q}_{Lp}\right)\mathrm{d}t-\int\sum_{p=a,b,c}e_p\dot{q}_{Lp}\mathrm{d}t\right]\mathrm{d}t \tag{3.33}$$

3.2 基于广义哈密顿作用量的同调判别方法

3.2.1 基于广义哈密顿作用量的同调判据

两台变流器的所有状态变量分别对应成比例是变流器同调的条件。分析状态方程及式（3.33）所示变流器广义哈密顿作用量表达式可知，若两台变流器的所有独立状态变量的实际值变化量成比例，则两台变流器的广义哈密顿作用量的变化量成比例，即

$$\frac{\Delta\hat{S}_1}{\Delta\hat{S}_2}=\frac{\hat{L}_{a1}}{\hat{L}_{a2}}=\frac{E_1}{E_2}=K \tag{3.34}$$

式中，下标数字 1，2 表示变流器编号；E 表示电场能、磁场能和广义势能的总和；K 表示常数。

广义哈密顿作用量的变化量 $\Delta\hat{S}$ 为

$$\Delta\hat{S}=\hat{S}-\hat{S}_0 \tag{3.35}$$

式中，$\hat{S}$ 为 t 时刻的广义哈密顿作用量；$\hat{S}_0$ 为扰动初始时刻的广义哈密顿作用量。

反之，若已知两台变流器的广义哈密顿作用量的变化量成比例，则两台变流器的状态变量分别成比例，具体证明如下。

由式（3.33）中广义哈密顿作用量的定义及能量守恒 $T+V+U=E$，可将式（3.34）转化为

$$\begin{cases}\dfrac{T_1}{T_2}=K\\[2ex]\dfrac{V_1+U_1}{V_2+U_2}=K\end{cases} \tag{3.36}$$

根据式（3.13）所示磁场能的表达式，可将式（3.36）中的第一式变换为

$$\frac{\sum\limits_{p=a,b,c}\dot{q}_{Lp1}^2}{\sum\limits_{p=a,b,c}\dot{q}_{Lp2}^2}=\frac{KL_{f2}}{L_{f1}} \tag{3.37}$$

在数学上，如果变量 $x_1, x_2, \cdots, x_n$ 相互独立，且满足

$$\begin{cases}\dfrac{\sum_{i=1}^{n}a_i x_{i1}}{\sum_{i=1}^{n}b_i x_{i2}}=\lambda \\ \dfrac{x_{11}}{x_{12}}=\dfrac{\lambda b_1}{a_1}\end{cases} \tag{3.38}$$

式中，a_i、$b_i(i=1,2,\cdots,n)$和λ为常系数，则有

$$\frac{x_{i1}}{x_{i2}}=\frac{\lambda b_i}{a_i} \tag{3.39}$$

因此，由式（3.34）、式（3.37）可知，如果两个系统的$\Delta\hat{S}$成比例变化，则两台变流器的状态变量及电路参数均满足一定的比例关系，结果如表 3.2 所示。

表 3.2　两台变流器的状态变量及电路参数关系

物理量	比例关系
$e_k(k=a,b,c)$，U_{dc}	$e_{p1}/e_{p2}=U_{dc1}/U_{dc2}=(Kk_L)^{1/2}$
R，L_f，C	$R_1/R_2=L_{f1}/L_{f2}=C_2/C_1=k_L$
q_C，q_{Lp}	$q_{C1}/q_{C2}=q_{Lp1}/q_{Lp2}=(K/k_L)^{1/2}$

综上所述，两台变流器的$\Delta\hat{S}$成比例变化是其所有独立状态变量分别成比例的充要条件。因此，并网变流器的同调判据可描述为：

在仿真计算时间$[0,\tau]$内，若两个系统的广义哈密顿作用量的变化量之比恒为某一常数K，则两台变流器严格同调。在工程应用中，可将条件略微松弛，即

$$\max_{t\in[0,\tau]}\left|\frac{\Delta\hat{S}_i(t)}{\Delta\hat{S}_j(t)}-K\right|\leqslant\gamma \tag{3.40}$$

式中，γ为容许差异范围；τ为同调判别过程的离线仿真时间，由待等值系统的暂态过程持续时间决定。电压定向矢量控制的并网变流器动态响应快，一般在 0.2～0.5 s 可恢复稳态，所以在变流器的同调判别中，τ一般取为 0.2～0.5 s。

3.2.2　实用化变流器同调判据

对于$\Delta\hat{S}$成比例的两台变流器，根据能量守恒定律可得，其磁场能也成相同比例。

在三相对称扰动下，有

$$i_a^2+i_b^2+i_c^2=1.5I_m^2 \tag{3.41}$$

式中，I_m为电流的幅值。

将式（3.41）代入式（3.37），可得

$$\frac{I_{m1}}{I_{m2}}=\sqrt{\frac{K}{k_L}} \tag{3.42}$$

式中，$k_L = L_{f1}/L_{f2}$。

由表 3.2 可知，若两台变流器的广义哈密顿作用量成比例，则 $R_1/L_{f1} = R_2/L_{f2}$，两台变流器的并网电流相位相同。进一步结合式（3.42）可知，两台变流器的并网电流瞬时值满足

$$\frac{\dot{q}_{Lp1}}{\dot{q}_{Lp2}} = \sqrt{\frac{K}{k_L}}, \quad p = a,b,c \tag{3.43}$$

在三相不对称扰动下，若控制目标为三相电流对称，则式（3.43）成立。若控制有功功率或无功功率恒定，则三相电流不对称。在此情况下，根据对称分量法，式（3.43）可变换为

$$\frac{\sum\limits_{p=a,b,c} (i_{p,P1} + i_{p,N1})^2}{\sum\limits_{p=a,b,c} (i_{p,P2} + i_{p,N2})^2} = \frac{K}{k_L} \tag{3.44}$$

式中，$i_{p,P}$ 与 $i_{p,N}$ ($p = a, b, c$)分别为 p 相电流的正序分量与负序分量。

将式（3.44）展开可得

$$\frac{1.5I_{Pm1}^2 + 1.5I_{Nm1}^2 + \sum\limits_{p=a,b,c} \left(2i_{p,P1}^2 \cdot i_{p,N1}^2\right)}{1.5I_{Pm2}^2 + 1.5I_{Nm2}^2 + \sum\limits_{p=a,b,c} \left(2i_{p,P2}^2 \cdot i_{p,N2}^2\right)} = \frac{K}{k_L} \tag{3.45}$$

式中，I_{Pm}、I_{Nm} 分别为并网电流正序分量和负序分量的幅值。

正序分量和负序分量为独立变量，因此式（3.45）等价于

$$\begin{cases} \dfrac{I_{Pm1}}{I_{Pm2}} = \sqrt{\dfrac{K}{k_L}} \\ \dfrac{I_{Nm1}}{I_{Nm2}} = \sqrt{\dfrac{K}{k_L}} \\ \dfrac{\sum\limits_{p=a,b,c} \left(i_{p,P1}^2 \cdot i_{p,N1}^2\right)}{\sum\limits_{p=a,b,c} \left(i_{p,P2}^2 \cdot i_{p,N2}^2\right)} = \dfrac{K}{k_L} \end{cases} \tag{3.46}$$

式中，I_{Pm} 和 I_{Nm} 分别为并网电流正序分量和负序分量的幅值。

由式（3.46）的第一、二式可知，正序和负序电流分量的幅值分别成比例。在此条件下，当两台变流器的正序或负序电流相位分别相等时，三相正序和负序电流的相量图如图 3.3（a）所示，而当两台变流器的正序或负序电流相位对应不相等时，电流相量图如图 3.3（b）所示。其中，I_{mP1} 与 I_{mN1} ($m = a, b, c$)分别为第一台变流器电流的正序分量与负序分量幅值，I_{mP2} 与 I_{mN2} ($m=a, b, c$)分别为第二台变流器电流的正序分量与负序分量幅值，I_{m1} 与 I_{m2} ($m=a, b, c$)分别为两台变流器的各相总电流值幅值。

由图 3.3 可见，在两台变流器的正序和负序电流相位对应相等的条件下，其三相电流的相位也对应相等，因此由式（3.46）可得，两台变流器的并网电流瞬时值成比例。

$$\frac{i_{p1}}{i_{p2}} = \sqrt{\frac{K}{k_L}} = k_I \tag{3.47}$$

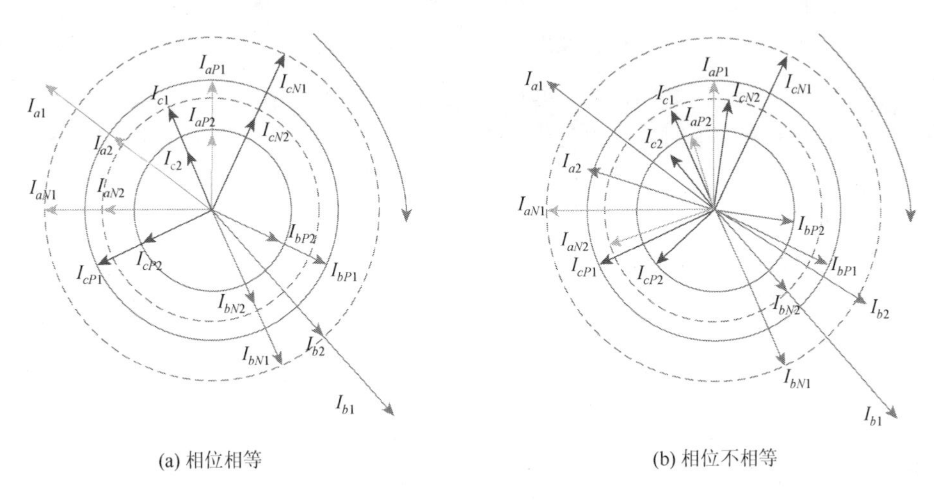

(a) 相位相等　　(b) 相位不相等

图 3.3　电流不对称情况下的相量图

式中，i_p 为 p 相的并网电流瞬时值；k_I 为两台变流器的并网电流瞬时值之比，且 $k_I=\sqrt{K/k_L}$。

综合式（3.43）和式（3.47）可知，广义哈密顿作用量的变化成比例，与并网电流成比例无条件等价。因此，广义哈密顿作用量比例判据可以简化为并网电流比例判据。

简化判据为：在仿真计算时间[0, τ]，若两台变流器的并网电流瞬时值之比恒为某一常数 k_I，则两台变流器可判定为同调。在工程上，允许有小值差异，用不等式表示为

$$\max_{t\in[0,\tau]}\left|\frac{i_{pi}(t)}{i_{pj}(t)}-k_I\right|\leqslant\varepsilon \tag{3.48}$$

式中，ε 为容许差异，且 $\varepsilon=\sqrt{\gamma/k_L}$。

3.2.3　广义哈密顿作用量比例判据的应用及讨论

电力装备的输入、输出有功功率和无功功率，储能元件储存能量的变化和耗散功率决定了其动态特性。哈密顿力学正是从能量转化的角度表征系统各状态变量的变化，不仅适用于机械系统，如发电机转子，也适用于电系统，如电力电子变流器。因此，基于广义哈密顿作用量的同调判据普遍适用于各类电力装备的同调判别。

各类电力装备的同调判据都可由式（3.40）进行表示，并可通过能量守恒约束，将基于广义哈密顿作用量的同调判据简化为基于系统某个物理量的判据。不同电力装备的能量类型不同，所以简化判据的形式各异。适用于不同电力装备的同调判据推导步骤总结如下：

（1）电力装备的哈密顿建模。分析装备的动能、势能及广义势能，得到广义哈密顿作用量。

（2）判据简化。依据能量守恒约束，将两个系统的广义哈密顿作用量的比例关系简化为动能或势能的比例关系。

（3）实用化判据建立。通过步骤（1）所得的各能量形式的表达式，将动能或势能的比例关系简化为系统某一具体物理量的比例关系。

值得说明的是，若将一个系统的所有储能元件对应的动能、势能及所有非保守力做功对

应的广义势能均纳入广义哈密顿作用量的表达式中，则得到的同调判据可以反映该系统全时间尺度动态特性的相似性。然而，在某些应用场合中，只关注单一时间尺度的动态问题，那么在建立系统的哈密顿模型时，可以仅保留该时间尺度下储能元件对应的动能或势能，而忽略其他储能元件的动态，不将其纳入广义哈密顿作用量中。由此可得适用于特定时间尺度动态分析的同调判据，该判据忽略了不相关时间尺度上动态过程的差异，其分群结果更为宽松，但是足以用来分析该时间尺度的动态特性。因此，仅将单一时间尺度下相关储能元件的动能或势能纳入广义哈密顿作用量中，并用该退化的作用量进行同调判别，可以减少分群数量，与考虑全时间尺度动态特性相似性的同调判别方法相比，聚合模型更简单。

以同步发电机的同调判别为例说明广义哈密顿作用量比例判据在其他发电装备及单一时间尺度分析中的拓展应用。

在传统电网的同调机组判别中，根据功角摇摆曲线判断两台机组是否同调，具体为在仿真时间 $t\in[0,\tau]$，若两台发电机的相对转子角之差在任一时刻都不大于一个给定值 ε，则判断这两台发电机同调，即

$$\max_{t\in[0,\tau]}|\Delta\delta_i(t)-\Delta\delta_j(t)|\leqslant\varepsilon \tag{3.49}$$

在判断发电机同调时，一般取 τ 为 1～3 s，ε 为 5°～10°。

当忽略发电机的各类损耗及励磁系统、原动机、调速器的动态时，可用二阶模型描述发电机的动态。选取转子的机械角度 θ 为发电机的广义坐标建立其哈密顿模型，即可表征考虑转子动态的发电机系统能量转化关系及状态变量运动轨迹。发电机的势能 V 等于 0，原动机功率 P_T 和发电机输出电磁功率 P_e 对时间的积分分别对应发电机的两类广义势能。由此可得，发电机的广义拉格朗日能量函数为

$$\hat{L}_a=T-U=\frac{1}{2}J\dot{\theta}^2+\int_0^t(P_T-P_e)\,\mathrm{d}\tau \tag{3.50}$$

设故障时刻为初始时刻，该时刻发电机转子的动能为 T_0，T_0 为常数。故障前发电机转子匀速转动，非保守力做功之和为 0，因此初始时刻广义势能 $U_0=0$，系统的总能量为 T_0。由能量守恒定律可知，$T+U=E=T_0$，则式（3.50）可转化为

$$\hat{L}_a=T-(T_0-T)=2T-T_0 \tag{3.51}$$

式中，T 为 t 时刻发电机转子的动能，是时间的函数。

结合基于广义哈密顿作用量的同调判据，以及式（3.51）可得

$$\begin{cases}T_1/T_2=T_{01}/T_{02}\\ \dot{\theta}_1/\dot{\theta}_2=\dot{\theta}_{01}/\dot{\theta}_{02}\end{cases} \tag{3.52}$$

式中，$\dot{\theta}_{01}$、$\dot{\theta}_{02}$ 分别为故障时刻两台机组的机械角速度。

故障前发电机转子均以额定电角速度转动，则故障后的电角速度之比为 1，即相等时间内，功角变化量 $\Delta\delta_1$、$\Delta\delta_2$ 满足

$$\Delta\delta_1=\Delta\delta_2 \tag{3.53}$$

将式（3.53）的条件松弛即可得式（3.49）所示的判据，由此说明了作用量同调判据与功角同调判据的相容性。可见，广义哈密顿作用量作为表征非保守力系统所有状态变量变化趋势的物理量，不仅可用于判别电力电子并网装备的同调，还可用于判别发电机的同调。

基于广义哈密顿作用量的同调判别方法，可作为通用方法用于不同类型发电并网装备的同调等值建模中。此外，在求取同步发电机的广义哈密顿作用量时，没有包含电磁暂态时间尺度下储能元件（定子、转子绕组等）的能量，据此得到的功角判据忽略了各台同步发电机在电磁暂态特性上的差异。电磁暂态和机电暂态过程的时间尺度相差较大，所以基于功角判据的发电机同调等值模型足以适用于机电暂态分析。

并网变流器的动态聚合模型需要保证其在动态过程中的准确性，所以同调判别需要考虑多并联变流器受扰后动态响应的相似性。短路故障是电力系统中较为严重的扰动，不论是三相对称故障还是不对称故障，不论短路故障发生在何处，不论接地电阻多大，电力系统短路故障在并网变流器 PCC 上均表现为电压跌落。PCC 电压跌落程度越深，并网变流器经历的动态过程越剧烈，多并网变流器由参数差异带来的动态响应差异越大。也就是说，PCC 电压跌落程度越深，由式（3.48）判别的同调结果越严格。以表 3.3 所列参数下的#1 和#2 变流器为例，展示了最大电流差异与 PCC 电压跌落深度的关系。表 3.3 中，S_B 为变流器系统额定容量，L_f 为滤波电感，C 为滤波电容，k_{pi} 为电流控制器比例系数，k_{ii} 为电流控制器积分系数，k_{pv} 为电压控制器比例系数，k_{iv} 为电压控制器积分系数。从图 3.4 易知，PCC 电压跌落程度越大，两台并网变流器在受扰后的输出电流差异越大。因此，为了保证判别结果适用于不同程度不同位置的扰动场景，应选取最剧烈的扰动来判别变流器的同调性。也就是说，选取并网变流器并联母线外的三相接地故障作为扰动，可以保证同调判别结果的严格性和实用性。

表 3.3　用于分析最大电流差异与 PCC 电压跌落深度的两台变流器的参数

序号	S_B / MW	L_f / mH	C / 10^3 μF	k_{pi}	k_{ii}	k_{pv}	k_{iv}
#1	6	0.2	60	330	17	400	900
#2	6	0.2	80	500	40	500	800

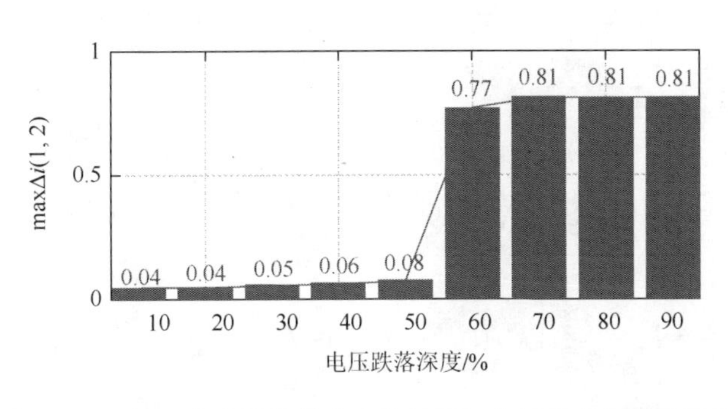

图 3.4　#1 和#2 变流器的最大电流差异与电压跌落深度的关系

3.3　基于同调变流器单机聚合的等值方法及其适用场景

3.3.1　单机聚合模型及参数聚合方法

在传统电力系统的动态分析中，将系统划分为外部系统和研究系统后，对外部系统的同步发电机进行同调等值，以保留外部系统的总功率动态响应与实际系统一致，从而保留外部系统对研究系统动态特性的影响。在此类同调等值方法中，将所识别出来的同调发电机聚合为一个容量为所有同调变流器容量之和的单机模型。类似地，当并联变流器群被看作外部系统，需要分析并联变流器群对研究系统的动态影响时，可将一个同调群内的变流器聚合成一个变流器模型，以保证输出总功率动态特性的一致性。

聚合模型中的参数计算包括等效参数和控制参数计算。等效参数计算原则是保证等值前后的变流器总输出功率的稳态值相等，动态过程接近。具体来说，等值前后的变流器输出总电流和端电压分别相等。本节以 2.2.1 节中电压定向矢量控制下的并网变流器为例阐述同调变流器的参数聚合方法。

为了保证聚合后的单变流器模型与实际的多变流器并联系统的输出总功率稳态量相等，聚合模型的等效参数应为实际系统中各变流器元件的并联：

$$\begin{cases} L_{f,\mathrm{eq}} = L_{f1} // L_{f2} // \cdots // L_{fn} \\ R_{\mathrm{eq}} = R_1 // R_2 // \cdots // R_n \\ C_{\mathrm{eq}} = C_1 // C_2 // \cdots // C_n \end{cases} \tag{3.54}$$

式中，$L_{f,\mathrm{eq}}$、R_{eq}、C_{eq} 分别为等值滤波电感、等值电阻和等值直流侧电容。特别地，若并联变流器的电路参数均相同，则其聚合模型的参数为 $L_{f,\mathrm{eq}} = L_{fj}/n$、$R_{\mathrm{eq}} = R_j/n$、$C_{\mathrm{eq}} = nC_j$，其中下标 j 为详细模型中任一变流器编号。

等效控制参数（电压环、电流环和锁相环控制参数）的计算是保证聚合模型动态特性准确性的关键。变流器的直流侧电压波动由输入输出功率决定，因此利用并网变流器的功率平衡方程计算电压控制环的等效参数。变流器的功率平衡方程为

$$CU_{\mathrm{dc}} \frac{\mathrm{d}U_{\mathrm{dc}}}{\mathrm{d}t} = P_{\mathrm{in}} - \frac{3}{2}(e_d i_d + e_q i_q) \tag{3.55}$$

式中，P_{in} 为直流侧输入功率。

电流控制环响应的时间尺度相较于电压控制环响应的时间尺度快，因此在聚合电压控制环参数时忽略电流环的动态，认为实际电流值可迅速跟踪电流指令，式（3.55）所示的功率平衡方程可改写为

$$CU_{\mathrm{dc}} \frac{\mathrm{d}U_{\mathrm{dc}}}{\mathrm{d}t} = P_{\mathrm{in}} - \frac{3}{2} e_d \left[k_{pv}(U_{\mathrm{dc}} - U_{\mathrm{dcref}}) + k_{iv} \int_0^t (U_{\mathrm{dc}} - U_{\mathrm{dcref}}) \mathrm{d}t \right] - \frac{3}{2} e_q I_{q\mathrm{ref}} \tag{3.56}$$

详细模型中每台变流器和同调等值模型的功率平衡方程均满足式（3.56），通过叠加详细模型中 n 台变流器的功率平衡方程，并利用同调等值模型与详细模型并网点电压相等的约束，可得等值电压环比例参数 $k_{pv,\mathrm{eq}}$、积分参数 $k_{iv,\mathrm{eq}}$ 的计算公式为

$$\begin{cases} k_{pv,\mathrm{eq}} = \sum\limits_{j=1}^{n} k_{pvj} \\ k_{iv,\mathrm{eq}} = \sum\limits_{j=1}^{n} k_{ivj} \end{cases} \tag{3.57}$$

特别地，若并联变流器的电压控制环的参数均相同，则其聚合模型的等效电压控制环参数为 $k_{pv,\mathrm{eq}}=n\cdot k_{pvj}$、$k_{iv,\mathrm{eq}}=n\cdot k_{ivj}$。在此情况下，等效的电压控制环特性与详细模型中单台变流器的电压控制环特性完全一致。在前述的同调判别方法中，允许动态特性有一定误差的变流器被分到一个同调群内，因此同调变流器的电压控制环参数可能不完全相同。在此情况下，用式（3.57）计算所得的等效参数可以使聚合模型的电压控制环动态特性接近详细模型，而无法实现完全相同，这也是同调等值模型仍然会产生较小误差的原因。

电流环为线性控制环节，因此可利用频域最小二乘法对聚合传递函数进行最小二乘拟合，以得到等值电流环控制参数。n 台变流器的聚合传递函数 $\varphi_{i,\mathrm{eq}}$ 为

$$\varphi_{i,\mathrm{eq}}(s)=\sum_{j=1}^{n}c_j\varphi_{ij}(s)/\sum_{j=1}^{n}c_j \tag{3.58}$$

式中，$\varphi_{ij}(s)$为第 j 台变流器的电流环传递函数；c_j 为第 j 台变流器的权重系数，等于第 j 台变流器的容量。

对聚合传递函数进行频域最小二乘拟合，可以辨识出同调等值模型的电流环控制参数 $k_{pi,\mathrm{eq}}$ 和 $k_{ii,\mathrm{eq}}$。特别地，若并联变流器的电流环控制参数均相同，则其聚合模型的等效电流环控制参数为 $k_{pi,\mathrm{eq}}=k_{pij}/n$、$k_{ii,\mathrm{eq}}=k_{iij}/n$。同理，在此情况下，等效的电流环特性与详细模型中单台变流器的电流环特性完全一致。而当电流环参数不完全相同时，用式（3.58）计算所得的等效参数可以使聚合模型的电流环动态特性接近详细模型。

同调变流器及其聚合模型在动态过程中端电压变化相等或接近。为使得聚合模型的 PLL 输出频率的动态特性与详细模型中的变流器保持一致，等效的 PLL 比例系数 $k_{pt,\mathrm{eq}}$、积分系数 $k_{it,\mathrm{eq}}$ 应为详细模型中各变流器中 PLL 的加权平均值：

$$\begin{cases} k_{pt,\mathrm{eq}}=\sum_{j=1}^{n}c_jk_{ptj}/\sum_{j=1}^{n}c_j \\ k_{it,\mathrm{eq}}=\sum_{j=1}^{n}c_jk_{itj}/\sum_{j=1}^{n}c_j \end{cases} \tag{3.59}$$

3.3.2 同调变流器单机聚合模型的效果验证

变流器的同调判别是多机聚合建模的第一步，也是决定聚合模型准确性的关键一步。严格的同调判据在动态聚合建模中起重要作用。在式（3.48）所示的同调判据中，容许差异 ε 的选取是影响聚合模型准确性的重要参数。容许差异取值越小，同调判别结果越严格，聚合模型越精确。然而，严格的同调判别结果可能使同调群数量较多，导致聚合模型的阶数升高。本节以风电场中 16 台参数不尽相同的风机并网变流器为例进行同调判别，并选取 ε 为 0.3 和 0.8 来比较容许差异对同调结果和聚合效果的影响。图 3.5 为含 16 台风机的风电场结构图，16 台并网变流器的参数如表 3.4 所示。

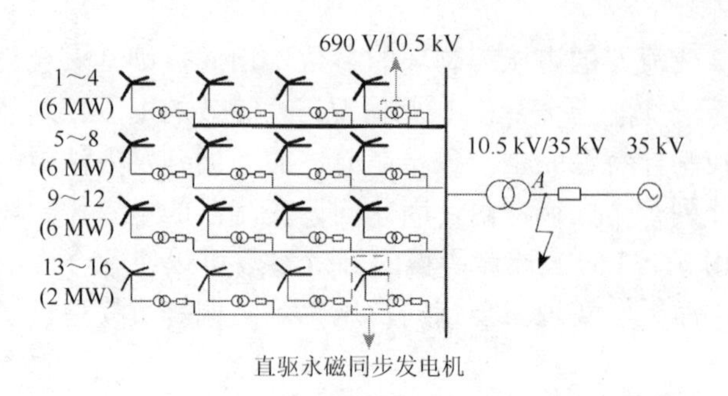

图 3.5　含 16 台风机的风电场结构图

表 3.4　16 台并网变流器的参数

序号	S_B / MW	L / mH	C / 10^3 μF	k_{pi}	k_{ii}	k_{pv}	k_{iv}
1	6	0.2	60	330	17	400	900
2	6	0.2	80	500	40	500	800
3	6	0.2	80	500	40	500	800
4	6	0.2	80	600	55	200	1 600
5	6	0.2	60	330	17	400	900
6	6	0.2	80	600	55	200	1 600
7	6	0.3	80	900	83	210	1 560
8	6	0.3	80	750	60	490	795
9	6	0.2	60	330	17	400	900
10	6	0.2	80	500	40	500	800
11	6	0.3	80	750	60	490	795
12	6	0.3	80	900	83	210	1 560
13	2	0.6	20	1 000	50	130	300
14	2	0.6	20	1 000	50	130	300
15	2	0.6	20	1 000	50	130	300
16	2	0.6	20	1 000	50	130	300

为了激发变流器的动态，在图 3.5 所示的 A 点施加三相对称故障。仿真时间 0.1 s 故障发生，0.2 s 故障清除，τ 选为 0.2 s。根据 16 台并网变流器在受扰后的直压和并网电流随时间的变化，可计算出 16 台变流器两两之间广义哈密顿作用量的最大差值，其结果如图 3.6（a）所示。在图 3.6（a）中，x 和 y 坐标均为变流器的编号，z 轴为#x 和#y 变流器的广义哈密顿作用量之差的最大值，即 $\max\Delta\hat{S}(x,y)$。显然，一台变流器和自身的广义哈密顿作用量差异为零，所以 xy 平面对角线处的 z 值均为零。同时，比较仿真时间内 16 台变流器两两之间的电流之差最大值，即 $\max\Delta i(x,y)$，如图 3.6（b）所示。比较图 3.6（a）和图 3.6（b）可知，$\max\Delta\hat{S}(x,y)$ 和 $\max\Delta i(x,y)$的大小分布相似，验证了基于并网电流的同调判据和基于哈密顿作用量的同调判据的等价性。

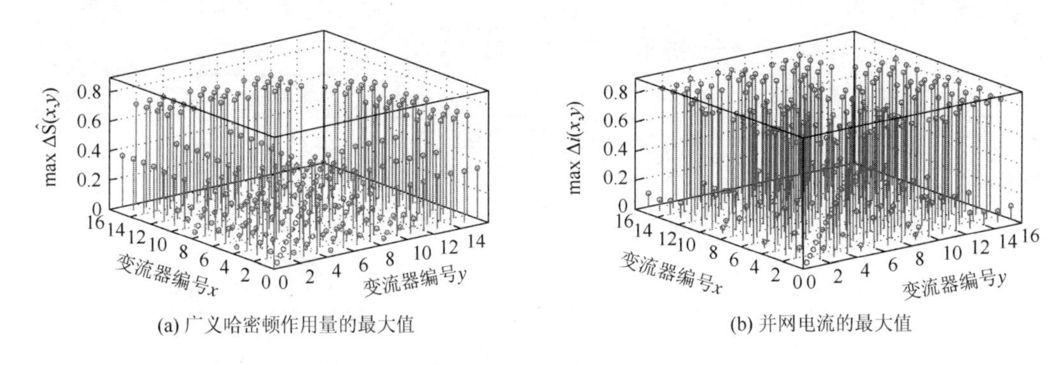

(a) 广义哈密顿作用量的最大值　　(b) 并网电流的最大值

图 3.6　动态过程中 16 台变流器两两之间的广义哈密顿作用量最大值和并网电流最大差值

当分别选取容许差异 ε 为 0.3 和 0.8 时，同调判别结果如表 3.5 所示。如表 3.5 所示的分群结果验证了如下规律：容许差异 ε 越小，同调变流器群越多，每个同调群内的变流器台数越少。为了验证同调判据的有效性，需比较基于同调判别结果的聚合模型与详细模型动态特性的契合程度。由表 3.5 的同调判别结果可建立如图 3.7 所示不同容许差异下的同调等值模型，其中 $Eq.m1(m = \mathrm{A/B/C})$为同调组 $m1$ 等值模型，$Eq.n2(n = \mathrm{A/B})$为同调组 $n2$ 等值模型。$\varepsilon = 0.3$ 和 $\varepsilon = 0.8$ 时的同调等值模型的等效参数如表 3.6 所示。为了比较同调等值模型的效果，同时建立了 16 台变流器的单机聚合等值模型，其等效参数如表 3.7 所示。

表 3.5　同调判别结果

容许差异 ε	同调群编号	并网变流器编号
0.3	A1	1，5，9，13，14，15，16
	B1	2，3，8，10，11
	C1	4，6，7，12
0.8	A2	1，5，9，13，14，15，16
	B2	2，3，4，6，7，8，10，11，12

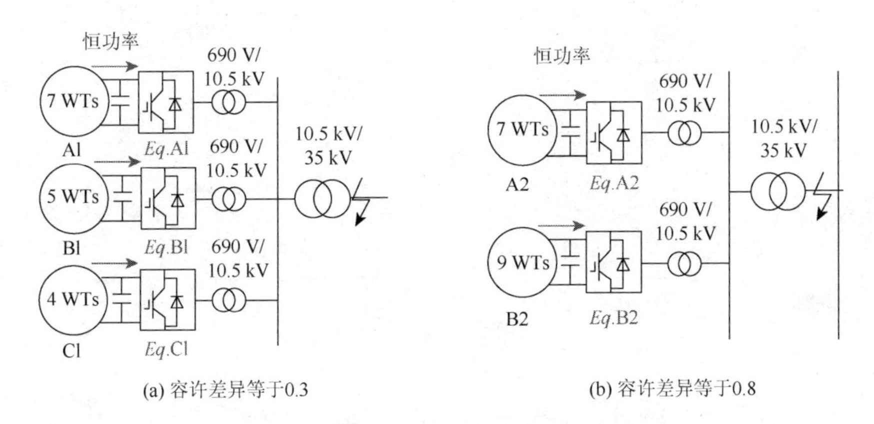

(a) 容许差异等于0.3　　(b) 容许差异等于0.8

图 3.7　不同容许差异下的同调等值模型

表 3.6 当 ε 分别选取为 0.3 和 0.8 时同调等值模型的等效参数

ε	同调群编号	S_B / MW	L / mH	C / 10^3 μF	k_{pi}	k_{ii}	k_{pv}	k_{iv}
0.3	A1	26	0.046	260	76.59	91	1 720	3 900
	B1	30	0.046	400	115.5	9.24	2 480	3 990
	C1	24	0.06	320	180	16.5	820	6 320
0.8	A2	26	0.046	260	76.59	91	1 720	3 900
	B2	54	0.026	720	65.28	5.2	3 300	10 310

表 3.7 不考虑同调的单机聚合模型的等效参数

物理量	L / mH	C / 10^3 μF	R/Ω	k_{pi}	k_{ii}	k_{pv}	k_{iv}
数值	0.016 7	850	0.023	76	16 462	50 33	14 090

本节通过比较三相对称故障和单相接地故障下同调等值模型和详细模型的动态响应来验证同调判据的有效性。当仿真时间为 0.1 s 时，在详细模型、单机聚合模型和同调等值模型上均施加三相接地故障，0.2 s 故障清除。三相接地故障下详细模型、单机聚合模型和同调等值模型的功率动态响应如图 3.8 所示。三相接地故障下同调等值模型和单机聚合模型的有功功率平均误差如表 3.8 所示。由图 3.8 和表 3.8 可知，当 ε 取 0.3 和 0.8 时，详细模型和同调等值模型的有功功率响应在短时间内剖面也能高度吻合，而单机聚合模型与详细模型的有功功率的动态特性有较大误差。由此说明，所提出的同调等值判据全面考虑了变流器多时间尺度控制对动态过程的影响，利用电流比例判据对多变流器进行分群聚合，能达到保留详细模型动态过程细节、降低模型阶数的目的。此外，ε 越小同调等值模型的动态响应与详细模型越接近，说明同调判据越严格，同调等值模型越精确。

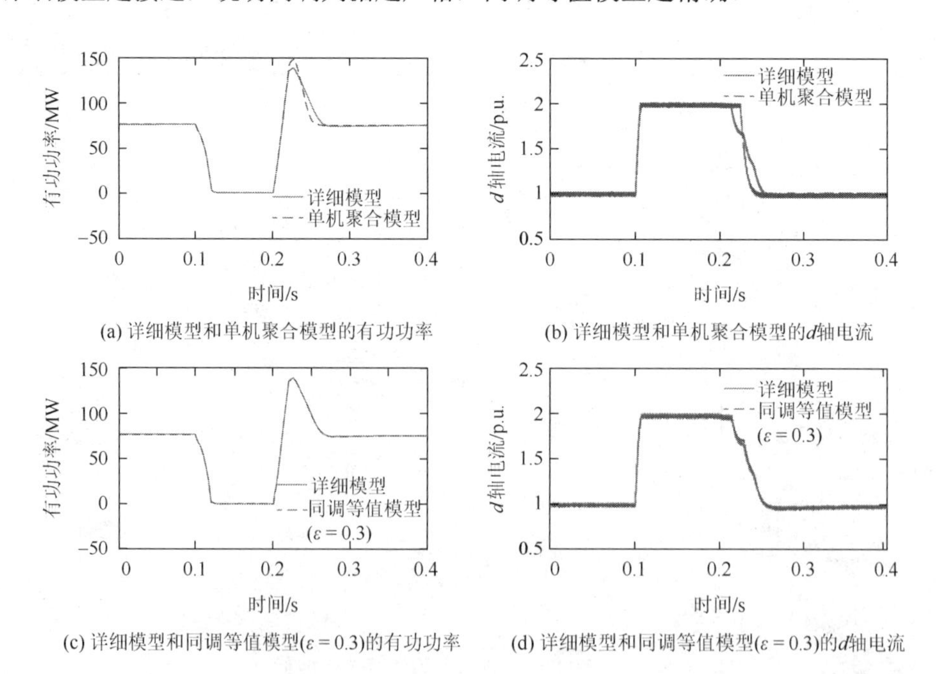

(a) 详细模型和单机聚合模型的有功功率 (b) 详细模型和单机聚合模型的d轴电流

(c) 详细模型和同调等值模型(ε = 0.3)的有功功率 (d) 详细模型和同调等值模型(ε = 0.3)的d轴电流

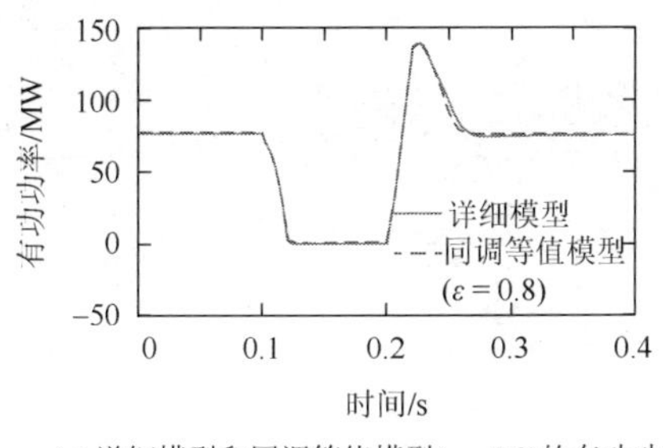

(e) 详细模型和同调等值模型($\varepsilon=0.8$)的有功功率

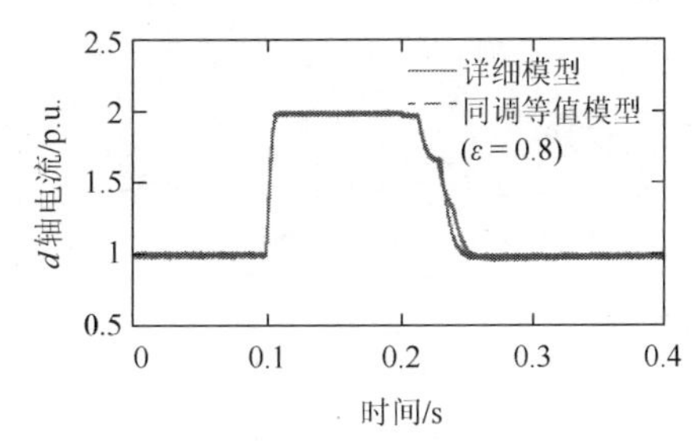

(f) 详细模型和同调等值模型($\varepsilon=0.8$)的d轴电流

图 3.8 三相接地故障下详细模型和同调等值模型的功率动态响应

表 3.8 三相接地故障下同调等值模型和单机聚合模型的有功功率平均误差

模型	同调等值模型（$\varepsilon=0.3$）	同调等值模型（$\varepsilon=0.8$）	单机聚合模型
误差/%	0.51	8.83	14.6

变流器在各类电力系统不对称故障下的低电压穿越控制策略相同，而单相接地故障为电力系统常见的不对称故障，所以本节以单相接地故障为例验证同调判据在不对称扰动下的适用性。

在单相接地故障下，若控制变流器的三相电流对称，情况与三相对称故障（三相故障电流对称）相同。因此，本节分析控制目标为有功功率恒定的情况，控制无功功率恒定的情况与之类似，不进行重复讨论。当不对称故障下变流器输出有功功率恒定时，无功功率会出现二倍频波动。仿真时间 0.1 s 时给电网施加 a 相接地故障，0.2 s 时故障清除，该扰动下详细模型和同调等值模型的功率动态响应比较如图 3.9 所示。由图 3.9 可见，基于所提出的同调判据建立的同调等值模型能有效模拟详细模型在三相不对称扰动下的外特性，进一步说明了该同调等值模型保留了原有详细模型的动态特征。综上可知，在三相对称扰动下得到的变流器同调结果对于三相不对称扰动同样适用，进一步验证了基于并网电流的同调判别方法的有效性。A 相接地故障下同调等值模型和单机聚合模型有功和无功功率的平均误差如表 3.9 所示。

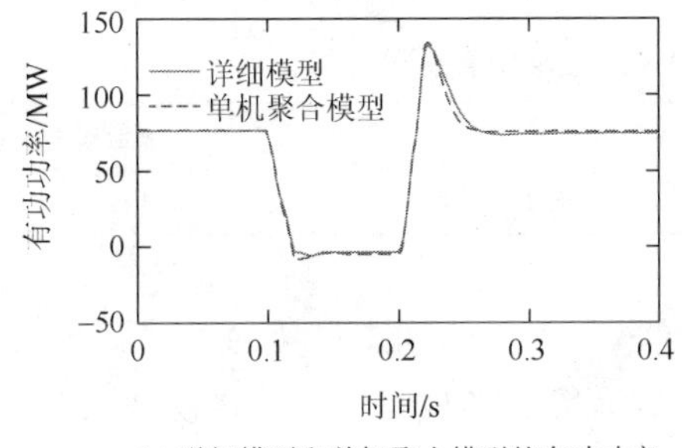

(a) 详细模型和单机聚合模型的有功功率

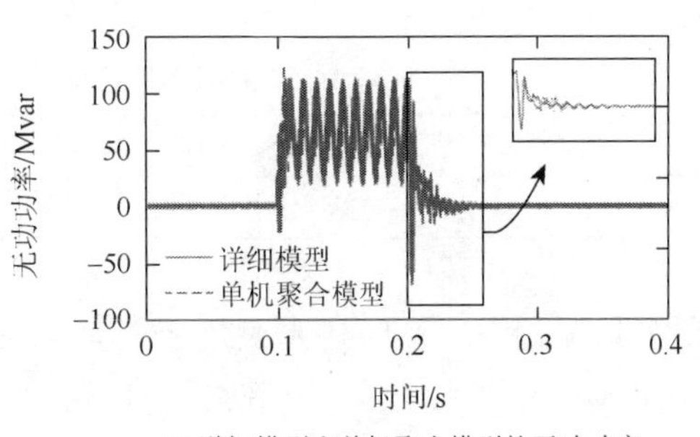

(b) 详细模型和单机聚合模型的无功功率

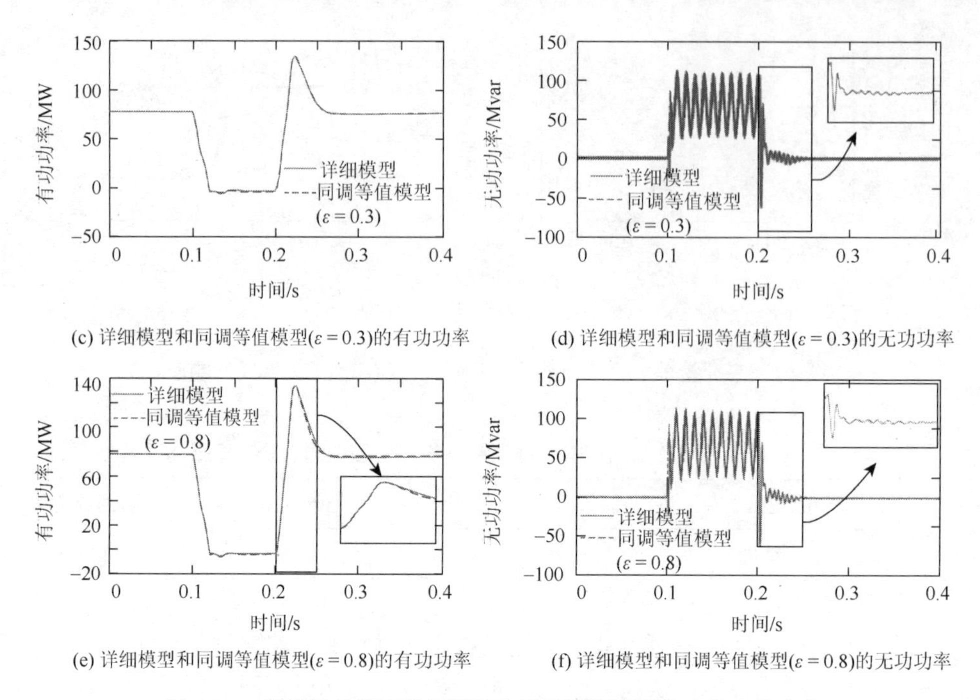

(c) 详细模型和同调等值模型(ε = 0.3)的有功功率

(d) 详细模型和同调等值模型(ε = 0.3)的无功功率

(e) 详细模型和同调等值模型(ε = 0.8)的有功功率

(f) 详细模型和同调等值模型(ε = 0.8)的无功功率

图 3.9 *a* 相接地故障下详细模型和同调等值模型的功率动态响应

表 3.9 *a* 相接地故障下同调等值模型和单机聚合模型的有功和无功功率的平均误差

平均误差	同调等值模型（ε = 0.3）	同调等值模型（ε = 0.8）	单机聚合模型
有功功率/%	1.52	6.56	13.89
无功功率/%	2.62	4.43	22.98

图 3.8 和图 3.9 中的离线仿真结果均在 MATLAB/Simulink 2012a 中计算得到。模型仿真时间为 0.4 s，仿真步长为 5 μs。详细模型和三种等值模型的实际仿真运算时间如表 3.10 所示。显然，聚合模型可以加快仿真速度。通过比较详细模型和聚合模型的功率响应计算误差（表 3.8 和表 3.9）及实际仿真运算时间（表 3.10）可知，在 $\varepsilon = 0.3$ 时，同调等值模型可以在保证动态特性准确性的前提下大大提高仿真运算速度。

表 3.10 详细模型和三种等值模型的实际仿真运算时间

项目	详细模型	同调等值模型（ε = 0.3）	同调等值模型（ε = 0.8）	单机聚合模型
时间/s	3 094	539	458	305

在实际工程中，实时仿真被用于新能源并网电力系统的动态行为预测中。因此，在 OPAL-RT 实时仿真系统中分别建立了详细模型、同调等值模型和单机聚合模型，以比较不同模型在实时仿真中占用的计算空间。当实时仿真步长固定为 25 μs 时，将详细模型、三机聚合模型（$\varepsilon = 0.3$）、两机聚合模型（$\varepsilon = 0.8$）分别分为 16 个、3 个和 2 个子系统进行分核运算，可防止溢出。单机聚合模型的计算可在单核中完成。图 3.10 为实时仿真模型分核

示意图。图 3.10 中，MS 和 SS 分别表示主子系统（master subsystem，MS）和从属子系统（slave subsystem，SS）。按照图 3.10 分核后，不同仿真模型的最大计算步长 T_s、计算时间 T_{RT} 和通信时间 T_{com} 如表 3.11 所示。由表 3.11 可见，在利用详细模型进行实时仿真时，即使用 16 个核，也存在溢出，也就是说，会出现最大计算步长大于固定步长 25 μs 的情况。

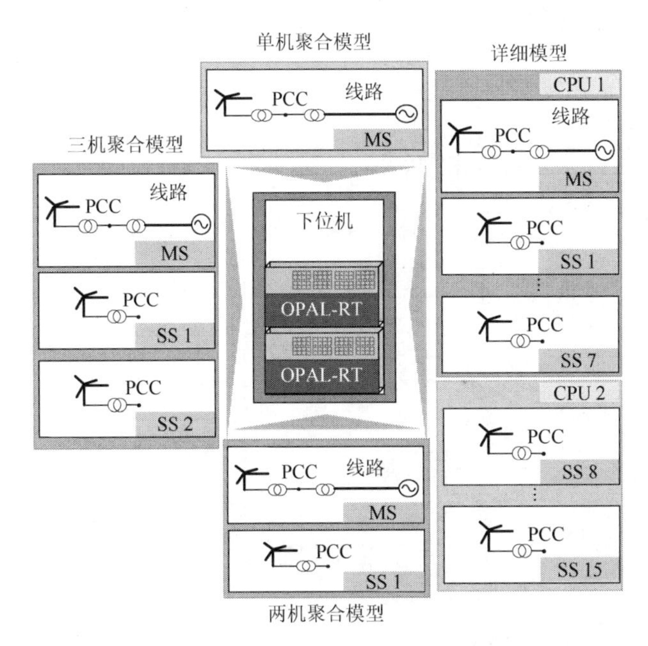

图 3.10　实时仿真模型分核示意图

表 3.11　不同仿真模型的实时仿真计算空间占用情况比较

模型类型	分核数量	T_s / μs	T_{RT} / μs	T_{com} / μs
详细模型	16	50.04	14.68	42.90
同调等值模型（$\varepsilon=0.3$）	3	25.01	5.49	21.99
同调等值模型（$\varepsilon=0.8$）	2	25.04	4.96	22.13
单机聚合模型	1	25.02	14.92	—

综合表 3.10 和表 3.11 对详细模型和同调等值模型运算量的比较可知：在离线仿真中，同调等值模型可以缩短仿真时间，而在实时仿真中，同调等值模型可以节约仿真空间；同调等值模型可以在保证模型准确性的同时减轻计算压力；容许差异 ε 越小，同调等值模型的准确性越高，但是与 ε 较大的同调等值模型相比，计算压力略微增大。因此，实际工程中应在满足计算准确性的前提下取较大的容许差异 ε 以实现准确性与计算能力的折中。

3.3.3　单机聚合模型的适用场景分析

利用式（3.54）、式（3.57）、式（3.58）和式（3.59）的方法计算同调变流器的单机聚合模型等效参数，可以保留同调变流器群的总输出功率或电流的动态特性。当关注变流器群外系统的动态特性时，用单变流器表征同调群整体的动态特性是有效的，这种聚合方法也得到广泛应用。然而，在对并网变流器进行参数设计或稳定性测试时，需要将多并网变流器选为研究系统，多变流器整体的外部动态特性无法全面表征各台变流器自身的动态特性。

当多台变流器并入弱电网时（图 3.11），PCC 的电压随着并入电网的总电流的变化而变化。一台变流器受扰后的动态通过 PCC 的电压波动而影响其他并网变流器的动态，使得各台变流器之间的动态特性产生交互影响。图 3.11 中 n 为并联的变流器台数，L_{line} 和 R_{line} 分别为各台变流器所连接的集电线路的电感和电阻，v_f 为变流器输出的滤波电压，v_p 为 PCC 电压，L_g 和 R_g 分别为弱电网等效电感和电阻，v_g 为电网电压。

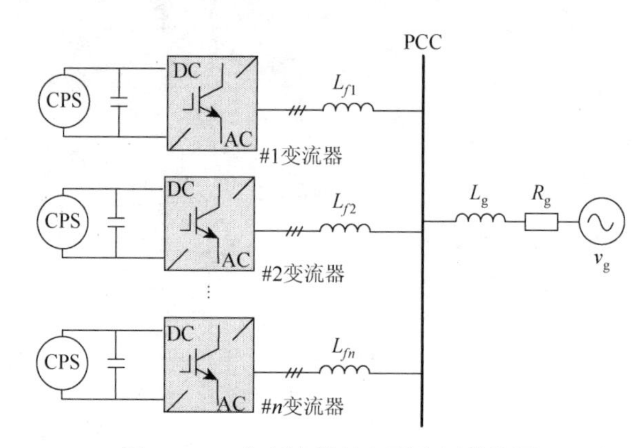

图 3.11　n 台变流器并入弱电网结构图

以一个接入三台变流器的弱电网为例，观察多并网变流器的外部特性和交互特性。在该例中，弱电网的 SCR 等于 3，X/R 比值等于 10，电网线电压有效值为 690 V。三台变流器不经过连接线直接连至 PCC。并联变流器的参数如表 3.12 所示。该系统的外部特性和交互特性在三种不同场景（不同扰动/工作点）下进行观测。三种场景下的扰动和工作点设置如表 3.13 所示。在 PSCAD/EMTDC 软件中对三种场景下的系统响应进行仿真。

表 3.12　并联变流器的参数

物理量	S / MW	U_{dcref} / V	L_f / mH	C / 10^3 μF	k_{pv}	k_{iv}	k_{pi}	k_{ii}	k_{pt}	k_{it}
取值	1.5	1 100	0.2	11.75	3	20	0.024	20	50	900

表 3.13　三种场景下的扰动和工作点设置

场景	工作点：直流侧输入功率/MW			扰动
	#1 变流器	#2 变流器	#3 变流器	
场景 I	1.5	1.5	1.5	电网电压降低 5%
场景 II	1.5	1.5	1.5	#1 变流器直流侧输入功率降低 5%
场景III	1.425	1.5	1.5	无扰动

在场景Ⅰ中，电网电压在 2 s 时降低 5%。由于扰动在并联变流器群外部，三台并联变流器的动态响应相同。三台变流器总输出电流是单台变流器输出电流的 3 倍，也就是说，当扰动在系统外部时，各台变流器的动态特性与多台变流器的总外部特性相同。#1 变流器的直压和 a 相电流动态响应如图 3.12 所示。可见，在该扰动下，变流器响应均稳定。

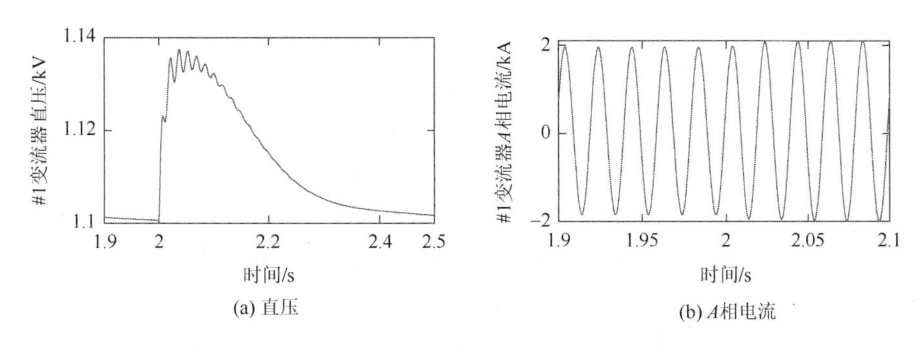

(a) 直压　　(b) A相电流

图 3.12　场景Ⅰ-#1 变流器电网电压降低 5%时的动态响应

在场景Ⅱ中，#1 变流器的直流侧有功功率输入在 2 s 时降低 5%，在 2.1 s 恢复。在此扰动下，#2 和#3 变流器的动态响应相同，系统的动态响应如图 3.13 所示。由图 3.13（a）～（d）可知，各台变流器在场景Ⅱ的扰动下均无法恢复稳定运行。然而，由图 3.13（e）和（f）可见，所有变流器的入网电流之和在扰动后仍然维持稳定。在此场景下，三台变流器的总输出特性无法表征并联的各台变流器的输出特性。

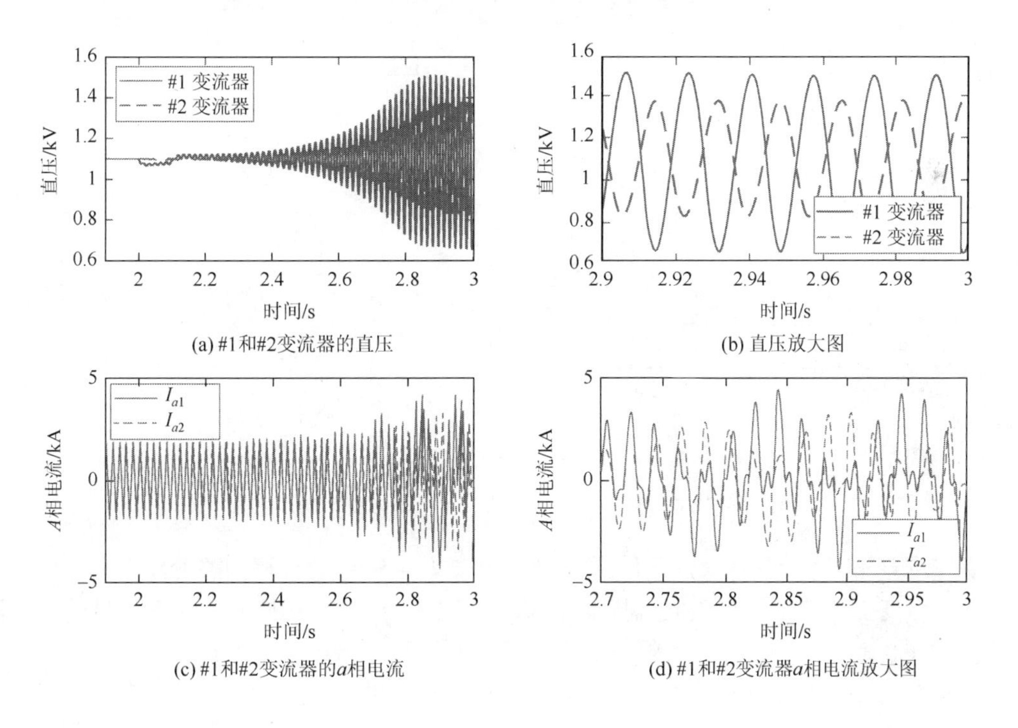

(a) #1和#2变流器的直压　　(b) 直压放大图

(c) #1和#2变流器的a相电流　　(d) #1和#2变流器a相电流放大图

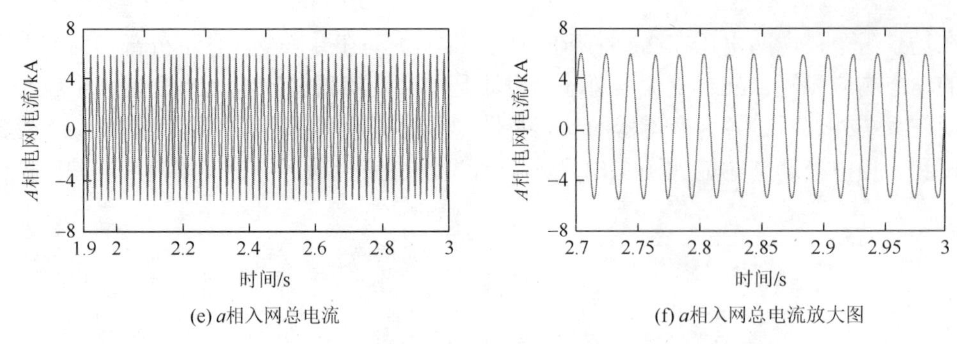

(e) a相入网总电流　　(f) a相入网总电流放大图

图 3.13　场景Ⅱ-#1 变流器直流侧输入功率降低 5%时系统的动态响应

在场景Ⅲ中，#1 变流器的直流侧输入功率初始值为 1.425 MW，而#2 和#3 变流器的直流侧输入功率初始值均为 1.5 MW。仿真时间 1 s 前，用直流电压源对每台变流器的直流电容进行充电，在仿真时间 1 s 时，用受控电流源模拟恒功率源代替直流侧的恒电压源，变流器开始工作。在场景Ⅲ中，未给系统施加扰动，仿真结果如图 3.14 所示。由于#2 和#3 变流器的参数和工作点均相同，由系统的对称性可知，这两台变流器的响应相同。因此，图 3.14 仅给出#1 和#2 变流器的仿真波形。由图 3.14 可见，当系统中变流器的初始工作点不同时，各台变流器也无法稳定运行。

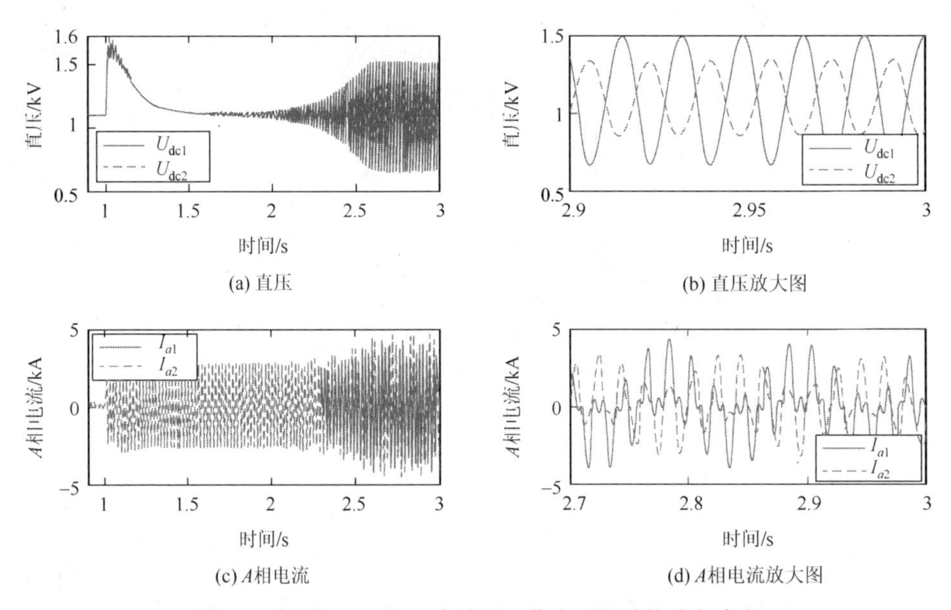

(a) 直压　　(b) 直压放大图

(c) A相电流　　(d) A相电流放大图

图 3.14　场景Ⅲ-#1 和#2 变流器工作点不同时的动态响应

综合场景Ⅰ、场景Ⅱ和场景Ⅲ的仿真现象可知，当三台参数相同的变流器并入弱电网时，若各台变流器的工作点相同且扰动相同，其动态响应完全相同，三台变流器输入电网的总电流（功率）为各台变流器输出的电流（功率）的 3 倍，也就是说，各台变流器自身的动态特性与并联变流器群的外特性相同。这也再一次说明了多并联变流器在聚合后仍能保留其对变流器群外系统的影响。

第 4 章

并网变流器同步稳定性分析

在第 2 章提到，电网同步控制是并网变流器与交流电网保持同步、稳定运行的关键。经过多年技术发展，并网变流器的同步控制形成了电网跟踪型（跟网型）和电网构造型（构网型）两大类。在电网故障扰动下，同步控制直接影响到并网设备的输出，其稳定性同样会直接影响到并网设备整体乃至局部电力系统的稳定性。

当并网变流器处于正常工作状态时，若 PCC 电压保持稳定，锁相环输出相角偏差与频率能够保持稳定。但若 PCC 电压由于交流侧的故障或扰动发生变化，如交流侧开路或短路、电网电压暂降，乃至变流器的输出功率调整等，则会导致 PCC 电压的突变，此时同步控制的输出产生突变，使并网系统振荡，并网变流器失去同步。同时，电网阻抗增大形成的弱电网，引发并网变流器锁相环的稳定性问题逐渐加重。

针对并网系统的同步控制稳定性问题，本章重点研究常用的锁相环同步控制的跟网型变流器。首先基于状态空间方程求取锁相环的雅可比矩阵及其系统阻尼。针对锁相环非线性运行特性，采用非线性振荡理论中的平均法推导电网扰动下锁相环响应的时域表达式，从而求解锁相环动态特性方程的解析解。提出锁相环的暂态响应分析方法，给出电网扰动下的稳定判据，进而分析并网系统中锁相环控制参数和电路参数的稳定边界。针对大扰动工况，本章基于李雅普诺夫函数与拉萨尔不变集定理，建立跟网型并网变流器大信号模型，得出其系统阻尼、时域解析边界以及大信号稳定边界。此外，本章还对电网构造型并网变流器的大信号模型进行分析，并将其与锁相环控制的并网变流器大信号特性进行对比。

4.1 锁相环的精确小信号模型

锁相环（PLL）作为负责并网变流器与电力系统保持同步的重要环节，通过适当的反馈控制能够稳定运行并提供变流器准确的频率和相位参考。然而，在非理想电网条件下，PLL 在暂态过程中的非线性动力学行为变得相当复杂，使得其稳定运行范围难以量化，因此分析 PLL 在故障扰动下的非线性特性，对 PLL 的暂态响应进行建模并解析其动态过程对于系统保护具有十分重要的意义。

并网变流器系统是一个典型的动态系统，其动态行为可用状态空间方程进行描述。状态空间法通过建立系统状态方程并求解特征值进行稳定性分析，常用于以传统电力系统为代表的各参数固定的系统。雅可比矩阵的特征值反映了系统的稳定性，左右特征向量构成的参与因子可以反映状态变量在相应模态的参与程度。

4.1.1 锁相环非线性模型

本书第 2 章给出了并网变流器系统各控制环路的数学模型。PLL 在弱电网下的整体结构与理想情况下的区别在于新增了一条环路，这导致输入电压由两部分构成，分别为电网电压和由变流器的注入电流与网侧阻抗引起的阻抗电压，如图 4.1 所示。

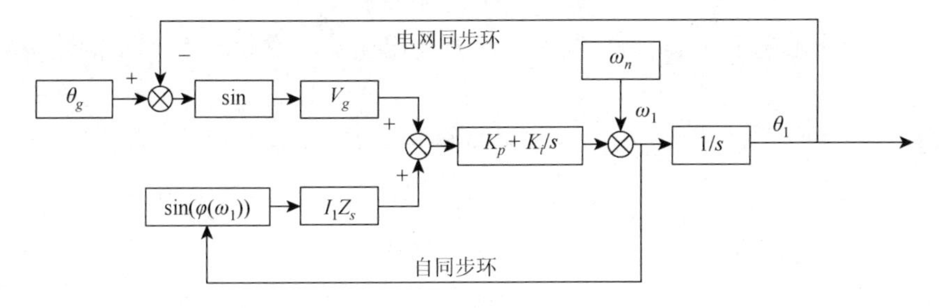

图 4.1 SRF-PLL 在弱电网下的结构框图

其中，网侧阻抗 Z_s 可以表示为

$$Z_s=(\omega L)_g^2+R_g^2 \tag{4.1}$$

利用式（2.59）和式（2.60），可以得到 PLL 的输出方程为

$$\begin{aligned}\delta&=\int\left\{K_p\left[I_1\sqrt{(\omega L)_g^2+R_g^2}\sin\theta_s-V_g\sin\delta\right]+K_i\int\left[I_1\sqrt{(\omega L)_g^2+R_g^2}\sin\theta_s-V_g\sin\delta\right]\mathrm{d}t\right\}\mathrm{d}t\\&=\int(K_p+K_i\int\mathrm{d}t)\left[I_1\sqrt{(\omega L)_g^2+R_g^2}\sin\theta_s-V_g\sin\delta\right]\mathrm{d}t\end{aligned} \tag{4.2}$$

考虑到网侧阻抗角的变化，这一方程可以改写为

$$\begin{aligned}\delta&=\int(K_p+K_i\int\mathrm{d}t)\left[I_1\sqrt{(\omega L)_g^2+R_g^2}\frac{\omega L}{\sqrt{(\omega L)_g^2+R_g^2}}-V_g\sin\delta\right]\mathrm{d}t\\&=\int(K_p+K_i\int\mathrm{d}t)(I_1\omega L-V_g\sin\delta)\mathrm{d}t\end{aligned} \tag{4.3}$$

从式（4.3）可以看出，在变流器维持有功输出的过程中，网侧阻抗中的电阻成分不会对 PLL 的输出造成影响。这一表达式在稳态下完全成立，但是在暂态过程中，由于控制器响应速度、延时环节等，PLL 的输出频率不能即时反映在注入电流上，网侧电阻的影响不会被完全消除，但是这一影响程度已经非常微小。因此，在分析变流器输出有功状态时，将在公式中忽略网侧电阻值。

同时，考虑在暂态过程中变流器 PLL 输出的频率变化会导致网侧阻抗值改变，此时系统频率应为

$$\omega=\omega_n+\delta_n' \tag{4.4}$$

将式（4.4）代入式（4.3）中，并将式（4.4）表达式的两端进行微分，所得结果为

$$\delta''=\frac{K_i}{1-K_pI_1L_g}\left(I_1\omega_nL_g+I_1\delta'L_g-V_g\sin\delta-\frac{K_pV_g\cos\delta}{K_i}\delta'\right) \tag{4.5}$$

此时，PLL 的输出方程为

$$\begin{aligned}\delta&=\int\left\{K_p[I_1Z_s\sin(\theta_s-\pi/2)-V_g\sin\delta]+K_i\int[I_1Z_s\sin(\theta_s-\pi/2)-V_g\sin\delta]\mathrm{d}t\right\}\mathrm{d}t\\&=\int(K_p+K_i\int\mathrm{d}t)[I_1Z_s\sin(\theta_s-\pi/2)-V_g\sin\delta]\mathrm{d}t\end{aligned} \tag{4.6}$$

基于阻抗值与阻抗角的关系，这一表达式可以被进一步改写为

$$\delta=\int\left(K_p+K_i\int\mathrm{d}t\right)(-I_1R_g-V_g\sin\delta) \tag{4.7}$$

对式（4.7）两端进行微分，可以得到变流器输出无功功率状态下 PLL 的输出动态特性方程为

$$\delta'' = -K_i I R_g - K_i V_g \sin\delta - K_p V_g \delta' \cos\delta \tag{4.8}$$

式（4.5）和式（4.8）分别为变流器输出有功功率与无功功率状态下 PLL 的非线性动态特性微分方程，这一方程由于其本身的非线性特性，无法直接求解解析解，通常采用的方法是进行数值求解，或通过相图，以图形层面的手段分析 PLL 的暂态过程。但是这些方法仍不能像时域解析解一样对 PLL 的输出响应提供直观视角。

4.1.2 锁相环精确线性化模型

图 4.1 中的正弦函数 sin 来自鉴相器，也就是 *abc*-*dq*0 模块。在传统的线性 PLL 模型中，正弦函数环节通常被视为“1”。这为 PLL 的线性化带来了极大的便利。但是这一线性过程本身不是足够准确的，尤其是在弱电网条件下，这一线性化造成的偏差将会随着 PLL 输出相角偏差的增大而增大，这就导致所得结果不能准确地表征 PLL 的动态特性。因此，本节将对锁相环的模型进行更加精确的线性化，以更精确地分析 PLL 系统的带宽、阻尼的影响因素。

选择在稳态运行点 ω_n 附近进行线性化，图 4.2 中的自同步环上非线性项的线性化可表示为

$$Z_s(\omega_1) = Z_s(\omega_n) + Z_s'(\omega_n)(\omega_1 - \omega_n) = Z_s(\omega_n) + Z_s'(\omega_n)\tilde{\omega} \tag{4.9}$$

$$\varphi(\omega_1) = \varphi(\omega_n) + \varphi'(\omega_n)(\omega_1 - \omega_n) = \varphi(\omega_n) + \varphi'(\omega_n)\tilde{\omega} \tag{4.10}$$

$$\sin[\varphi(\omega_1)] = \sin(\varphi(\omega_n)) + \cos(\varphi(\omega_n))\varphi'(\omega_n)\tilde{\omega} \tag{4.11}$$

式（4.9）和式（4.10）中的 Z_s' 和 φ' 分别为网侧阻抗值和网侧阻抗角在稳定运行点 ω_n 附近的小信号线性化增益，如式（4.12）和式（4.13）所示。

$$Z_s'(\omega_n) = \left.\frac{\partial Z_s}{\partial \omega}\right|_{\omega=\omega_n} \tag{4.12}$$

$$\varphi'(\omega_n) = \left.\frac{\partial \varphi}{\partial \omega}\right|_{\omega=\omega_n} \tag{4.13}$$

电网同步环中的正弦环节可以线性化为

$$\sin(\theta_g - \theta_1) = \sin\left[\left(\theta_{gn} + \tilde{\theta}_g\right) - \left(\theta_{1n} + \tilde{\theta}_1\right)\right] = \cos(\theta_{gn} - \theta_{1n})\left(\tilde{\theta}_g - \tilde{\theta}_1\right) = k_{\sin}\left(\tilde{\theta}_g - \tilde{\theta}_1\right) \tag{4.14}$$

式（4.14）中的 $\theta_{gn}-\theta_{1n}$ 在本质上也是 PLL 的相角输出偏差 δ，在弱电网下，$k_{\sin}$ 会随着变流器的输出功率、网侧电压、网侧阻抗值的改变而不断变化。

在以上线性化的基础上，可以获得 PLL 在稳态运行点附近的精确线性化模型，如图 4.2 所示。从图 4.2 可以发现，若网侧阻抗值 Z_s 为零，则 PLL 输出的相角偏差为零，导致 $k_{\sin}$ 值为 1，此时自同步环将会消失，PLL 线性化模型与传统线性化模型完全一致。

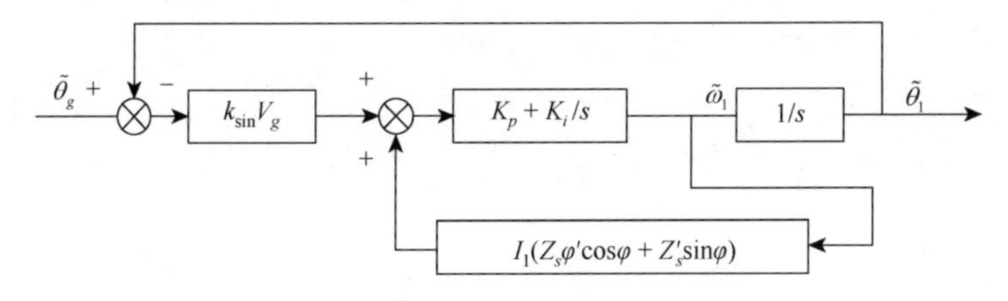

图 4.2　PLL 的精确线性化模型

经过等效变换，可以得到 PLL 的输入输出传递函数为

$$\frac{\tilde{\theta}_1}{\tilde{\theta}_g}=\frac{N}{M_1s^2+M_2s+M_3} \tag{4.15}$$

其中

$$\begin{cases}N=(K_ps+K_i)V_gk_{\sin}\\ M_1=1-K_pI_1(Z_s\varphi'\cos\varphi+Z_s'\sin\varphi)\\ M_2=K_pk_{\sin}V_g-K_iI_1(Z_s\varphi'\cos\varphi+Z_s'\sin\varphi)\\ M_3=K_ik_{\sin}V_g\end{cases} \tag{4.16}$$

根据式（4.14），在变流器单独运行的状态下，基于二阶系统的性质，PLL 的阻尼系数可以表示为

$$\xi=\frac{M_2}{2\sqrt{M_1}\sqrt{M_3}}=\frac{K_pk_{\sin}V_g-K_iI_1(Z_s\varphi'\cos\varphi+Z_s'\sin\varphi)}{2\sqrt{1-K_pI_1(Z_s\varphi'\cos\varphi+Z_s'\sin\varphi)}\sqrt{K_ik_{\sin}V_g}} \tag{4.17}$$

由式（4.17）可知，当 PLL 参数和交流电流固定时，阻尼比随着电网阻抗的变化而变化，具有复杂的非线性关系。电网阻抗通常包含电阻和电抗。其中，网侧电阻会引入阻尼，进而提高系统的稳定性。系统的总阻抗值保持不变，PLL 其他参数如表 4.1 所示，网侧电阻对 PLL 系统阻尼的影响如图 4.3 所示，可以看到系统阻尼随着网侧电阻值的增大而增大。因此，为了分析最严重的情况，接下来采用纯电感构成的电网阻抗。

表 4.1　PLL 系统参数

符号	说明	值
V_g(pk)	电网电压	155 V
f	系统频率	50 Hz
I_1(pk)	参数组 1 的交流电流	157.2 A
K_p, K_i	PLL 控制参数	0.147，10
Z_s	电网阻抗	0.942 Ω

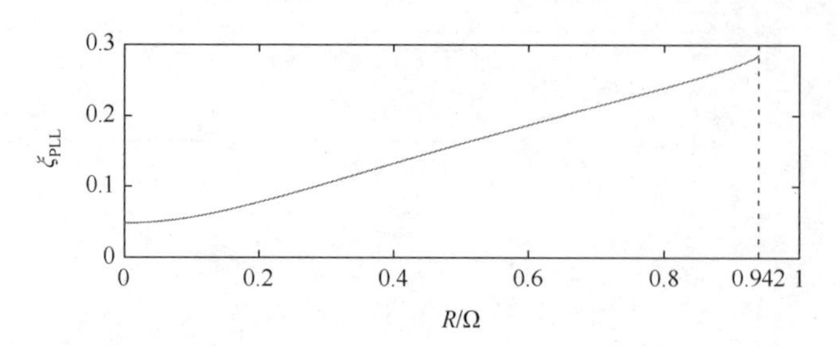

图 4.3 控制参数与总阻抗值固定时 PLL 系统阻尼比（ξ_{PLL}）随网侧电阻（R）的变化过程

SCR 表征了设备所接入系统的强度。SCR 与设备容量、电路阻抗以及设备所接入系统的电压相关联。在电网电压稳定的前提下，SCR 同时定义了线路电流的大小和电网阻抗值。SCR 的表达式如式（4.18）所示。其中，S 为并网设备的额定输出功率。

$$\mathrm{SCR}=\frac{3V_g^2}{Z_s S}=\frac{V_g}{Z_s I_1} \tag{4.18}$$

目前，SCR＞3 的系统被视为强电网。当 2≤SCR≤3 时，系统被定义为弱电网。当 SCR＜2 时，系统被定义为极弱电网。PLL 在弱电网下稳定工作所需的条件为

$$I|Z_s|<V_g \tag{4.19}$$

将式（4.18）代入式（4.17），可以得到 PLL 能够稳定的前提条件是 SCR＞1。将式（4.17）代入式（4.16），可以获得 PLL 系统阻尼比关于 SCR 的表达式为

$$\xi=\frac{K_pV_g\sqrt{1-1/\mathrm{SCR}^2}-K_iV_g/w_n\mathrm{SCR}}{2\sqrt{K_iV_g\left(1-K_pV_g/w_n\mathrm{SCR}\right)\sqrt{1-1/\mathrm{SCR}^2}}} \tag{4.20}$$

图 4.4 中的曲线表示 PLL 系统阻尼比随 SCR 变化的过程。其中点划线代表的控制参数 K_{A1} 在 SCR 为 1.05 时使得 PLL 系统阻尼比为 0.2。实线代表的控制参数 K_{B1} 在 SCR 为 1.05 时使得 PLL 系统阻尼比为 0.18，详细的参数如表 4.2 所示。虚线是通过传统的线性化模型获得的结果。在比较中可以发现，在 SCR 大于 3 的强电网中，两者在数值上接近。当

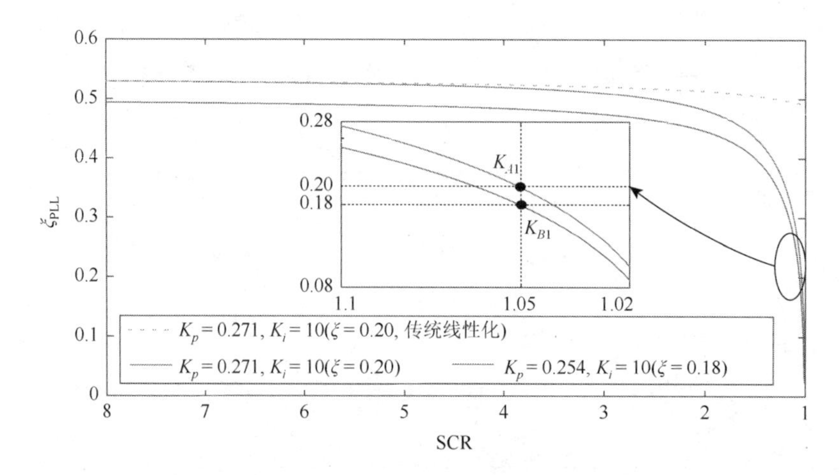

图 4.4 PLL 系统阻尼比随 SCR 的变化过程

SCR 降至 2 以下时，传统的线性化模型无法正确反映 PLL 系统阻尼比的急剧下降，这也是暂态过程中 PLL 出现失稳现象的诱因。本节采用的方法可以更好地保留非线性特性。在强电网条件下，PLL 系统的阻尼比随着 SCR 的降低而缓慢降低。但是，当 SCR 低于 3 时，系统成为弱电网，在此之后，系统阻尼比急剧下降。换言之，在弱电网中，包括电网阻抗和线电流在内的电路参数对系统阻尼比的影响明显增强。

表 4.2 系统仿真参数

符号	说明	值
V_g(pk)	电网电压	155 V
f	系统频率	50 Hz
I_1/I_2(pk)	交流电流扰动前/扰动后	157.2 A
K_{pA}, K_{iA}	PLL 控制参数 K_{A1}	0.271，10
K_{pB}, K_{iB}	PLL 控制参数 K_{B1}	0.254，10
Z_s	电网阻抗	3 mH
ξ_A/ξ_B	扰动后的 PLL 系统阻尼比，对应于控制参数组 K_{A1}/K_{B1}	0.20/0.18

4.2 锁相环准稳态分析

并网变流器在电网故障扰动下经历毫秒级至秒级的暂态过程。在扰动后的暂态过程中，交流电网条件（频率、相位、电压、阻抗等）发生了变化，可以认为并网系统进入了故障扰动条件下的特殊稳态。本书将这种状态称为准稳态。以小信号线性化为基础的状态空间方程提供了分析并网变流器系统稳定性的手段。然而，对于并网变流器的控制保护，有必要从时域角度建立分析模型，预测 PLL 在故障扰动后的运行行为。为了解决 PLL 暂态过程解析的问题，本节采用非线性动力学中的分析方法对 PLL 的动态特性微分方程进行近似求解，推导 PLL 的稳定边界，并对引起解析解误差的条件进行分析。

4.2.1 锁相环准稳态时域模型

PLL 的微分方程具有很强的非线性特性，为了得到 PLL 暂态响应的时域过程，必须对 PLL 的非线性微分方程进行解析的定量分析。经典的解析方法是指分析非线性振动的近似解析方法，主要包括林特斯德特-庞加莱（Lindstedt-Poincare，L-P）法、多尺度法、平均法和 KBM（Krylov-Bogoliubov-Mitropolsky）法等。这些方法都是在原始摄动法的基础上推广改进而来的。

原始摄动法的思想源于 19 世纪，对于一个典型的二阶非线性微分方程：

$$\ddot{x}+\omega_0^2 x=\varepsilon f(x,\dot{x}) \tag{4.21}$$

其基本原理是将方程的解展开为 ε 级数的形式，如式（4.21）所示，再将这一假设解代回原微分方程的两侧，展开后，令两侧 ε 同次幂的系数相等，可以获得一系列关于 x_i 的微分方程，从这些微分方程中可以依次求出 x_i 的各次解。

$$x_i(t) = x_{i0}(t) + \varepsilon x_{i1}(t) + \varepsilon^2 x_{i2}(t) + \cdots \tag{4.22}$$

依据原始摄动法求解可能出现的问题在于，最后求得的无论是非线性系统解的频率还是线性系统解的频率，都没有反映出非线性对系统频率的影响。为了解决这一问题，可以引入一个新变量 $R = \omega t$，其中 ω 代表系统的非线性频率，再把基本解 x 和非线性频率 ω 都展开成 ε 的幂级数，这种方法称为 L-P 法。

多尺度法是一种经典的摄动法，原微分方程的解 $x(t)$在方程中对时间 t 求导，多尺度法将解视为多种不同时间尺度或变量的函数，将求解 $x(t)$对时间的导数过程转换为求 $x(t)$对新引进变量的偏导数过程。

L-P 法和多尺度法理论上可以求出满足任何精度的周期解，但是在具体计算时，高阶项的求解通常计算量极大，在以往的计算中，除了个别例子，很少有人计算到三次以上的近似解，如果精度要求只限于一次项，则可以采用更为简便的一次近似方法。本节所采用的平均法就是一次近似法的代表。

平均法有两个主要假设。首先，近似解的幅度和相位是随时间缓慢变化的函数；其次，近似解的基波的相位和幅度的导数是时间 t 的函数。一段时间内的平均值可用作函数的近似值。

平均法的目的是将以位移为未知量的振动方程转换为以振幅、相位为未知量的标准方程组。振幅和相位都是随时间缓慢变化的周期函数，因此可以用周期的平均值代替它们，这一方法称为平均法。从数学上看，平均法是由微分方程理论中的常数变易法演变而来的一种近似解法，其基本思想是将派生解的积分常数看作新的自变量来求基本方程的近似解。

PLL 动态特性的微分方程可以用式（4.21）的形式表示。对于式（4.21），如果 ε 等于 0，则该方程的解是简谐振动，如式（4.23）所示。

$$\begin{cases} x = a\cos(\omega_0 t + \theta) \\ \dot{x} = -a\omega_0 \sin(\omega_0 t + \theta) \end{cases} \tag{4.23}$$

式中，a 是解的振荡幅度；θ 是相角；ω_0 是振荡频率。当 ε 不等于零时，a 和 θ 将是与非线性部分有关的变量，其随着时间 t 改变。与式（4.22）对比可以看出，平均法的假设解忽略了高阶小项，由此导致所得结果的精度相对较弱。

基于常数变易法，可以将 a 和 θ 表示为时间 t 的函数。解的形式可以表示为

$$\begin{cases} x = a(t)\cos\left[\omega_0 t + \theta(t)\right] \\ \dot{x} = -\omega_0 a\sin(\omega_0 t + \theta) - a\dot{\theta}\sin(\omega_0 t + \theta) + \dot{a}\cos(\omega_0 t + \theta) \end{cases} \tag{4.24}$$

式（4.23）和式（4.24）应当仍然具有相同的形式，因此可以得出

$$-a\dot{\theta}\sin(\omega_0 t + \theta) + \dot{a}\cos(\omega_0 t + \theta) = 0 \tag{4.25}$$

则 x 相对于时间 t 的二阶导数可以表示为

$$\ddot{x} = -\omega_0^2 a\cos(\omega_0 t + \theta) - \omega_0 a\dot{\theta}\cos(\omega_0 t + \theta) - \omega_0 \dot{a}\sin(\omega_0 t + \theta) \tag{4.26}$$

将式（4.24）和式（4.26）代入式（4.21），可以得到

$$-\omega_0 a\dot{\theta}\cos\varphi-\omega_0\dot{a}\sin\varphi=\varepsilon f(a\cos\varphi-\omega_0 a\sin\varphi) \tag{4.27}$$

其中

$$\varphi=\omega_0 t+\theta \tag{4.28}$$

将式（4.25）代入式（4.27），可以得到 a 和 θ 的微分方程为

$$\begin{cases}\dot{a}=-\dfrac{\varepsilon}{\omega_0}f(a\cos\varphi-\omega_0 a\sin\varphi)\sin\varphi\\ \dot{\theta}=-\dfrac{\varepsilon}{a\omega_0}f(a\cos\varphi-\omega_0 a\sin\varphi)\cos\varphi\end{cases} \tag{4.29}$$

基于上述的平均法思想，将原始表达式替换为一个周期内的平均值。a 和 θ 微分方程的表达式可以表示为

$$\begin{cases}\dot{a}=-\dfrac{\varepsilon}{\omega_0 2\pi}\displaystyle\int_0^{2\pi}f(a\cos\varphi-\omega_0 a\sin\varphi)\sin\varphi\mathrm{d}\varphi\\ \dot{\theta}=-\dfrac{\varepsilon}{a\omega_0 2\pi}\displaystyle\int_0^{2\pi}f(a\cos\varphi-\omega_0 a\sin\varphi)\cos\varphi\mathrm{d}\varphi\end{cases} \tag{4.30}$$

在获得 a 和 θ 的微分表达式之后，可以通过直接对式（4.30）的两侧进行积分来获得解式（4.23）中的振幅 a 和相位 θ。这就是平均法对非线性微分方程的求解原理。

4.2.2　变流器输出有功功率/无功功率状态下的锁相环暂态过程解析

1. 输出有功功率状态下的锁相环暂态过程解析

考虑到网侧阻抗角的变化，式（4.2）可以改写为

$$\begin{aligned}\delta&=\int\left(K_p+K_i\int\mathrm{d}t\right)\left[I_1\sqrt{(\omega L_g)^2+R_g^2}\frac{\omega L}{\sqrt{(\omega L)_g^2+R_g^2}}-V_g\sin\delta\right]\mathrm{d}t\\&=\int\left(K_p+K_i\int\mathrm{d}t\right)\left(I_1\omega L_g-V_g\sin\delta\right)\end{aligned} \tag{4.31}$$

从式（4.31）可以看出，变流器在维持有功功率输出的过程中，网侧阻抗中的电阻成分不会对 PLL 的输出造成影响。这一表达式在稳态下完全成立，但是在暂态过程中，由于控制器响应速度、延时环节等，PLL 的输出频率不能即时地反映在注入电流上，网侧电阻的影响不会被完全消除，但是这一影响程度已经非常小。因此，在分析变流器输出有功状态时将忽略网侧电阻值。同时，考虑暂态过程中变流器 PLL 输出的频率变化会导致网侧阻抗值的改变，此时的系统频率应为

$$\omega=\omega_n+\delta_n' \tag{4.32}$$

将式（4.32）代入式（4.31）中，并将式（4.31）表达式的两端进行微分，所得结果为

$$\delta''=\frac{K_i}{1-K_pI_1L_g}\left(I_1\omega_n L_g+I_1\delta' L_g-V_g\sin\delta-\frac{K_pV_g\cos\delta}{K_i}\delta'\right) \tag{4.33}$$

为了使方程的形式更加简洁，令

$$\begin{cases} a_1=(1-K_p I_1 L_g)/K_i \\ a_2 = I_1 \omega_n L_g \\ a_3 = I_1 L_g \\ a_4 = K_p V_g / K_i \end{cases} \tag{4.34}$$

则式（4.33）可以被简化为

$$\delta'' = f(\delta, \delta') = (a_2 + a_3\delta' - V_g \sin\delta - a_4\delta' \cos\delta) / a_1 \tag{4.35}$$

值得注意的是，微分方程中存在三角函数，自变量隐含于三角函数内，将导致平均法执行到积分步骤时出现不可直接积分的问题。为了避免出现这一问题，假设 PLL 在扰动后存在一个稳态点，扰动后 PLL 的振荡将在这一点进行，因此在这一点附近将三角函数用泰勒级数代替，图 4.5 为在 $\delta = 1$ 附近展开为泰勒级数时与原正弦函数的对比，二者之间的误差用虚线表示，可以看出在 $\delta = 1$ 附近泰勒级数具有较好的拟合效果，而随着振荡幅度的增大，拟合效果也会逐渐变差。

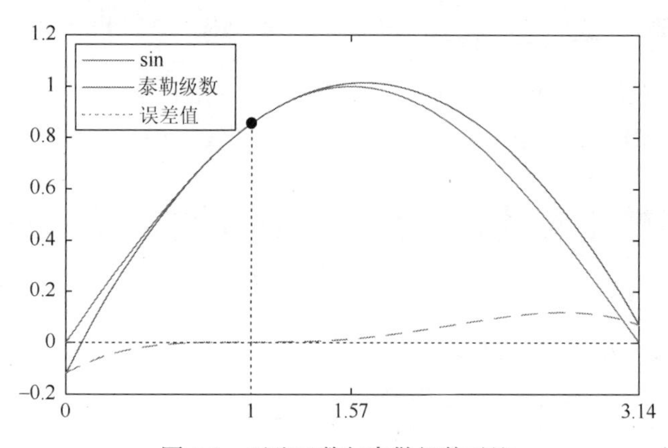

图 4.5　正弦函数与泰勒级数对比

假设扰动的 PLL 具有新的稳态工作点 δ_1，为了解析这一扰动发生后 PLL 的暂态响应，将式（4.32）中的三角函数在 δ_1 点展开为二阶泰勒级数。δ_1 可以通过扰动后的电路参数来计算：

$$\delta_1 = \arcsin(I_1 Z_s \sin\varphi_z / V_g) = \arcsin(I_1 \omega_n L_g / V_g) \tag{4.36}$$

式中，φ_z 表示扰动后的阻抗角。为了简化表达式，二阶泰勒级数展开的每项的系数都用一个新符号进行表示：

$$\begin{cases} s_0 = \sin\delta_1 - \delta_1 \cos\delta_1 - \dfrac{\delta_1^2 \sin\delta_1}{2} \\ s_1 = \cos\delta_1 + \delta_1 \sin\delta_1 \\ s_2 = -\dfrac{\sin\delta_1}{2} \\ c_0 = \cos\delta_1 + \delta_1 \sin\delta_1 - \dfrac{\delta_1^2 \cos\delta_1}{2} \\ c_1 = -\sin\delta_1 + \delta_1 \cos\delta_1 \\ c_2 = -\dfrac{\cos\delta_1}{2} \end{cases} \tag{4.37}$$

利用式（4.37）中 δ 的系数，可以将方程（4.35）表示为

$$\delta''+\omega_0{}^2t=\varepsilon f(\delta,\delta')=-[d\delta^2+(a+b\delta+c\delta^2)\delta'+f] \tag{4.38}$$

式中

$$\begin{cases}\omega_0=\sqrt{V_g s_1/a_1}\\ a=(a_4c_0-a_3)/a_1\\ b=a_4c_1/a_1\\ c=a_4c_2/a_1\\ d=V_g s_2/a_1\\ f=(V_g s_0-a_2)/a_1\end{cases} \tag{4.39}$$

现在，PLL 的动态特性微分方程（4.38）具有与式（4.21）相同的形式。如果 ε 等于 0，则该方程式的解将是简单的谐波振荡，该振荡可以由具有恒定振幅和相角 θ 的三角函数表示。如果 ε 不为零，则存在非线性部分，因此 A_1 和 θ 是变量，随时间 t 改变。同时，扰动将导致 PLL 稳态工作点的位置偏移，且扰动后 PLL 的解析解中将存在一个常数项 A_0。因此，假设式（4.33）具有以下形式的解：

$$\begin{cases}\delta=A_0+A_1\cos(\omega_0t+\theta)=A_0+A_1\cos\phi\\ \delta'=-A_1\omega_0\sin\phi\end{cases} \tag{4.40}$$

式中，A_0 等于式（4.35）中的 δ_1。将式（4.40）代入式（4.38）中，可以得到

$$\begin{aligned}f(A_0+A_1\cos\phi,-A_1\omega_0\sin\phi)=-\Bigg[&dA_0^2+\frac{1}{2}dA_1^2+f+2dA_0A_1\cos\phi+\Bigg(-a\omega_0A_1-b\omega_0A_0A_1\\&-c\omega_0A_0^2A_1-\frac{1}{4}c\omega_0A_1^3\Bigg)\sin\phi+\frac{1}{2}dA_1^2\cos(2\phi)\\&-\left(\frac{1}{2}b\omega_0A_1^2+c\omega_0A_0A_1^2\right)\sin(2\phi)-\frac{1}{4}c\omega_0A_1^3\sin(3\phi)\Bigg]\end{aligned} \tag{4.41}$$

将式（4.41）代入式（4.30）中，可以得到 A_1 和 θ 的微分方程为

$$A_1'=-\frac{1}{\omega_0 2\pi}\int_0^{2\pi}f(A_0+A_1\cos\phi-A_1\omega_0\sin\phi)\sin\phi\mathrm{d}\phi \tag{4.42}$$

$$\theta'=-\frac{1}{A_1\omega_0 2\pi}\int_0^{2\pi}f(A_0+A_1\cos\phi-A_1\omega_0\sin\phi)\cos\phi\mathrm{d}\phi \tag{4.43}$$

对式（4.42）和式（4.43）的两侧进行积分得到

$$A_1^2=\frac{4mA_{10}^2\mathrm{e}^{-mt}}{cA_{10}+4m-cA_{10}^2\mathrm{e}^{-mt}} \tag{4.44}$$

$$\theta=\frac{dA_0}{\omega_0}t+\theta_0 \tag{4.45}$$

式中，A_{10} 是 A_1 的初始值；θ_0 是 θ 的初始值。m 的表达式为

$$m=cA_0^2+a+bA_0 \tag{4.46}$$

式（4.40）的初始解为

$$\begin{cases}\delta(0)=\delta_0\\ \delta'(0)=0\end{cases}\tag{4.47}$$

式中，δ_0是扰动之前的稳态点。可以通过扰动之前的参数代入式（4.36）算得。将式（4.47）代入式（4.40）中，可得A_{10}和θ_0为

$$\begin{cases}A_{10}=\delta_0-A_0\\ \theta_0=0\end{cases}\tag{4.48}$$

将式（4.48）代入式（4.37）中，A_1的解析表达式为

$$A_1=-\sqrt{\frac{4m(\delta_0-A_0)^2}{\dfrac{c(\delta_0-A_0)^2+4m}{\mathrm{e}^{-mt}}-c(\delta_0-A_0)^2}}\tag{4.49}$$

综合式（4.40）、式（4.45）和式（4.49），可以得到变流器输出有功功率时，PLL在暂态过程中的解析表达式为

$$\delta=-\sqrt{\frac{4m(\delta_0-A_0)^2\mathrm{e}^{-mt}}{c(\delta_0-A_0)^2+4m-c(\delta_0-A_0)^2\mathrm{e}^{-mt}}}\cos\left(\omega_0 t+\frac{dA_0}{\omega_0}t\right)+A_0\tag{4.50}$$

基于上述时域解，可以针对任何给定的交流线路电流水平、电网阻抗和控制参数来预测暂态过程。然后，可以有针对性地对并网变流器进行电流限制设计和保护。

2. 输出无功功率状态下的锁相环暂态过程解析

根据我国新能源并网发电系统并网导则，在网侧出现电网电压暂降时，并网变流器应当能够及时切换为无功功率输出，为电网电压提供无功功率支撑。式（4.33）不适用于并网变流器输出无功功率的场合，因此需要重新推导PLL的动态微分方程。当变流器由有功功率输出切换为无功功率输出时，注入电流相位会发生变化，此时PLL的输出方程为

$$\delta=\int\left(K_p+K_i\int\mathrm{d}t\right)(I_1Z_s\sin(\theta_s-\pi/2)-V_g\sin\delta)\tag{4.51}$$

基于阻抗值与阻抗角的关系，这一表达式可以被进一步改写为

$$\delta=\int\left(K_p+K_i\int\mathrm{d}t\right)(-I_1R_g-V_g\sin\delta)\tag{4.52}$$

对式（4.52）两端进行微分，可以得到变流器输出无功功率状态下PLL的输出动态特性方程为

$$\delta''=-K_iIR_g-K_iV_g\sin\delta-K_pV_g\delta'\cos\delta\tag{4.53}$$

对于式（4.53）的求解可以采用与前面基本相同的流程。为了简化表达式，采用新的符号代替表达式中的系数：

$$\begin{cases}n_1=-K_pV_g\\ n_2=-K_iIR_g\\ n_3=-K_iV_g\end{cases}\tag{4.54}$$

因此，式（4.53）可以改写为

$$\delta''=f(\delta,\delta')=n_1\delta'\cos\delta+n_2+n_3\sin\delta\tag{4.55}$$

应当注意的是，变流器输出无功功率时的工作点计算方式与输出有功功率时不同，此

时 PLL 的新工作点 δ_1 应为

$$\delta_1 = \arcsin(-I_1 R_g / V_g) \tag{4.56}$$

类似地，将式（4.55）中的三角函数在扰动后的新稳态点展开为泰勒级数，这里直接采用式（4.37）中各项系数的符号。将式（4.37）代入式（4.55）中，可以得到

$$\delta'' + \omega_0^2 \delta = \varepsilon f(\delta, \delta') = (a + b\delta + c\delta^2)\delta' + d\delta^2 + f \tag{4.57}$$

其中

$$\begin{cases} \omega_0 = \sqrt{-n_3 s_1} \\ a = n_1 c_0 \\ b = n_1 c_1 \\ c = n_1 c_2 \\ d = n_3 s_2 \\ f = n_2 + n_3 s_0 \end{cases} \tag{4.58}$$

在变流器输出无功功率状态时，假设解的形式无须改变，因此将式（4.40）代入式（4.57）中，可以得到

$$\begin{aligned} f(A_0 + A_1\cos\phi, -A_1\omega_0\sin\phi) = \Big[& dA_0^2 + \frac{1}{2}dA_1^2 + e + 2dA_0A_1\cos\phi + (-a\omega_0A_1 - b\omega_0A_0A_1 \\ & - c\omega_0A_0^2A_1 - \frac{1}{4}c\omega_0A_1^3)\sin\phi + \frac{1}{2}dA_1^2\cos(2\phi) \\ & -\left(\frac{1}{2}b\omega_0A_1^2 + c\omega_0A_0A_1^2\right)\sin(2\phi) - \frac{1}{4}c\omega_0A_1^3\sin(3\phi)\Big] \end{aligned} \tag{4.59}$$

将式（4.59）代入式（4.30）中，得出 A_1 和 θ 的微分方程为

$$A_1' = -\frac{\varepsilon}{\omega_0 2\pi}\int_0^{2\pi} f(A_0 + A_1\cos\phi, -A_1\omega_0\sin\phi)\sin\phi\mathrm{d}\phi \tag{4.60}$$

$$\theta' = -\frac{1}{A_1\omega_0 2\pi}\int_0^{2\pi} f(A_0 + A_1\cos\phi, -A_1\omega_0\sin\phi)\cos\phi\mathrm{d}\phi \tag{4.61}$$

对式（4.60）和式（4.61）两侧直接积分，可得

$$A_1^2 = \frac{4mA_{10}^2\mathrm{e}^{mt}}{cA_{10} + 4m - cA_{10}^2\mathrm{e}^{mt}} \tag{4.62}$$

$$\theta = \frac{dA_0}{\omega_0}t + \theta_0 \tag{4.63}$$

式中，A_{10} 是 A_1 的初始值；θ_0 是 θ 的初始值。m 的表达式为

$$m = cA_0^2 + a + bA_0 = -K_pV_g\sqrt{\left(-I_1^2R_g^2 + V_g^2\right)/V_g^2} \tag{4.64}$$

幅值与相角的初值表达式与有功功率状态下相同，即

$$\begin{cases} A_{10} = \delta_0 - A_0 \\ \theta_0 = 0 \end{cases} \tag{4.65}$$

因此，在变流器输出无功功率状态下 PLL 的动态特性微分方程的解析解为

$$\delta=\sqrt{\frac{4m(\delta_0-A_0)^2\mathrm{e}^{mt}}{c(\delta_0-A_0)^2+4m-c(\delta_0-A_0)^2\mathrm{e}^{mt}}}\cos\left(\omega_0 t+\frac{dA_0}{\omega_0}t\right)+A_0 \tag{4.66}$$

变流器输出有功功率状态下的 PLL 解析解(4.50)与变流器输出无功功率状态下的 PLL 解析解（4.66）具有完全相同的形式，其区别在于这两个表达式中各项符号所代表的系数不同。依据解析解可以直观地分析 PLL 的暂态过程，也便于分析这一过程中系统参数之间的关系。

4.2.3 锁相环稳定边界

在临界阻尼点，PLL 输出将出现振荡，这种低频振荡可能会在弱电网条件下发生。研究稳定运行参数边界的位置是很有必要的。在解析解（4.50）与（4.66）中，指数函数中的 m 决定系统的振荡幅度是收敛或发散。在临界状态下，在式（4.46）中，当 m 等于零时，所对应的系统参数值即是系统的稳定边界。本节将建立 PLL 系统的稳定边界，并对解析解所得结果的准确性进行验证。

将系统原有参数代入式（4.46），可以获得 PLL 稳定边界的解析表达式为

$$I_1K_iL_g-K_pV_g\sqrt{1-(I_1Z_s\sin\varphi/V_g)^2}=0 \tag{4.67}$$

应当说明的是，这一稳定边界针对的是并网变流器在扰动后仍然维持输出有功功率的情形。当 $m=0$ 时，PLL 的输出将保持振幅恒定并持续振荡。振荡的幅度 AMP 可以表示为

$$\mathrm{AMP}=\lim_{\substack{m\to0\\t\to0}}\sqrt{\frac{(\delta_0-A_0)^2\mathrm{e}^{-mt}}{c(\delta_0-A_0)^2(1-\mathrm{e}^{-mt})/(4m+1)}}=\lim_{\substack{m\to0\\t\to0}}\sqrt{\frac{(\delta_0-A_0)^2\mathrm{e}^{-mt}}{c(\delta_0-A_0)^2t+1}}=\delta_0-A_0 \tag{4.68}$$

基于式（4.68）中给出的限制，当给出 PLL 的控制参数时，包括注入电流、电网侧阻抗和电网侧电压在内的电路参数值将在一定范围内变化。考虑到变流器输出功率的变化以及可能出现的交流故障，给出两组稳定边界。系统电路参数如表 4.3 所示。

表 4.3 系统电路参数

符号	说明	数值
V_g(pk)	电网电压	155 V
f	系统频率	50 Hz
I_0(pk)	注入电流	130 A
$Z_s(R, L)$	电网阻抗	3 mH

1. K_p-K_i-I 稳定边界

图 4.6 显示了在恒定电网电压和阻抗值条件下，变流器注入电流和 PLL 控制参数的三维稳定边界。从三维表面所示的趋势可以发现，随着 PLL 比例增益的增加，允许的注入电流也增加，而积分增益对稳定性有相反的影响。

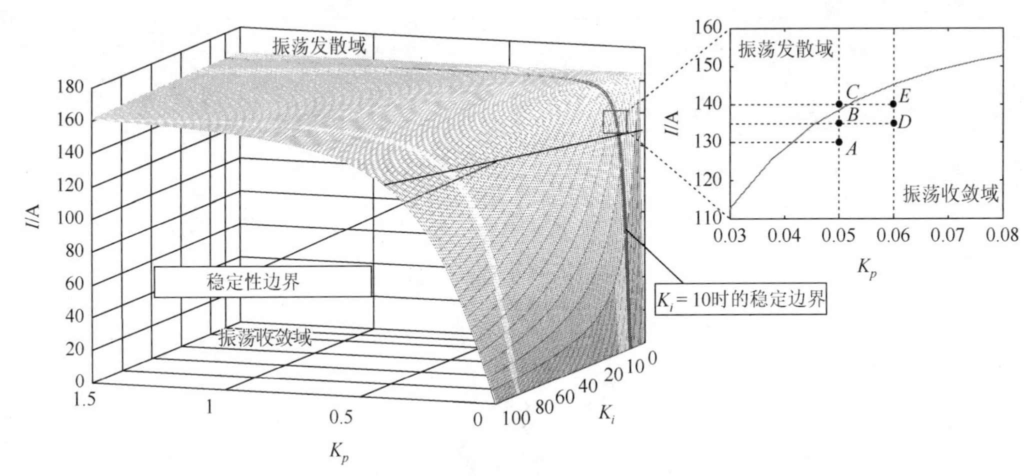

图 4.6　K_p-K_i-I 稳定边界

当系统参数在稳定边界面以下的区域时，即在振荡收敛域时，PLL 可以保持同步。如果线路电流值升高到超出稳定边界面，则 PLL 输出将振荡发散并最终失去同步。图 4.6 右侧的二维曲线是在三维稳定边界中 $K_i = 10$ 平面上截取的部分边界的放大，其中在阻尼边界的上下标记了 5 个工作点。在阻尼振荡（收敛）域中选择值可以确保系统稳定性。如果扰动导致参数越过该边界，则 PLL 将失去同步。各点的阻尼比为 $\xi_A = 0.014$、$\xi_B = 0.006$、$\xi_C = -0.002$、$\xi_D = 0.021$、$\xi_E = 0.012$。

接下来，通过 MATLAB/Simulink 仿真对这一稳定边界以及解析解的准确性进行验证。在图 4.6 中，与当前系统仿真参数相对应的稳定性边界点在三维图中标记为红色实线正方形，此时系统积分增益为 10。我们将对应于积分增益 $K_i = 10$ 的稳定边界 K_p-I 在三维空间中以引出标记并将其局部放大为右侧的曲线。

图 4.7（a）显示了当变流器线电流从 I_A 增加到 I_B 时 PLL 的响应。系统阻尼比从 0.014 降低至 0.006，对应于图 4.6 中的点 A 到 B。通过计算可以得出 $m>0$，当工作点在边界以下时，表明 PLL 的输出振荡应收敛至稳定状态。图 4.7（a）中的虚线为解析解所得结果，实线为仿真结果。可以看出，解析解的输出频率和幅度都与电路仿真一致。

图 4.7（b）显示了当变流器线电流从 I_B 增加到 I_C 时 PLL 的响应。系统阻尼比从 0.006 降低到−0.002，对应于图 4.6 中的点 B 到 C，随着工作点越过稳定边界，振荡会发散。计算得出 $m<0$，表明输出振荡将发散。仿真结果验证了分析结果的准确性。

图 4.7（c）显示了变流器注入电流从 I_D 上升到 I_E 时的 PLL 响应。这一扰动幅度和工作点变化与图 4.7（b）相同。但是，PLL 的比例增益增加到 0.06，对应于图 4.6 中的点 D 和 E。在基于稳定边界设置了更加合理的比例增益之后，PLL 在受到扰动后可以逐渐稳定下来。

2. K_p-K_i-L 稳定边界

图 4.8 显示了在恒定电网电压和注入电流下，电网侧阻抗和 PLL 控制参数方面的三维稳定边界。在稳定边界处，最大电网阻抗值随 PLL 比例增益的增加而增加，而随着积分增益的增加而减小。

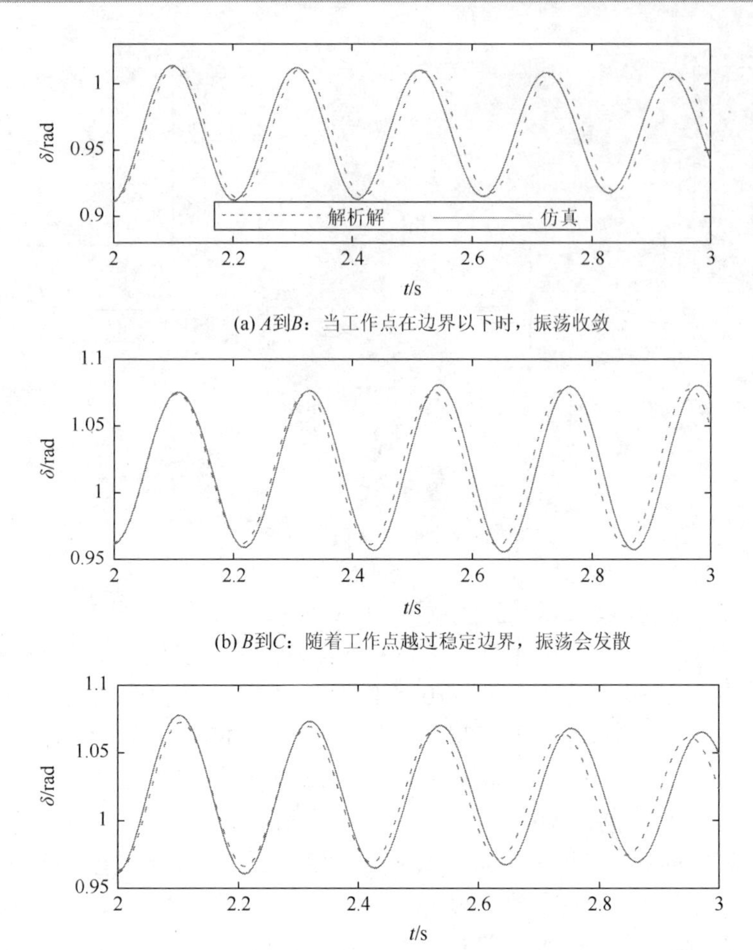

(a) A到B：当工作点在边界以下时，振荡收敛

(b) B到C：随着工作点越过稳定边界，振荡会发散

(c) D到E：随着比例增益K_p设定得更合理，振荡收敛

图 4.7 PLL 对输出电流变化的响应

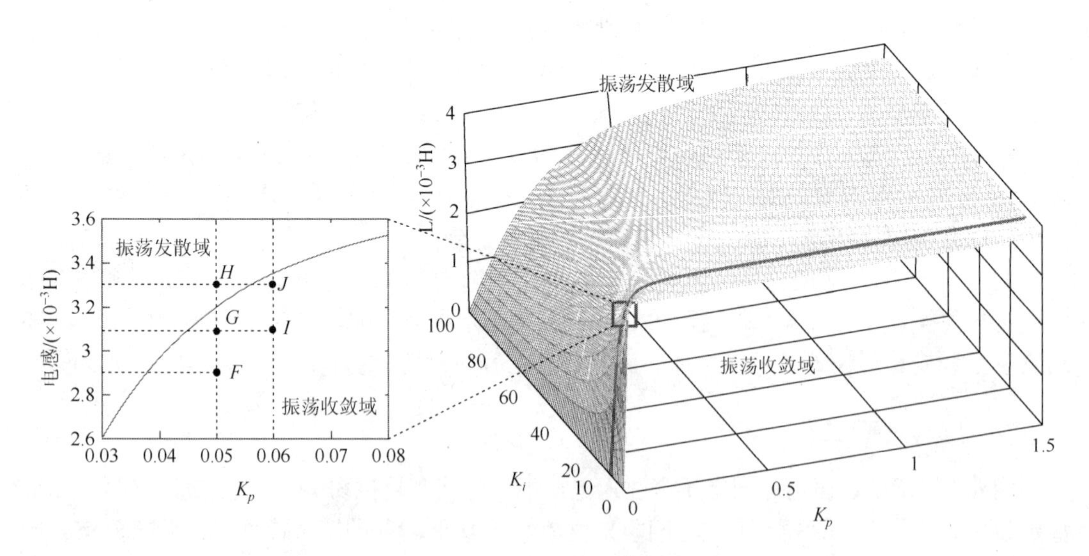

图 4.8 K_p-K_i-L 稳定边界

边界表面以下区域是阻尼振荡（收敛）域，边界表面上方区域是发散域。图 4.8 左侧标出了 5 个工作点。各点阻尼比为：$\xi_F = 0.020$、$\xi_G = 0.007$、$\xi_H = -0.008$、$\xi_I = 0.023$、$\xi_J = 0.005$。

电网阻抗可能会由于交流线路上的故障而发生变化。图 4.8 中也标出了 5 个工作点。随着工作点从 F 移到 G，系统保持稳定，如图 4.9（a）所示。然而，当它从 G 移到 H 时，可以观察到发散振荡，如图 4.9（b）所示。可以准确预测振荡的收敛/发散趋势。在图 4.9（c）中，根据稳定边界，依据维持系统暂态稳定的要求，进一步增大了 PLL 的比例增益，工作点从 I 移到 J。在与图 4.9（b）相同的扰动下，增大比例增益，可以有效地抑制 PLL 的输出振荡。

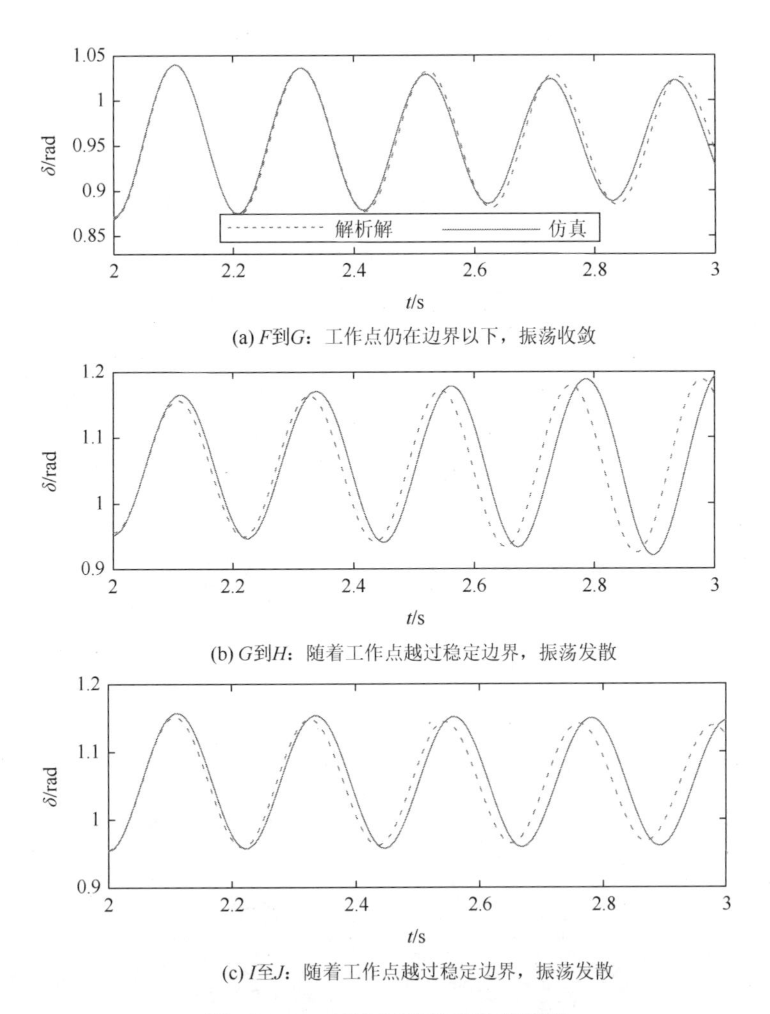

(a) F到G：工作点仍在边界以下，振荡收敛

(b) G到H：随着工作点越过稳定边界，振荡发散

(c) I至J：随着工作点越过稳定边界，振荡发散

图 4.9　PLL 对电网阻抗变化的响应

在 4.2.2 节获得的变流器输出无功功率状态下的 PLL 解析解中，m 决定了 PLL 的输出振荡是收敛还是发散，然而，从式（4.53）可以看出，与注入有功电流情况不同的是，注入无功电流时只要 PLL 的比例增益为正，就不会出现振荡发散的情况。

图 4.10 为仿真结果与解析解的对比结果，扰动后网侧电压降落至 0.2 p.u.，变流器输出 1 p.u.的无功电流。系统仿真参数如表 4.4 所示。若采用同样的控制参数，且变流器继续输出有功电流，*m* 将小于零，PLL 的输出振荡将会发散。变流器在扰动后输出无功功率，因此不会出现这一现象。

表 4.4　系统仿真参数（1）

符号	说明	值
V_g(pk)	电网电压	155 V（1 p.u.）
f	系统频率	50 Hz（1 p.u.）
I_1(pk)	交流电流参数组 1	50 A（1 p.u.）
I_2(pk)	交流电流参数组 2	10 A（1 p.u.）
K_p, K_i	PLL 控制参数	0.05，10
$Z_s(R, L)$	电网阻抗参数组 1	0.3 Ω，3 mH（0.097 p.u.，0.3 p.u.）
$Z_s(R, L)$	电网阻抗参数组 2	0.3 Ω，3 mH（0.02 p.u.，0.06 p.u.）

图 4.10（a）为变流器注入电流 50 A（1 p.u.）时，发生电压暂降后的 PLL 输出与解析解的对比结果，可以看出，在较大的扰动幅度下，振幅和周期的变化更快，导致解析解出现了较大的偏差。解析解虽然在幅值变化过程上可以较好地跟随仿真结果，但是周期上随着时间出现了越来越大的误差。误差产生的原因将在后面进行详细说明。

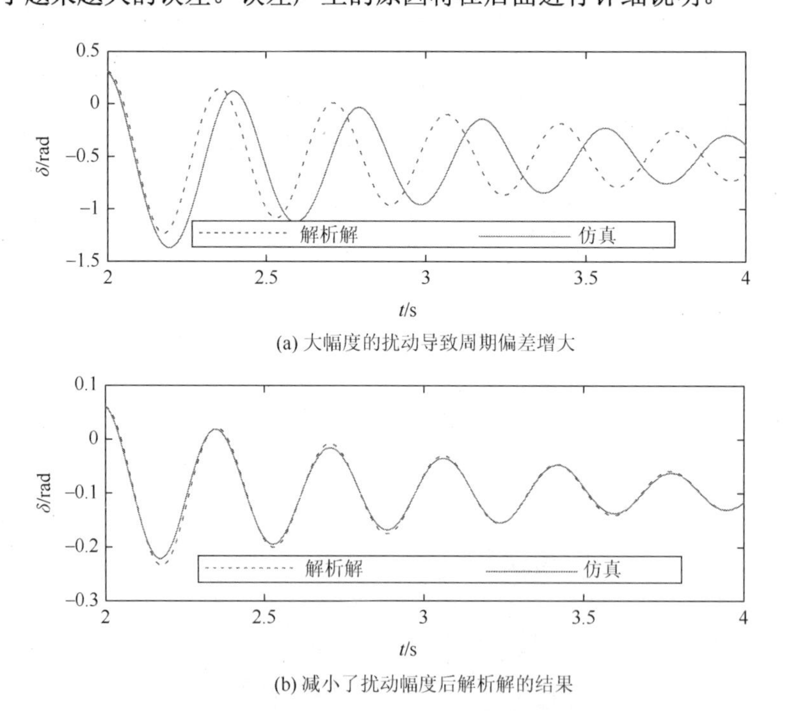

(a) 大幅度的扰动导致周期偏差增大

(b) 减小了扰动幅度后解析解的结果

图 4.10　变流器输出无功电流时的 PLL 暂态响应

图 4.10（b）为变流器注入电流 10 A 时仿真与解析解对比结果，可以看出在扰动幅度降低后，平均法的应用条件得到更好的满足，仿真结果与解析解几乎吻合。

4.2.4　准稳态时域模型的误差分析

平均法是相对非线性微分方程的一种近似解法，近似过程中省略的高阶项以及一些近似操作将导致某些较为极端的情况下解析解不可避免地出现误差。平均法适用于弱非线性系统，其应用的前提是振荡的周期和幅度变化缓慢。因此，当 PLL 输出的幅度和周期快速变化、非线性增强时，解析解和仿真结果将在幅度值和周期上产生偏差。

首先应当说明的是，在这类情况下，解析解与仿真会发生偏差，但是在具体情况下误差的大小也不同，主要取决于扰动幅度与扰动后新稳态工作点的位置。较大的干扰幅度无疑会产生幅度快速变化的输出振荡。扰动的幅度 R 可以用 PLL 的原始稳态点与扰动之后新稳态点之间的距离来描述。

其次，扰动后的新稳态点决定了 PLL 系统非线性特性的强度。稳态点和失稳点之间的距离 D 过小会导致系统具有更强的非线性特性，这不符合平均法的前提条件，这是导致计算和仿真之间出现误差的主要原因，误差变化趋势如图 4.11 所示。表 4.5 中列出了用于仿真的系统参数。

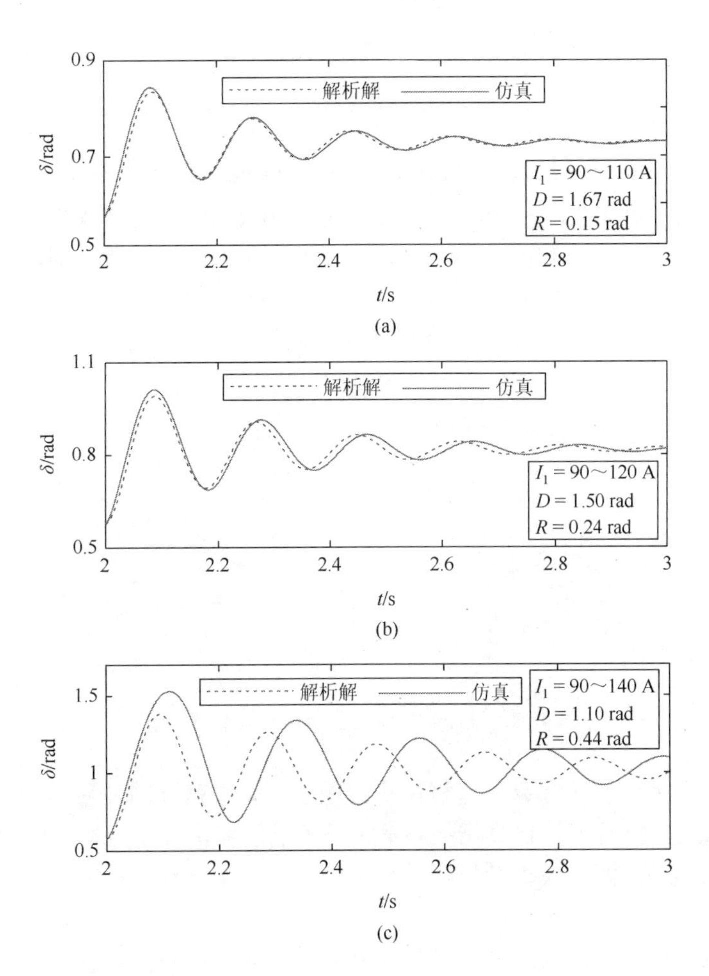

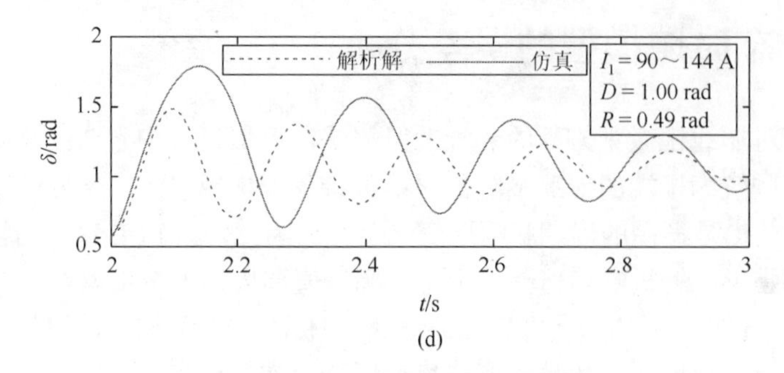

(d)

图 4.11　不同扰动幅度下解析解与仿真间的误差变化趋势

表 4.5　系统仿真参数（2）

符号	说明	值
V_g(pk)	电网电压	155 V
f	系统频率	50 Hz
I_1(pk)	交流电流参数组 1	10 A/90 A/130 A
K_p, K_i	PLL 控制参数	0.1，10
$Z_s(R, L)$	电网阻抗参数组 2	3 mH

从图 4.11 可以看出，解析解的误差随着扰动幅度 R 的增加以及稳态点和失稳点的间距 D 的缩小而增加。在第 3 组波形中，当注入电流从 90 A 增加到 130 A 时，已经可以观察到明显的幅度和相位偏差。当新的稳态工作点接近不稳定点时，仿真结果的振荡波形不再接近于正弦，波形出现了明显畸变。这是 PLL 非线性增强的体现。

图 4.12 是减小扰动幅度所得对比结果。可以看出，减小扰动幅度后，解析解和仿真结果的偏差明显减小，但仍存在一定的相位偏差。

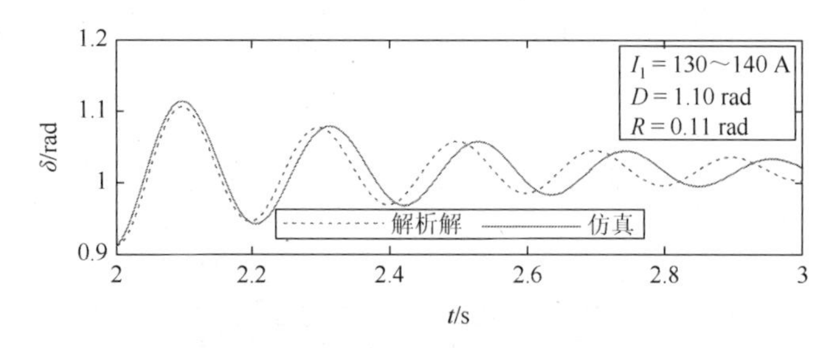

图 4.12　减小扰动幅度的解析解与仿真对比

并非所有的大幅度扰动都会引起解析解的误差，如果在扰动之后新的稳态点远离失稳点，则即使在较大的扰动下，仿真结果和解析解仍然能够保持相当程度的吻合，如图 4.13 所示。因此，必须满足两个条件解析解才会引起误差：①扰动幅度大；②扰动后新的稳态点接近失稳点。

当变流器输出无功功率时，PLL 的动态特性方程式有所不同。但是，引起偏差的原理是相同的，即系统内发生大幅度扰动并使稳态点接近失稳点。

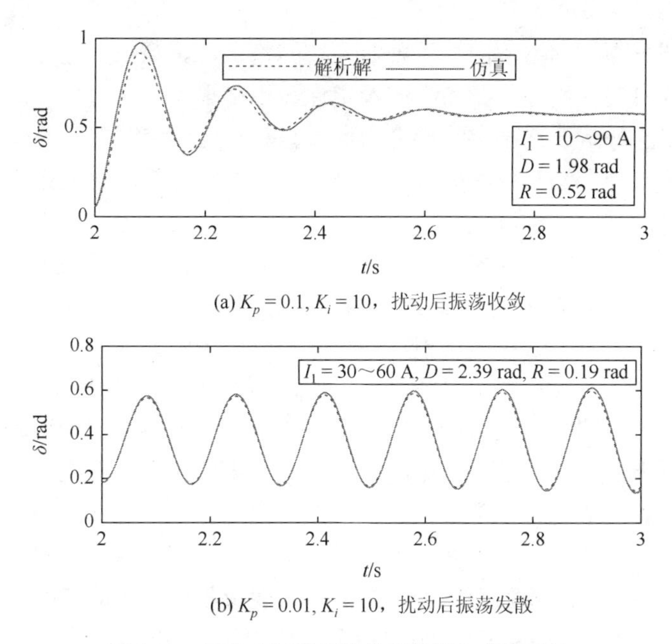

(a) $K_p = 0.1$, $K_i = 10$，扰动后振荡收敛

(b) $K_p = 0.01$, $K_i = 10$，扰动后振荡发散

图 4.13　发生大幅度扰动的解析解与仿真对比

4.3　锁相同步控制的并网变流器大信号稳定性分析

目前，电压源换流器广泛用于新能源并网系统中，大多数变流器可以视为受控电流源，此类变流器跟随公共耦合点的电压和频率，这种控制策略被认为是电压同步控制，比较适用于连接到一个强电网的情况。当电网阻抗很大时，很难保证并网变流器的稳定性。为了提高在弱电网下并网变流器的稳定性，要求 VSC 自动形成电压和频率，这种控制方式定义为功率同步控制。与电压同步控制不同，功率同步控制被视为受控电压源，可以在弱电网下提高同步稳定性。

实际上，两种控制模式都存在相应的稳定性问题。目前，大多数的研究都是通过使用小信号建模方法或其他线性理论来研究并网变流器的稳定性，但是这不适合在外部大故障扰动下进行稳定性分析。线性化的方法表明，VSC 在扰动后存在稳定平衡点（stable equilibrium point，SEP）时是稳定的。然而，在某些特殊情况下即使存在 SEP，也可能会出现短暂的不稳定性现象。另外一类情况是并网变流器存在不稳定平衡点（unstable equilibrium point，UEP）。

基于以上分析，本节从能量的角度研究并网变流器的大信号同步稳定性，通过比较同步发电机（synchronous generator，SG）的能量函数可以得到两种控制模式下系统的能量函数，讨论同步控制大信号稳定的物理机理。

4.3.1　李雅普诺夫稳定性理论应用

李雅普诺夫稳定性理论讲述了判断系统稳定性的两个方法。第一种方法与经典理论是一致的，通过求解方程，利用解的性质判断系统的稳定性。第二种方法是构造一个李雅普诺夫函数，根据函数的性质来判断系统的稳定性，不必求解系统方程。这种方法对任何复杂的系统都是适用的，是现代稳定性理论的重要基础和现代控制理论的重要组成部分。

李雅普诺夫第一种方法又称为间接法，是利用系统方程解的性质来判断系统稳定性的方法，适用于线性定常、线性时变及非线性函数可线性化的情况。对于线性定常系统，主要是根据系统极点的分布来判断系统的稳定性，即为经典控制理论的稳定性判别方法。对于非线性系统，在平衡态的邻域内，可以用线性化微分方程式近似描述系统的非线性动力学，并根据线性化系统特征方程式的根（极点）的分布判定该非线性系统在工作点附近是否稳定。基于李雅普诺夫第一方法，针对不同系统得到已经很完善的稳定性结论。

李雅普诺夫第二方法又称为直接法。其基本思想建立在古典力学振动系统中的一个直观物理事实上。考虑一个没有外力作用的系统，假设系统的平衡状态为零，并以某种适当的形式规定系统的总能量是某个常数，这个函数在原点为零，而在其他各处为正值。进一步假定，原来处在平衡状态的系统受到微小扰动而进入一个非零初始状态。若系统的动力学使系统的能量不随时间的增长而增加，则系统的能量不会超过其初始正值，这足以说明平衡点是稳定的。若系统的能量随时间而单调衰减并最终趋于零，则平衡点是渐近稳定的。若能找到一个完全描述上述过程的能量函数，则系统的稳定性问题也就解决了。但实际控制中情况不同，系统的形式也就不同，找到一个形式统一、方法简单的能量函数比较困难。因此，李雅普诺夫引出了一个虚构的能量函数，使其更具有一般性，应用更方便，更广泛，称为李雅普诺夫函数。

定义 1 设 $V(x)$为任一标量函数，其中 x 为系统状态向量，若 $V(x)$具有如下性质：

（1）$\dot{V}(x)$ 是连续的（反映能量的变化趋势）；

（2）$V(x)$是正定的（反映能量大小）；

（3）当$\|x\| \to \infty$ 时，$V(x) \to \infty$（反映能量分布情况）；

那么函数 V（x）称为李雅普诺夫函数。

定理 1[56, 57] 设系统的状态方程为 $\dot{x} = f(x,t)$，其平衡状态为 $x_e = 0$。若存在一个正定的标量函数 $V(x, t)$，具有连续的一阶偏导数，且满足如下条件：

（1）$\dot{V}(x,t)$ 在平衡点附近的邻域是负定的，则系统在平衡点处为李雅普诺夫意义下的渐近稳定。

（2）$\dot{V}(x,t)$ 在平衡点附近的邻域是半负定的，且随着系统状态的运动，$\dot{V}(x,t)$ 不恒为零，则系统在平衡点处为李雅普诺夫意义下的渐近稳定。

（3）$\dot{V}(x,t)$ 在平衡点附近的邻域是半负定的，且随着系统状态的运动，$\dot{V}(x,t)$ 恒为零，则系统在平衡点处为李雅普诺夫意义下的稳定。

（4）$\dot{V}(x,t)$ 在平衡点附近的邻域是正定的，则系统在平衡点处为李雅普诺夫意义下的不稳定。

（5）平衡点处为李雅普诺夫意义下的渐近稳定，又当$\|x\| \to \infty$ 时，有 $\dot{V}(x,t) \to \infty$，则系统为全局渐近稳定的。

以上条件为李雅普诺夫稳定性判别的充分条件，即如果能找到满足定理条件的 $V(x, t)$，则可断定系统的稳定情况。但是如果没有找到这样的 $V(x, t)$，则不能确定系统的稳定性情况，使用该方法的关键点在于怎样选取一个恰当的李雅普诺夫函数。

李雅普诺夫直接法并没有提供如何选取李雅普诺夫函数的方法。因此，李雅普诺夫直接法原理上很简单，实际应用上并不容易。拉萨尔不变集定理是李雅普诺夫直接法的推广。在局部拉萨尔不变集定理中，有

$$\begin{cases} \Omega_l(x)=\left\{V(x)<l, l>0,\ \dot{V}(x)\leqslant 0\right\} \\ R(x)=\left\{x\in\Omega_l(x)\mid\dot{V}(x)=0\right\} \end{cases} \tag{4.69}$$

定义集合 R 是区域 Ω_l 内满足 $\dot{V}(x)=0$ 的点的集合；定义集合 M 是集合 R 中最大的不变集，那么任何起始于区域 Ω_l 内的点，随时间 $t\to\infty$，会收敛于该最大不变集 M，即区域 Ω_l 中的 SEP，Ω_l 中的 l 是指上界为 l。

拉萨尔不变集定理，形式上非常像李雅普诺夫局域稳定定理，也有一个标量函数 $V(x)$。但是拉萨尔不变集定理作为李雅普诺夫直接法的一部分，其条件要相对宽松一些，相对容易满足，这就是其重要优势之一，所以在非线性控制中比较重要。李雅普诺夫直接法中，要求李雅普诺夫候选函数是正定函数。但是在拉萨尔不变集定理中，该标量函数可以不是正定函数。相同的是，在某种意义上，要求抽象能量衰减，也就是 $\dot{V}(x)\leqslant 0$。拉萨尔不变集定理的重要优势是，即便在抽象能量函数的导数不是严格的负定，即半负定情况下，依然能够保证渐近稳定性。还有一个重要优势是，拉萨尔不变集定理能够考虑极限环的现象。

如图 4.14 所示，拉萨尔不变集定理实际上展示了一个能量函数 V，三个集合 Ω_l、R、M。只要在自治系统的某一个局部区域 Ω_l 内，存在能量函数 V，它的上界是 l；在区域 Ω_l 内，能量函数随时间不增加，则在区域 Ω_l 内可以找到一个子集 R，也就是能量函数关于 t 的一阶导数等于零的区域。在子集 R 中，又可以找到一个最大的不变集 M。那么系统只要从区域 Ω_l 内任意点出发，最后一定收敛到该最大的不变集 M 上。

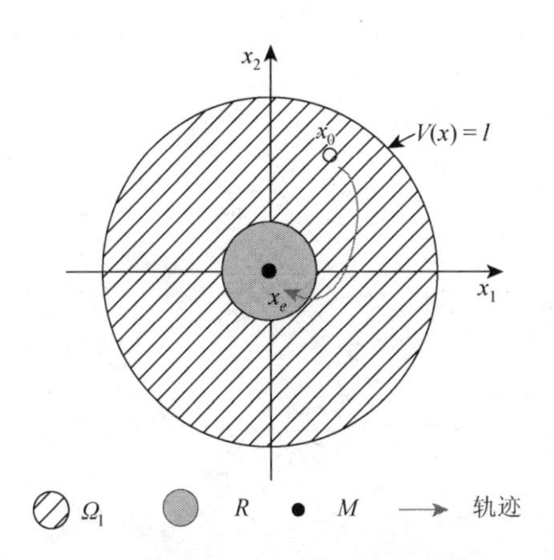

图 4.14　拉萨尔不变集定理示意图

4.3.2　系统大信号模型

图 4.15 给出了电压同步控制的跟踪型变流器系统拓扑结构及控制框图，系统参数

在表 4.6 中列出。VSC 通过两条平行的传输线 X_{g1} 和 X_{g2} 连接到电网。当 VSC 连接到弱电网时，电网阻抗 X_g 不能忽略。

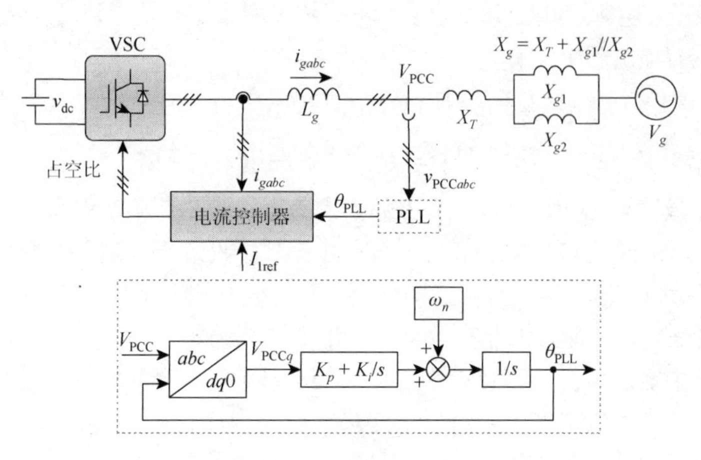

图 4.15　跟踪型变流器系统拓扑结构及控制框图

表 4.6　系统参数（3）

参数	名称	数值
V_g(pk)	电网侧相电压	310 V
v_{dc}	直流侧电压	800 V
L_g	电网侧电抗	3 mH
K_p	PLL 比例参数	0.3
K_i	PLL 积分参数	80
I_g	电网侧电流	210 A

在 4.2.2 节中，式（4.32）已给出了 δ 的二阶微分方程表达式，这里重新表述为

$$(1-K_pI_gL_g)\delta''=K_i\cdot\left(I_g\omega_nL_g+I_g\delta'L_g-V_g\sin\delta-\frac{K_pV_g\cos\delta}{K_i}\delta'\right) \tag{4.70}$$

为了找到并网 VSC 的能量函数，在这里引入了同步发电机的非线性特性方程。发电机转子的运动方程，即摆动方程，可以表示为

$$H\ddot{\delta}'=P_m-\frac{3X_{\mathrm{PCC}}V_g}{2X_g}\sin\delta'-D\dot{\delta}' \tag{4.71}$$

式中，δ 是功角；H 是 SG 的惯性系数；D 是 SG 的阻尼系数。

SG 的能量函数推导[16]如下：

$$V(\delta',\dot{\delta}')=-P_m\delta'-\frac{3X_{\mathrm{PCC}}V_g}{2X_g}\cos\delta'+\frac{1}{2}H\dot{\delta}'^2+E_0 \tag{4.72}$$

式中，E_0 为常数。

$V(\delta',\dot{\delta}')$ 的导数可以写成

$$\dot{V}(\delta,\dot{\delta}) = -D\dot{\delta}^2 \tag{4.73}$$

为了比较 PLL 控制的并网变流器和同步发电机之间的差异，图 4.16 根据电压同步控制的非线性特性方程给出了其控制框图。

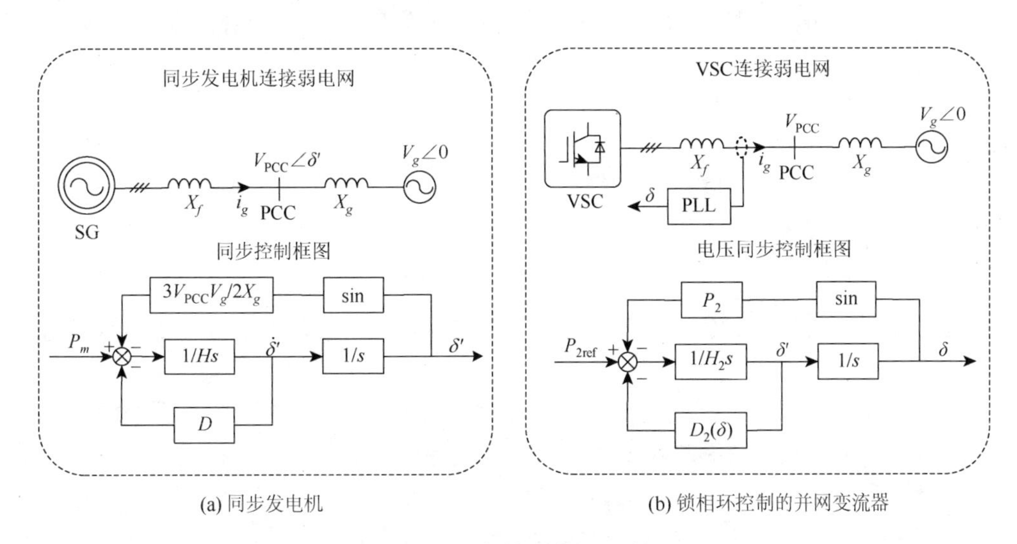

(a) 同步发电机　　(b) 锁相环控制的并网变流器

图 4.16　系统控制框图比较

比较图 4.16（a）和（b），可以发现 PLL 控制的并网变流器的非线性特性与 SG 相似，因此可以获得控制系统的能量函数。比较这两个系统，可以推导得到 VSC 系统中的参考有功功率 $P_{2\mathrm{ref}}$、实际有功功率 P_2、等效惯性时间常数 H_2 和阻尼系数 D_2。

$$\begin{cases} P_{2\mathrm{ref}} = K_i I_g \omega_n L_g \\ P_2 = K_i V_g \\ H_2 = 1 - K_p I_g L_g \\ D_2(\delta) = -K_i I_g L_g + K_p V_g \cos\delta \end{cases} \tag{4.74}$$

式（4.71）可以重写为

$$H_1\delta'' = P_{2\mathrm{ref}} - P_2 \sin\delta - D_2(\delta)\cdot\delta' \tag{4.75}$$

结果，控制系统的能量函数可以表示如下：

$$V(\delta,\dot{\delta}) = -P_{2\mathrm{ref}}\delta - P_2\cos\delta + \frac{1}{2}H_2\dot{\delta}^2 + E_0 \tag{4.76}$$

$V(\delta',\dot{\delta}')$ 的导数可以写成

$$\dot{V}(\delta,\dot{\delta}) = -D_2(\delta)\dot{\delta}^2 \tag{4.77}$$

值得注意的是，不能保证 $D_2(\delta)>0$。

4.3.3　系统大信号稳定性分析

控制系统的等效势能 E_p 和动能 E_k 为

$$\begin{cases} E_p = -P_{2\text{ref}}\delta - P_2\cos\delta + E_0 \\ E_k = \dfrac{1}{2}H_2\dot{\delta}^2 \end{cases} \tag{4.78}$$

式（4.74）表明，系统阻尼 $D_2(\delta)$受相位差 δ 的影响。这意味着，区域 Ω_l 不能任意选择。

系统在 $D(\delta_{\max 2})=0$ 的相位差 δ 可以写成

$$\delta_{\max 2}=\arccos\frac{K_i I_g L_g}{K_p V_g} \tag{4.79}$$

系统在 $\delta_{\max2}$ 处的能量 $E_{\max2}$ 可表示为

$$E_{\max 2} = -(P_{2\text{ref}}\delta_{\max 2} + P_{2\,\text{III}}\cos\delta_{\max 2}) \tag{4.80}$$

因此，需要添加额外的约束条件，即总能量 $E \leqslant E_{\max 2}$，以确保区域 Ω_l 中的系统阻尼 $D_2(\delta)>0$。

基于以上分析，大信号稳定边界可以在图 4.17（b）中得到。当故障后系统的初始状态在稳定边界内部时，系统状态将收敛到 SEP。即使系统状态轨迹越过稳定边界，但是在正阻尼作用下，系统状态回到稳定边界内，系统也将恢复稳定。另外，稳定边界也是保守的大信号稳定边界。进一步地，导出系统大信号稳定的两个约束条件：

（1）存在 SEP；

（2）故障后的总能量 E 低于 $\delta_{\max2}$ 处的能量 $E_{\max2}$。

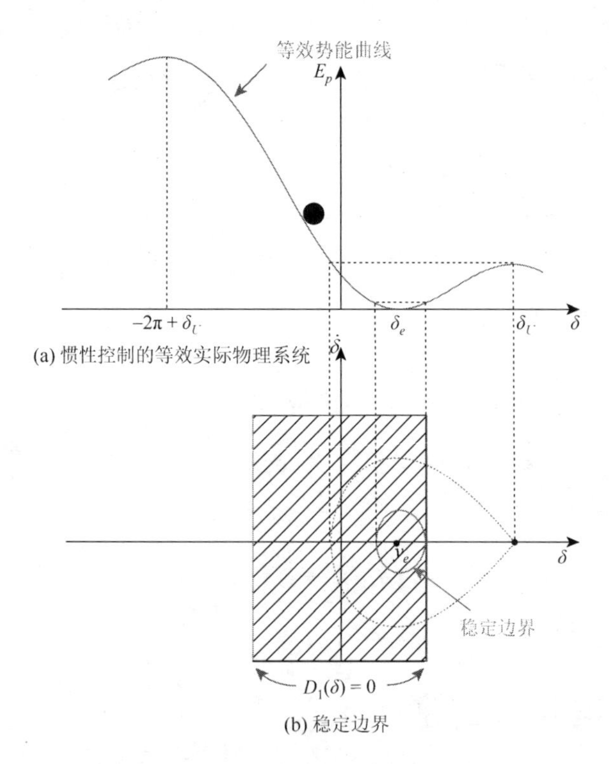

图 4.17　VSC 的大信号稳定性分析

通过控制 I_g 可以模拟电网故障后的系统状态变化。在图 4.18（a）中，故障后系统的状态轨迹进入稳定边界，因此系统将恢复稳定。在图 4.18（b）中，在中等程度电网故障下，系统的总能量在穿越正负阻尼过程中逐渐减小，因此系统状态进入边界，系统恢复稳定。如图 4.18（c）所示，严重的电网故障后，系统状态不在稳定边界之内，在穿越正负阻尼过程中，系统总能量逐渐增加。从而，系统总能量逐渐大于 UEP 处的能量，即系统将失去稳定性。该结果验证了边界的有效性。

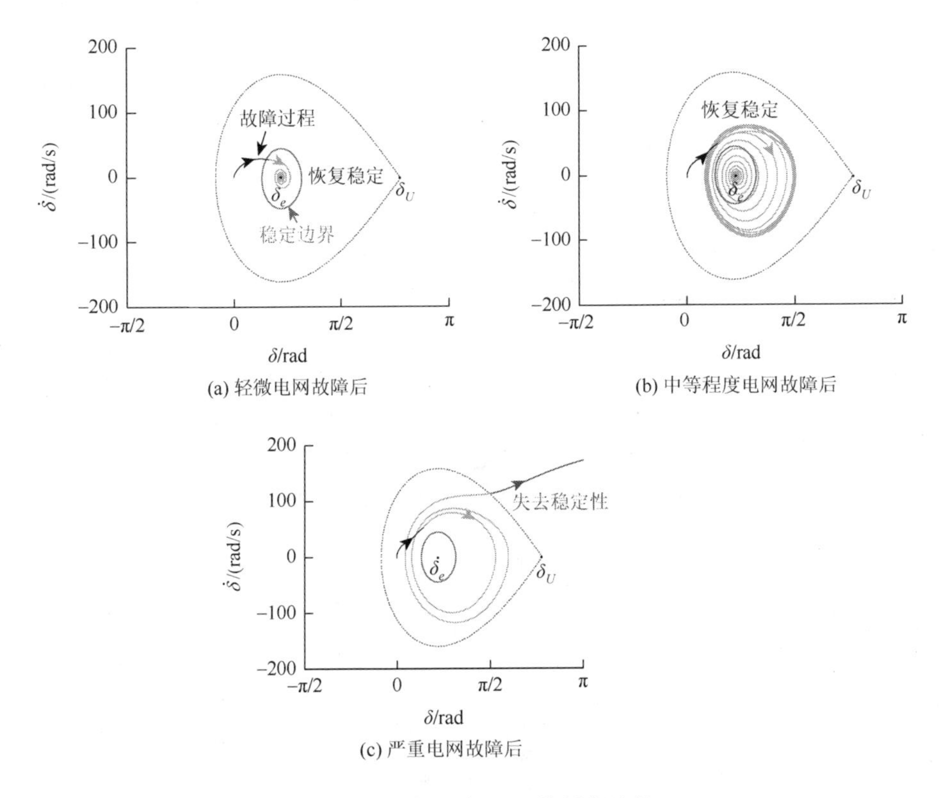

(a) 轻微电网故障后

(b) 中等程度电网故障后

(c) 严重电网故障后

图 4.18　电压同步 VSC 的暂态过程

4.4　功率同步控制的并网变流器大信号稳定性分析

4.4.1　系统大信号模型

图 4.19 给出了功率同步控制的并网变流器系统拓扑结构及控制框图，系统参数在表 4.7 中列出。VSC 通过两条平行的传输线 X_{g1} 和 X_{g2} 连接到电网，当 VSC 连接到弱电网时，电网阻抗 X_g 不能忽略。

为了降低测量有功功率 P 中的谐波含量，在下垂控制中添加了一个低通滤波器（low passfilter，LPF），如图 4.19 所示。ω_p 为 LPF 的截止频率。

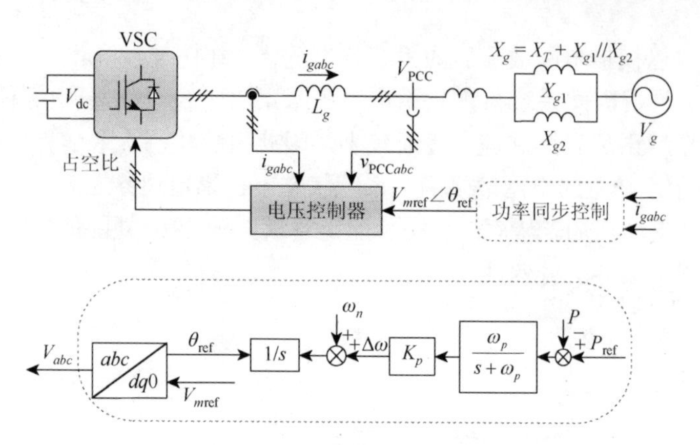

图 4.19 并网变流器系统拓扑结构及控制框图

表 4.7 系统参数（4）

参数	名称	数值
V_g(pk)	电网侧相电压	310 V
V_{dc}	直流侧电压	800 V
L_g	电网侧电抗	3 mH
K_p	比例参数	0.000 4
ω_p	截止频率	100 π rad/s
P_{ref}	参考有功功率	0.12 MV·A
V_{mref}	参考电压	400 V

来自 PCC 的有功功率 P 可推导为

$$P=\frac{3}{2}\frac{V_{PCC}V_g}{X_g}\sin\delta \tag{4.81}$$

相位差 δ 可以表示为

$$\delta=\frac{K_p}{s}\frac{\omega_p}{s+\omega_p}\cdot(P_{ref}-P) \tag{4.82}$$

基于式（4.81）及式（4.82），可以得到以下二阶微分方程：

$$\ddot{\delta}=-\omega_p\dot{\delta}+\omega_p K_p\cdot\left(P_{ref}-\frac{3}{2}\frac{V_{PCC}V_g}{X_g}\sin\delta\right) \tag{4.83}$$

为了比较 VSC 和 SG 之间的差异，基于 4.3.2 节中同步发电机的转子运动方程（4.70）、转子运动方程的能量函数及其导数，即式（4.71）、式（4.72），将同步发电机以及功率同步控制的非线性特性方程转化为控制框图，如图 4.20 所示。

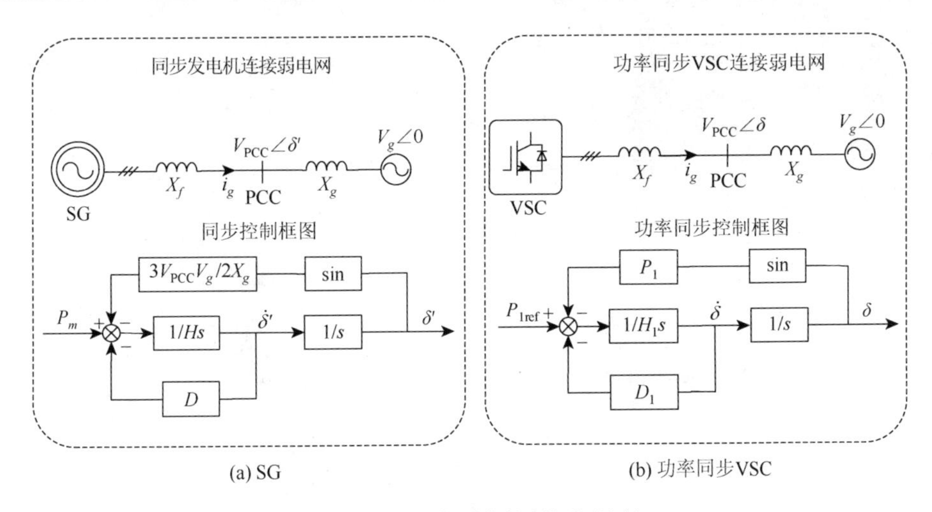

(a) SG　　(b) 功率同步VSC

图 4.20　非线性系统控制框图比较

比较功率同步控制 VSC 和 SG，可以获得 VSC 系统对应的参考有功功率 P_{1ref}、实际有功功率 P_1、等效惯性时间常数 H_1 和阻尼系数 D_1，如式（4.84）所示。

$$\begin{cases} P_{1ref} = P_{ref} \\ P_1 = 3K_p V_{PCC} V_g / 2X_g \\ H_1 = 1/(\omega_p \cdot K_p) \\ D_1 = 1/K_p \end{cases} \tag{4.84}$$

式（4.75）可以重新写成如下形式：

$$H_1\ddot{\delta} = P_{1ref} - P_1 \sin\delta - D_1 \cdot \delta' \tag{4.85}$$

控制系统的能量函数可以表示如下：

$$V(\delta,\dot{\delta}) = -P_{1ref}\delta - P_1\cos\delta + \frac{1}{2}H_1\dot{\delta}^2 + E_0 \tag{4.86}$$

$V(\delta',\dot{\delta}')$ 的导数可以写成：

$$\dot{V}(\delta,\dot{\delta}) = -D_1\dot{\delta}^2 \tag{4.87}$$

控制系统的等效势能 E_p 和动能 E_k 为

$$\begin{cases} E_p = -P_{1ref}\delta - P_1\cos\delta + E_0 \\ E_k = \dfrac{1}{2}H_1\dot{\delta}^2 \end{cases} \tag{4.88}$$

4.4.2　系统大信号稳定性分析

式（4.84）表明，系统阻尼 D_1 仅受控制参数 K_p 的影响，可以保证 $D_1>0$。因此，任何有限区域 Ω_l 可以被选择来找到其大信号稳定边界。如图 4.21（b）所示，当 UEP 被包括在区域 Ω_l 时，区域 Ω_l 将成为无限区域（虚线）。为了避免这种情况的出现，需要在区域 Ω_l 中添加仅有一个 SEP 的附加约束，以确保区域 Ω_l 是有限区域。

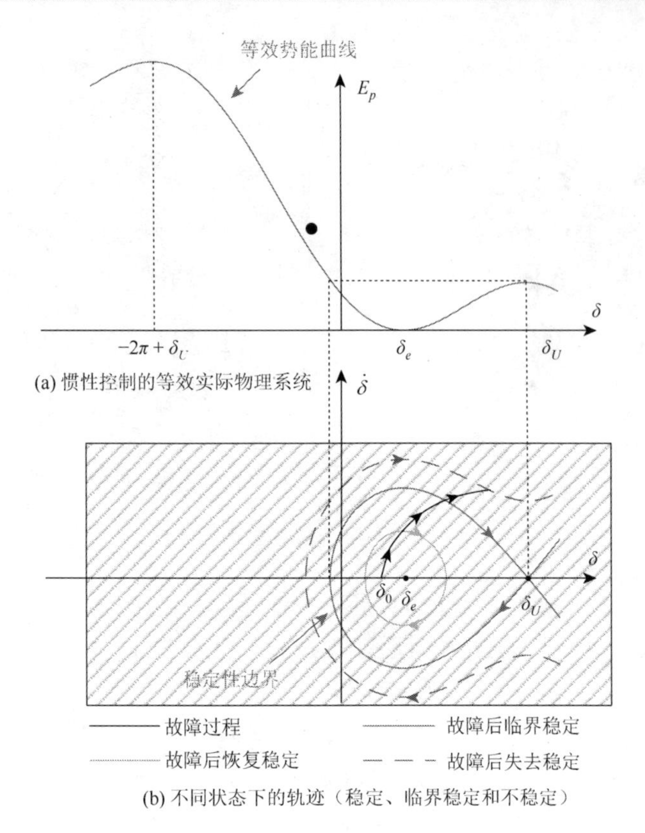

图 4.21　功率同步 VSC 的大信号稳定性分析

在 UEP 处的系统能量 $E_{\max 1}$ 可表示为

$$E_{\max 1}=-(P_{1\text{ref}}\delta_U+P_{1\text{III}}\cos\delta_U) \tag{4.89}$$

因此，等势面 $E=E_{\max 1}$ 可以看作最大的大信号稳定边界（实线），如图 4.21（b）所示。故障发生后，当系统在边界中表示（$\delta,\dot{\delta}$）时，系统将恢复稳定性，或者系统状态在阻尼作用下返回到稳定边界内部，系统恢复稳定性。此外，通过选择能量较低的等势面（环状闭合实线）可以找到较小的稳定边界。此外，忽略了系统阻尼，因此稳定边界是保守的大信号稳定边界。这引出了系统大信号稳定的两个约束条件：

（1）存在 SEP；

（2）故障后的总能量 E 低于 UEP 的能量 $E_{\max 1}$。

为了验证构网型变流器的两个稳定边界，以将参数设置在参数边界范围之内，本节在 MATLAB/Simulink 平台中搭建了并网 VSC 系统，其拓扑如图 4.19 所示，参数如表 4.7 所示。

通过控制 P_1 可以模拟电网故障后系统状态$(\delta,\dot{\delta})$的变化。在图 4.22（a）中，轻微故障后的系统状态仍在稳定边界内，因此系统将恢复稳定性。

在图 4.22（b）中，系统状态在中等故障下越过了稳定边界并返回到稳定边界内部。在移动过程中，系统的总能量在正阻尼作用下逐渐减小，系统状态轨迹返回稳定边界内部，系统恢复稳定性。

系统状态轨迹越过稳定边界需要足够的距离，以克服系统的正阻尼作用，如图 4.22（c）

所示。在严重电网故障后，系统状态越过了稳定边界。故障后系统状态轨迹没有进入稳定边界内，系统不会稳定于 SEP，仿真结果验证了边界的可靠性。

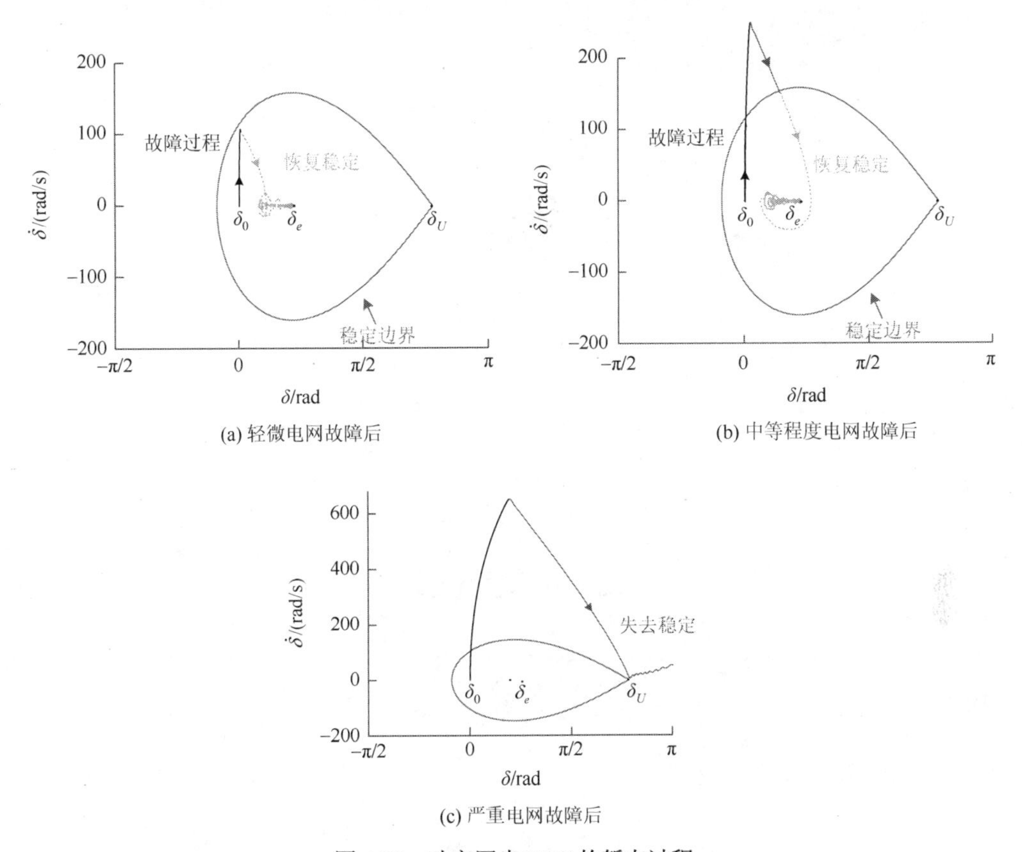

(a) 轻微电网故障后

(b) 中等程度电网故障后

(c) 严重电网故障后

图 4.22　功率同步 VSC 的暂态过程

4.4.3　电网构造型/跟踪型变流系统参数影响对比分析

尽管功率同步和电压同步控制具有相似的非线性特性，但两种控制之间仍有差异。4 个系统特性参数，即等效给定有功功率 P_{ref}、等效实际有功功率 P、惯性时间常数 H 和阻尼系数 D 可以被用来分析差异。

图 4.23（a）表明，P 主要受控制增益 K_p 影响，而不受 PCC 电压影响。图 4.23（b）表明 P 受不可控参数(V_{PCC}, L_g)的影响。这意味着电网电压波动将导致功率波动并在功率同步控制中产生大的浪涌电流，而在电压同步控制中则不会出现。

同时，图 4.23（a）表明不可控参数(I_g, L_g, δ)会影响 D 和 H。此外，必须满足 $D>0$ 和 $H>0$ 的条件。这意味着在并网变流器中不能要求较高的电网输出电流或电网阻抗，并同时需要选择合适的 K_p 和 K_i。否则，VSC 类似于 SG 的特性将发生变化。图 4.23（b）表明，D 和 H 仅受功率同步控制中的可控参数(K_p, ω_p)影响。这意味着功率同步控制 VSC 的特性不会随电网电流或阻抗的变化而变化，并且在高电网阻抗情况下，该系统比电压同步控制 VSC 更适合。

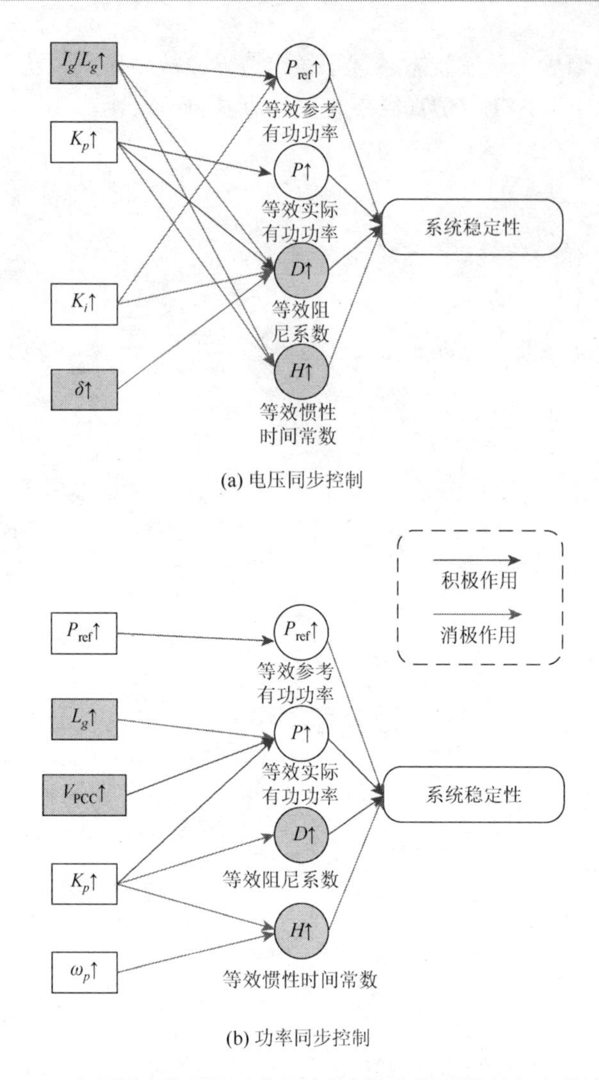

图 4.23　电压同步控制和功率同步控制之间的系统特征参数比较

第 5 章

并网变流器运行边界

第 4 章提到的同步控制一般带宽较低，具有较慢的时间尺度。然而，电力电子设备需考虑其更快时间尺度下的动态行为，从而为其中高频谐波抑制、器件保护提供基础。一般来说，电力电子并网变流器采用了电流控制环路实现电流指令跟踪功能。因此，有必要对电网故障扰动下的并网变流器电流控制的运行边界开展研究。

本章考虑一个典型的电网故障扰动工况，即短路/断路、输电线路切换等引发的网侧电压相位突变。在这种故障扰动后的较短时间内，并网变流器与电网尚未形成同步，即 PLL 无法实时跟踪电网电压相位的变化。在此情况下，对并网变流器电流控制进行全面分析。首先，通过仿真给出电网电压相位发生突变时并网变流器的暂态响应现象。在电网故障导致电压相位突变后 PLL 尚未来得及跟随电网相位变化的暂态过程中，考虑并网变流器中电流控制的动态影响，建立电流控制时间尺度下并网变流器的状态空间模型。然后，通过分析变流器小信号稳定性、调制指数和最大功率传输能力的约束，以电流参考值的方式给出并网变流器在网侧电压相位扰动下的多约束运行域。最后，对该运行域进行参数分析，提出增强并网系统运行安全的参数调节方法。

5.1 电网相位扰动下并网变流器暂态响应

本节以 MMC-HVDC 系统为例，研究电网线路断路故障下并网变流器网侧电压相位扰动情况下的暂态响应情况。电网线路接地引起变流器网侧相位突变的场景示于图 5.1 中。可再生能源通过 MMC-HVDC 系统并网时，假设网侧变流器通过一条阻抗为 X_L 的串联传输线路和两条阻抗分别为 X_{line1} 和 X_{line2} 的并联传输线路连接到电网的无限大容量母线上，变流器电网电压为 $V_g\angle\theta_g$，并网点电压为 $V_{\text{PCC}}\angle\theta_{\text{PCC}}$，母线电压恒为 $V_{\text{bus}}\angle\theta_{\text{bus}}$。当并网变流器接入理想电网中时，并网点电压等于电网电压，即 $V_{\text{PCC}}\angle\theta_{\text{PCC}} = V_g\angle\theta_g$。传输线路上一旦发生故障，变流器并网点与母线之间的阻抗值会发生改变。对于图 5.1（a）所示的断路故障，故障前后 PCC 与交流母线之间的等效阻抗分别用 X_1 和 X_2 表示，其中 $X_1 = X_L + (X_{\text{line1}}||X_{\text{line2}})$，$X_2 = X_L + X_{\text{line1}}$。在 MMC-HVDC 系统中，变流器可以产生无功电流以支撑 PCC 电压在故障下保持稳定不变，因此将电网电压的幅值 V_g 看作一个固定的常数。在此场景下，可以认为电网电压 $V_g\angle\theta_{\text{g}}$ 仅发生相位变化而幅值不变。

在电网线路断路故障下，当 PCC 与交流母线之间的等效阻抗由 X_1 增加到 X_2 时，线路阻抗两端的等效压降将变大（$I_{g2}X_2$），导致电网电压 $V_g\angle\theta_g$ 相应发生改变，从而使得并网变流器受到网侧电压相位跳变的扰动，如图 5.1（b）所示，其中实线箭头及下标 1 表示电网故障前的相量，虚线箭头及下标 2 则表示电网故障后的相量。从并网点到无线大容量母线这段电路在传输线路电阻较小的情况下可认为是纯电感电路。考虑到当电网电压相位突变超过 90°时，并网系统不存在稳定平衡点[11]，本节所需研究的电网电压相位突变程度相应地限制在 90°以内。图 5.1（c）给出了电网电压相位变化的临界情况，在电网故障发生前，初始并网点电压与无限大容量母线电压相位相同，电网故障发生后，线路等效压降突增，使得电网电压相位突变超前母线电压相位 90°。如果电网故障后并网点电压相位继续增大，超过 90°，那么系统将直接失去平衡点，进而引发并网系统崩溃。而在电网电压相位突

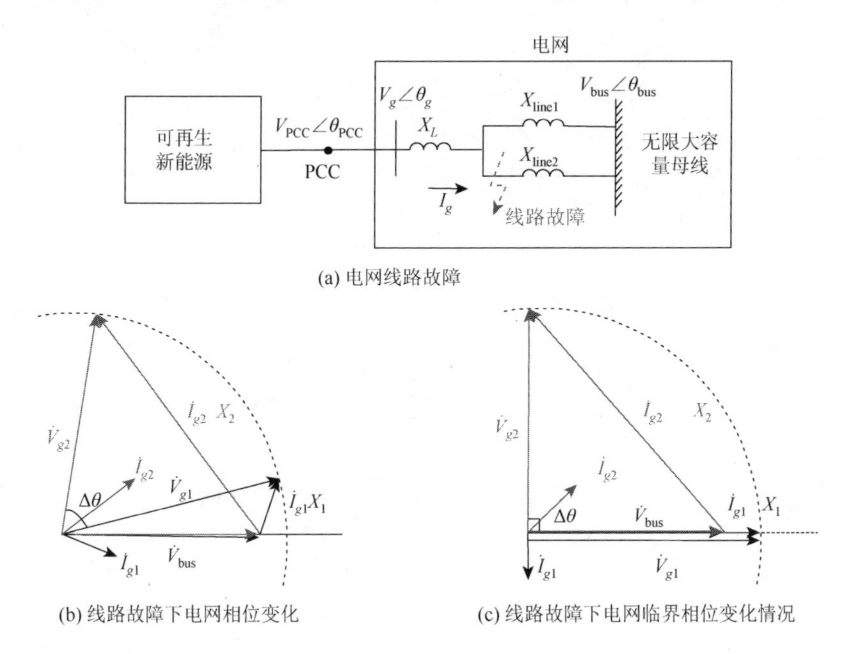

图 5.1　电网相位扰动示意图

变在 90°以内的情况下，并网变流器系统的稳定性仍然受到系统参数、结构、控制、调制、系统容量等各方面的影响。

在并网变流器存在平衡点的范围内，当电网电压相位的变化较小时，由于变流器中 PLL 以及控制环路对电网电压相位、系统功率与电流的跟踪能力，MMC-HVDC 系统能够在电网发生较小的相位扰动后很快恢复正常运行状态。然而，当电网电压相位变化较大时，可能引起 PLL 和控制环路无法实现快速响应，从而使得变流器迅速恢复至正常工况的目标。

为了研究并网变流器系统在电网电压相位突变情况下的响应现象，本节在 PSCAD/EMTDC 平台上搭建了三相 21 电平 MMC-HVDC 系统，如图 5.2 所示。其中并网变流器的拓扑结构如图 5.3 所示。本节主要以变流器侧的并网变流器（MMC2）为例来研究并网变流器的响应情况。MMC2 的电路参数示于表 5.1 中，其控制环路采用了常见的 dq 坐标系下的控制，包括电流内环、环流控制环和功率外环，功率外环由有功外环和无功外环组成，如图 5.4 所示。

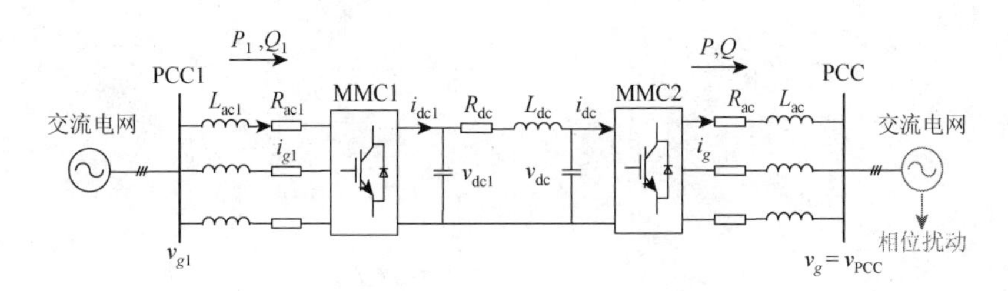

图 5.2　MMC-HVDC 系统结构

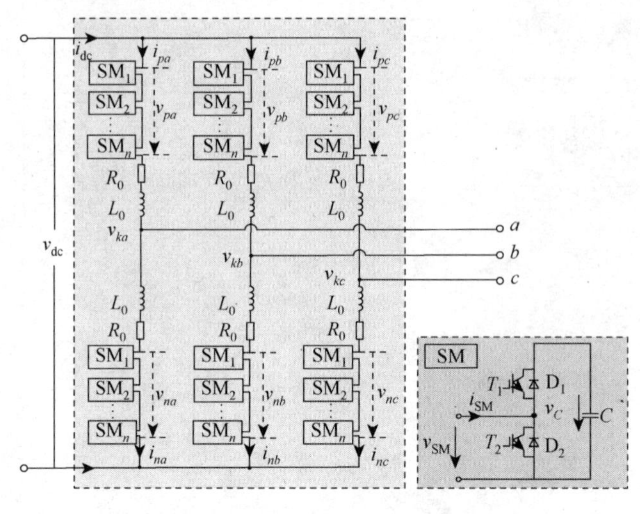

图 5.3 并网变流器拓扑结构

表 5.1 并网变流器 MMC2 系统参数

系统参数	参数值
电网线电压额定值 V_g	23 kV
电网电压初始相位 θ_{g0}	0°
直流电压额定值 v_{dc}	40 kV
桥臂子模块数 N	20
子模块电容值 C	13 mF
有功功率参考值 P_{ref}	40 MW
无功功率参考值 Q_{ref}	0 MVar
故障前交流电网频率 f_n	50 Hz
桥臂阻抗 $Z_0(L_0, R_0)$	4 mH，0.1 Ω
交流侧阻抗 $Z_{ac}(L_{ac}, R_{ac})$	0.1 mH，0.1 Ω

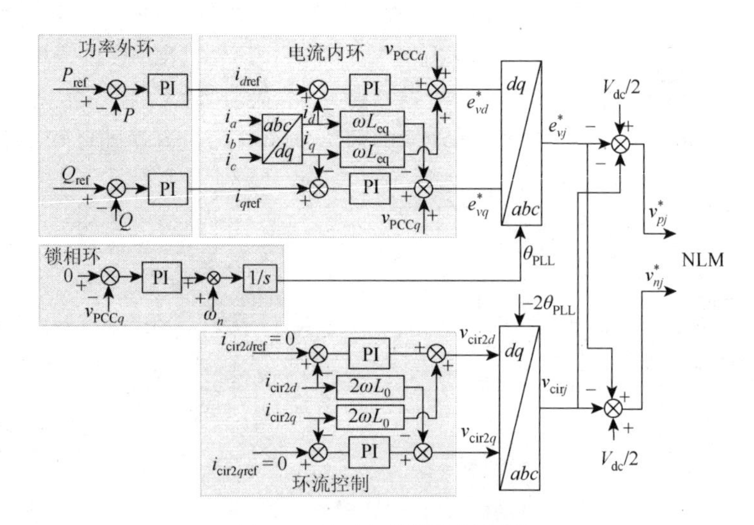

图 5.4 并网变流器控制框图

通常情况下，当电网相位发生扰动时，PLL 会根据电网相位的变化来调整输出相位，使得电网相位与 PLL 输出相位之差一直在变化中。因此，为了简化分析，本节将电网故障前电网电压的初始相位 θ_0 设为零，故障后电网电压相位则由 θ_0 突变为 $\theta_0+\Delta\theta$。

图 5.5 给出了并网变流器的电网电压相位在 1 s 从 0°突变为 85°时系统的响应情况。在图 5.5（a）中，并网变流器的有功功率迅速下跌甚至反向流动，而无功功率则迅速突增，导致系统可能遭受较高的电流应力。从图 5.1（b）可以看出，在电网故障后 PLL 仍然试图跟踪电网交流电压的相位，但是 PLL 响应时间相对电流响应较慢，可能需要约 100 ms 来完成相位跟随的响应[13]，在此期间，电网电压相位与 PLL 输出相位之间一直存在着相位差。图 5.5（c）则给出了 PLL 输出相位与电网电压相位间存在相位差的情况下，并网变流器在 dq 轴上的电流参考值波形，一旦 PLL 与电网电压间的相位差从零突变为一个较大值，dq 轴电流参考值便会随之发生急剧变化，d 轴电流参考值甚至会迅速上升至 280 kA 左右，远远超出了系统能够保持安全运行的范围。因此，在 PLL 输出相位与电网电压相位间存在相位差的情况下，并网变流器交流电流也会产生电流过冲和波形失真的现象，如图 5.5（d）所示。

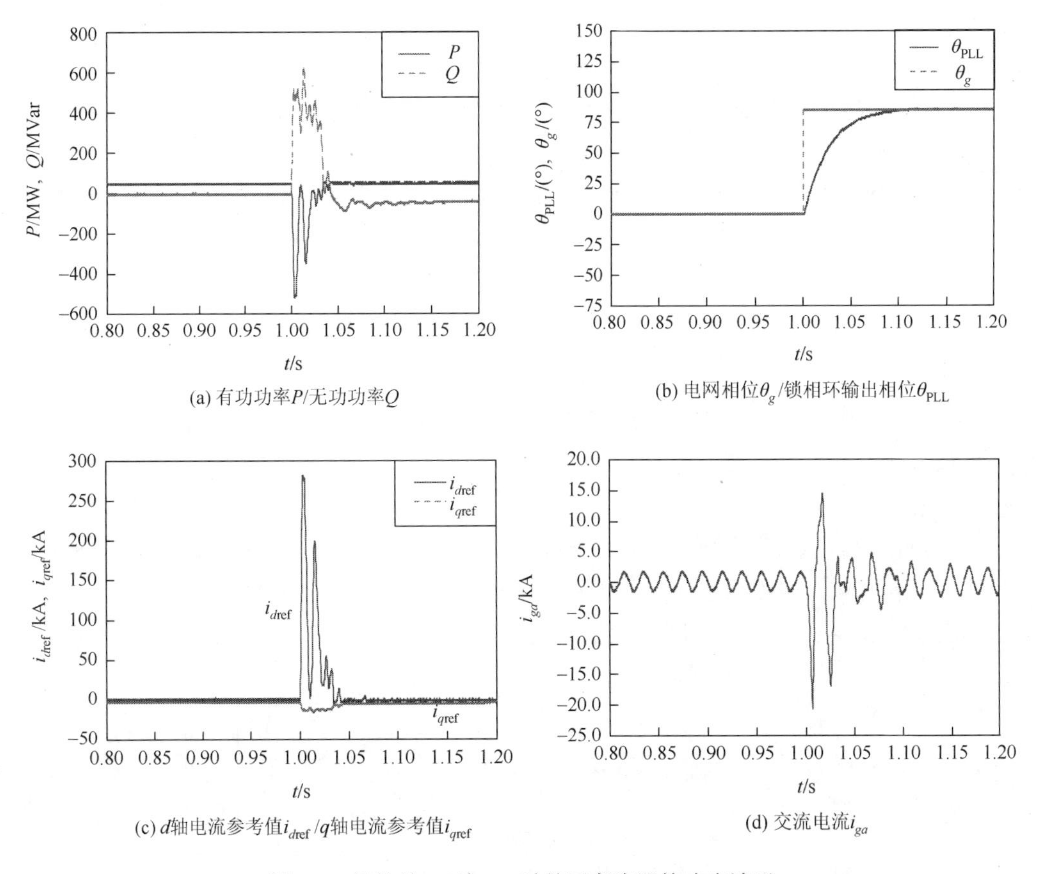

(a) 有功功率P/无功功率Q

(b) 电网相位θ_g/锁相环输出相位θ_{PLL}

(c) d轴电流参考值i_{dref}/q轴电流参考值i_{qref}

(d) 交流电流i_{ga}

图 5.5　相位差 $\Delta\theta$ 为 85°时并网变流器的响应波形

本小节所研究的电网电压相位变化对并网变流器带来的影响，主要体现在电网相位突变后 PLL 的跟踪阶段，如图 5.5 所示。当电网电压相位遭受扰动时，由于 PLL 的响应速度相对电流响应速度较慢，电网电压和 PLL 输出之间的相位差无法在短时间内调节至零，如图 5.5（b）中 1～1.1 s 阶段所示。虽然在这个过程中 PLL 是稳定运行的，并且在试图跟踪电网电压相位的变化，但由于电流参考值超过了一定的范围，变流器向电网中注入了过大的交流电流，以至于在故障后的暂态过程中，整个系统无法运行于稳定工况。由此可知，在电网故障下，当电网与 PLL 输出之间的最大相位差超过一定范围时，系统可能发生暂态电流急剧上升的现象，无法继续安全运行。因此，分析在电网电压相位突变且 PLL 来不及跟踪电网相位变化的情况下并网变流器参考电流值的安全运行边界，对描述并网变流器的暂态稳定性有着重要意义，也有助于并网系统的电流保护与参数设计等环节。

5.2 并网变流器电流控制状态空间模型

为了进行并网变流器在电网相位变化下的安全运行域分析，首先需要建立并网变流器的数学模型。不同于两电平的 VSC，并网变流器中内部动态特性如环流以及子模块电容电压波动等，均会对并网变流器的运行域产生影响，本小节分别推导子模块电容电压以及桥臂电流中各次谐波分量的微分方程，对图 5.2 与图 5.3 所示接入理想电网的三相并网变流器建立详细的状态空间方程。

考虑到并网变流器的控制是在 dq 坐标系下实现的，因此首先需要将变流器中三相交流分量转换为 dq 坐标系上的直流分量，所采用的 $abc\text{-}dq0$ 变换矩阵为

$$T_k = \frac{2}{3}\begin{bmatrix} \cos(k\theta_{\text{PLL}}) & \cos(k\theta_{\text{PLL}} - 2\pi/3) & \cos(k\theta_{\text{PLL}} + 2\pi/3) \\ \sin(k\theta_{\text{PLL}}) & \sin(k\theta_{\text{PLL}} - 2\pi/3) & \sin(k\theta_{\text{PLL}} + 2\pi/3) \\ 1/2 & 1/2 & 1/2 \end{bmatrix} \tag{5.1}$$

式中，$k = 1, 2$，分别代表基频和二倍频的 $abc\text{-}dqO$ 转换。本节中 $abc\text{-}dq0$ 变换均采用与 PSCAD 仿真平台中一样的变换矩阵[14]，有益于计算结果直接与 PSCAD 仿真平台的仿真结果进行对照。

电网故障主要通过改变 PCC 的 dq 轴电压来影响并网变流器的响应，因此计算 dq 轴 PCC 电压非常重要。将并网系统运行过程中的电网电压相角 θ_g 与 PLL 输出相位 θ_{PLL} 之间的相位差记为 $\Delta\theta = \theta_g - \theta_{\text{PLL}}$，电网电压幅值记为 V_m，根据 $abc\text{-}dqO$ 变换，dq 轴电网电压 v_{gd} 和 v_{gq} 可通过式（5.2）进行计算。

$$\begin{bmatrix} v_{gd} \\ v_{gq} \\ v_{g0} \end{bmatrix} = \frac{2}{3}\begin{bmatrix} \cos\theta_{\text{PLL}} & \cos(\theta_{\text{PLL}} - 2\pi/3) & \cos(\theta_{\text{PLL}} + 2\pi/3) \\ \sin\theta_{\text{PLL}} & \sin(\theta_{\text{PLL}} - 2\pi/3) & \sin(\theta_{\text{PLL}} + 2\pi/3) \\ 1/2 & 1/2 & 1/2 \end{bmatrix}\begin{bmatrix} v_{ga} \\ v_{gb} \\ v_{gc} \end{bmatrix} \tag{5.2}$$

式中，三相电网电压 v_g 可表示为 $v_{ga} = V_m\cos\theta_g$、$v_{gb} = V_m\cos(\theta_g - \pi/3)$、$v_{gc} = V_m\cos(\theta_g + 2\pi/3)$。此三相电网电压经过上述 $abc\text{-}dqO$ 变换后转换到 dq 坐标系下的坐标转换关系图，如图 5.6 所示。

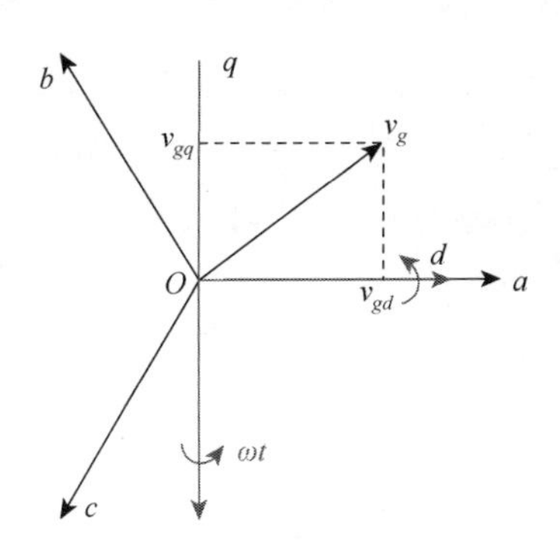

图 5.6　PSCAD 仿真平台中 $abc\text{-}dq0$ 坐标转换关系图

而在变流器接入理想电网后，并网点电压即为电网电压，即 $v_{\text{PCC}} = v_g$，因此 dq 轴 PCC 电压可表示为

$$\begin{cases} v_{\text{PCC}d} = v_{gd} = V_m \cos(\theta_{\text{PLL}} - \theta_g) = V_m \cos\Delta\theta \\ v_{\text{PCC}q} = v_{gq} = V_m \sin(\theta_{\text{PLL}} - \theta_g) = -V_m \sin\Delta\theta \end{cases} \tag{5.3}$$

基于此坐标转换与电压计算，接下来便可开始着手建立并网变流器的状态空间模型。

首先考虑到对并网变流器而言，假设桥臂中子模块足够多，则可认为桥臂输出电压是连续的，同时假定电容电压排序控制效果较好，使得并网变流器单个桥臂中每个子模块电容电压相同，则上下桥臂电压的平均开关函数模型可表示为

$$\begin{cases} C\dfrac{\mathrm{d}v_{cp}}{\mathrm{d}t} = S_p i_p \\ C\dfrac{\mathrm{d}v_{cn}}{\mathrm{d}t} = S_n i_n \end{cases} \tag{5.4}$$

式中，C 为子模块电容；v_c 为单个子模块电容电压；S 为该桥臂平均开关函数；下标 p 代表上桥臂的变量；下标 n 代表下桥臂的变量。其中，上下桥臂电流 i_p 和 i_n 中包含直流分量、基频分量和二倍频环流分量，可记为

$$\begin{cases} i_p = \dfrac{1}{3}i_{\text{dc}} + \dfrac{1}{2}I_g \cos(\omega t + \alpha_1) + I_{\text{cir}} \cos(2\omega t + \alpha_2) \\ i_n = \dfrac{1}{3}i_{\text{dc}} - \dfrac{1}{2}I_g \cos(\omega t + \alpha_1) + I_{\text{cir}} \cos(2\omega t + \alpha_2) \end{cases} \tag{5.5}$$

式中，i_{dc} 为变流器直流侧电流；I_g 和 I_{cir} 分别为基频交流电流以及环流电流的幅值；α_1 和 α_2 分别为基频电流和二倍频电流的相角。

另外，上下桥臂的平均开关函数可表示为

$$\begin{cases} S_p = \dfrac{1}{2} - \dfrac{1}{2}M \cos(\omega t + \beta) - \dfrac{v_{\text{cir}}}{v_{\text{dc}}} \cos(2\omega t + \varphi) \\ S_n = \dfrac{1}{2} + \dfrac{1}{2}M \cos(\omega t + \beta) - \dfrac{v_{\text{cir}}}{v_{\text{dc}}} \cos(2\omega t + \varphi) \end{cases} \tag{5.6}$$

式中，M 为并网变流器调制比，可由式 $2E_v^* / v_{\text{dc}}$ 计算，E_v^* 表示并网变流器控制环输出参考电压幅值，即变流器调制波幅值；v_{cir} 为环流抑制控制器的输出电压幅值；β 和 φ 分别为变

流器控制环输出电压和环流抑制器输出电压的相角。

分析式（5.4）、式（5.5）和式（5.6）可知，子模块电容电压应当包括直流分量 v_{c0}、基频分量 v_{c1}、二倍频分量 v_{c2} 和三倍频分量 v_{c3}，可记为

$$\begin{aligned} v_c &= v_{c0} + v_{c1} + v_{c2} + v_{c3} \\ &= v_{c0} + V_{c1}\cos(\omega t + \gamma_1) + V_{c2}\cos(2\omega t + \gamma_2) + V_{c3}\cos(3\omega t + \gamma_3) \end{aligned} \tag{5.7}$$

式中，γ_1、γ_2 和 γ_3 分别表示子模块电容电压的基频分量、二倍频分量以及三倍频分量的相角。

本小节拟建立的并网变流器模型主要由子模块电容电压和桥臂电流中各次谐波分量的微分方程组成，而下桥臂中直流分量和二倍频分量与上桥臂相等，基频分量、三倍频分量与上桥臂幅值相等、方向相反。因此，本节可以上桥臂为例进行并网变流器的建模分析。

5.2.1 子模块电容电压波动动态方程

将式（5.5）与式（5.6）代入式（5.4）中，可以求得含多次谐波分量的子模块电容电压在时域上的动态方程：

$$\begin{aligned} \frac{\mathrm{d}v_c}{\mathrm{d}t} = &\frac{i_{\mathrm{dc}}}{6C} - \frac{Mi_{\mathrm{dc}}}{6C}\cos(\omega t + \beta) - \frac{v_{\mathrm{cir}}i_{\mathrm{dc}}}{3Cv_{\mathrm{dc}}}\cos(2\omega t + \varphi) \\ &+ \frac{I_g}{4C}\cos(\omega t + \alpha_1) - \frac{MI_g}{8C}\cos(\alpha_1 - \beta) - \frac{MI_g}{8C}\cos(2\omega t + \alpha_1 + \beta) \\ &- \frac{v_{\mathrm{cir}}I_g}{4Cv_{\mathrm{dc}}}\cos(\omega t + \varphi - \alpha_1) - \frac{v_{\mathrm{cir}}I_g}{4Cv_{\mathrm{dc}}}\cos(3\omega t + \varphi + \alpha_1) \\ &+ \frac{I_{\mathrm{cir}}}{2C}\cos(2\omega t + \alpha_2) - \frac{MI_{\mathrm{cir}}}{4C}\cos(\omega t + \alpha_2 - \beta) \\ &- \frac{MI_{\mathrm{cir}}}{4C}\cos(3\omega t + \alpha_2 + \beta) - \frac{v_{\mathrm{cir}}I_{\mathrm{cir}}}{2Cv_{\mathrm{dc}}}\cos(\varphi - \alpha_2) \end{aligned} \tag{5.8}$$

将式(5.8)等号左右两端的各次分量分别提取出来，可得子模块电容电压的直流分量、基频分量、二倍频零序分量和三倍频分量的微分方程：

$$\begin{cases} \dfrac{\mathrm{d}v_{c0}}{\mathrm{d}t} = \dfrac{i_{\mathrm{dc}}}{6C} - \dfrac{MI_g}{8C}\cos(\alpha_1 - \beta) - \dfrac{v_{\mathrm{cir}}I_{\mathrm{cir}}}{2Cv_{\mathrm{dc}}}\cos(\varphi - \alpha_2) \\ \dfrac{\mathrm{d}v_{c1}}{\mathrm{d}t} = -\dfrac{Mi_{\mathrm{dc}}}{6C}\cos(\omega t + \beta) + \dfrac{I_g}{4C}\cos(\omega t + \alpha_1) - \dfrac{v_{\mathrm{cir}}I_g}{4Cv_{\mathrm{dc}}}\cos(\omega t + \varphi - \alpha_1) \\ \qquad - \dfrac{MI_{\mathrm{cir}}}{4C}\cos(\omega t + \alpha_2 - \beta) \\ \dfrac{\mathrm{d}v_{c2}}{\mathrm{d}t} = -\dfrac{v_{\mathrm{cir}}i_{\mathrm{dc}}}{3Cv_{\mathrm{dc}}}\cos(2\omega t + \varphi) - \dfrac{MI_g}{8C}\cos(2\omega t + \alpha_1 + \beta) + \dfrac{I_{\mathrm{cir}}}{2C}\cos(2\omega t + \alpha_2) \\ \dfrac{\mathrm{d}v_{c3}}{\mathrm{d}t} = -\dfrac{v_{\mathrm{cir}}I_g}{4Cv_{\mathrm{dc}}}\cos(3\omega t + \alpha_1 + \varphi) - \dfrac{MI_{\mathrm{cir}}}{4C}\cos(3\omega t + \alpha_2 + \beta) \end{cases} \tag{5.9}$$

将子模块电容电压的直流分量、基频分量、二倍频分量和三倍频分量分别转化至 dq 轴坐标系下，可表示为

$$\begin{cases}\dfrac{\mathrm{d}v_{c0}}{\mathrm{d}t}=\dfrac{i_{\mathrm{dc}}}{6C}-\dfrac{e_{vd}^{*}i_{d}}{4Cv_{\mathrm{dc}}}-\dfrac{e_{vq}^{*}i_{q}}{4Cv_{\mathrm{dc}}}-\dfrac{v_{\mathrm{cir}2d}i_{\mathrm{cir}2d}}{2Cv_{\mathrm{dc}}}-\dfrac{v_{\mathrm{cir}2q}i_{\mathrm{cir}2q}}{2Cv_{\mathrm{dc}}}\\ \dfrac{\mathrm{d}v_{c1d}}{\mathrm{d}t}=-\omega v_{c1q}+\dfrac{i_{d}}{4C}-\dfrac{e_{vd}^{*}i_{\mathrm{dc}}}{3Cv_{\mathrm{dc}}}-\dfrac{v_{\mathrm{cir}2d}i_{d}}{4Cv_{\mathrm{dc}}}-\dfrac{v_{\mathrm{cir}2q}i_{q}}{4Cv_{\mathrm{dc}}}-\dfrac{e_{vd}^{*}i_{\mathrm{cir}2d}}{2Cv_{\mathrm{dc}}}-\dfrac{e_{vq}^{*}i_{\mathrm{cir}2q}}{2Cv_{\mathrm{dc}}}\\ \dfrac{\mathrm{d}v_{c1q}}{\mathrm{d}t}=\omega v_{c1d}+\dfrac{i_{q}}{4C}-\dfrac{e_{vq}^{*}i_{\mathrm{dc}}}{3Cv_{\mathrm{dc}}}+\dfrac{v_{\mathrm{cir}2d}i_{q}}{4Cv_{\mathrm{dc}}}-\dfrac{v_{\mathrm{cir}2q}i_{d}}{4Cv_{\mathrm{dc}}}+\dfrac{e_{vq}^{*}i_{\mathrm{cir}2d}}{2Cv_{\mathrm{dc}}}-\dfrac{e_{vd}^{*}i_{\mathrm{cir}2q}}{2Cv_{\mathrm{dc}}}\\ \dfrac{\mathrm{d}v_{c2d}}{\mathrm{d}t}=-2\omega v_{c2q}-\dfrac{v_{\mathrm{cir}2d}i_{\mathrm{dc}}}{3Cv_{\mathrm{dc}}}+\dfrac{i_{\mathrm{cir}2d}}{2C}-\dfrac{e_{vd}^{*}i_{d}}{4Cv_{\mathrm{dc}}}+\dfrac{e_{vq}^{*}i_{q}}{4Cv_{\mathrm{dc}}}\\ \dfrac{\mathrm{d}v_{c2q}}{\mathrm{d}t}=2\omega v_{c2d}-\dfrac{v_{\mathrm{cir}2q}i_{\mathrm{dc}}}{3Cv_{\mathrm{dc}}}+\dfrac{i_{\mathrm{cir}2q}}{2C}-\dfrac{e_{vd}^{*}i_{q}}{4Cv_{\mathrm{dc}}}-\dfrac{e_{vq}^{*}i_{d}}{4Cv_{\mathrm{dc}}}\\ \dfrac{\mathrm{d}v_{c3d}}{\mathrm{d}t}=-3\omega v_{c3q}-\dfrac{v_{\mathrm{cir}2d}i_{d}}{4Cv_{\mathrm{dc}}}+\dfrac{v_{\mathrm{cir}2q}i_{q}}{4Cv_{\mathrm{dc}}}-\dfrac{e_{vd}^{*}i_{\mathrm{cir}2d}}{2Cv_{\mathrm{dc}}}+\dfrac{e_{vq}^{*}i_{\mathrm{cir}2q}}{2Cv_{\mathrm{dc}}}\\ \dfrac{\mathrm{d}v_{c3q}}{\mathrm{d}t}=3\omega v_{c3d}-\dfrac{v_{\mathrm{cir}2d}i_{q}}{4Cv_{\mathrm{dc}}}-\dfrac{v_{\mathrm{cir}2q}i_{d}}{4Cv_{\mathrm{dc}}}-\dfrac{e_{vd}^{*}i_{\mathrm{cir}2q}}{2Cv_{\mathrm{dc}}}-\dfrac{e_{vq}^{*}i_{\mathrm{cir}2d}}{2Cv_{\mathrm{dc}}}\end{cases}\tag{5.10}$$

5.2.2　桥臂电流动态方程

要想求得桥臂电流的动态方程，首先需要得到桥臂电压，根据上桥臂电压计算公式 $v_p=S_pNV_{cp}$ 计算可得

$$\begin{aligned}v_p=&\frac{1}{2}Nv_{c0}+\frac{1}{2}NV_{c1}\cos(\omega t+\gamma_1)+\frac{1}{2}NV_{c2}\cos(3\omega t+\gamma_2)+\frac{1}{2}NV_{c3}\cos(2\omega t+\gamma_3)\\&-\frac{1}{2}NMv_{c0}\cos(\omega t+\beta)-\frac{1}{4}NMV_{c1}\cos(\gamma_1-\beta)-\frac{1}{4}NMV_{c1}\cos(2\omega t+\beta+\gamma_1)\\&-\frac{1}{4}NMV_{c2}\cos(\omega t+\gamma_2-\beta)-\frac{1}{4}NMV_{c1}\cos(3\omega t+\beta+\gamma_2)\\&-\frac{1}{4}NMV_{c3}\cos(2\omega t+\gamma_3-\beta)-\frac{1}{4}NMV_{c3}\cos(4\omega t+\beta+\gamma_3)\\&-\frac{V_{\mathrm{cir}}}{V_{\mathrm{dc}}}Nv_{c0}\cos(2\omega t+\varphi)-\frac{V_{\mathrm{cir}}}{2V_{\mathrm{dc}}}NV_{c1}\cos(\omega t+\varphi-\gamma_1)\\&-\frac{V_{\mathrm{cir}}}{2V_{\mathrm{dc}}}NV_{c1}\cos(3\omega t+\varphi+\gamma_1)-\frac{V_{\mathrm{cir}}}{2V_{\mathrm{dc}}}NV_{c2}\cos(\varphi-\gamma_2)\\&-\frac{V_{\mathrm{cir}}}{2V_{\mathrm{dc}}}NV_{c2}\cos(4\omega t+\varphi+\gamma_2)-\frac{V_{\mathrm{cir}}}{2V_{\mathrm{dc}}}NV_{c3}\cos(\omega t+\gamma_3-\varphi)\\&-\frac{V_{\mathrm{cir}}}{2V_{\mathrm{dc}}}NV_{c3}\cos(5\omega t+\varphi+\gamma_3)\end{aligned}\tag{5.11}$$

将式（5.11）等号左右两端的各次分量分别提取出来，则可得桥臂电压的直流分量、基频分量、二倍频分量和三倍频分量，分别为

$$\begin{cases} v_{p0}=\dfrac{1}{2}Nv_{c0}-\dfrac{1}{4}NMV_{c1}\cos(\gamma_1-\beta)-\dfrac{v_{\mathrm{cir}}}{2v_{\mathrm{dc}}}NV_{c2}\cos(\varphi-\gamma_2) \\ v_{p1}=\dfrac{1}{2}NV_{c1}\cos(\omega t+\gamma_1)-\dfrac{1}{2}NMv_{c0}\cos(\omega t+\beta) \\ \qquad -\dfrac{1}{4}NMV_{c2}\cos(\omega t+\gamma_2-\beta)-\dfrac{v_{\mathrm{cir}}}{2v_{\mathrm{dc}}}NV_{c1}\cos(\omega t+\varphi-\gamma_1) \\ \qquad -\dfrac{V_{\mathrm{cir}}}{2V_{\mathrm{dc}}}NV_{c3}\cos(\omega t+\gamma_3-\varphi) \\ v_{p2}=\dfrac{1}{2}NV_{c2}\cos(2\omega t+\gamma_2)-\dfrac{1}{4}NMV_{c1}\cos(2\omega t+\beta+\gamma_1) \\ \qquad -\dfrac{1}{4}NMV_{c3}\cos(2\omega t+\gamma_3-\beta)-\dfrac{v_{\mathrm{cir}}}{v_{\mathrm{dc}}}Nv_{c0}\cos(2\omega t+\varphi) \\ v_{p3}=\dfrac{1}{2}NV_{c3}\cos(3\omega t+\gamma_3)-\dfrac{1}{4}NMV_{c1}\cos(3\omega t+\beta+\gamma_2) \\ \qquad -\dfrac{V_{\mathrm{cir}}}{2V_{\mathrm{dc}}}NV_{c1}\cos(3\omega t+\varphi+\gamma_1) \end{cases} \tag{5.12}$$

式中，桥臂电压三倍频分量为零序，一般选择适当的变压器接线方式，不会在交流侧产生零序电流，因此不必对三倍频桥臂电压进行分析。

已知桥臂电压，便可通过桥臂电压来推导得到桥臂电流的微分方程。由基尔霍夫方程可得

$$v_g+R_{\mathrm{ac}}i_g+L_{\mathrm{ac}}\frac{\mathrm{d}i_g}{\mathrm{d}t}+v_p+L_0\frac{\mathrm{d}i_p}{\mathrm{d}t}+R_0i_p=\frac{V_{\mathrm{dc}}}{2} \tag{5.13}$$

将式（5.5）代入式（5.13），则可得

$$L_{\mathrm{ac}}\frac{\mathrm{d}i_g}{\mathrm{d}t}+L_0\left(\frac{1}{3}\frac{\mathrm{d}i_{\mathrm{dc}}}{\mathrm{d}t}+\frac{1}{2}\frac{\mathrm{d}i_g}{\mathrm{d}t}+\frac{\mathrm{d}i_{\mathrm{cir}}}{\mathrm{d}t}\right)=\frac{v_{\mathrm{dc}}}{2}-R_0\left(\frac{1}{3}i_{\mathrm{dc}}+\frac{1}{2}i_g+i_{\mathrm{cir}}\right)-v_g-R_{\mathrm{ac}}i_g-(v_{p0}+v_{p1}+v_{p2}) \tag{5.14}$$

将式（5.14）中等号两端的直流分量、基频分量、二倍频分量分别提取出来，有

$$\begin{cases} \dfrac{\mathrm{d}i_{\mathrm{dc}}}{\mathrm{d}t}=\dfrac{3v_{\mathrm{dc}}}{2L_0}-\dfrac{R_0}{L_0}i_{\mathrm{dc}}-\dfrac{3}{L_0}v_{p0} \\ \dfrac{\mathrm{d}i_g}{\mathrm{d}t}=-\dfrac{R_{\mathrm{eq}}}{L_{\mathrm{eq}}}i_g-\dfrac{v_g}{L_{\mathrm{eq}}}-\dfrac{v_{p1}}{L_{\mathrm{eq}}} \\ \dfrac{\mathrm{d}i_{\mathrm{cir}}}{\mathrm{d}t}=-\dfrac{R_0}{L_0}i_{\mathrm{cir}}-\dfrac{v_{p2}}{L_0} \end{cases} \tag{5.15}$$

式中，$L_{\mathrm{eq}}=L_{\mathrm{ac}}+L_0/2$ 和 $R_{\mathrm{eq}}=R_{\mathrm{ac}}+R_0/2$ 分别为并网变流器交流侧等值电感与等值电阻。联立式（5.12）与式（5.15），可以得到桥臂电流各分量的状态空间方程：

$$
\left\{\begin{aligned}
\frac{\mathrm{d}i_{\mathrm{dc}}}{\mathrm{d}t} &= \frac{3v_{\mathrm{dc}}}{2L_0} - \frac{R_0}{L_0}i_{\mathrm{dc}} - \frac{3Nv_{c0}}{2L_0} + \frac{3Ne_{vd}^{*}v_{c1d}}{2L_0v_{\mathrm{dc}}} + \frac{3Ne_{vq}^{*}v_{c1q}}{2L_0v_{\mathrm{dc}}} + \frac{3Nv_{\mathrm{cir}2d}v_{c2d}}{2L_0v_{\mathrm{dc}}} + \frac{3Nv_{\mathrm{cir}2q}v_{c2q}}{2L_0v_{\mathrm{dc}}} \\
\frac{\mathrm{d}i_d}{\mathrm{d}t} &= -\omega i_q - \frac{v_{gd}}{L_{\mathrm{eq}}} - \frac{R_{\mathrm{eq}}i_d}{L_{\mathrm{eq}}} - \frac{Nv_{c1d}}{2L_{\mathrm{eq}}} + \frac{Nv_{c0}e_{vd}^{*}}{L_{\mathrm{eq}}v_{\mathrm{dc}}} + \frac{Ne_{vd}^{*}v_{c2d}}{2L_{\mathrm{eq}}v_{\mathrm{dc}}} + \frac{Ne_{vq}^{*}v_{c2q}}{2L_{\mathrm{eq}}v_{\mathrm{dc}}} \\
&\quad + \frac{Nv_{\mathrm{cir}2d}v_{c1d}}{2L_{\mathrm{eq}}v_{\mathrm{dc}}} + \frac{Nv_{\mathrm{cir}2q}v_{c1q}}{2L_{\mathrm{eq}}v_{\mathrm{dc}}} + \frac{Nv_{\mathrm{cir}2d}v_{c3d}}{2L_{\mathrm{eq}}v_{\mathrm{dc}}} + \frac{Nv_{\mathrm{cir}2q}v_{c3q}}{2L_{\mathrm{eq}}v_{\mathrm{dc}}} \\
\frac{\mathrm{d}i_q}{\mathrm{d}t} &= \omega i_d - \frac{v_{gq}}{L_{\mathrm{eq}}} - \frac{R_{\mathrm{eq}}i_q}{L_{\mathrm{eq}}} - \frac{Nv_{c1q}}{2L_{\mathrm{eq}}} + \frac{Nv_{c0}e_{vq}^{*}}{L_{\mathrm{eq}}v_{\mathrm{dc}}} + \frac{Ne_{vd}^{*}v_{c2q}}{2L_{\mathrm{eq}}v_{\mathrm{dc}}} - \frac{Ne_{vq}^{*}v_{c2d}}{2L_{\mathrm{eq}}v_{\mathrm{dc}}} \\
&\quad + \frac{Nv_{\mathrm{cir}2q}v_{c1d}}{2L_{\mathrm{eq}}v_{\mathrm{dc}}} - \frac{Nv_{\mathrm{cir}2d}v_{c1q}}{2L_{\mathrm{eq}}v_{\mathrm{dc}}} + \frac{Nv_{\mathrm{cir}2d}v_{c3q}}{2L_{\mathrm{eq}}v_{\mathrm{dc}}} - \frac{Nv_{\mathrm{cir}2q}v_{c3d}}{2L_{\mathrm{eq}}v_{\mathrm{dc}}} \\
\frac{\mathrm{d}i_{\mathrm{cir}2d}}{\mathrm{d}t} &= -2\omega i_{\mathrm{cir}2q} - \frac{R_0i_{\mathrm{cir}2d}}{L_0} - \frac{Nv_{c2d}}{2L_0} + \frac{Ne_{vd}^{*}v_{c1d}}{2L_0v_{\mathrm{dc}}} - \frac{Ne_{vq}^{*}v_{c1q}}{2L_0v_{\mathrm{dc}}} + \frac{Ne_{vd}^{*}v_{c3d}}{2L_0v_{\mathrm{dc}}} \\
&\quad + \frac{Ne_{vq}^{*}v_{c3q}}{2L_0v_{\mathrm{dc}}} + \frac{Nv_{\mathrm{cir}2d}v_{c0}}{L_0v_{\mathrm{dc}}} \\
\frac{\mathrm{d}i_{\mathrm{cir}2q}}{\mathrm{d}t} &= 2\omega i_{\mathrm{cir}2d} - \frac{R_0i_{\mathrm{cir}2q}}{L_0} - \frac{Nv_{c2q}}{2L_0} + \frac{Ne_{vq}^{*}v_{c1d}}{2L_0v_{\mathrm{dc}}} + \frac{Ne_{vd}^{*}v_{c1q}}{2L_0v_{\mathrm{dc}}} - \frac{Ne_{vq}^{*}v_{c3d}}{2L_0v_{\mathrm{dc}}} \\
&\quad + \frac{Ne_{vd}^{*}v_{c3q}}{2L_0v_{\mathrm{dc}}} + \frac{Nv_{\mathrm{cir}2q}v_{c0}}{L_0v_{\mathrm{dc}}}
\end{aligned}\right. \tag{5.16}
$$

因此，联立子模块电容电压各次谐波分量微分方程（5.10）和桥臂电流各次谐波分量微分方程（5.16），即可得到并网变流器考虑子模块电容电压波形和环流的数学模型。然而，在式（5.10）和式（5.16）中，各参考电压值 e_{vd}^{*}、e_{vq}^{*}、$v_{\mathrm{cir}2d}$ 和 $v_{\mathrm{cir}2q}$ 均由并网变流器的实际控制环路给出，而在不同工况/时间尺度下并网变流器实际起作用的控制环路各有不同。因此，分析并网变流器在具体工作中参与响应的控制环路，将其控制方程代入式（5.10）和式（5.16）并联立，便可得并网变流器在不同工况/时间尺度下的实际数学模型。

5.2.3 电流控制方程

由图5.5可知，在电网电压相位突变后100 ms内，正常工作的PLL才会出现来不及跟随电网电压相位的情况，导致在此阶段变流器进入非正常工作状态，因此研究电网电压相位突变100 ms内并网变流器的安全运行范围对并网变流器的故障后运行具有重要意义。考虑到PLL与功率外环通常响应时间在100 ms以上，PLL与功率外环的动态特性对电网故障后100 ms内的暂态过程影响不大，本节主要研究系统的其余部分，包括电流内环、环流抑制环路和调制，在故障发生后100 ms内的动态响应对并网变流器安全运行的影响。

当忽略PLL在故障后100 ms内的动态时，为了简化计算，本章将PLL在故障前后的输出相位始终设置为电网初始相位，这样故障后电网电压相位与 PLL 输出相位之间便可维持一个固定的相位差。此固定相位差也可用于模拟图 5.5（b）中 1～1.1 s 某个时刻电网电压与 PLL 输出的相位差。若 PLL 的输出相位保持在电网相位变化之前的值，则有 $\theta_{\text{PLL}}=\theta_g=\omega t+\theta_0$。电网初始相角 θ_0 可设为零，则在本节研究的工况下 PLL 的输出相位 θ_{PLL} 保持为 ωt，其中 ω 为工频角频率 $2\pi f_n$。

当忽略功率外环在故障后 100 ms 内的动态时，由于电网故障下功率突变，而功率环暂不响应，功率指令值与功率之差的 PI 输出（即电流参考值）可能增大到任意实数值。因此，本章将所有可能的实值均代入电流参考值中进行安全运行域的计算分析。

考虑到并网变流器电流内环的影响，并网变流器控制环输出的参考电压 e_{vd}^* 和 e_{vq}^* 可由电流内环控制方程给出：

$$\begin{cases} e_{vd}^* = v_{\text{PCC}d} + \omega L_{\text{eq}} i_q + k_{p1}(i_{d\text{ref}} - i_d) + k_{i1} x_1 \\ e_{vq}^* = v_{\text{PCC}q} - \omega L_{\text{eq}} i_d + k_{p1}(i_{q\text{ref}} - i_q) + k_{i1} x_2 \end{cases} \tag{5.17}$$

式中，k_{p1} 和 k_{i1} 分别表示电流内环的比例增益和积分增益；x_1 和 x_2 分别表示 dq 电流参考值与实际值之差的积分，即 $x_1=\int(i_{d\text{ref}}-i_d)\text{d}t$，$x_2=\int(i_{q\text{ref}}-i_q)\text{d}t$。

并网变流器的环流抑制环路输出电压参考值 $v_{\text{cir}2d}$ 和 $v_{\text{cir}2q}$ 可由环流抑制控制方程给出：

$$\begin{cases} v_{\text{cir}2d} = 2\omega L_0 i_{\text{cir}2q} + k_{p\text{cir}}(i_{\text{cir}2d\text{ref}} - i_{\text{cir}2d}) + k_{i\text{cir}} x_3 \\ v_{\text{cir}2q} = -2\omega L_0 i_{\text{cir}2d} + k_{p\text{cir}}(i_{\text{cir}2q\text{ref}} - i_{\text{cir}2q}) + k_{i\text{cir}} x_4 \end{cases} \tag{5.18}$$

式中，$k_{\text{cir}p}$ 和 $k_{\text{cir}i}$ 分别表示环流抑制的比例增益和积分增益；x_3 和 x_4 分别表示 dq 环流参考值与实际值之差的积分，即 $x_3=\int(i_{\text{cir}2d\text{ref}}-i_{\text{cir}2d})\text{d}t$，$x_4=\int(i_{\text{cir}2q\text{ref}}-i_{\text{cir}2q})\text{d}t$。

将式（5.17）和式（5.18）代入微分方程组（5.10）和（5.16）中，并联立式（5.10）和式（5.16），可得并网变流器的详细状态空间模型为

$$\dot{x} = Ax + Bu \tag{5.19}$$

式中

$$x = [v_{c0}, v_{c1d}, v_{c1q}, v_{c2d}, v_{c2q}, v_{c3d}, v_{c3q}, i_{\text{dc}}, i_d, i_q, i_{\text{cir}2d}, i_{\text{cir}2q}, x_1, x_2, x_3, x_4]^{\text{T}}$$

$$u = [i_{d\text{ref}}, i_{q\text{ref}}, i_{\text{cir}2d\text{ref}}, i_{\text{cir}2q\text{ref}}, V_{\text{dc}}, \Delta\theta]^{\text{T}}$$

5.3 并网变流器电流控制多约束运行域

并网变流器在电网故障下运行的过程中，功率往往会随之发生突变，变流器的电流参考值作为功率指令值与功率之差的 PI 输出，也随功率的突变而突增，当其突增超过一定的范围时，电流便无法跟随电流参考值的变化，电流也随之失去控制，因此并网变流器安全运行时的电流参考值是有一定的约束范围的。本节面向电网相位扰动下的并网变流器运行问题，考虑变流器电流控制的动态影响，分析变流器李雅普诺夫稳定性、调制指数和最大功率传输能力的约束，以电流参考值的方式给出并网变流器在网侧电压相位扰动下 PLL 输出与电网电压存在相位差时并网系统的多约束运行域。

5.3.1　稳定边界

电网故障下并网变流器系统无法保持安全工作的主要原因即控制环失稳。因此，本节采用李雅普诺夫方法分析并网变流器系统在电网相位扰动过程中可能途经的每个新工作点的稳定性，得到导致控制环路失稳的并网变流器系统安全运行边界。

为了分析电流控制的并网变流器在新工作点的稳定性，可将式（5.19）中状态变量的时域微分设为零来求解并网变流器的新静态工作点 X_Q。然后在新静态工作点附近求解其雅可比矩阵：

$$J(Q)=\left.\frac{\partial f}{\partial x}\right|_{x=X_Q}=A \tag{5.20}$$

根据式（5.20），并网系统的特征值可以根据特征方程 $\det|\lambda I-A|=0$ 在新静态工作点 X_Q 附近求出，通过分析特征值实部的正负性，便可以判断网侧电压相角变化时的系统稳定性。

当参考电流为一组特定值时，例如，当 d 轴参考电流 i_{dref} 为 2 kA，q 轴参考电流 i_{qref} 为−10 kA 时，随 $\Delta\theta$ 增大的系统部分根轨迹如图 5.7 所示。随着电网电压与 PLL 输出之间相位差 $\Delta\theta$ 的增加，系统的一对特征值将由复平面的左半平面穿过虚轴进入右半平面。由根轨迹可知，当电网电压与 PLL 输出之间的相位差在 0°～90°时，随着 $\Delta\theta$ 的增大，系统稳定性逐渐减弱，越过临界点后便进入不稳定状态。然而，电网发生故障后系统有功功率和无功功率的突变以及功率外环对功率参考值与功率实测值之差的积分作用，使得 dq 轴参考电流随时间变化且可能达到较大的值，因此在故障后的暂态过程中分析某一组参考电流下并网系统稳定性的变化趋势并不具有普遍意义。因而，本节主要对不同 $\Delta\theta$ 下系统运行于所有可能的 dq 轴参考电流时并网变流器系统的稳定性进行了分析。

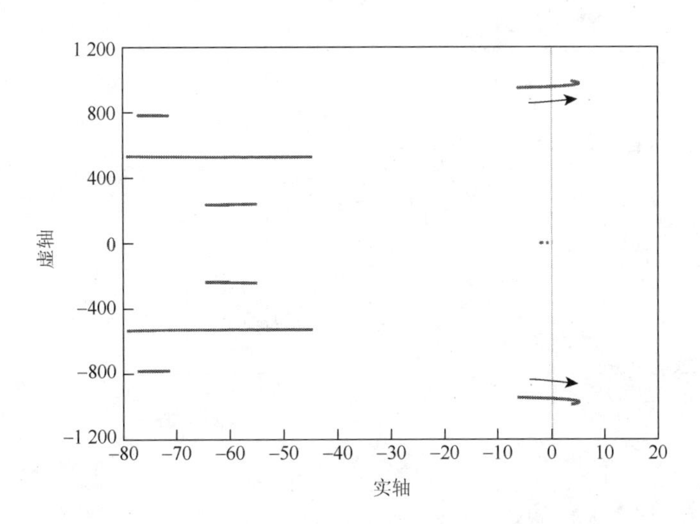

图 5.7　在某一组特定 dq 轴参考电流下随 $\Delta\theta$ 增大的根轨迹（$0°<\Delta\theta<90°$）

分析在一定相位差下所有可能参考电流下并网变流器系统的特征值，可以得到不同相位差下以 dq 轴参考电流所描述的李雅普诺夫稳定边界，获得李雅普诺夫稳定边界的具体步骤为：

（1）计算在某一相位差 $\Delta\theta$ 下并网变流器运行于所有可能的 dq 轴参考电流下的特征值；

（2）当某电流参考值下所有特征值的实部都在 i_{dref} - i_{qref} 平面的左半平面时，标记该 i_{dref} 和 i_{qref} 组成的工作点；

（3）重复步骤（1）和步骤（2）直至标记完所有符合条件的 i_{dref} 和 i_{qref} 组成的工作点；

（4）用平滑曲线连接已标记的工作点中的临界工作点。

值得注意的是，在电网电压与 PLL 输出间存在相位差的工况下，无功功率是无法忽略的，因此在特征值分析的过程中，q 轴参考电流 i_{qref} 不恒为 0。根据上述方法，可以绘制出相位差 $\Delta\theta$ 等于 0°、30°、60°和 90°时并网变流器在电流控制下的李雅普诺夫稳定边界，如图 5.8 所示。比较 0°、30°、60°和 90°时并网变流器的李雅普诺夫稳定边界，可知稳定边界随着 $\Delta\theta$ 的变化大致呈现出旋转的趋势。

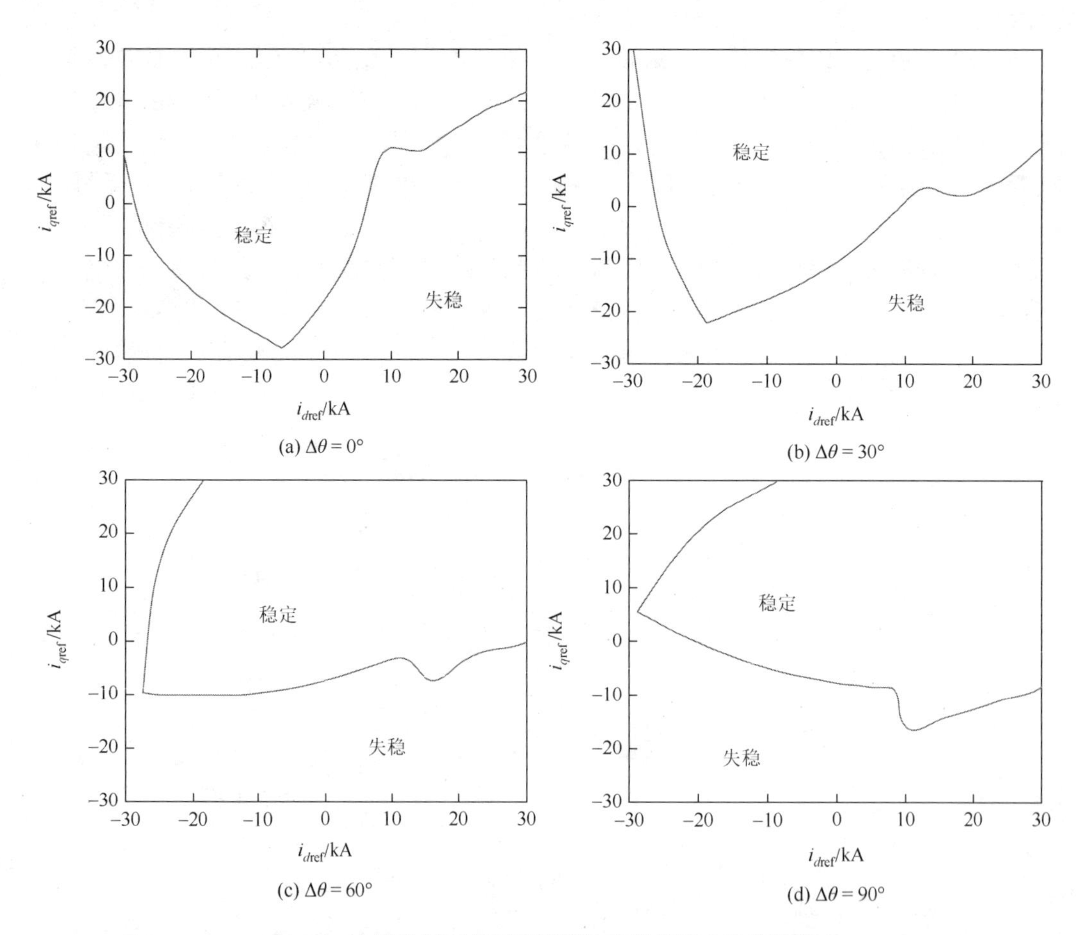

图 5.8 电流控制下并网变流器的李雅普诺夫稳定边界

当参考电流在图 5.8 所示的不稳定区域时，并网变流器系统中至少有一对特征根存在于复平面右半平面中，变流器控制环失稳，进而导致并网变流器无法保持稳定运行。而当参考电流在图 5.8 所示的稳定区域时，并网变流器系统中所有特征值均位于复平面左半平面，变流器控制环路正常工作，系统也能够维持稳定运行。因此，图 5.8 中以 dq 轴参考电流描述的李雅普诺夫稳定边界可看作系统运行于电网电压与 PLL 之间存在相位差的工况下，并网变流器系统中一对特征值刚好位于复平面虚轴上且无特征值位于右半平面时的临界 dq 轴参考电流。然而，即使并网变流器的电流控制环路能够在图 5.8 所示的稳定区域内正常工作，在该区域内并网变流器系统仍然有可能因为越过了其他约束条件而无法安全运行，所以需要继续对并网变流器的运行约束进行分析。

5.3.2　调制边界

并网变流器具备低开关频率的特性，当变流器进入过调制运行状态时，系统便会产生大量的谐波电流，因此本小节将调制能力作为并网变流器安全运行的另一关键约束条件进行分析，致力于推导出并网变流器的调制边界。一旦参考电流 i_{dref} 和 i_{qref} 超过了并网变流器的调制边界，并网变流器系统将工作于过调制状态，无法安全运行。

考虑到当电流参考值 i_{dref} 和 i_{qref} 增加时，电流内环输出的电压参考值 e_{vd}^* 和 e_{vq}^* 也会随之增大。当电流内环输出的参考电压即调制波的幅值 $e_{vm}^*=\sqrt{e_{vd}^{*\,2}+e_{vq}^{*\,2}}$ 升高至超过并网变流器中最近电平逼近调制（nearest level modulation，NLM）输出的阶梯波 $e_{v\text{NLM}}$ 的最大值 $NV_c/2$ 时，并网变流器系统会运行于过调制状态，如图 5.9 所示。

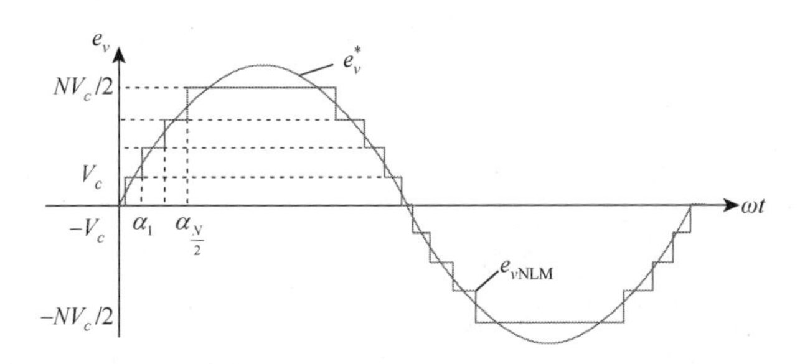

图 5.9　变流器在过调制状态下 NLM 工作原理图

在实际的 NLM 过程中，调制环节直接输出通常为上下桥臂投入子模块的数目，其值为 0～N，则在理想情况下并网变流器上下桥臂电压为电压值从 0 到 NV_c 且呈正弦或余弦变化趋势的阶梯波，桥臂电压的每次电压跃变值为 V_c。

当忽略子模块电容电压的谐波分量时，并网变流器调制输出的阶梯波 $e_{v\text{NLM}}$ 可由式（5.21）计算[15]：

$$e_{v\text{NLM}}=\frac{4V_{c0}}{\pi}\sum_{h=1,3,5}^{\infty}\frac{1}{h}\left[\sum_{i=1}^{\frac{N}{2}}\cos(h\alpha_i)\right]\sin(h\omega t) \tag{5.21}$$

式中，V_{c0} 表示子模块电容电压的稳态直流分量；h 表示 h 次谐波分量；α_i 表示图 5.9 中第一个 1/4 周期内第 i 次电平跃变所对应的电角度，可根据文献[16]给出：

$$\alpha_i = \arcsin\left[\left(i-\frac{1}{2}\right)\frac{V_{c0}}{e_{vm}^*}\right] \tag{5.22}$$

当并网变流器子模块数足够多且输出阶梯波电平足够大时，并网变流器输出的阶梯波逐渐逼近正弦调制波，因此在正常调制状态下并网变流器输出电压的高频谐波分量可忽略不计，将并网变流器等效输出电压 e_v 看作并网变流器输出电压阶梯波 $e_{v\text{NLM}}$ 的基波分量，则并网变流器等效输出电压 e_v 可根据式（5.23）获得：

$$e_v = \frac{4V_{c0}}{\pi}\left(\cos\alpha_1 + \cos\alpha_2 + \cdots + \cos\alpha_{\frac{N}{2}}\right)\sin(\omega t) \tag{5.23}$$

将式（5.22）代入式（5.23），并网变流器等效输出电压的幅值 e_{vm} 可计算为

$$e_{vm} = \frac{4V_{c0}}{\pi}\left\{\sqrt{1-\left(\frac{V_{\text{dc}}}{2Ne_{vm}^*}\right)^2} + \sqrt{1-\left(\frac{3v_{\text{dc}}}{2Ne_{vm}^*}\right)^2} + \cdots + \sqrt{1-\left[\frac{(N-1)v_{\text{dc}}}{2Ne_{vm}^*}\right]^2}\right\} \tag{5.24}$$

当系统运行于过调制状态时，电流内环输出的参考电压幅值 e_{vm}^* 会发散至无限大，在式（5.24）中，令 e_{vm}^* 趋于正无穷，可知并网变流器的等效输出电压幅值 e_{vm} 无法继续跟随其参考值的变化，会逐渐达到饱和，其饱和值为

$$e_{vm,\text{saturated}} = \lim_{e_{vm}^*\to\infty} e_{vm} = \frac{2NV_{c0}}{\pi} \tag{5.25}$$

将式（5.25）中并网变流器的等效输出电压的饱和值 $e_{vm,\text{ saturated}}$ 替换为其在 dq 轴上的分量，则式（5.25）可重写为

$$\sqrt{e_{vd,\text{saturated}}^2 + e_{vq,\text{saturated}}^2} = \frac{2NV_{c0}}{\pi} \tag{5.26}$$

由式（5.26）可知，当系统运行于过调制状态时，电流内环输出的 dq 轴电压参考值 e_{vd}^* 和 e_{vq}^* 的增大导致参考电压幅值大于最近电平逼近调制输出阶梯波 $e_{v\text{NLM}}$ 的最大值，进而导致并网变流器等值输出电压 e_{vd} 和 e_{vq} 的饱和。而 e_{vd} 和 e_{vq} 的饱和又会进一步引起 dq 轴电流 i_d 和 i_q 的饱和，当 dq 轴电流 i_d 和 i_q 无法跟随电流参考值 $i_{d\text{ref}}$ 和 $i_{q\text{ref}}$ 的变化时，在电流内环的作用下，电流内环输出的 dq 轴电压参考值 e_{vd}^* 和 e_{vq}^* 会进一步增大，因此电流内环与调制环节形成一个正反馈，加剧并网变流器过调制的程度，使得 e_{vd}^* 和 e_{vq}^* 持续发散。

而当并网变流器电流内环输出的参考电压 e_v^*（调制波）幅值发散至远大于 $NV_c/2$ 时，并网变流器会长时间工作在同一桥臂上的一个半桥臂子模块全投入而另一个半桥臂子模块全切除的状态，输出阶梯波 $e_{v\text{NLM}}$ 维持在最大值 $NV_c/2$ 的模态的占空比显著增大，甚至有可能发展为近似方波的情况。在此情况下，并网变流器的等值输出电压 e_v 会发生严重失真，系统谐波含量剧增，大量谐波会叠加至交流侧电流 i_{ac}，直流侧电流 i_{dc} 上，进而导致系统功率 P 和 Q 的振荡发散。

由于并网变流器的等效输出电压 e_v 可由并网变流器下桥臂电压与上桥臂电压之差的二分之一$(v_n-v_p)/2$ 来计算，考虑到并网变流器上下桥臂电压的直流分量 $v_{n0}=v_{p0}$、基波分量 $v_{n1}=-v_{p1}$、二倍频分量 $v_{n2}=v_{p2}$，在忽略并网变流器桥臂电压高次谐波的情况下，并网变流器的等效输出电压可以计算为 $e_v=(v_{n1}-v_{p1})/2=-v_{p1}$。用 e_v 代替式（5.15）中的$-v_{p1}$，并将式（5.15）中的第二个方程转换为 dq 坐标系下的微分方程，可得

$$
\begin{cases}
L_{\mathrm{eq}}\dfrac{\mathrm{d}i_d}{\mathrm{d}t}=e_{vd}-R_{\mathrm{eq}}i_d-v_{gd}-\omega L_{\mathrm{eq}}i_q \\
L_{\mathrm{eq}}\dfrac{\mathrm{d}i_q}{\mathrm{d}t}=e_{vq}-R_{\mathrm{eq}}i_q-v_{gq}+\omega L_{\mathrm{eq}}i_d
\end{cases}
\tag{5.27}
$$

考虑到并网变流器等值输出电压达到饱和时，并网变流器中 dq 轴电流 i_d 和 i_q 也会达到饱和，因此在此情况下并网变流器的电流微分可忽略不计。根据式（5.27），并网变流器等效输出电压饱和值的 dq 轴分量 $e_{vd,\ \mathrm{saturated}}$ 和 $e_{vq,\ \mathrm{saturated}}$ 可表示为

$$
\begin{cases}
e_{vd,\mathrm{saturated}}=v_{gd}+R_{\mathrm{eq}}i_{d,\mathrm{saturated}}+\omega L_{\mathrm{eq}}i_{q,\mathrm{saturated}} \\
e_{vq,\mathrm{saturated}}=v_{gq}+R_{\mathrm{eq}}i_{q,\mathrm{saturated}}-\omega L_{\mathrm{eq}}i_{d,\mathrm{saturated}}
\end{cases}
\tag{5.28}
$$

式中，$i_{d,\ \mathrm{saturated}}$ 和 $i_{q,\ \mathrm{saturated}}$ 分别表示并网变流器的 dq 轴电流饱和值。本章也将 $i_{d,\ \mathrm{saturated}}$ 和 $i_{q,\ \mathrm{saturated}}$ 分别看作能使内环 dq 轴电流 i_d 和 i_q 跟随其参考值 $i_{d\mathrm{ref}}$ 和 $i_{q\mathrm{ref}}$ 变化的临界值，即认为 $i_{d,\ \mathrm{saturated}}$ 和 $i_{q,\ \mathrm{saturated}}$ 为 $i_{d\mathrm{ref}}$ 和 $i_{q\mathrm{ref}}$ 在正常调制区域的临界值，则 $i_{d\mathrm{ref}}$ 和 $i_{q\mathrm{ref}}$ 在正常调制区域的运行范围可由式（5.29）求得：

$$
\sqrt{(v_{gd}+R_{\mathrm{eq}}i_{d\mathrm{ref}}+\omega L_{\mathrm{eq}}i_{q\mathrm{ref}})^2+(v_{gq}+R_{\mathrm{eq}}i_{q\mathrm{ref}}-\omega L_{\mathrm{eq}}i_{d\mathrm{ref}})^2}\leqslant\frac{2NV_{c0}}{\pi}
\tag{5.29}
$$

根据式（5.29）中 $i_{d\mathrm{ref}}$ 和 $i_{q\mathrm{ref}}$ 的约束范围，图 5.10 给出了在电网电压相位与 PLL 输出相位之间存在相位差的情况下 $i_{d\mathrm{ref}}$ 和 $i_{q\mathrm{ref}}$ 的调制边界。当电网电压和 PLL 输出之间存在相位差时，如果 $i_{d\mathrm{ref}}$ 和 $i_{q\mathrm{ref}}$ 位于图 5.10 中的调制区域内，则并网变流器的等效输出电压 e_v 为标准正弦波。而当 $i_{d\mathrm{ref}}$ 和 $i_{q\mathrm{ref}}$ 位于图 5.10 中的过调制区域内，则调制波的振幅 e_{vm}^* 将远大于输出阶梯电压 $e_{v\mathrm{NLM}}$ 的最大值，此时并网变流器运行于半桥臂全部投入或全部切除的模态的占空比会近似于 1，并网变流器输出阶梯电压 $e_{v\mathrm{NLM}}$ 将会近似为方波，其基波分量 e_v 也将在 $2NV_{c0}/\pi$ 处达到饱和。因此，并网变流器的过调制将会引起其等效输出电压饱和及畸变，给并网变流器系统带来严重的谐波问题。

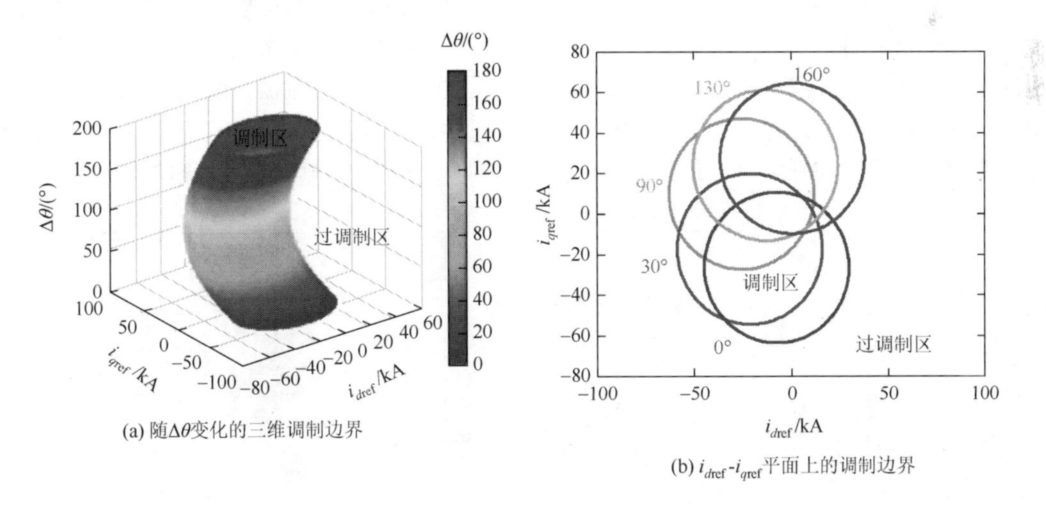

(a) 随Δθ变化的三维调制边界

(b) $i_{d\mathrm{ref}}$-$i_{q\mathrm{ref}}$平面上的调制边界

图 5.10 并网变流器调制边界

5.3.3 功率传输边界

另外，并网变流器系统的功率传输能力有限，当系统参考电流过大导致系统需要传输的有功功率过大，以致超过了最大功率传输极限时，并网变流器有可能因不存在功率平衡点而失稳，因此本节也对电网与变流器之间传输的有功功率进行约束。

对于并网变流器系统，当其运行于整流模式时，交流电源向变流器传输的有功功率存在极限值，即

$$P_{\max 1}=\frac{V_{\mathrm{rms}}^2}{4R_{\mathrm{eq}}}\geqslant -\frac{3}{2}[v_{gd}i_{d\mathrm{ref}}+v_{gq}i_{q\mathrm{ref}}+R_{\mathrm{eq}}(i_{d\mathrm{ref}}^2+i_{q\mathrm{ref}}^2)] \tag{5.30}$$

式中，V_{rms}为并网变流器交流电压有效值。

而当并网变流器运行于逆变模式时，参考电流 $i_{d\mathrm{ref}}$和 $i_{q\mathrm{ref}}$可以通过式（5.31）进行约束：

$$P_{\max 2}=\frac{v_{\mathrm{dc}}^2}{4R_{\mathrm{eqDC}}}\geqslant \frac{3}{2}\left[v_{gd}i_{d\mathrm{ref}}+v_{gq}i_{q\mathrm{ref}}+R_{\mathrm{eq}}\left(i_{d\mathrm{ref}}^2+i_{q\mathrm{ref}}^2\right)\right] \tag{5.31}$$

式中，$R_{\mathrm{eqDC}}=2R_0/3$ 表示并网变流器直流侧的等效电阻。

当并网变流器运行于逆变模式时，其由最大功率传输能力约束的边界范围将包含整个调制区域，因此式（5.31）将不会对并网变流器的多约束运行域产生影响，由 $i_{d\mathrm{ref}}$和 $i_{q\mathrm{ref}}$描述的最大功率传输边界主要由式（5.30）来确定。如果 $i_{d\mathrm{ref}}$和 $i_{q\mathrm{ref}}$的参数值超过了最大功率传输边界，则系统会由于不存在功率平衡点而失稳。

5.3.4 多约束运行域

结合前面推导的李雅普诺夫稳定边界、调制边界以及最大功率传输边界，便可得到并网变流器系统运行于不同相位差下的多约束运行域，如图 5.11 所示。随着电网电压与 PLL 输出之间相位差的变化，并网变流器的多约束运行域呈现出随相位差旋转的趋势。因此，在电网故障导致并网变流器系统运行于电网电压与 PLL 之间存在相位差的工况下，当参考电流 $i_{d\mathrm{ref}}$和 $i_{q\mathrm{ref}}$保持在不同相位差下的多约束运行域时，并网变流器系统能够在电网故障下维持正常工作。然而，当并网变流器中参考电流超过变流器在对应相位差下的多约束运行域时，系统将可能因控制环路稳定性、变流器的调制能力或功率传输能力而无法安全工作。

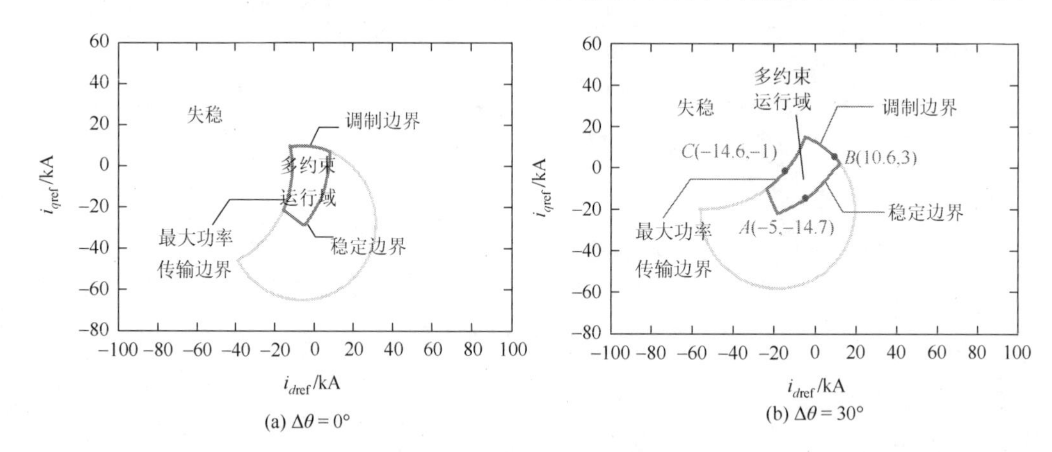

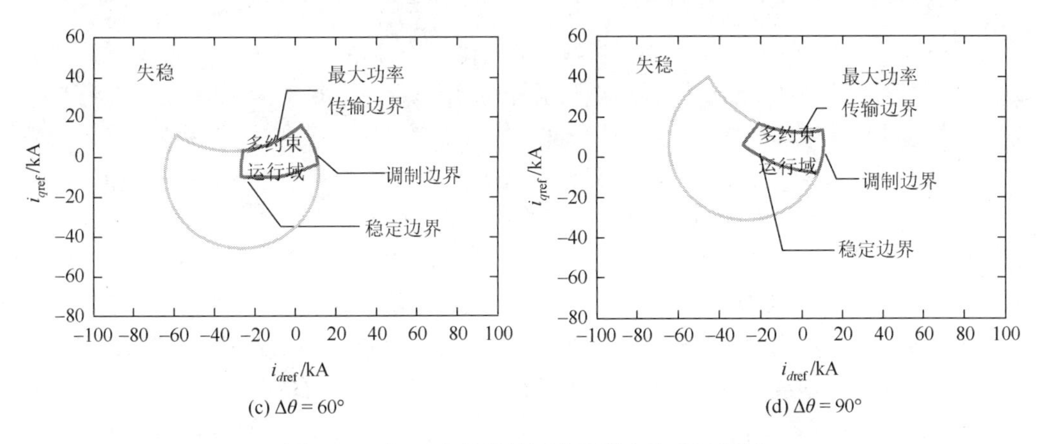

图 5.11 随 $\Delta\theta$ 变化的并网变流器多约束运行域

考虑到电网故障导致电网电压相位突变后 PLL 输出相位与电网电压相位间的相位差是时变的，如图 5.11（b）所示，而当相位差超过 90°时，系统会因为失去平衡点而直接失稳[11]，本章主要致力于研究电网故障后电网电压相位与 PLL 输出相位之差在 90°以内变化时系统的安全运行范围。为此，本节对电网电压相位与 PLL 的输出相位之差在 90°以下的多约束运行域进行叠加，从而获得电网相位扰动下并网变流器的公共运行域，如图 5.12 所示。其中阴影区域表示电网电压与 PLL 输出相位差在 90°以内任意变化时并网变流器系统均能够保持正常工作的安全运行范围。当电网故障下并网变流器中参考电流 i_{dref} 和 i_{qref} 在阴影区域内变化时，只要相位差 $\Delta\theta$ 小于 90°，并网变流器便可始终保持安全运行。

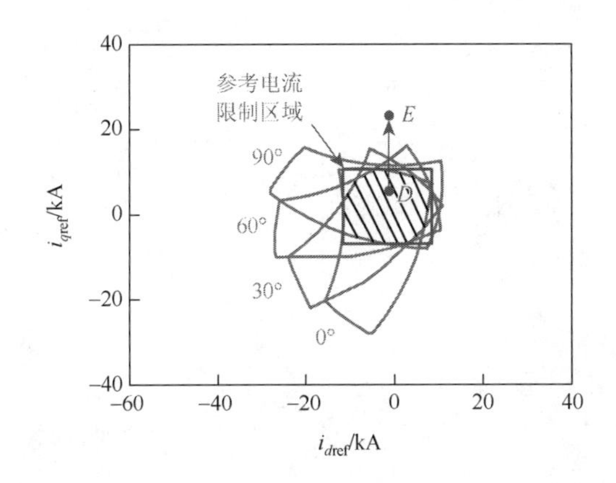

图 5.12 $\Delta\theta \leqslant 90°$下并网变流器的公共多约束运行域

5.3.5 参数影响分析

由以上多约束运行域的推导分析可知，并网变流器系统的参数会对多约束运行域的范围产生重要影响。但在电网电压与 PLL 输出存在相位差的情况下并网变流器的多约束运行域随系统参数变化的趋势仍然是未知的。因此，本节主要在电网电压相位受到扰动的情况下分析不同的系统参数对并网变流器公共多约束运行域变化的影响。

为了研究公共多约束运行域在不同参数下的变化，图 5.13 给出了在不同的电流环比例增益 k_{p1}、环流控制器比例增益 k_{pcir}、桥臂电阻 R_0 和桥臂电感 L_0 下并网变流器的公共运行域。其中蓝色虚线包围的区域即为图 5.12 中阴影部分的公共多约束运行域，此公共多约束运行域是在 $k_{p1} = 1$、$k_{pcir} = 1$、$R_0 = 0.1\ \Omega$、$L_0 = 4$ mH 这组参数下推导出的。粗实线表示该组参数下 $\Delta\theta = 30°$ 时的公共多约束运行域，即图 5.11（b）所示多约束运行域。在分别减小某一系统参数的同时保证其他系统参数不变的条件下，电网故障导致电网电压与 PLL 输出相位差为 0°、30°、60° 和 90°时并网变流器的多约束运行域由图 5.13 中的细实线给出。而图 5.13 中由多个多约束运行域重叠出的阴影部分则为减小某一参数的情况下并网变流器在 90°相位差以内的公共多约束运行域。比较图中蓝色虚线包围的公共多约束运行域和图中阴影部分的公共多约束运行域可知，并网变流器在 90°相位差以内的公共多约束运行域的范围随系统参数的变化而发生改变。

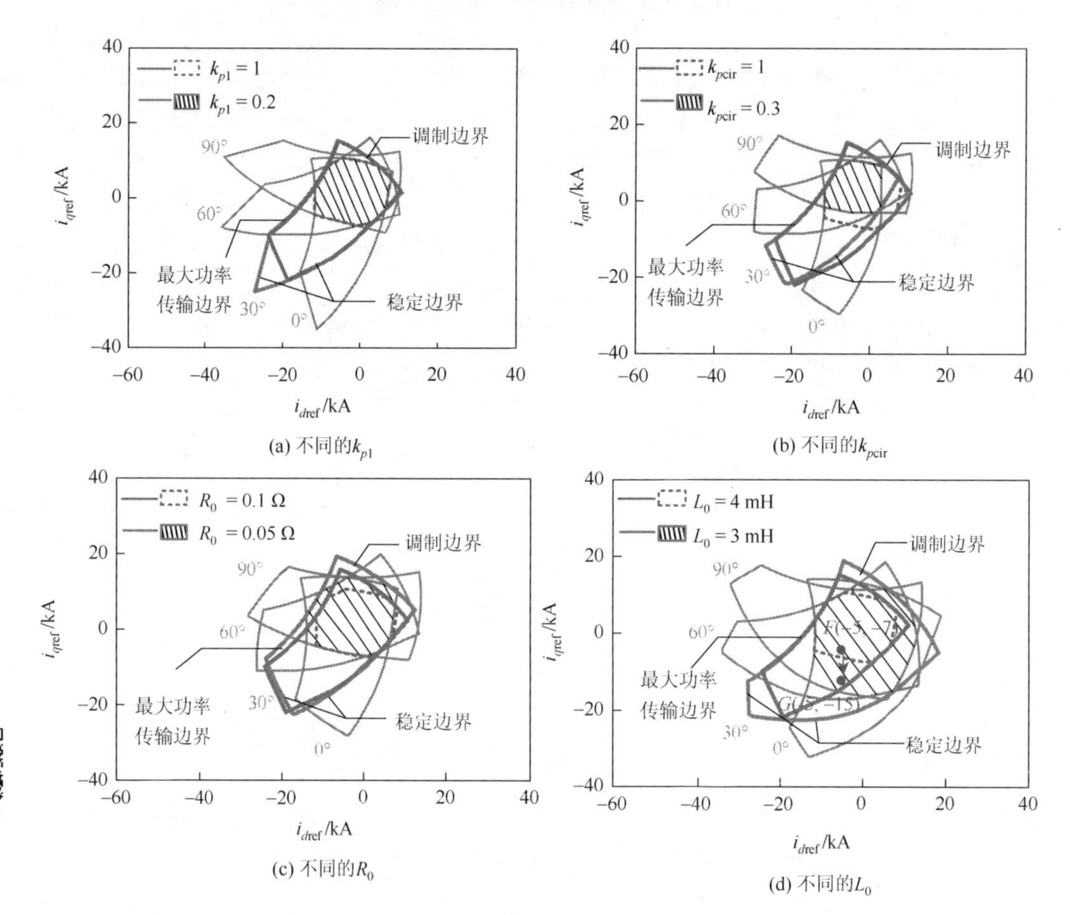

图 5.13 不同参数下并网变流器的公共多约束运行域

而系统参数对并网变流器在 90°以内相位差下公共多约束运行域的影响方式却无法通过简单对比不同参数下的公共多约束运行域得出，因此本节进一步对比了图 5.13 中某一特定相位差（如 30°相位差）下不同系统参数的多约束运行域，即图中加粗的蓝色实线和橙色实线，从而对每个参数影响的具体边界进行详细分析。

图 5.13（a）给出了 $\Delta\theta = 30°$时不同 k_{p1} 下并网变流器的多约束运行域。当系统采用较小的电流环比例增益 k_{p1} 时，并网变流器稳定边界范围变大，而调制边界以及最大功率传输边界范围保持不变。这是因为在电流环比例增益 k_{p1} 较小时，并网变流器会在更多工作点处保持所有特征值均位于负半平面，系统稳定性得到了提升，因此 k_{p1} 越小，系统的李雅普诺夫稳定边界范围越大；而由式（5.29）和式（5.30）可知，电流环比例增益不会对并网变流器的调制边界以及最大功率传输边界产生影响。然而，由于 90°以下多约束运行域的重叠部分边界不受 k_{p1} 的影响，并网变流器的公共多约束运行域也不会因 k_{p1} 的变化而改变，如图 5.13（a）中阴影部分所示。

类似地，图 5.13（b）对比了 $\Delta\theta = 30°$时不同 k_{pcir} 下并网变流器的多约束运行域。当并网变流器环流控制器比例增益 k_{pcir} 较小时，并网变流器稳定边界发生改变，而调制边界以及最大功率传输边界范围保持不变。这是因为并网变流器环流控制器比例增益 k_{pcir} 的变化改变了系统稳定性，而系统调制能力和最大功率传输能力却不会发生变化。将 90°以下多约束运行域进行重叠，得到的系统公共多约束运行域会随着李雅普诺夫稳定边界的变化而缩小，如图 5.13（b）中阴影部分所示。

此外，图 5.13（c）对比了 $\Delta\theta = 30°$时不同 R_0 下并网变流器的多约束运行域。与图 5.13（a）和图 5.13（b）一样，桥臂电阻 R_0 的变化同样会引起并网变流器李雅普诺夫稳定边界的改变。但除此之外，桥臂电阻 R_0 也会对并网变流器的调制深度和最大功率传输能力产生影响，如式（5.29）和式（5.30）所示。由图 5.13（c）可看出，当系统采用较小的桥臂电阻 R_0 时，由最大功率传输边界和调制边界包围的区域明显变大，而并网变流器李雅普诺夫稳定边界相对于另外两边界变化较小。在三种边界的综合影响下，当采用较小桥臂电阻 R_0 时，并网变流器公共多约束运行域会随之增大。

在图 5.13（d）中，$\Delta\theta = 30°$时不同 L_0 下并网变流器的多约束运行域也进行了对比。当并网变流器桥臂电感 L_0 较小时，并网变流器李雅普诺夫稳定边界和最大功率传输边界都相应扩大，而调制边界则不发生改变。将 90°以下多约束运行域进行重叠，所得到的并网变流器系统公共多约束运行域会随李雅普诺夫稳定边界和调制边界包围区域的扩大而增大。因此，综合分析图 5.13 中参数变化对系统公共多约束运行域的影响，可以发现在桥臂电感 L_0、桥臂电阻 R_0 较小或环流控制器比例增益 k_{pcir} 较大时，并网变流器系统运行于 90°以内相位差下的公共多约束运行域较大。

为了进一步厘清系统各参数对并网变流器的不同边界及运行域的影响，表 5.2 展示了不同边界随系统参数减小的变化趋势。从表 5.2 中可以看出，系统控制参数（如 k_{p1}、k_{i1}、k_{pcir} 和 k_{icir}）以及电容电压 C 的值仅对并网变流器的李雅普诺夫稳定边界产生影响，不会影响调制边界以及最大功率传输边界的范围。又由于其中部分参数（如 k_{p1}、k_{i1}、k_{icir} 和 C）的变化不会引起 90°以下多约束运行域的重叠部分边界的变化，这些参数可能不会对系统公共多约束运行域产生影响。然而，其他电路参数不仅会对李雅普诺夫稳定边界产生影响，还会改变调制边界和最大功率传输边界的范围。例如，电阻参数 R_{ac}、R_0 和交流电压幅值 V_m 在对李雅普诺夫稳定边界产生影响的同时，也将对调制边界和最大功率传输边界产生影响；而电感参数 L_{ac}、L_0 和直流电压 V_{dc} 仅影响李雅普诺夫稳定边界和调制边界。因此，一旦这些电路参数发生变化，并网变流器系统的公共多约束运行域便随之发生改变。

表 5.2 不同边界的参数影响

参数	稳定边界	调制边界	最大功率传输边界	多约束运行域	公共运行域
V_m↓	↑	↑	↓	↑	↑
V_{dc}↓	↓	↓	△	↓	↓
R_{ac}↓	↑↓	↑	↑	↑	↑
L_{ac}↓	↑	↑	△	↑	↑
R_0↓	↑↓	↑	↑	↑	↑
L_0↓	↑	↑	△	↑	↑
C↓	↓	△	△	↓	△
k_{p1}↓	↑	△	△	↑	△
k_{i1}↓	↑	△	△	↑	△
k_{pcir}↓	↑↓	△	△	↑↓	↓
k_{icir}↓	↓	△	△	↓	△

注：↑-扩大；↓-缩小；↑↓-在不同的部分有扩大有缩小；△-保持不变。

为了验证前面推导的并网变流器多约束运行域的正确性，本节分别对电网故障下并网变流器中参考电流变化导致工作点穿越李雅普诺夫稳定边界、调制边界以及最大功率传输边界进行了仿真验证。此外，本节对相位差在 90°以内的公共运行域以及不同参数下的公共运行域的变化情况进行了仿真验证。而为了进一步验证多约束运行域在实际硬件中的正确性，本节最后也对电网故障下并网变流器的多约束运行域以及参数影响进行了硬件在环（hardware-in-the-loop，HIL）测试。

5.4 运行边界验证

5.4.1 仿真验证

首先，本节在 PSCAD 仿真平台上搭建了三相 21 电平并网变流器系统，以进行多约束运行域的仿真验证。并网变流器拓扑结构如图 5.3 所示，参数如表 5.1 所示。由于本章主要研究故障后电流控制时间尺度下的运行域问题，功率外环暂时来不及完成功率跟踪的功能，功率外环的输出会在故障后持续增大或持续跌落直至功率外环开始响应。因此，在仿真中本节用参考电流的增加与跌落来模拟电网故障后电流控制时间尺度下功率外环的输出。为了使得故障前后的仿真只存在单一变量，仿真设置了并网变流器的 d 轴或 q 轴参考电流在 $t = 4$ s 时缓慢上升或下降，其变化过程持续 0.5 s，与此同时，另一个 dq 轴坐标轴上参考电流保持不变。通过观察有功功率 P、无功功率 Q、dq 轴电流 i_d/i_q、电流环输出参考电压 e_{vd}^* / e_{vq}^* 和直流电流 i_{dc} 的波形，便可分析判断并网变流器系统的运行状态。

为了验证并网变流器的李雅普诺夫稳定性边界，本小节在系统运行于电网电压相位与 PLL 输出相位之间相位差 $\Delta\theta$ 为 30°的情况下，对故障前后的电流参考值进行设置，使得 dq 轴参考电流经过图 5.11（b）中的点 A 由内而外地穿越并网变流器的多约束运行域。在此仿真验证中，d 轴电流参考值 i_{dref} 设置为保持在−5 kA 不变，而 q 轴电流参考值 i_{qref} 从−7 kA 下降到−15 kA，系统响应所得波形如图 5.14 所示。在故障发生前 i_{qref} 为−7 kA 时，系统保持稳定。但当 i_{qref} 减小到−15 kA 时，有功功率/无功功率、dq 轴电流、电流环输出参考电压以及直流电流均出现了剧烈振荡，由此可见并网变流器在故障后的工作点处其控制环路无法继续保持稳定响应。故障后 dq 轴参考电流缓慢越过多约束运行域中李雅普诺夫稳定边界，从而引发系统控制环路失稳，因此图 5.14 所示仿真验证了前面推导的李雅普诺夫稳定边界的正确性。

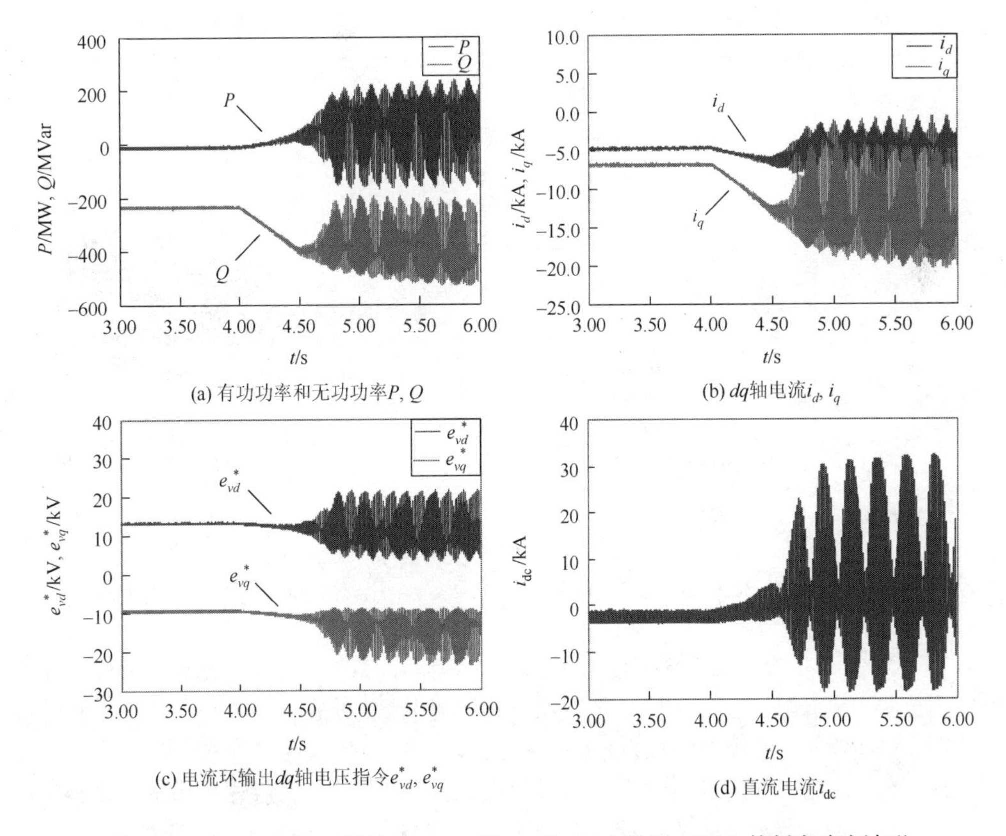

图 5.14　$\Delta\theta = 30°$时 i_{dref} 保持在−5 kA 而 i_{qref} 从−7 kA 跌至−15 kA 的暂态响应波形

为了验证并网变流器的调制边界，本小节同样在系统运行于电网电压相位与 PLL 输出相位之间相位差 $\Delta\theta$ 为 30°的情况下，对故障前后的电流参考值进行设置，使得 dq 轴参考电流经过图 5.11（b）中的点 B 由内而外地穿越并网变流器的多约束运行域。在此仿真验证中，q 轴电流参考值 i_{qref} 设置为 3 kA 不变，而 d 轴电流参考值 i_{dref} 从 5 kA 上升到 17 kA，系统响应所得波形如图 5.15 所示。在故障发生前 i_{dref} 为 5 kA 时，系统能保持稳定。而当故障后 i_{dref} 上升到 17 kA 时，电流环输出的 dq 轴电压指令 e_{vd}^* 和 e_{vq}^* 不断发散，系统进入过调制区。此时，有功功率/无功功率、dq 轴电流以及直流电流的波形中出现大量谐波，系统无法继续安全运行。本仿真中故障后的 dq 轴参考电流越过了多约束运行域中调制边界，从而导致系统的过调制与不安全的运行模式，因此图 5.15 中所示仿真也验证了前面所推导的调制边界的正确性。

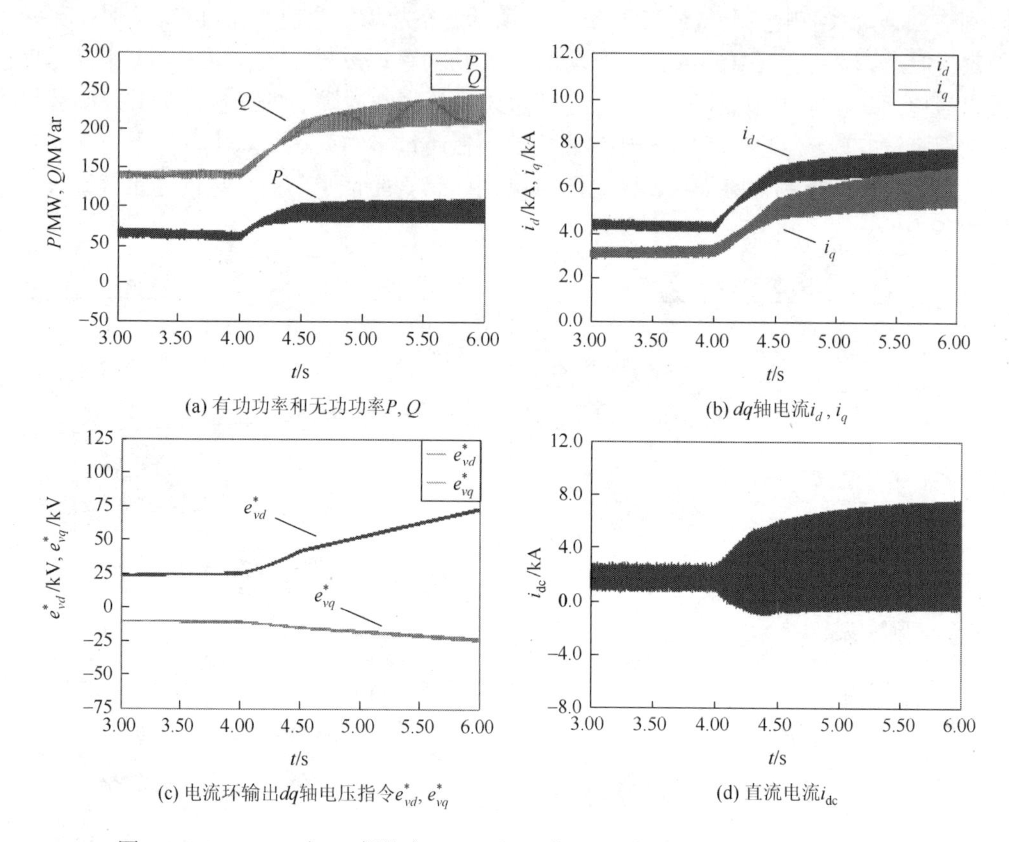

(a) 有功功率和无功功率 P, Q　(b) dq 轴电流 i_d, i_q

(c) 电流环输出 dq 轴电压指令 e_{vd}^*, e_{vq}^*　(d) 直流电流 i_{dc}

图 5.15　$\Delta\theta=30°$ 时 i_{qref} 保持在 3 kA 而 i_{dref} 从 5 kA 升至 17 kA 的暂态响应波形

与以上两个边界的验证方法类似，最大功率传输边界的仿真验证也是在系统运行于电网电压相位与 PLL 输出之间的相位差 $\Delta\theta$ 为 30°的情况下，对故障前后的电流参考值进行设置，使得 dq 轴参考电流经过图 5.11（b）中的点 C 由内而外地穿越并网变流器的多约束运行域。在此仿真中，q 轴电流参考值 i_{qref} 始终保持在−1 kA，故障后 d 轴电流参考值 i_{dref} 从−8 kA 下降到−19 kA，系统响应所得波形如图 5.16 所示。在故障前 i_{dref} 保持在−8 kA 时，系统可以保持稳定运行。而当 i_{dref} 下降到−19 kA 时，系统虽然可以保持运行在调制区，但其有功功率方向流动超过其最大传输极限，以致直流电流 i_{dc} 无法持续保持在正常工作值，使得并网变流器系统无法安全运行。在此仿真中故障后的 dq 轴参考电流越过了多约束运行域中最大功率传输边界，从而使得系统无法保证安全运行，因此图 5.16 中仿真结果也验证了最大功率传输边界的正确性。

此外，考虑到电网故障下电网电压相位与 PLL 输出相位之差通常是时变的，单一相位差下的安全边界验证无法证明该运行域在各相位差下的适用性。因此，这里也给出了不同

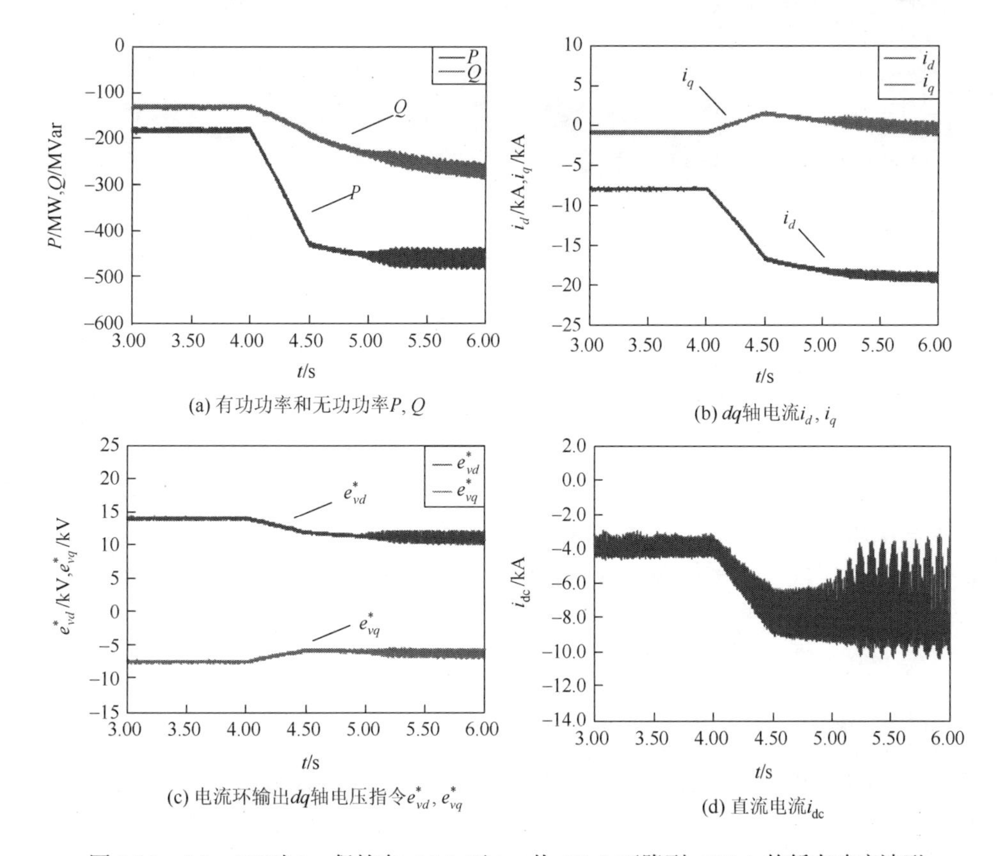

(a) 有功功率和无功功率P, Q

(b) dq轴电流i_d, i_q

(c) 电流环输出dq轴电压指令e_{vd}^*, e_{vq}^*

(d) 直流电流i_{dc}

图 5.16　$\Delta\theta = 30°$时 i_{qref}保持在−1 kA 而 i_{dref}从−8 kA 下降到−19 kA 的暂态响应波形

相位差下（60°和 90°）并网变流器在 dq 轴参考电流从图 5.12 中公共运行域内的点 D 到运行域外的点 E 变化时，并网变流器的暂态响应现象，如图 5.17 和图 5.18 所示。假设在两组不同相位差下的仿真中，故障前后电流参考值的变化完全一致，即 d 轴电流参考值 i_{dref} 始终保持在−1 kA，而故障后 q 轴电流参考值 i_{qref} 从 3 kA 上升到 23 kA。

由图 5.17 和图 5.18 的波形可知，在故障前 i_{qref} 保持在 3 kA 时，电网电压与 PLL 输出相位差为 60°和 90°的并网系统均可以保持稳定运行，当故障后 i_{qref} 突增到 23 kA 时，相位差为 60°的并网系统同时越过其调制边界与最大功率传输边界，因此电流环输出 dq

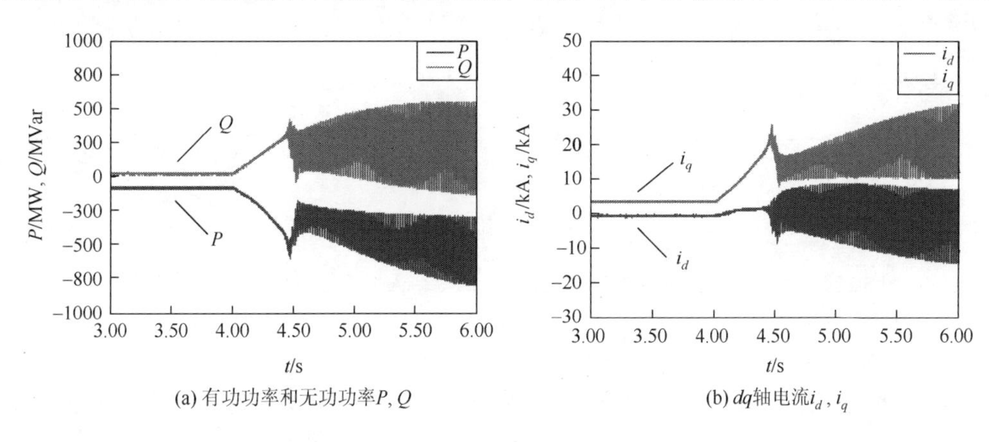

(a) 有功功率和无功功率P, Q

(b) dq轴电流i_d, i_q

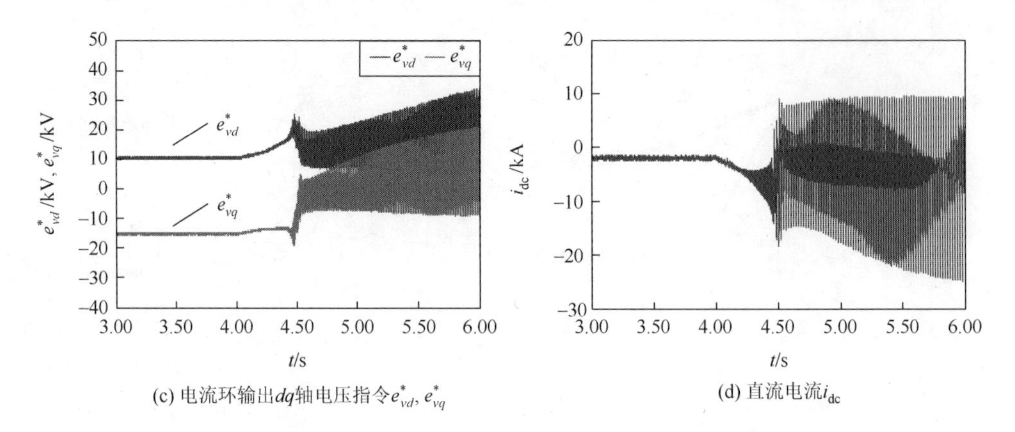

(c) 电流环输出dq轴电压指令e_{vd}^*, e_{vq}^* (d) 直流电流i_{dc}

图 5.17 $\Delta\theta = 60°$时 i_{dref}保持在−1 kA 而 i_{qref}从 3 kA 升至 23 kA 的暂态响应波形

轴电压指令发散且振荡，系统进入过调制状态，同时涌入大量谐波。而相位差为 90°的并网系统也越过其最大功率传输边界，因而在系统正常调制状态下产生功率与电流的振荡现象。

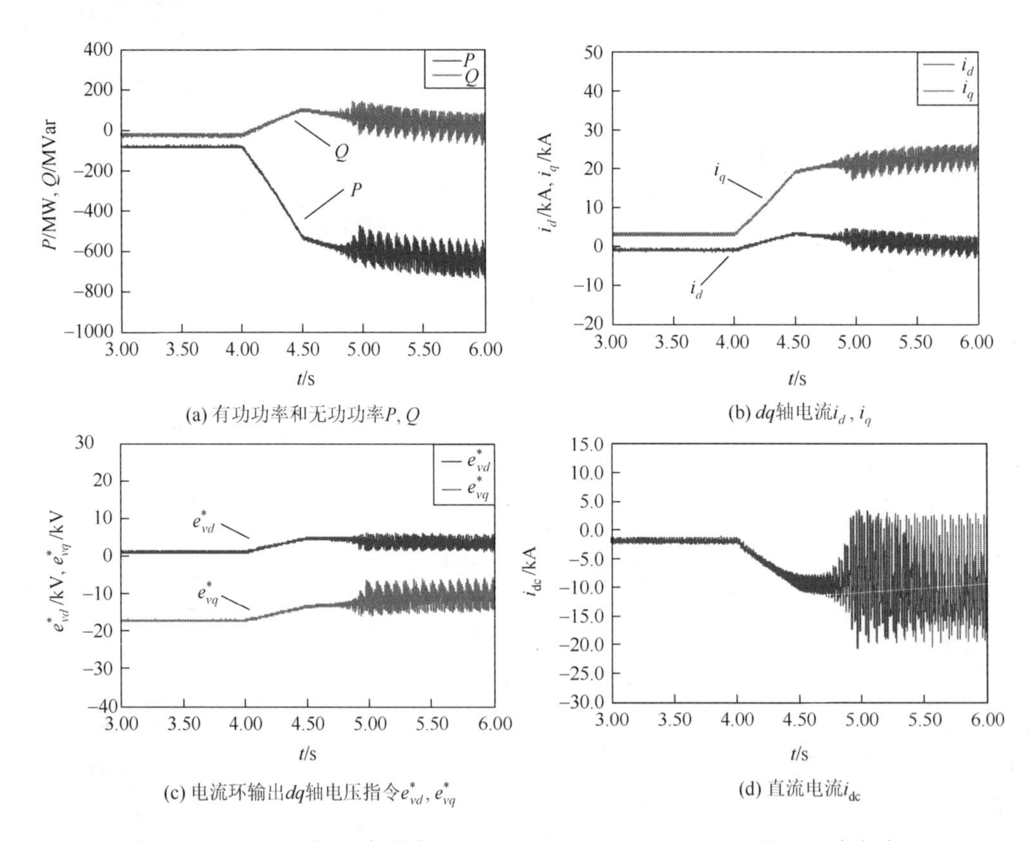

(a) 有功功率和无功功率P, Q (b) dq轴电流i_d, i_q

(c) 电流环输出dq轴电压指令e_{vd}^*, e_{vq}^* (d) 直流电流i_{dc}

图 5.18 $\Delta\theta = 90°$时 i_{dref}保持在−1 kA 而 i_{qref}从 3 kA 升至 23 kA 的暂态响应波形

因此，通过图 5.17 和图 5.18 可以发现，只要并网变流器系统的 dq 轴参考电流在图 5.12 所示的公共多约束运行域范围内，那么该并网变流器系统便可以在电网故障导致的 90°以内的任何相位差下安全运行，一旦参考电流超出了公共运行域的范围，系统便会在 0°～90°的某个相位差下无法安全运行，使得并网系统在电网故障后存在安全问题。此组 60°和 90°相位差下并网变流器的暂态响应现象也验证了前面所推导的公共运行域的有效性。

5.4.2　参数对运行边界影响验证

为了验证 5.4 节的运行域参数影响分析，本节给出当并网变流器系统添加电流限幅环节或采用不同的参数时，系统稳定性的变化情况。

首先，本节采用在控制环路中添加电流限幅环节的方法，使用电流限幅器将 i_{dref} 限制在公共运行域最大值 7.9 kA 和最小值–11.6 kA 之间，并将 i_{qref} 限制在 10.9 kA 和–7.8 kA 之间，当 $\Delta\theta_g$ 为 30°时，i_{dref} 输入保持在–5 kA，i_{qref} 输入从–7 kA 下降到–15 kA，此时变流器仿真结果如图 5.19 所示。对比图 5.14 和图 5.19 的结果，可以看出含电流限幅环节的并网 MMC 系统能够在电网相位扰动下保持稳定。

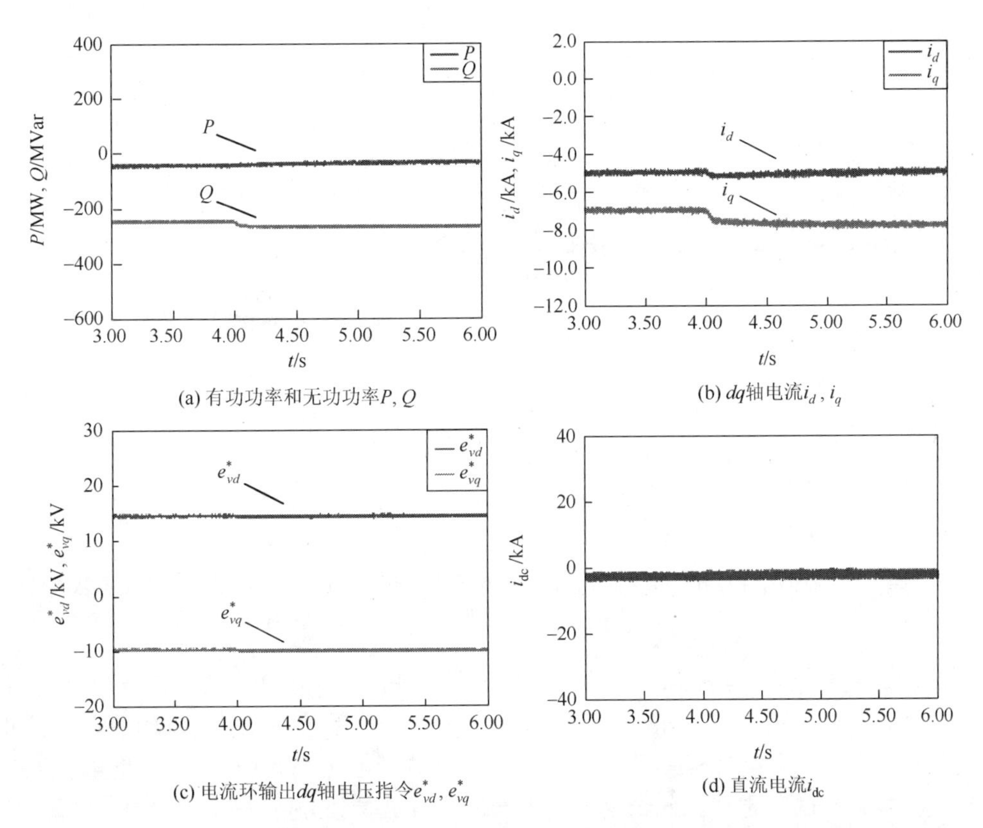

图 5.19　$\Delta\theta$ = 30°时 i_{dref} 保持在–5 kA 而 i_{qref} 从–7 kA 跌至–15 kA 同时采用电流限幅的暂态响应波形

针对前面分析的较小的并网变流器桥臂电感可以扩大其公共多约束运行域，从而提升系统稳定性，本仿真采用了公共运行域对应于图 5.13（d）中细实线包围的阴影部分的参数 L_0 = 3 mH，与公共运行域对应于图 5.13（d）中虚线包围部分的 L_0 = 4 mH 的并网变流器进行对比，从而验证参数对系统稳定性的影响。

在此组仿真对比中，采用同样的工况，即系统运行于电网电压与PLL输出间相位差为30°的情况下，系统 d 轴电流参考值 i_{dref} 始终保持在−5 kA，而故障后 q 轴电流参考值 i_{qref} 从−7 kA下降到−15 kA。电网故障下电流参考值由图5.13（d）中点 F 变化到点 G，其中故障后参考电流值点 G 在 $L_0=4$ mH的公共运行域以外，而在 $L_0=3$ mH的公共运行域以内。桥臂电感 $L_0=4$ mH的并网变流器在电网故障下的响应如图5.14所示，而 $L_0=3$ mH的并网变流器在电网故障下的响应如图5.20所示。

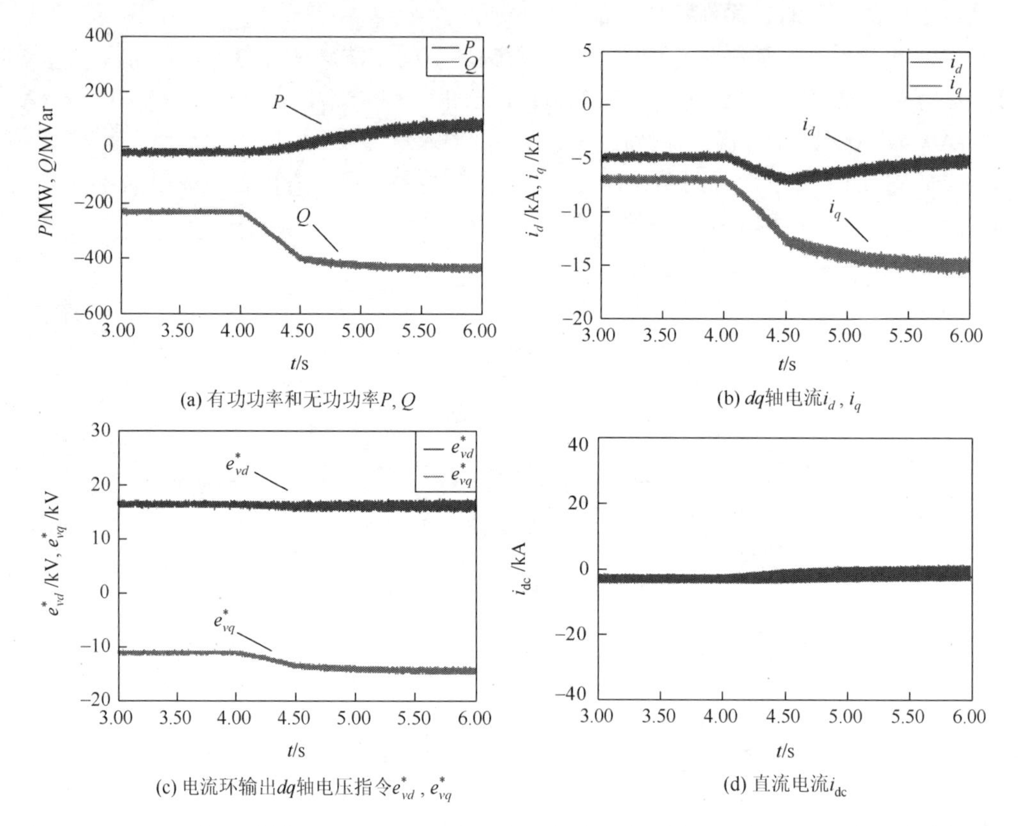

图5.20 $\Delta\theta=30°$时 i_{dref} 保持在−5 kA而 i_{qref} 从−7 kA跌至−15 kA同时电路使用更小桥臂电感的暂态响应波形

对比仿真波形可知，具有4 mH桥臂电感的并网变流器系统在参考电流从 F 点到 G 点运行时失去稳定性，而具有3 mH桥臂电感的并网变流器系统在同样工况的故障下仍可保持稳定运行。因此，比较图5.14和图5.20中的仿真波形可知，使用较小的桥臂电感可以提高并网变流器系统的稳定性。此结论与5.4节的运行域参数分析结论一致，验证了前面参数分析的正确性。

5.4.3 实验验证

为了进一步验证本章所推导的多约束运行域，本小节对并网变流器的多约束运行域进行实验验证。实验通过三相五电平并网变流器的硬件在环测试平台进行，其中三相五电平并网变流器的主电路搭建于 OPAL-RT 实时仿真平台，而其控制环节通过硬件控制器 STM32F401 实现。该三相五电平并网变流器的硬件在环测试平台如图 5.21 所示，实验采用的系统参数如表 5.3 所示。

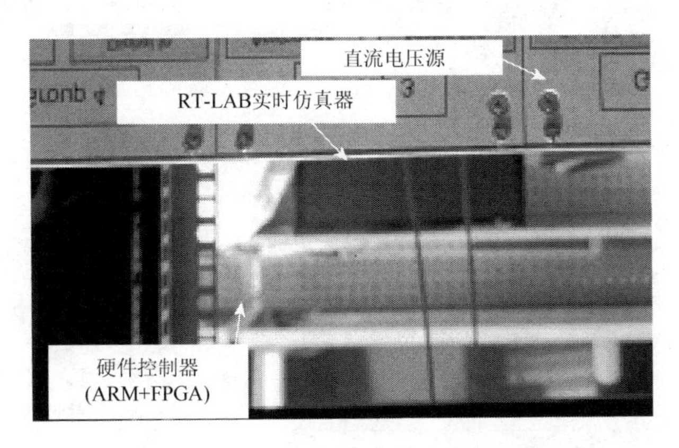

图 5.21　三相五电平并网变流器硬件在环测试平台

表 5.3　三相五电平并网变流器系统参数

系统参数	参数值
额定直流电压 V_{dc}	8 000 V
桥臂子模块数 N	4
交流侧电阻 R_{ac}	0.2 Ω
交流侧电感 L_{ac}	1 mH
桥臂电感 L_0	4 mH
桥臂电阻 R_0	0.1 Ω
子模块电容值 C	2.6 mF
交流线电压 v_g	4 600 V

在此三相五电平并网变流器的实验中，电网故障发生于 2 s，参考电流变化时间为 0.3 s。在系统运行于电网电压相位与锁相环输出相位之差为 30°的情况下，设置系统 q 轴参考电流 i_{qref} 在故障前后保持在−500 A，而故障下 d 轴参考电流 i_{dref} 从 300 A 上升到 900 A。在此条件下，并网变流器的 dq 轴参考电流会在故障发生后逐渐由内而外穿越多约束运行域中的李雅普诺夫稳定边界上的工作点（i_{qref} = −500 A，i_{dref} = 476 A）。电网故障下此三相五电平并网变流器的暂态响应波形示于图 5.22 中。当 i_{dref} 超过 476 A 时，系统有功功率/无功功率 P/Q、dq 轴电流 i_d/i_q 以及 dq 轴参考电压 e_{vd}^* / e_{vq}^* 均开始出现振荡现象。此现象表明，当 dq 轴参考电流变化到多约束运行域之外时，并网变流器系统将无法稳定运行，这也进一步验证了 5.3 节中推导的并网变流器多约束运行域的正确性。

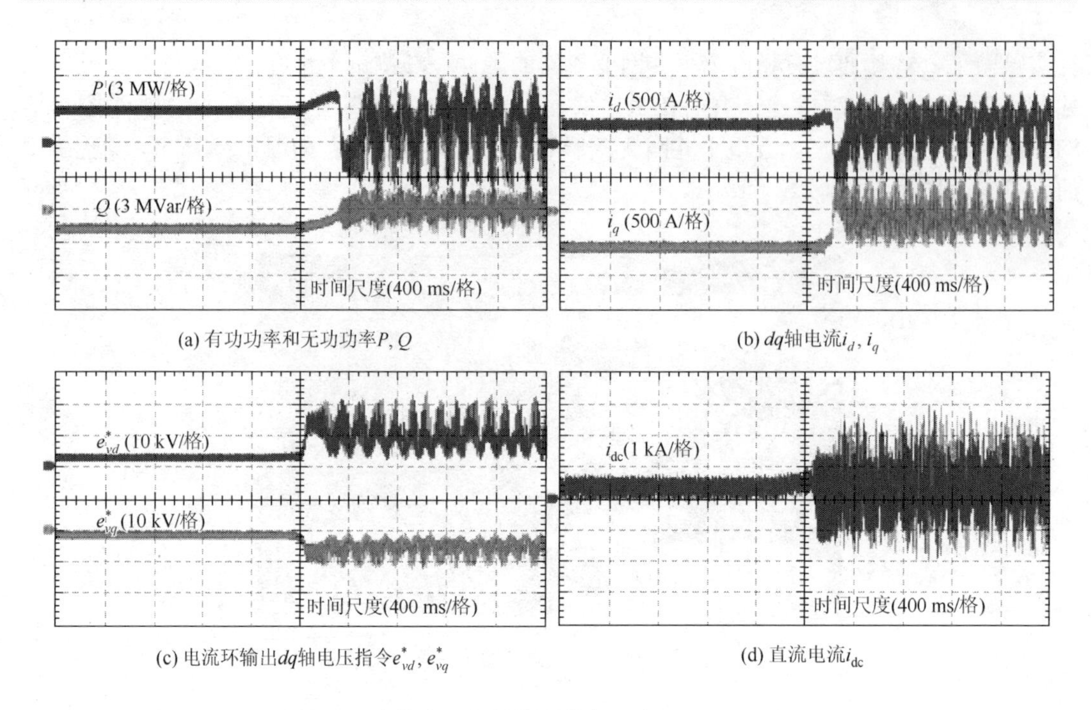

(a) 有功功率和无功功率P, Q　　(b) dq轴电流i_d, i_q

(c) 电流环输出dq轴电压指令e_{vd}^*, e_{vq}^*　　(d) 直流电流i_{dc}

图 5.22　多约束运行域的硬件在环验证（$k_{pcir} = 0.4$）

考虑到不同系统参数下，并网变流器的稳定性也会随之改变。为了验证 5.4 节分析的公共运行域的参数影响，这里将实验平台中并网变流器的环流抑制器的比例增益 k_{pcir} 由图 5.21 中的 0.4 增大到 2。当电网电压相位与锁相环输出相位之差为 30°时，同样设置系统 q 轴参考电流 i_{qref} 在故障前后保持在−500 A，而故障下 d 轴参考电流 i_{dref} 从 300 A 上升到 900 A，并网变流器的暂态响应如图 5.23 所示。电网故障发生前后，系统均可在所设置的参考电流变化情况下保持稳定。比较图 5.21 和图 5.23 可知，提高环流抑制器的比例增益 k_{pcir} 系统多约束运行域范围会增大，系统稳定性也可以得到提升，此结果与 5.4 节参数影响分析一致，验证了多约束运行域参数影响分析的正确性。

当电网发生短路/断路、输电线路切换等故障时，并网变流器系统可能会运行在锁相环与电网不同步的工况下，即锁相环无法实时跟踪电网电压相位的变化，在此情况下锁相环与电网电压相位之间相位差的变化会严重影响并网变流器的正常运行。本节基于模块化多电平变流器高压直流输电系统在电网电压相位发生突变时的失稳现象，考虑变流器电流控制的动态影响，建立电流控制时间尺度下模块化级联多电平变流器的状态空间模型，并结合变流器安全运行的多项约束条件，以电流参考值的方式给出了模块化多电平变流器在非单位功率因数运行时网侧电压相位扰动下的多约束运行域。当并网变流器锁相环与电网不同步时，针对不同的电网和锁相环相位差均存在着不同的运行域，变流器只有运行在推导出的多约束运行域内，系统才可保持稳定。

本章主要结论总结如下：

（1）当考虑并网变流器中环流以及子模块电容电压等内部动态特性时，可对并网变流器建立关于交流电流以及子模块电容电压各次谐波分量的微分方程组，再考虑并网变流器

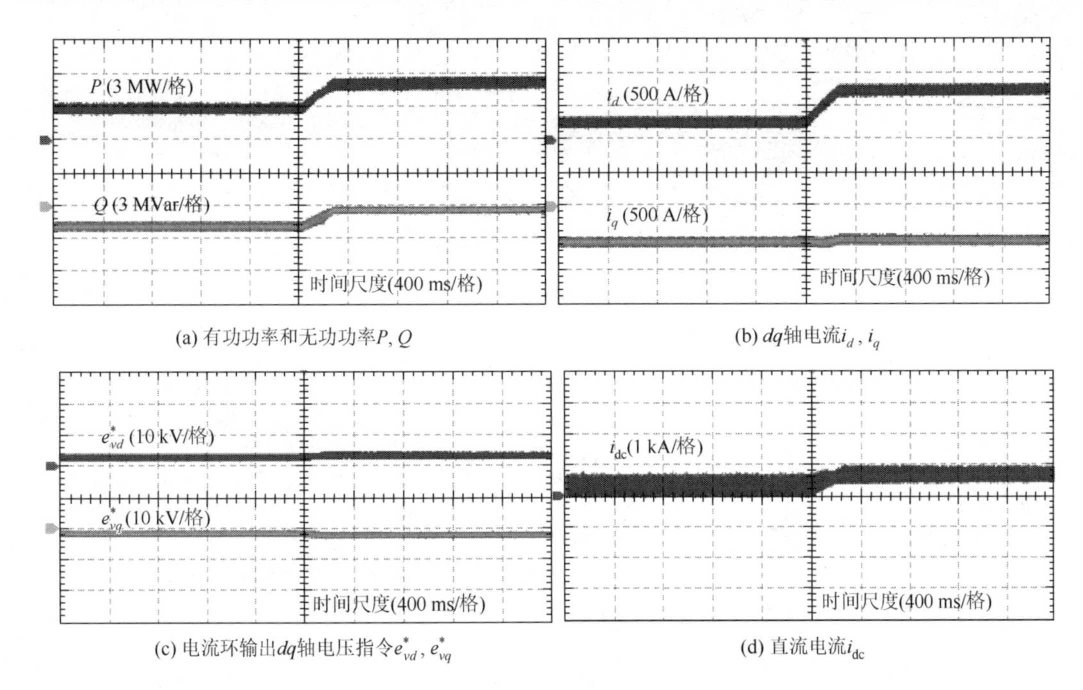

(a) 有功功率和无功功率P, Q (b) dq轴电流i_d, i_q

(c) 电流环输出dq轴电压指令e_{vd}^*, e_{vq}^* (d) 直流电流i_{dc}

图 5.23 多约束运行域的硬件在环验证（$k_{pcir}=2$）

的电流内环、环流控制等电流控制时间尺度下的控制策略，从而可以建立电流控制时间尺度下反映并网变流器各状态变量响应情况的详细状态空间模型。

（2）并网变流器在电网故障导致电网电压与锁相环输出之间存在相位差时，多约束运行域可通过分析并网变流器的李雅普诺夫稳定边界、调制边界以及最大功率传输边界进行分析与推导。不同相位差下并网变流器的多约束运行域随相位差的变化呈现旋转的趋势。此外，考虑到电网故障下电网电压与锁相环输出之间的相位差时变特性，将 90°以内不同相位差下的多约束运行域叠加所得的公共运行域即为可保证并网变流器在 90°相位差以内任意相位差下安全运行的运行域。

（3）改变系统参数并分析公共多约束运行域的变化，可知系统的不同参数会对多约束运行域中的不同边界产生影响，从而进一步影响公共运行域的范围。系统控制参数及电容值仅对并网变流器的李雅普诺夫稳定边界产生影响，不会对调制边界以及最大功率传输边界产生影响，但其中部分参数不会引起 90°以下多约束运行域重叠部分边界的变化，因而这些参数可能不会对系统公共运行域产生影响。系统除电容值外的其他电路参数不仅会对李雅普诺夫稳定边界产生影响，还会引起调制边界和最大功率传输边界的变化，因此一旦这些电路参数发生变化，并网变流器系统的公共运行域便会随之发生改变。

第 6 章

并网变流器中控制交互作用

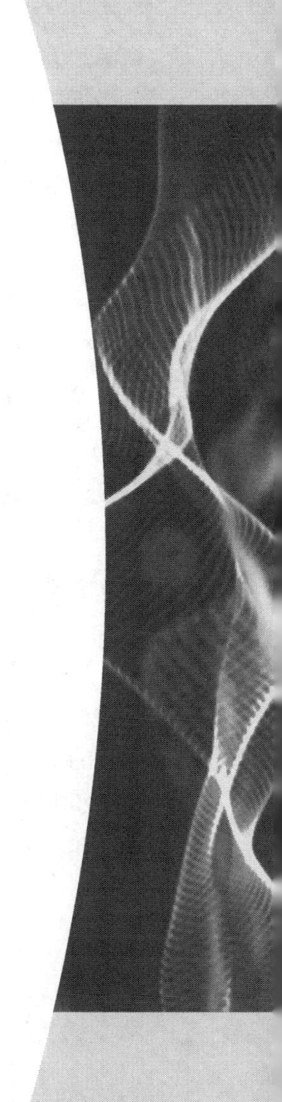

并网变流器系统中锁相环的响应不仅取决于自身参数的设置，还与控制环路响应息息相关，在并网变流器中锁相环与控制环中存在一定的交互作用，使得并网变流器系统的稳定性受到影响，尤其是在电网故障引起电网电压相位发生变化时，锁相环和控制环之间的交互会放大相位扰动的影响，促使并网变流器失稳。目前，已有部分文献揭示了锁相环与控制环在带宽相近时会产生交互作用，但是对于二者的交互路径尚无深入研究，电网故障下锁相环与控制环在实际并网变流器中产生相互耦合的中间物理过程与物理量仍然尚不明确。因此，本章致力于深入探索电网故障下锁相环与控制环交互作用发生的物理机制，厘清锁相环与控制环路交互的具体物理过程及控制参数对环路交互的影响，此项工作将对耐受电网故障的并网变流器的环路参数设计提供理论支持。

本章首先分析并网变流器在网侧接地故障引起电网阻抗发生突变时的锁相环与控制环的交互失稳现象；在简化的并网变流器等效电路中建立考虑控制环动态响应的锁相环的等效模型，并定性分析接地故障发生后并网变流器中锁相环在不同控制环参数影响下的响应过程，揭示故障引起网侧相位变化时控制环参与下的锁相环失稳机理；然后建立考虑控制环影响的锁相环小信号模型，对电网故障下变流器锁相环与控制环的交互进行小信号稳定性分析，实现了故障下变流器中锁相环-控制环路交互稳定性的量化计算。

6.1 电网阻抗变化时控制交互机理

6.1.1 交互现象

当并网变流器接入弱交流电网时，并网变流器的工作状态不仅与锁相环的动态响应密切相关，而且受到控制环的影响。然而，在并网变流器中锁相环和控制环并不是独立工作的，这两个环路之间可能存在动态交互作用，使得并网系统故障下的响应更为复杂。以图 6.1 中电网接地故障场景为例，本小节分析了电网接地故障使得电网阻抗受到扰动情况下并网变流器中锁相环与控制环路之间交互作用的现象。并网变流器系统参数见表 6.1。在电网接地故障下，并网变流器系统在故障前电网内阻 $Z_{s1} = Z_g + (Z_{\text{line1}}//Z_{\text{line2}})$，故障后电网内阻 $Z_{s2} = Z_{s1}//Z_{\text{gnd}}$，接地故障后变流器网侧等效电路如图 6.2 所示。

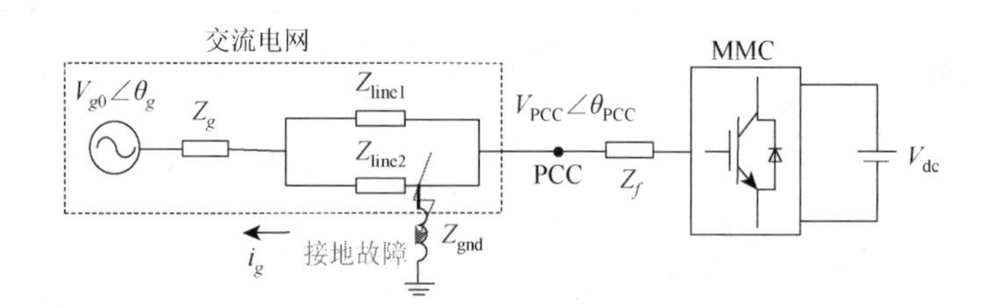

图 6.1 并网变流器网侧发生接地故障

由图 6.2 可知，在并网变流器网侧接地故障下电网阻抗发生变化，进而引发 PCC 电压相位突变，故障前后并网变流器网侧电压相量图示于图 6.3。其中黑色箭头表示故障前的电压相量，红色箭头表示故障后的电压相量。故障前电网感抗 X_{s1} 远小于电阻 R_{s1}，在故障发生之前，电网电感 L_{s1} 上的电压降可以忽略不计，因此 PCC 电压与电网电压相位相同。由于 PLL 的相位跟踪作用，故障前 PLL 的输出相位 θ_{PLL}、PCC 处的电压相位 θ_{PCC} 和电网相位 θ_g 可认为是相同的，即 $\theta_{\mathrm{PLL}}=\theta_{\mathrm{PCC}}=\theta_g$。

表 6.1　并网变流器系统参数

系统参数	参数值
交流电压 v_{g0}	23 kV
交流电压相位 θ_g	0°
直流电压 V_{dc}	40 kV
桥臂子模块数 N	20
子模块电容值 C	10 mF
有功功率参考值 P_{ref}	40 MW
无功功率参考值 Q_{ref}	0 MVar
锁相环比例增益 $k_{\mathrm{PLL}p}$	0.2
锁相环积分增益 $k_{\mathrm{PLL}i}$	100
故障前电网频率 f_n	50 Hz
桥臂阻抗 $Z_0(L_0, R_0)$	16 mH，0.1 Ω
交流侧滤波器阻抗 $Z_f(L_f, R_f)$	0.1 mH，0.1 Ω
电网串联阻抗 $Z_g(L_g, R_g)$	0.1 mH，0.2 Ω
线路 1 阻抗 $Z_{\mathrm{line1}}(L_{\mathrm{line1}}, R_{\mathrm{line1}})$	13 mH，0.2 Ω
线路 2 阻抗 $Z_{\mathrm{line2}}(L_{\mathrm{line2}}, R_{\mathrm{line2}})$	29 mH，0.2 Ω
接地阻抗 $Z_{\mathrm{gnd}}(L_{\mathrm{gnd}}, R_{\mathrm{gnd}})$	25 mH，0.1 Ω

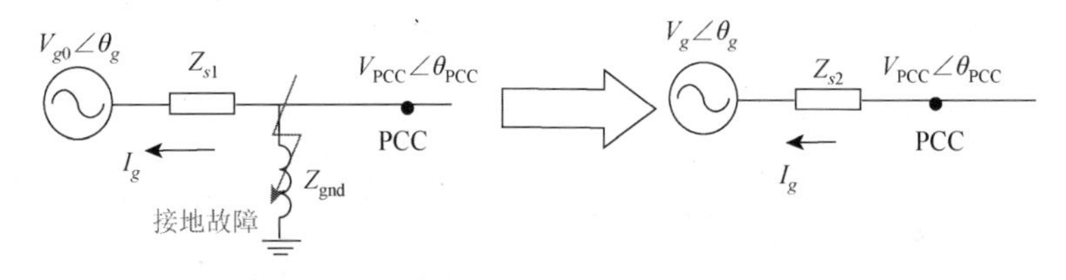

图 6.2　接地故障下变流器网侧等效电路

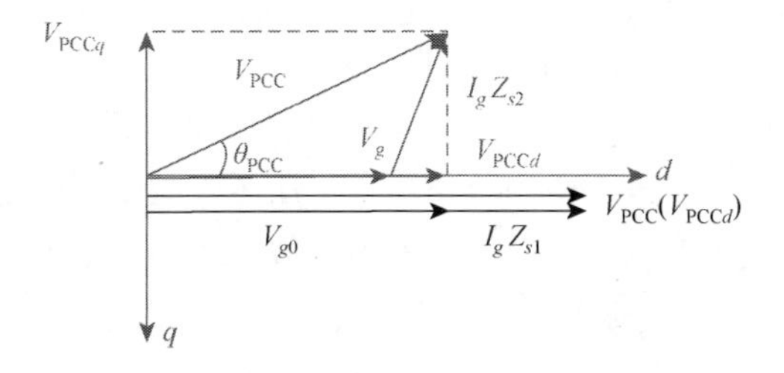

图 6.3　电网线路接地故障前后相量图

在接地故障发生瞬间，电网阻抗 Z_s 从 Z_{s1} 变为 Z_{s2}，电网阻抗从幅值到相角均发生了变化，进而导致 PCC 的相位突变，如图 6.3 所示。故障瞬间等效电网电压幅值将突降至 $V_g = V_{g0}Z_{s2}/Z_{s1}$，在故障发生瞬间忽略等效电网电压 v_g 的相位变化，同时假设电网电流 i_g 不变，PCC 处的电压幅值 V_{PCC} 将减小。PCC 电压的 d 轴分量 v_{PCCd} 将随 V_{PCC} 的下降而降低，而 PCC 电压的 q 轴分量 v_{PCCq} 将随 PCC 电压相位角 θ_{PCC} 的增大而略有增加。

在电网接地故障导致并网点电压相位及 dq 轴分量变化的情况下，并网变流器中锁相环与控制环均将参与电网故障下变流器的响应。图 6.4 给出了电网故障下不同控制环参数影响下的锁相环响应波形。

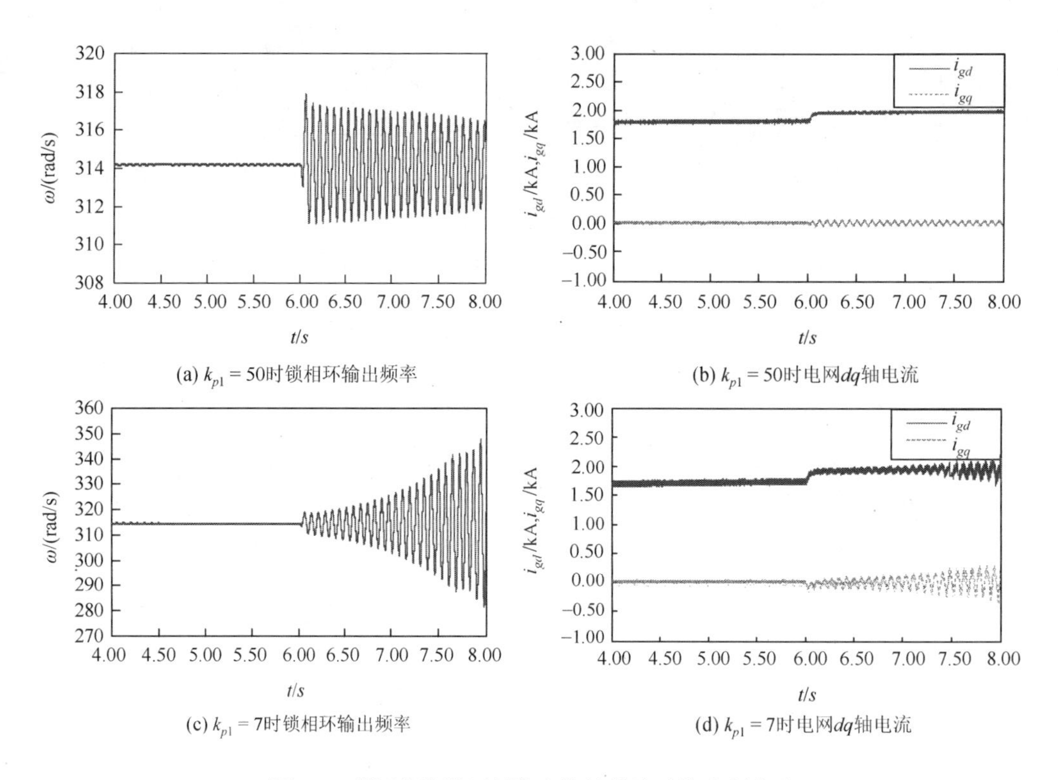

(a) $k_{p1}=50$时锁相环输出频率

(b) $k_{p1}=50$时电网dq轴电流

(c) $k_{p1}=7$时锁相环输出频率

(d) $k_{p1}=7$时电网dq轴电流

图 6.4 并网变流器网侧发生接地故障时的响应波形

网侧接地故障下，锁相环输出呈现逐渐向稳态恢复的趋势，如图 6.4（a）和图 6.4（b）所示。PLL 的输出角频率在故障发生后开始振荡，但振荡幅度在±4 rad/s 以内，且呈收敛趋势；故障下变流器 d 轴电流增加到 2 kA，q 轴电流仍保持在零附近，并伴有轻微的收敛振荡，但这些轻微振荡几乎不会影响 PCC 电压和交流电网电流响应波形。而当电流环比例增益 $k_{p1}=7$ 时，系统呈现异常工作状态，如图 6.4（c）和图 6.4（d）所示。在锁相环的输出角频率中可以观察到振荡发散的现象，dq 轴电流也发生幅值增大的振荡。比较上述两种响应现象可知，锁相环在电网故障下的响应情况受到控制环路的参数及其动态行为的影响，在故障下的并网系统中锁相环与控制环的交互作用不容忽视。因此，为了确保并网变流器在电网故障下的安全运行，分析故障下变流器内部的环路交互作用尤为重要。

6.1.2　机理分析

为了在对电网故障下并网变流器中锁相环与控制环的交互机理进行分析，首先需要建立锁相环与控制环的交互耦合模型，因此本小节在锁相环的传统模型中考虑控制环路的动态响应对其的影响，建立考虑控制环影响的锁相环模型。然后根据电网故障下模型中的各物理量的变化与相互影响，分析锁相环与控制环的具体交互过程，深入解释锁相环与控制环动态交互的物理机制。

首先，本小节根据电网故障下电网电压、电流及阻抗的变化，推导并网变流器并网点电压的表达式。电网故障发生前，由于 PLL 的跟踪作用，PLL 输出相位 θ_{PLL} 与并网点电压相位 θ_{PCC} 可视为相同，所以故障前有 $\theta_{\text{PLL}} = \theta_{\text{PCC}}$。考虑到故障前感抗 X_{s1} 远小于电阻 R_{s1}，因此在故障发生之前，电网电感 L_{s1} 上的电压降可以忽略不计，认为 PCC 处的电压与电网电压同相位，即 $\theta_{\text{PCC}} = \theta_g$。因此，系统在故障前以单位功率因数运行，此时 PCC 电压可由式（6.1）给出：

$$V_{\text{PCC}}\angle\theta_{\text{PCC}} = V_{g0}\angle\theta_g + I_g Z_{s1}\angle\theta_g \tag{6.1}$$

然而，一旦电网发生故障，故障瞬间电网阻抗 Z_s 将减小变为 Z_{s2}，电网阻抗角也会发生突变，进而引发 θ_{PCC} 与 θ_{PLL} 的变化。图 6.2 给出了电网接地故障瞬间交流电网的诺顿等效电路。故障发生瞬间，等效电网电压幅值将降至 $V_g = V_{g0}Z_{s2}/Z_{s1}$，电网阻抗相角变为 θ_{s2}，假设故障瞬间交流侧电流在没来得及响应时保持在故障前 i_g 不变，因而故障发生时 PCC 电压可计算为

$$V_{\text{PCC}}\angle\theta_{\text{PCC}} = V_g\angle\theta_g + I_g Z_{s2}\angle(\theta_g + \theta_{s2}) \tag{6.2}$$

在故障发生后，锁相环和控制环将共同参与到并入弱电网的并网变流器的响应中。根据如图 6.5 所示的并网变流器系统的电压源等效电路，可以进行并网变流器系统的并网点电压计算。

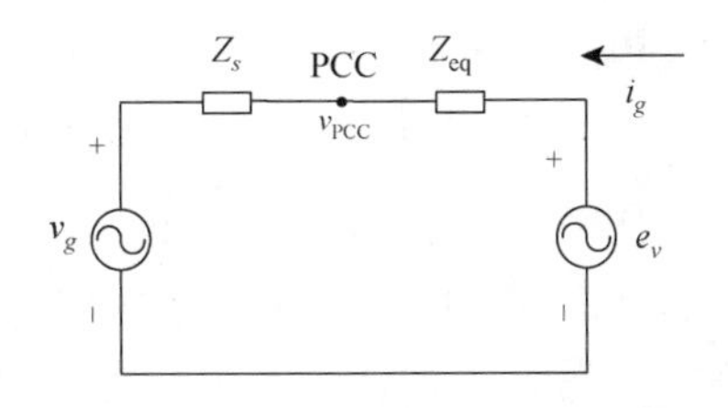

图 6.5　并网变流器系统的电压源等效电路

从图 6.5 可以看出，PCC 电压 v_{PCC} 同时受到电网等效电压 v_g 与并网变流器等效输出电压 e_v 的影响。Z_s 和 Z_{eq} 分别表示电网阻抗和并网变流器等值阻抗，其中 $Z_{\text{eq}} = Z_f + Z_0/2$。根据并网变流器系统的电压源等效电路，PCC 的电压可由式（6.3）得到：

$$V_{\text{PCC}} = \frac{Z_{\text{eq}}(\omega_g)}{Z_s(\omega_g) + Z_{\text{eq}}(\omega_g)} \cdot V_g + \frac{Z_s(\omega_{\text{PLL}})}{Z_s(\omega_{\text{PLL}}) + Z_{\text{eq}}(\omega_{\text{PLL}})} \cdot E_v \tag{6.3}$$

则有

$$V_{\mathrm{PCC}}\angle\theta_{\mathrm{PCC}}=K_1(\omega_g)V_g\angle[\theta_g+\varphi_1(\omega_g)]+K_2(\omega_{\mathrm{PLL}})E_v\angle[\theta_v+\varphi_2(\omega_{\mathrm{PLL}})] \tag{6.4}$$

式中，

$$\begin{cases} K_1(\omega)=\left|\dfrac{Z_{\mathrm{eq}}(\omega)}{Z_s(\omega)+Z_{\mathrm{eq}}(\omega)}\right| \\ K_2(\omega)=\left|\dfrac{Z_s(\omega)}{Z_s(\omega)+Z_{\mathrm{eq}}(\omega)}\right| \end{cases} \tag{6.5}$$

$$\begin{cases} \varphi_1(\omega)=\mathrm{phase}\left(\dfrac{Z_{\mathrm{eq}}}{Z_s+Z_{\mathrm{eq}}}\right)=\arctan\dfrac{\omega L_{\mathrm{eq}}R_s-\omega L_s R_{\mathrm{eq}}}{R_{\mathrm{eq}}(R_{\mathrm{eq}}+R_s)+\omega^2 L_{\mathrm{eq}}(L_{\mathrm{eq}}+L_s)} \\ \varphi_2(\omega)=\mathrm{phase}\left(\dfrac{Z_s}{Z_s+Z_{\mathrm{eq}}}\right)=\arctan\dfrac{\omega L_s R_{\mathrm{eq}}-\omega L_{\mathrm{eq}}R_s}{R_s(R_{\mathrm{eq}}+R_s)+\omega^2 L_s(L_{\mathrm{eq}}+L_s)} \end{cases} \tag{6.6}$$

E_v 表示并网变流器等效输出电压 e_v 的幅值；ω_g 表示电网角频率；ω_{PLL} 表示 PLL 输出角频率。在本章中电网频率 ω_g 等于工频角频率 $\omega_n=2\pi f_n$。式（6.6）中的 phase 表示阻抗的相位角。

根据式（2.1）给出的 *abc-dqO* 转换矩阵将 v_{PCC} 转换至 dq 旋转坐标系下，v_{PCC} 的 dq 轴电压分量可计算为

$$\begin{cases} v_{\mathrm{PCC}d}=K_1(\omega_g)V_g\cos[\theta_g+\varphi_1(\omega_g)-\theta_{\mathrm{PLL}}]+K_2(\omega_{\mathrm{PLL}})E_v(\omega_{\mathrm{PLL}})\cos[\theta_v+\varphi_2(\omega_{\mathrm{PLL}})-\theta_{\mathrm{PLL}}] \\ v_{\mathrm{PCC}q}=-K_1(\omega_g)V_g\sin[\theta_g+\varphi_1(\omega_g)-\theta_{\mathrm{PLL}}]-K_2(\omega_{\mathrm{PLL}})E_v(\omega_{\mathrm{PLL}})\sin[\theta_v+\varphi_2(\omega_{\mathrm{PLL}})-\theta_{\mathrm{PLL}}] \end{cases} \tag{6.7}$$

基于图 2.3 中所示的 PLL 的控制框图，可知 PLL 通过 PI 环节以及积分环节输出相角。因此，PLL 输出相角可以写成

$$\theta_{\mathrm{PLL}}=\int[\omega_n-(k_{\mathrm{PLL}p}+k_{\mathrm{PLL}i}\int\mathrm{d}t)v_{\mathrm{PCC}q}]\mathrm{d}t \tag{6.8}$$

式中，$k_{\mathrm{PLL}p}$ 代表 PLL 比例增益；$k_{\mathrm{PLL}i}$ 代表 PLL 积分增益。

将式（6.7）代入式（6.8），PLL 的控制方程可写为

$$\theta_{\mathrm{PLL}}=\int\{\omega_n+(k_{\mathrm{PLL}p}+k_{\mathrm{PLL}i}\int\mathrm{d}t)[K_1V_g\sin(\theta_g+\varphi_1-\theta_{\mathrm{PLL}})+K_2E_v\sin(\theta_v+\varphi_2-\theta_{\mathrm{PLL}})]\}\mathrm{d}t \tag{6.9}$$

由于并网变流器等效输出电压的相位 θ_v 由 PLL 提供，本小节认为 θ_v 等于 θ_{PLL}。考虑到电网阻抗上的压降 I_gZ_s 远小于等效电网电压 v_g，PCC 电压相角 θ_{PCC} 可被视为约等于电网相角 θ_g，即 $\theta_{\mathrm{PCC}}\approx\theta_g$。同样，将 θ_{PLL} 与 θ_{PCC} 的相位差记为 $\Delta\theta$，则有

$$\Delta\theta=\theta_{\mathrm{PCC}}-\theta_{\mathrm{PLL}}\approx\theta_g-\theta_{\mathrm{PLL}} \tag{6.10}$$

因此，PLL 输出相位与并网点电压相位之差可以表示为

$$\Delta\theta=\int\{(k_{\mathrm{PLL}p}+k_{\mathrm{PLL}i}\int\mathrm{d}t)[K_1V_g\sin(\varphi_1+\Delta\theta)+K_2E_v\sin\varphi_2]\}\mathrm{d}t \tag{6.11}$$

由式（6.11）可知，PLL 输出相位与并网点电压相位之差不仅受到 PLL 控制参数的影响，还受到变流器控制环输出电压的影响。为了反映锁相环在电网故障后控制环对其的影响，图 6.6 给出了电网故障后考虑控制环影响下的锁相环控制框图。

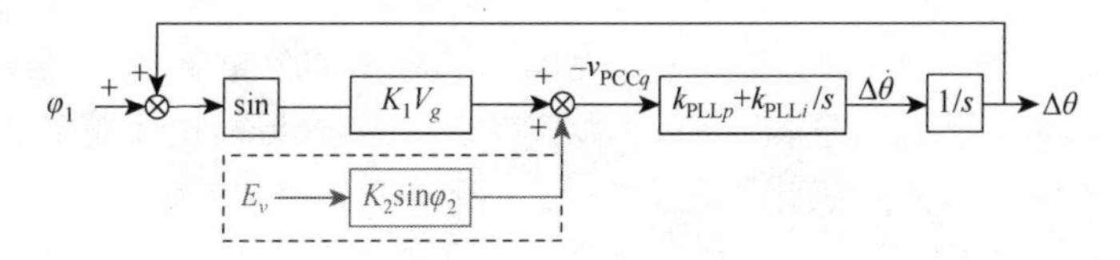

图 6.6　考虑控制环影响下的 PLL 控制框图

假设并网变流器的等效输出电压等于控制环路的输出指令，即 $e_v \approx e_v^*$，图 6.6 中的虚线框部分即可表示控制环路对 PLL 的影响。可以看出，控制环通过影响并网变流器输出电压来改变并网点 q 轴电压，进而间接影响 PLL 的响应。值得一提的是，在一些已有的研究中[1-14]，并网变流器的输出电压或输出电流都设定为一个常数，不受电网故障的影响，因此这样的 PLL 模型无法反映控制环对其的影响。然而，在本小节的建模中，故障后控制环路输出电压的变化对锁相环响应的影响也被考虑到，因此锁相环在控制环影响下的动态特性可以通过此控制框图以及式（6.11）中 PLL 与并网点相位差的数学模型反映出来。

综上可知，控制环路对 PLL 的影响主要通过并网变流器等效输出电压幅值 E_v 来传递。因此推导并网变流器等效输出电压幅值成为分析控制环对锁相环影响的关键。并网变流器等效输出电压幅值 E_v 可以由式（6.12）给出：

$$E_v \approx E_v^* = \sqrt{e_{vd}^{*\,2} + e_{vq}^{*\,2}} \tag{6.12}$$

式中，E_v^* 表示控制环输出电压参考幅值。q 轴电压参考值 e_{vq}^* 在零附近变化，并且 d 轴电压参考值 e_{vd}^* 远高于 e_{vq}^*，因此 E_v^* 的变化趋势主要由 e_{vd}^* 决定。而 e_{vd}^* 的变化则取决于电网故障下控制环路的响应。

从 6.1.1 小节的分析可以看出，当线路 2 发生接地故障时，d 轴电压 $v_{\mathrm{PCC}d}$ 会降低，q 轴电压 $v_{\mathrm{PCC}q}$ 向负方向略微增长，即 $v_{\mathrm{PCC}q}$ 会从 0 降低为一个负值，导致相位差 $\Delta\theta$ 的增大。$v_{\mathrm{PCC}d}$ 和 $v_{\mathrm{PCC}q}$ 的变化也会引起电流内环和功率外环的动作。

在电流内环与功率外环的控制框图中，式（2.1）与式（2.33）分别给出了电流内环与功率外环的控制方程。

根据功率外环控制方程（2.1）可知功率外环的响应情况。在电网故障下，$v_{\mathrm{PCC}d}$ 减小，则并网变流器输送的有功功率降低，无功功率无法维持在 0，使得功率参考值与实际值之差经过 PI 环节后输出的 dq 轴参考电流发生相应变化。因此，在电网接地故障情况下，d 轴电流参考值 $i_{d\mathrm{ref}}$ 可能会逐渐增大，q 轴电流参考值 $i_{q\mathrm{ref}}$ 无法继续保持为零。而随着 dq 轴参考电流的变化，控制环输出 dq 轴电压参考值 e_{vd}^* 和 e_{vq}^* 会在电流内环的作用下发生变化。由电流内环控制方程（2.33）可知，控制环输出 dq 轴电压参考值 e_{vd}^* 和 e_{vq}^* 不仅受到电流参考值与实际值之差的影响，也受到并网点电压以及 dq 轴解耦量的影响。故障过程中电流参考值的变化远大于电流实际值的变化，因此在分析中忽略电流变化的影响，可知 d 轴电压参考值 e_{vd}^* 的变化主要受 $v_{\mathrm{PCC}d}$ 和 $i_{d\mathrm{ref}}$ 的影响。而电网故障下 e_{vd}^* 的变化趋势更受 $v_{\mathrm{PCC}d}$ 还是 $i_{d\mathrm{ref}}$ 影响更大，则取决于电流内环控制参数的大小，如电流环比例增益 k_{p1}。

当电流内环中 k_{p1} 较小时，e_{vd}^* 可能会随着 $v_{\mathrm{PCC}d}$ 的减小而下降。因此，根据式（6.12），控制环路输出电压参考值的幅值 E_v^* 可以下降到较小值，导致并网变流器等效输出电压幅值 E_v 降低。由式（6.6）可知，φ_1 和 φ_2 符号相反，本小节假设 φ_1 符号为正进行后续分析。在此假设下，图 6.6 中的 $\sin\varphi_2$ 为负值，PCC 电压在 q 轴上的分量 $v_{\mathrm{PCC}q}$ 会呈现继续降低的趋势，控制环路与锁相环在此条件下形成正反馈。并网点电压与锁相环输出之间的相位差 $\Delta\theta$ 将继续增大并发散到无穷大，在此情况下 PLL 将变得不稳定。

当电流内环中 k_{p1} 较大时，e_{vd}^* 可能会随着 $i_{d\mathrm{ref}}$ 的增加而升高。控制环路输出电压参考值的幅值 E_v^* 会相应升高，以致并网变流器等效输出电压幅值 E_v 增大。在图 6.6 中的 $\sin\varphi_2$ 为负值时，PCC 电压的 q 轴分量 $v_{\mathrm{PCC}q}$ 呈现上升的趋势，控制环路和锁相环在此条件下形成负反馈。并网点电压与锁相环输出之间的相位差 $\Delta\theta$ 将呈现收敛趋势并逐渐恢复到稳定值，在此情况下 PLL 可以保持稳定。

同样，功率外环也会通过改变 e_{vd}^* 的变化趋势来影响 PLL 的响应。当功率外环比例增益 k_{p2} 较大时，系统将更稳定。当 PCC 电压 d 轴分量 $v_{\mathrm{PCC}d}$ 由相位扰动而降低时，d 轴参考电流 $i_{d\mathrm{ref}}$ 将增大。功率外环比例增益 k_{p2} 的值将决定 $i_{d\mathrm{ref}}$ 的增大程度，如式（2.1）所示。当功率外环比例增益 k_{p2} 较大时，$i_{d\mathrm{ref}}$ 将会增大更多，使得 e_{vd}^* 和 E_v 随 $i_{d\mathrm{ref}}$ 的增加呈现增长趋势，在 $\sin\varphi_2$ 为负时，$v_{\mathrm{PCC}q}$ 随之增大。进而，控制环路与 PLL 形成负反馈，使并网系统恢复到稳定状态。然而，当功率外环比例增益 k_{p2} 较小时，$i_{d\mathrm{ref}}$ 的增长可能较小，e_{vd}^* 和 E_v 的变化趋势由 $v_{\mathrm{PCC}d}$ 的下降决定，在 $\sin\varphi_2$ 为负时，$v_{\mathrm{PCC}q}$ 随之减小。因此，控制环路与 PLL 形成正反馈，系统无法在电网故障下保持稳定。

综合上述分析，本小节绘制出电网接地故障下 PLL 与控制环路相互影响的物理交互过程图，如图 6.7 所示。由图可知，变流器输出电压幅值 E_v 和 q 轴并网点电压 $v_{\mathrm{PCC}q}$ 为控制环对锁相环产生影响的关键中间物理量：当控制环响应抑制了并网点 q 轴电压的变化时，控制环与 PLL 形成负反馈，系统稳定；而当控制环响应加剧了并网点 q 轴电压的变化时，控制环与 PLL 形成正反馈，系统失稳。锁相环对控制环的影响则通过变化锁相环与电网之间的相位差 $\Delta\theta$ 实现，相位差的变化直接改变并网点电压 dq 轴的值，从而对 dq 轴的控制产生影响。

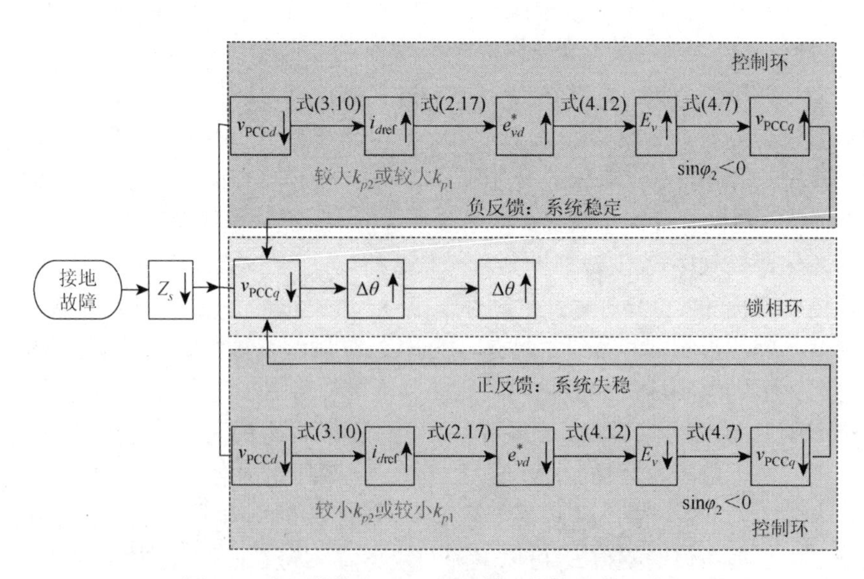

图 6.7　电网故障下 PLL 与控制环的物理交互过程

6.2　考虑交互作用的小信号分析

6.2.1　小信号模型

在上面的定性分析中，图 6.7 中的框图阐明了电网接地故障下电流环路和功率环路的控制参数对 PLL 稳定性的影响路径。然而，要想精确分析并网系统参数对控制环与 PLL 交互的影响，还需要对锁相环稳定性进行定量的计算分析，因此本小节建立考虑与控制环路相互作用的锁相环小信号模型，分析电网接地故障后锁相环的小信号稳定性以及参数影响。

根据式（6.7）～式（6.11），在锁相环工作的静态工作点（$\omega_{\text{PLL}} = \omega_g$）附近对锁相环的控制方程进行线性化便可以得到锁相环的小信号模型。电网线路接地故障不影响电网频率的变化，因此锁相环的静态工作点 $\omega_{\text{PLL}} = \omega_g = 2\pi f_g$，其中 $f_g = 50$ Hz。而在控制输出环节，控制环输出电压指令 e_v^* 的相位由锁相环提供，在变流器中通常认为并网变流器输出电压近似于其指令电压，即 $e_v \approx e_v^*$，则并网变流器等效输出电压的相位 θ_v 同样可近似由锁相环提供，即在本小节中认为 θ_v 等于 θ_{PLL}。考虑到系统稳定运行时，锁相环能够跟随电网相角的变化，即稳态 $\theta_{\text{PLL}} = \theta_g$，根据式（6.7），$dq$ 轴并网点电压在扰动下的小信号增量可写为

$$\begin{cases}\Delta v_{\text{PCC}d} = G_1(\Delta\theta_g - \Delta\theta_{\text{PLL}}) + G_2\Delta\omega + G_3\Delta E_v \\ \Delta v_{\text{PCC}q} = G_4(\Delta\theta_g - \Delta\theta_{\text{PLL}}) + G_5\Delta\omega + G_6\Delta E_v\end{cases} \tag{6.13}$$

式中，

$$\begin{cases}G_1 = -K_1(\omega_g)V_g\sin[\varphi_1(\omega_g)] \\ G_2 = \{-K_2(\omega_g)\sin[\varphi_2(\omega_g)]\varphi_2'(\omega_g) + K_2'(\omega_g)\cos[\varphi_2(\omega_g)]\}E_v(\omega_g) \\ G_3 = K_2(\omega_g)\cos[\varphi_2(\omega_g)] \\ G_4 = -K_1(\omega_g)V_g\cos[\varphi_1(\omega_g)] \\ G_5 = -\{K_2(\omega_g)\cos[\varphi_2(\omega_g)]\varphi_2'(\omega_g) + K_2'(\omega_g)\sin[\varphi_2(\omega_g)]\}E_v(\omega_g) \\ G_6 = -K_2(\omega_g)\sin[\varphi_2(\omega_g)]\end{cases} \tag{6.14}$$

其中，ΔE_v 是 E_v 的小信号增量；$E_v(\omega_g)$是锁相环角频率稳定在 ω_g 时 E_v 的稳态值；K_2' 和 φ_2' 分别代表 K_2 和 φ_2 在 $\omega = \omega_g$ 处的导数。

控制环通过影响变流器输出电压幅值 E_v 来影响 PLL 的输入，从而间接影响 PLL 的响应，因此建立考虑锁相环与控制环交互的 PLL 小信号模型的关键是求解 ΔE_v。当系统工作在静态工作点 ω_g 附近时，E_v 的小信号线性化表达式可根据式（6.15）得到：

$$\Delta E_v \approx [e_{vd}^*(\omega_g) + e_{vq}^*(\omega_g)](\Delta e_{vd}^* + \Delta e_{vq}^*) / E_v(\omega_g) \tag{6.15}$$

而式（6.15）中小信号项 Δe_{vd}^* 和 Δe_{vq}^* 则可以根据电流内环控制方程进行推导：

$$\begin{cases}\Delta e_{vd}^* = \Delta v_{\text{PCC}d} + L_{\text{eq}}I_q\Delta\omega + \omega_g L_{\text{eq}}\Delta i_q + G_i(\Delta i_{d\text{ref}} - \Delta i_d) \\ \Delta e_{vq}^* = \Delta v_{\text{PCC}q} - L_{\text{eq}}I_d\Delta\omega - \omega_g L_{\text{eq}}\Delta i_d + G_i(\Delta i_{q\text{ref}} - \Delta i_q)\end{cases} \tag{6.16}$$

式中，$G_i = k_{p1} + k_{i1}/\text{s}$。

同样，式（6.16）中 dq 轴参考电流增量 $\Delta i_{d\text{ref}}$ 和 $\Delta i_{q\text{ref}}$ 也可以由功率外环控制方程给出，即

$$\begin{cases}\Delta i_{d\text{ref}}=\dfrac{3}{2}G_p(-I_d\Delta v_{\text{PCC}d}-V_{\text{PCC}d}\Delta i_d-I_q\Delta v_{\text{PCC}q}-V_{\text{PCC}q}\Delta i_q)\\ \Delta i_{q\text{ref}}=\dfrac{3}{2}G_p(-I_q\Delta v_{\text{PCC}d}-V_{\text{PCC}d}\Delta i_q+I_d\Delta v_{\text{PCC}q}+V_{\text{PCC}q}\Delta i_d)\end{cases}\tag{6.17}$$

式中，$G_p=k_{p2}+k_{i2}/s$。

结合式（6.15）、式（6.16）和式（6.17），并网变流器等值输出电压幅值 E_v 的小信号增量可计算为

$$\Delta E_v\approx J_1\Delta v_{\text{PCC}d}+J_2\Delta v_{\text{PCC}q}+J_3\Delta i_d+J_4\Delta i_q+J_5\Delta\omega\tag{6.18}$$

其中，

$$\begin{cases}J_1=\left(1-\dfrac{3}{2}G_iG_pI_d-\dfrac{3}{2}G_iG_pI_q\right)[e_{vd}^*(\omega_g)+e_{vq}^*(\omega_g)]/E_v(\omega_g)\\ J_2=\left(1+\dfrac{3}{2}G_iG_pI_d-\dfrac{3}{2}G_iG_pI_q\right)[e_{vd}^*(\omega_g)+e_{vq}^*(\omega_g)]/E_v(\omega_g)\\ J_3=\left(\dfrac{3}{2}G_iG_pV_{\text{PCC}q}-\dfrac{3}{2}G_iG_pV_{\text{PCC}d}-G_i-\omega_gL_{\text{eq}}\right)[e_{vd}^*(\omega_g)+e_{vq}^*(\omega_g)]/E_v(\omega_g)\\ J_4=\left(\omega_gL_{\text{eq}}-\dfrac{3}{2}G_iG_pV_{\text{PCC}q}-\dfrac{3}{2}G_iG_pV_{\text{PCC}d}-G_i\right)[e_{vd}^*(\omega_g)+e_{vq}^*(\omega_g)]/E_v(\omega_g)\\ J_5=L_{\text{eq}}(I_q-I_d)[e_{vd}^*(\omega_g)+e_{vq}^*(\omega_g)]/E_v(\omega_g)\end{cases}\tag{6.19}$$

根据图 6.5 中电网电压、并网变流器等值输出电压和电流的关系，并网变流器网侧电流可由式（6.20）获得：

$$I_g=\frac{1}{Z_s(\omega_{\text{PLL}})+Z_{\text{eq}}(\omega_{\text{PLL}})}\cdot E_v-\frac{1}{Z_s(\omega_g)+Z_{\text{eq}}(\omega_g)}\cdot V_g\tag{6.20}$$

则有

$$I_g\angle\theta_i=K_3(\omega_{\text{PLL}})E_v\angle[\theta_v+\varphi_3(\omega_{\text{PLL}})]-K_3(\omega_g)V_g\angle[\theta_g+\varphi_3(\omega_g)]\tag{6.21}$$

其中，

$$\begin{cases}K_3(\omega)=\dfrac{1}{\left|Z_s(\omega)+Z_{\text{eq}}(\omega)\right|}\\ \varphi_3(\omega)=\text{phase}\left[\dfrac{1}{Z_s(\omega)+Z_{\text{eq}}(\omega)}\right]\end{cases}\tag{6.22}$$

因此，式（6.18）中的 Δi_d 和 Δi_q 可表示为

$$\begin{cases}\Delta i_d=H_1\Delta\omega+H_2\Delta E_v+H_3(\Delta\theta_g-\Delta\theta_{\text{PLL}})\\ \Delta i_q=H_4\Delta\omega+H_5\Delta E_v+H_6(\Delta\theta_g-\Delta\theta_{\text{PLL}})\end{cases}\tag{6.23}$$

式中，

$$
\begin{cases}
H_1 = K_3'(\omega_g)E_v(\omega_g)\cos[\varphi_3(\omega_g)] - K_3 E_v(\omega_g)\varphi_3'(\omega_g)\sin[\varphi_3(\omega_g)] \\
H_2 = K_3(\omega_g)\cos[\varphi_3(\omega_g)] \\
H_3 = K_3(\omega_g)V_g \sin[\varphi_3(\omega_g)] \\
H_4 = -K_3'(\omega_g)E_v(\omega_g)\sin[\varphi_3(\omega_g)] - K_3(\omega_g)E_v(\omega_g)\varphi_3'(\omega_g)\cos[\varphi_3(\omega_g)] \\
H_5 = -K_3(\omega_g)\sin[\varphi_3(\omega_g)] \\
H_6 = K_3(\omega_g)V_g \cos[\varphi_3(\omega_g)]
\end{cases}
\tag{6.24}
$$

联立式（6.18）和式（6.23），有

$$
\Delta E_v = T_1\Delta\omega + T_2\Delta v_{\mathrm{PCC}d} + T_3\Delta v_{\mathrm{PCC}q} + T_4(\Delta\theta_g - \Delta\theta_{\mathrm{PLL}}) \tag{6.25}
$$

式中，

$$
\begin{cases}
T_1 = \dfrac{J_3H_1 + J_4H_4 + J_5}{1 - J_3H_2 - J_4H_5} \\
T_2 = \dfrac{J_1}{1 - J_3H_2 - J_4H_5} \\
T_3 = \dfrac{J_2}{1 - J_3H_2 - J_4H_5} \\
T_4 = \dfrac{J_3H_3 + J_4H_6}{1 - J_3H_2 - J_4H_5}
\end{cases}
\tag{6.26}
$$

然后将式（6.25）代入式（6.13），$\Delta v_{\mathrm{PCC}q}$ 可以用与频率和角度相关的三个小信号增量来表示，即 $\Delta\omega$、$\Delta\theta_g$ 和 $\Delta\theta_{\mathrm{PLL}}$，如式（6.27）所示：

$$
\Delta v_{\mathrm{PCC}q} = -F_1\Delta\omega - F_2(\Delta\theta_g - \Delta\theta_{\mathrm{PLL}}) \tag{6.27}
$$

式中，

$$
\begin{cases}
F_1 = -\dfrac{(G_5 + G_6T_1)(1 - G_3T_2) + G_6T_2(G_2 + G_3T_1)}{(1 - G_3T_2)(1 - G_6T_3) - G_6T_2G_3T_3} \\
F_2 = -\dfrac{(G_4 + G_6T_4)(1 - G_3T_2) + G_6T_2(G_1 + G_3T_4)}{(1 - G_3T_2)(1 - G_6T_3) - G_6T_2G_3T_3}
\end{cases}
\tag{6.28}
$$

将 q 轴并网点电压的小信号增量表达式（6.27）代入锁相环控制方程（6.8）中，便可建立得到考虑控制环影响的 PLL 小信号模型：

$$
\Delta\theta_{\mathrm{PLL}} = [F_1\Delta\omega + F_2(\Delta\theta_g - \Delta\theta_{\mathrm{PLL}})]\left(k_{\mathrm{PLL}p} + \frac{k_{\mathrm{PLL}i}}{s}\right)\frac{1}{s} \tag{6.29}
$$

图 6.8 根据式（6.29）给出了考虑控制环影响的 PLL 小信号模型。分析图 6.8 可知，控制环与锁相环的交互机理为：电网扰动下控制环对变流器输出电压 E_v 的调整影响了并网点 q 轴电压 $v_{\mathrm{PCC}q}$ 的变化，进而改变了 PLL 的输出相位 θ_{PLL} 及频率 ω；而 PLL 输出相位 θ_{PLL} 及频率 ω 的扰动使得控制环输入的 dq 轴分量 $v_{\mathrm{PCC}d}$ 与 $v_{\mathrm{PCC}q}$ 受到影响，进而改变控制环的输出电压 E_v。

根据式（6.29），可得到 PLL 输入输出传递函数为

$$\frac{\Delta\theta_{\text{PLL}}}{\Delta\theta_g}=\frac{k_{\text{PLL}p}F_2 s+k_{\text{PLL}i}F_2}{(1-k_{\text{PLL}p}F_1)s^2+(k_{\text{PLL}p}F_2-k_{\text{PLL}i}F_1)s+k_{\text{PLL}i}F_2}=\frac{N(s)}{D(s)} \tag{6.30}$$

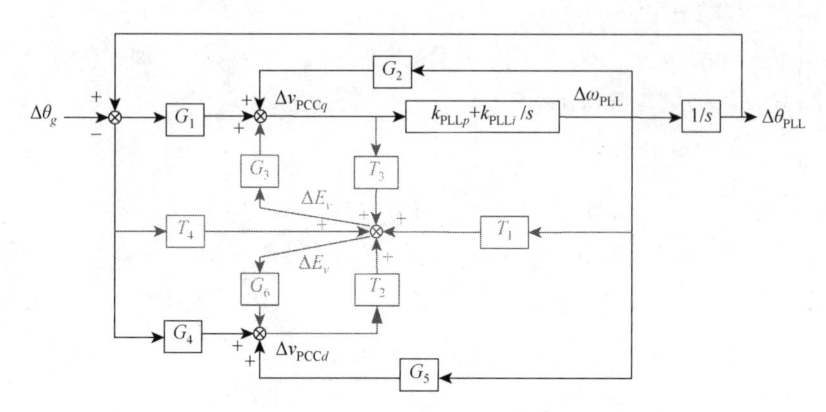

图 6.8 考虑控制环影响的 PLL 小信号模型

6.2.2 稳定性分析

求解 PLL 传递函数（6.30）的极点，便可以通过分析极点实部的正负性来判断锁相环的稳定性。当锁相环传递函数零极点图右半平面不存在极点时，电网故障后并网系统的锁相环可以保持稳定；相反，如果在右半平面上存在极点，并网系统的锁相环将失去稳定。

根据考虑控制环影响的锁相环传递函数（6.30），对参数如表 6.1 所示的并网 MMC 在电流环比例增益 $k_{p1}=10$ 和 $k_{p1}=45$ 时进行零极点分析的结果如图 6.9 所示。当 $k_{p1}=10$ 时，零极点图的右半平面上出现一对极点 p_3 和 p_4，这表明在此组参数下并网 MMC 中锁相环失去稳定。而当 $k_{p1}=45$ 时，所有极点都存在于零极点图的左半平面，表明并网 MMC 中锁相环可以在此参数下保持稳定。

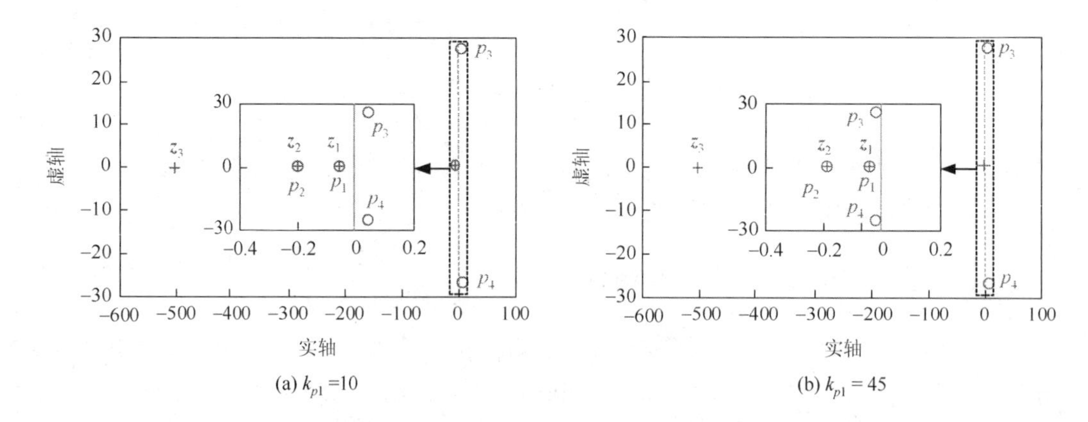

(a) $k_{p1}=10$　　(b) $k_{p1}=45$

图 6.9 电网故障下考虑与控制环交互的锁相环的零极点分布

此组零极点分析结果也说明了锁相环的小信号稳定性会受到控制环路参数的影响。随着电流环比例增益 k_{p1} 的增加，锁相环传递函数中原本位于右半平面的极点可能会越过虚轴到达左半平面。因此，当电流环比例增益较高时，并网变流器中锁相环可以保持更稳定的运行。

6.3　验证

6.3.1　仿真验证

为验证上述锁相环与控制环交互分析的正确性，本小节在 PSCAD 仿真平台搭建并网三相 21 电平并网变流器仿真模型。仿真模型如图 6.1 所示，并网变流器系统参数示见表 6.1。当线路 2 发生接地故障时，电网阻抗和电网等效电压均会发生扰动，导致 PCC 电压幅值和相位发生相应变化，进而引起锁相环的响应。为了分析接地故障下控制环路对锁相环暂态响应的影响，本小节首先在不同的控制参数下进行电网故障下并网变流器的仿真。

1. 电流环比例增益 k_{p1} 对 PLL 的影响

图 6.10 和图 6.11 显示了当 $t = 6$ s 发生接地故障时，不同电流环路比例增益 k_{p1} 时并网变流器的响应波形。

当 $k_{p1} = 10$、$k_{i1} = 0.5$ 时，电网侧接地故障下系统呈现异常工作状态，如图 6.10 所示。锁相环输出角频率在电网故障后呈现振荡发散的趋势，有功功率略有下降，但是很快恢复到稳定工作值。无功功率、PCC 的 dq 轴电压和 dq 轴电流也随着锁相环输出角频率的变化而振荡发散。由于 dq 轴电压和电流的振荡，PCC 电压和交流电流均在电网侧接地故障发生后呈现一定程度的畸变，如图 6.10（e）和（f）中 $v_{\mathrm{PCC}a}$ 和 i_{ga} 的波形所示。图 6.10 中的波形验证了电网故障下 PLL 在电流环比例增益 k_{p1} 较小时可能失去稳定性。

当 $k_{p1} = 45$、$k_{i1} = 0.5$ 时，电网侧接地故障下系统可呈现逐渐向稳定状态恢复的趋势，如图 6.10 所示。从图 6.11（a）可以看出，PLL 的输出角频率在故障发生后开始振荡，但振荡幅度始终在 ± 20 rad/s 以内，并且显示出收敛的趋势。在图 6.11（b）中，有功功率略有下降，然后恢复到稳态，无功功率轻微振荡。图 6.11（c）和（d）表示 dq 轴并网点电压和电流。由于电网故障，PCC 电压 d 轴分量跌至 12.7 kV，而 d 轴电流增加到 2 kA，PCC 电压 q 轴分量和 q 轴电流仍保持在零附近，并伴有轻微幅值收敛的振荡。dq 轴电压与电流在接地故障下的振荡幅度较小，几乎不影响 PCC 电压 $v_{\mathrm{PCC}a}$ 以及交流电流 i_{ga} 的波形，如图 6.11（e）和（f）所示。图 6.11 中的波形验证了电网侧接地故障下 PLL 在电流环比例增益 k_{p1} 较大时能够保持稳定。

通过比较上述两种响应情况，可知由于电流环比例增益的不同，锁相环在电网侧接地故障下响应的稳定性也会发生变化。当电流环比例增益 k_{p1} 较大时，PLL 可以在电网侧接地故障下保持稳定。因此，可以通过增大电流环比例增益的方式提高电网侧接地故障下并网变流器中锁相环的稳定性。

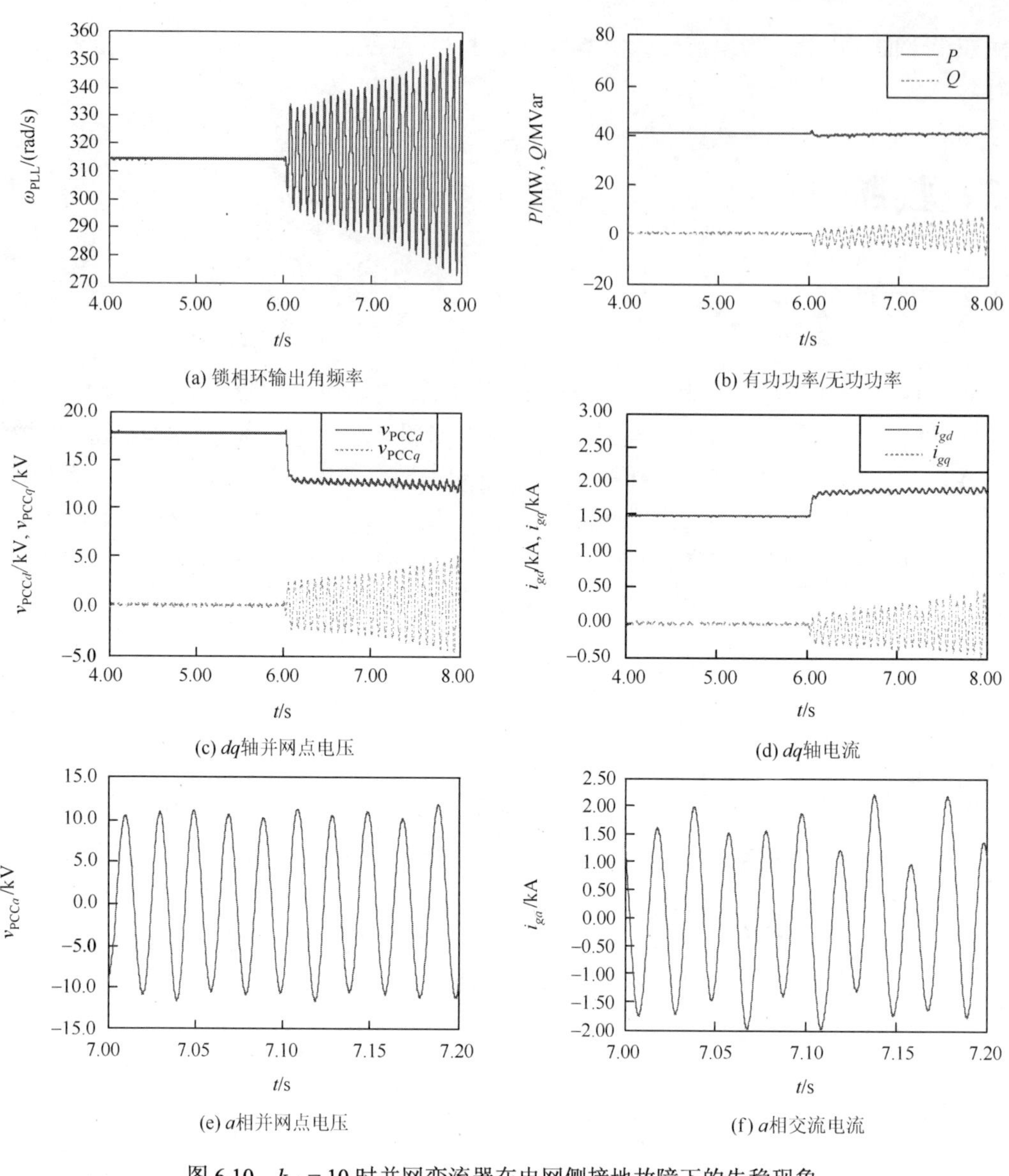

(a) 锁相环输出角频率　　(b) 有功功率/无功功率

(c) dq轴并网点电压　　(d) dq轴电流

(e) a相并网点电压　　(f) a相交流电流

图 6.10　$k_{p1}=10$ 时并网变流器在电网侧接地故障下的失稳现象

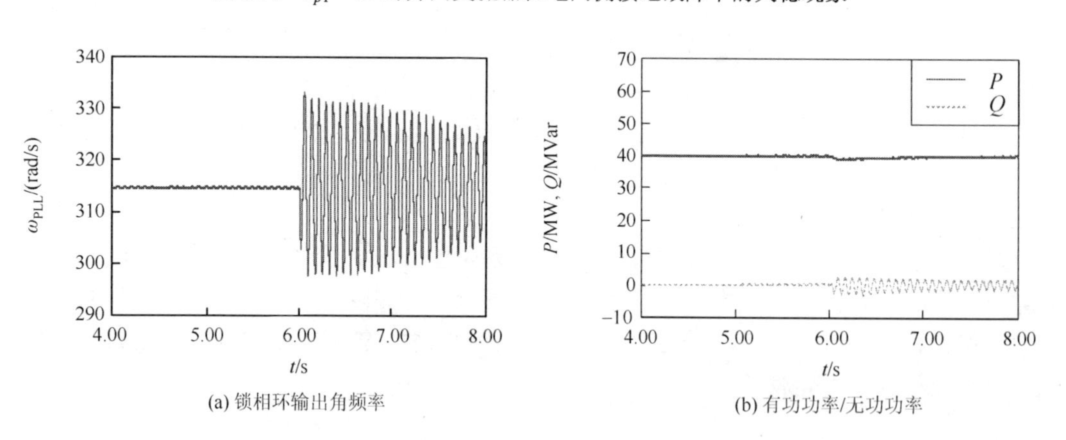

(a) 锁相环输出角频率　　(b) 有功功率/无功功率

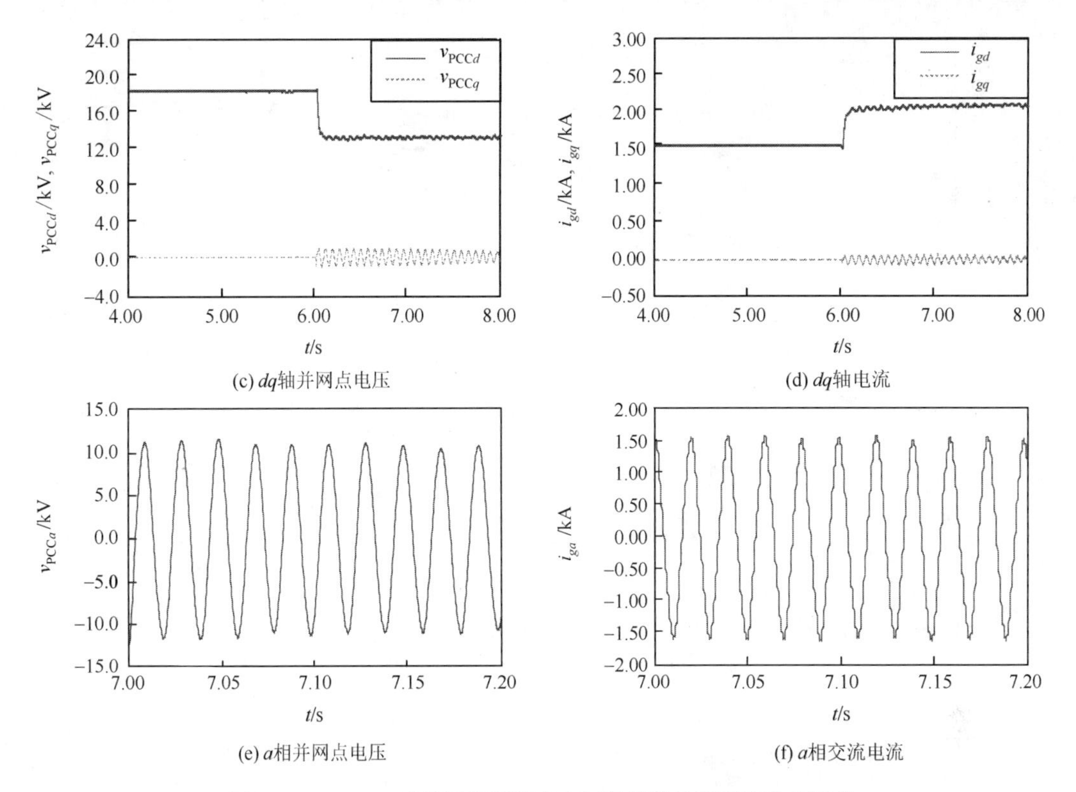

(c) dq轴并网点电压

(d) dq轴电流

(e) a相并网点电压

(f) a相交流电流

图 6.11 $k_{p1} = 45$ 时并网变流器在电网侧接地故障下的稳定现象

2. 功率外环比例增益 k_{p2} 对 PLL 的影响

为了验证功率外环比例增益 k_{p2} 对锁相环响应的影响，改变功率外环比例增益后并网变流器的响应波形也在本小节中给出。图 6.12 展示了功率外环比例增益 k_{p2} 设为 5 时并网变流器系统的波形，其他参数与图 6.10 仿真中所用参数相同，图 6.10 中 $k_{p2} = 0.5$。因此，对比图 6.12 和图 6.10 便可分析功率外环控制参数对系统稳定性的影响。

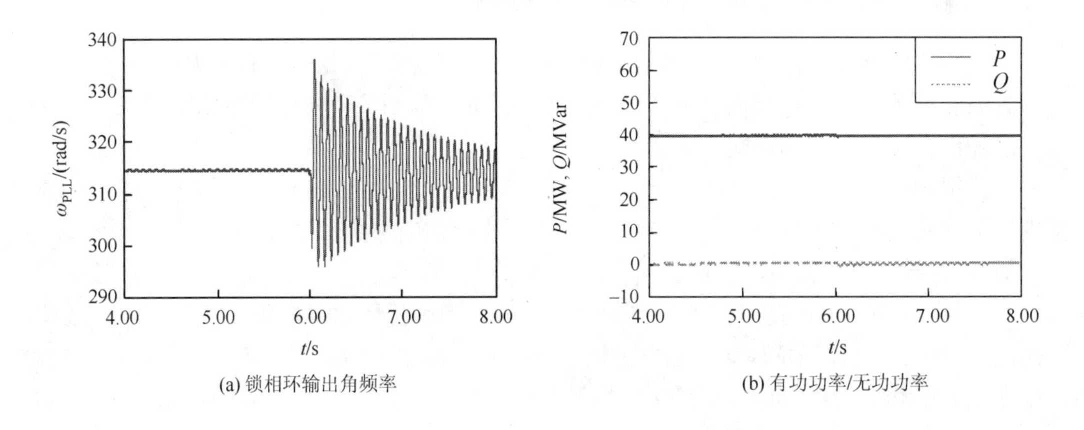

(a) 锁相环输出角频率

(b) 有功功率/无功功率

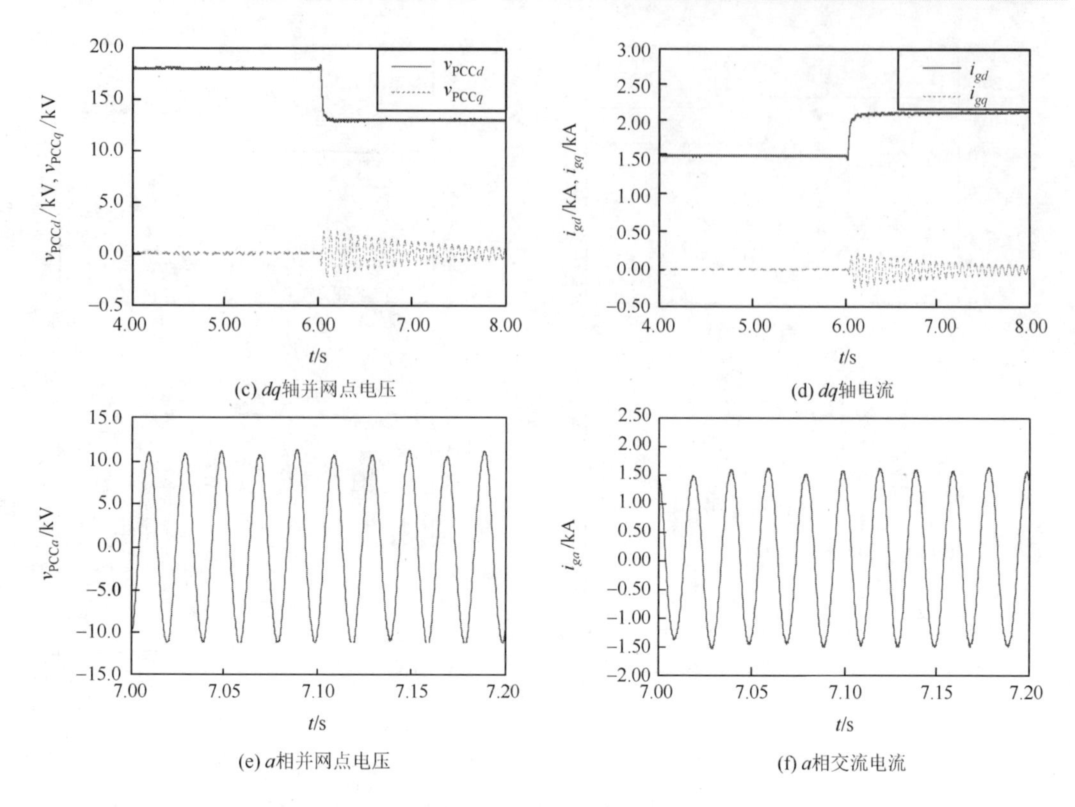

(c) dq轴并网点电压

(d) dq轴电流

(e) a相并网点电压

(f) a相交流电流

图 6.12 $k_{p2} = 5$ 时并网变流器在电网侧接地故障下的稳定现象

如图 6.12 所示，当功率外环比例增益 k_{p2} 较大时，在 PLL 的输出角频率、无功功率、PCC 电压 q 轴分量和 q 轴电流的波形中存在收敛振荡。而在较小的 k_{p2} 情况下，并网变流器各波形是振荡发散的。因此，可以说明功率外环比例增益 k_{p2} 较大时，PLL 具有恢复到稳定状态的趋势。

3. PLL 比例增益 k_{PLLp} 对电流内环临界比例增益的影响

锁相环比例增益 k_{PLLp} 是一个非常重要的参数，对锁相环的稳定性有很大的影响，同时影响着保证系统稳定的电流内环参数的临界值。因此，本小节分析锁相环比例增益 k_{PLLp} 对电流内环临界比例增益的影响。

当锁相环比例增益 k_{PLLp} 减小到 0.18，积分增益 k_{PLLi} 保持在 100 不变时，电网接地故障发生后不同的电流环比例增益 k_{p1} 控制下并网变流器的响应波形如图 6.13 和图 6.14 所示。

图 6.13 展示了锁相环比例增益 k_{PLLp} 减小后其他参数与图 6.11 电流内环控制参数相同（$k_{p1} = 45$ 和 $k_{i1} = 0.5$）时的并网变流器的响应波形。当锁相环比例增益 k_{PLLp} 较小时，锁相环无法如图 6.10 一样保持稳定。当发生接地故障时，锁相环输出角频率、无功功率、PCC 电压 q 轴分量和 q 轴电流的波形均呈现发散趋势，如图 6.13（a）～（d）所示。PCC 电压和电流波形也将出现失真的现象，如图 6.13（e）和（f）所示。由此可知，在较小的锁相环比例增益 k_{PLLp} 下，锁相环在故障下的稳定性变弱。

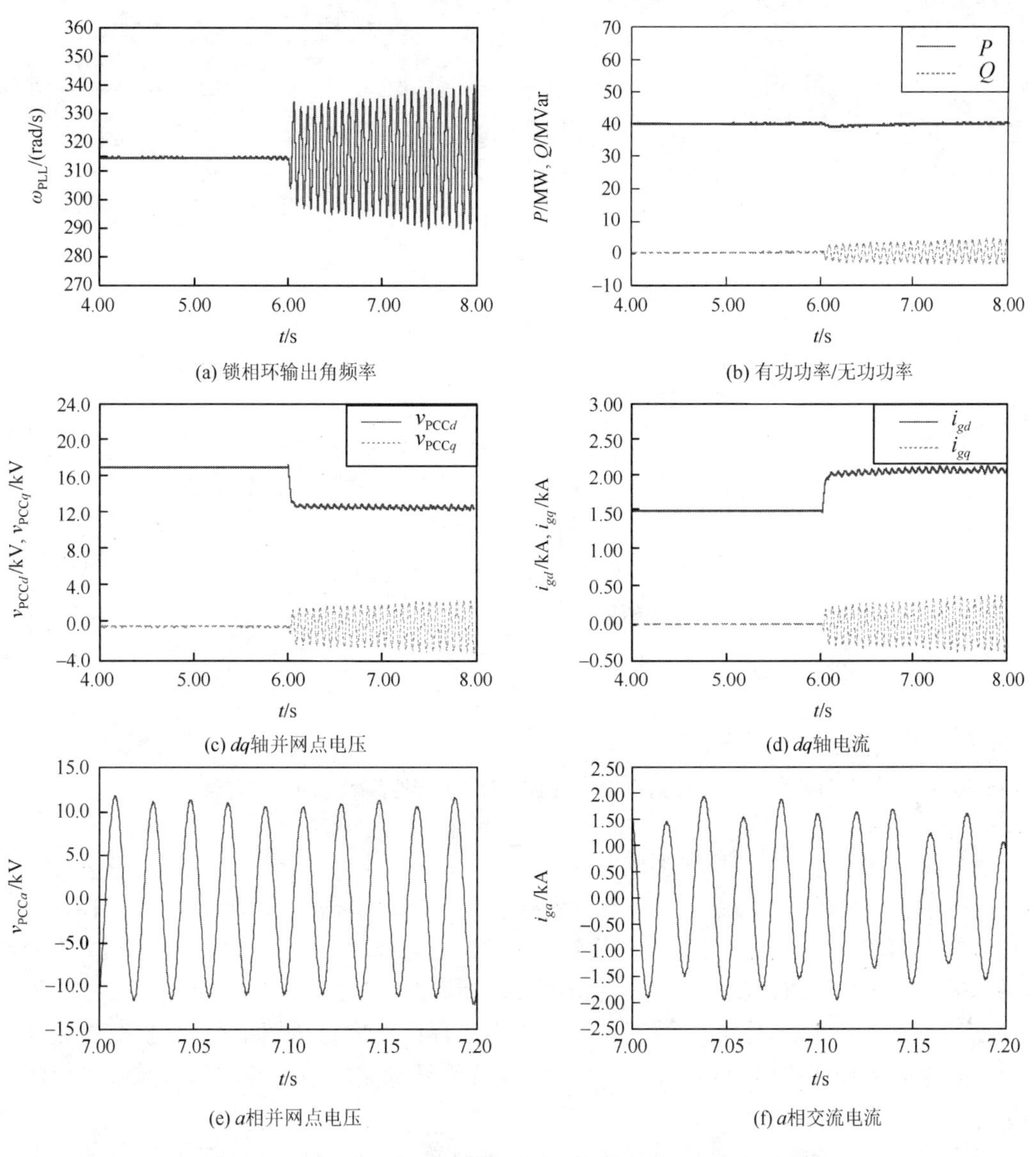

(a) 锁相环输出角频率　(b) 有功功率/无功功率

(c) dq轴并网点电压　(d) dq轴电流

(e) a相并网点电压　(f) a相交流电流

图 6.13　$k_{p1} = 45$ 时并网变流器在电网侧接地故障下的失稳现象

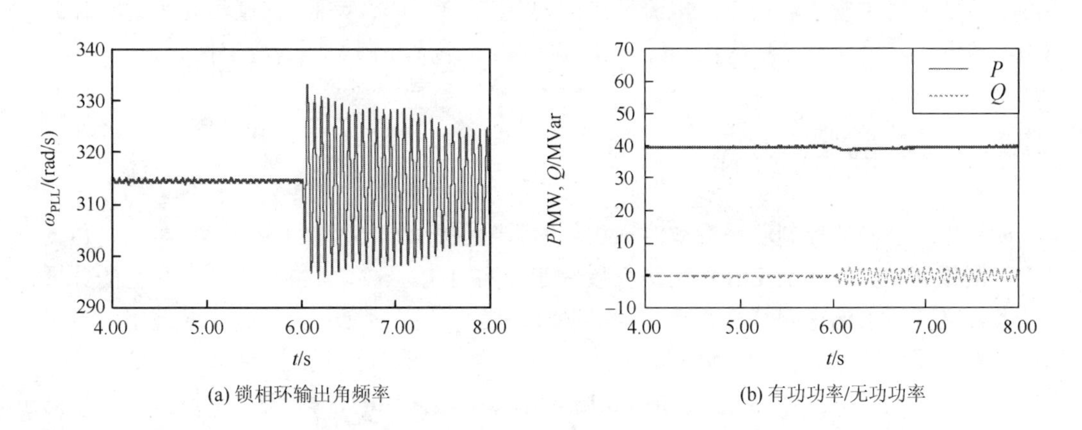

(a) 锁相环输出角频率　(b) 有功功率/无功功率

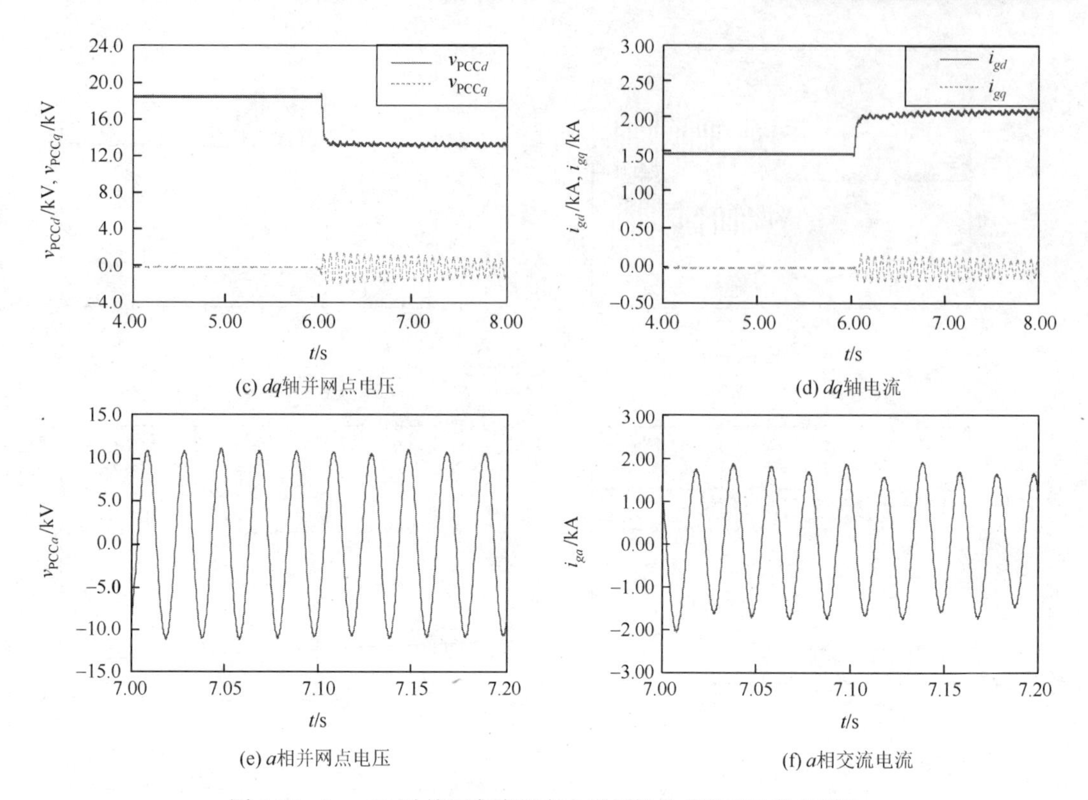

(c) dq轴并网点电压

(d) dq轴电流

(e) a相并网点电压

(f) a相交流电流

图 6.14 $k_{p1}=55$ 时并网变流器在电网侧接地故障下的稳定现象

图 6.14 则给出了锁相环比例增益 k_{PLLp} 减小后增大电流环比例增益 k_{p1}（$k_{p1}=55$ 和 $k_{i1}=0.5$）的并网变流器的响应波形。在此参数条件下，锁相环输出角频率、无功功率、PCC 电压 q 轴分量和 q 轴电流均呈现振荡收敛的现象。这意味着，在此参数下故障后并网变流器系统能够恢复到稳态，在一定时间后振荡会逐渐消失。对比图 6.13 和图 6.14，可以发现在降低锁相环比例增益 k_{PLLp} 的情况下，提高电流环比例增益 k_{p1} 同样可以提高锁相环稳定性，而随着锁相环比例增益 k_{PLLp} 的减小，保证系统稳定的电流环比例增益临界值随之增大。

综上可知，较小的锁相环比例增益 k_{PLLp} 可能对锁相环稳定性产生不利影响，且会使得并网变流器系统中锁相环稳定的电流环比例增益临界值变大。因此，在锁相环比例增益 k_{PLLp} 较小的情况下，需要一个更大的电流环比例增益 k_{p1} 来提高锁相环的稳定性。

6.3.2 实验验证

为了进一步验证控制环路参数对锁相环的影响分析，本小节在 OPAL-RT 半实物仿真平台上对锁相环与控制环的交互作用进行硬件在环实验验证。本章节关于环路交互的分析并未涉及并网变流器的电路特性，仅涉及控制环路特性，因此交互机理分析既适用于多电平的并网变流器电路，也适用于两电平 VSC 电路。为了简化实验过程，将本章节的实验在两电平 VSC 中完成，实验电路结构如图 6.15 所示。实验采用的三相 VSC 并网系统参数列于

表 6.2。并网 VSC 的主电路部分搭建于 OPAL-RT 半实物仿真平台，而控制部分则通过型号为 STM32F401 的硬件控制板实现。

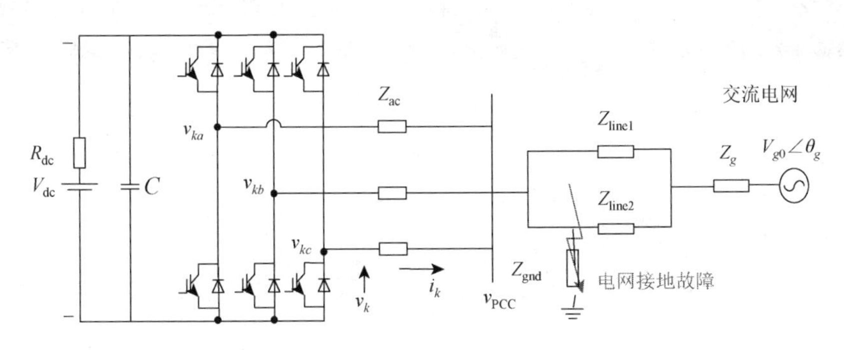

图 6.15　三相两电平 VSC 实验电路结构

表 6.2　实验参数

参数	参数值
交流电压 v_{g0}	23 kV
直流电压 V_{dc}	40 kV
直流侧电容 C	16 mF
锁相环比例增益 k_{PLLp}	0.01
锁相环积分增益 k_{PLLi}	2
电网频率 f_g	50 Hz
直流侧电阻 R_{dc}	0.01 Ω
交流侧滤波阻抗 $Z_f(L_f, R_f)$	2 mH，1 Ω
电网串联阻抗 $Z_g(L_g, R_g)$	0.1 mH，0.2 Ω
线路 1 阻抗 $Z_{line1}(L_{line1}, R_{line1})$	13 mH，0.2 Ω
线路 2 阻抗 $Z_{line2}(L_{line2}, R_{line2})$	18 mH，2 Ω
接地阻抗 $Z_{gnd}(L_{gnd}, R_{gnd})$	29 mH，0.1 Ω

不同控制环路参数下控制环与锁相环交互的硬件在环实验结果示于图 6.16 中。当 $k_{p1} = 1.8$ 时，一旦电网发生故障，PLL 的输出角频率便会呈现发散的趋势，如图 6.16（a）所示。而当存在较大的 k_{p1}，即 $k_{p1} = 2.4$ 时，输出角频率可在电网故障后逐渐恢复到稳态工作点（$\omega_{PLL} = \omega_g = 314$ rad/s），如图 6.16（b）所示。实验结果也进一步验证了控制环路的动态特性对锁相环性能影响的理论分析。

在弱电网连接的变流器中锁相环与控制环之间存在一定的交互作用，电网扰动下锁相环与控制环的交互极易引发锁相环及控制环的振荡发散现象，进而导致并网变流器的失稳。本章基于并网变流器中锁相环与控制环的交互模型，分析了锁相环与控制环在电网故障下的交互路径，阐明了并网变流器中锁相环-控制环路交互的物理机理，并给出了考虑控制环影响的锁相环小信号稳定性分析方法。本章的主要结论总结如下：

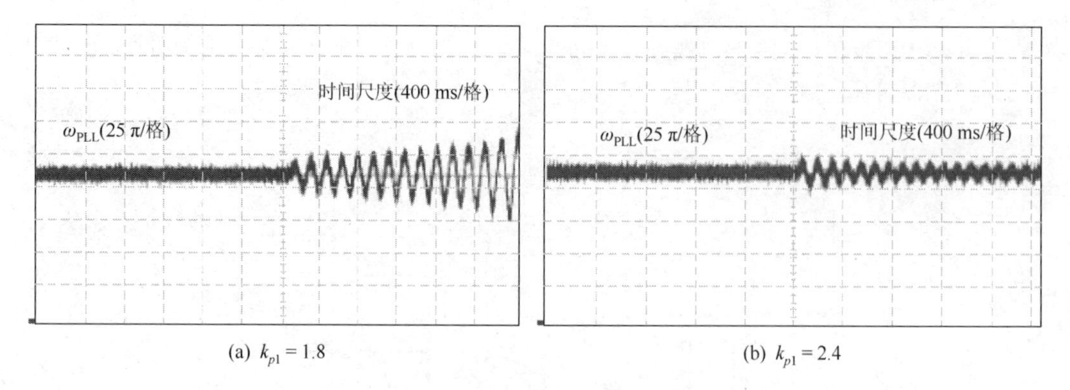

(a) $k_{p1}=1.8$　　(b) $k_{p1}=2.4$

图 6.16　不同的电流环控制参数下锁相环输出角频率波形

（1）当研究锁相环与控制环路的交互机理时，可以通过建立锁相环-控制环路交互模型进行分析。经分析可知，控制环通过控制变流器等效输出电压值的大小影响锁相环的输入，锁相环输出相角又将反馈给控制过程中的 *abc*/*dq* 变换，进而影响控制环的输入。当控制环响应抑制了锁相环输入电压的变化时，控制环与锁相环形成负反馈，系统稳定；而当控制环响应加剧了锁相环输入电压的变化时，控制环与锁相环形成正反馈，系统失稳。此模型可反映锁相环与控制环交互的物理机制，但无法进行锁相环-控制环路交互的量化分析。

（2）当考虑锁相环-控制环路交互的参数范围时，可以建立反映控制环影响的锁相环小信号模型，进而推导考虑控制环影响的锁相环输入输出的传递函数。通过分析传递函数的极点在复平面上的变化轨迹，可量化分析电网故障下锁相环在不同控制环参数下的稳定性，为电网故障下控制环与锁相环的参数设计提供理论支撑。

（3）分析发现在电网故障下，电流/功率控制环比例增益越大，锁相环的响应越稳定；较小的锁相环比例增益可能对锁相环稳定性产生不利影响。当锁相环比例增益减小时，锁相环稳定的电流/功率控制环比例增益的临界值变大。因此，在锁相环比例增益较小的情况下，需要一个更大的电流/功率环比例增益来提高锁相环的稳定性。

第 7 章

不对称电网条件下并网变流器运行边界

在实际运行过程中，不对称电网故障时有发生。然而，MMC 型并网变流器中一般采用环流控制，因此不对称电网对 MMC 型并网变流器的影响更为复杂。一方面非对称量的产生以及控制系统结构的调整会影响变流器在故障持续期间（准稳态）的稳定运行；另一方面电压的不对称跌落可能会使得故障暂态过程中短时上升的电流超过变流器的安全约束，从而引起器件过流损坏等问题，因此需要研究此条件下 MMC 的运行边界。

针对 MMC 在准稳态过程中的小信号失稳问题，本章建立不对称电网条件下并网 MMC 的小信号模型，通过特征根轨迹法分析电路参数和控制器参数在不同电压跌落程度下的可行域。为了反映变流器处于不同工作点时小信号稳定性的变化，以相同的方法研究电流参考值对变流器稳定性的影响，并根据刚好使系统特征根不越过虚轴时的电流参考值给出相应的 MMC 小信号稳定边界。

针对 MMC 短时暂态过流问题，需要准确描述故障电流的暂态响应特性。分析电流参考值与并网点电压之间的关系，结合电流环方程和等效回路方程推导同步旋转坐标系下的暂态电流表达式，并研究不同参数对暂态电流峰值的影响。然后，在暂态电流峰值计算的基础上，根据故障最大相电流约束推导 MMC 型并网变流器的安全运行边界。

7.1 不对称电网条件下并网变流器稳定边界

本节研究场景为单相电网电压跌落，假设电网电压跌落发生在 a 相，同时定义 a 相电压跌落后的幅值为 kU_g，则并网 MMC 系统在单相电网电压跌落情况下的拓扑结构如图 7.1 所示，其中 k 代表电压跌落程度，k 越小说明电压跌落程度越深，由不对称电压导致 MMC 内部产生的负序和零序分量已不可忽视。为此，依次对 MMC、控制系统和变流器出口交流侧建立详细的状态空间模型，将其线性化后通过接口变量合并得到 MMC 系统小信号模型。

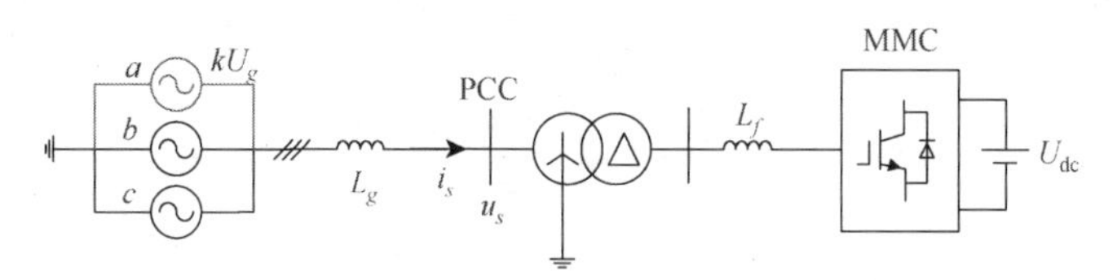

图 7.1 MMC 系统在单相电网电压跌落情况下的拓扑结构

MMC 系统主要参数如表 7.1 所示。对于实验室条件，搭建 201 电平详细 MMC 系统模型比较困难，且数量众多的开关器件会使得仿真时间大大增加，效率较低。因此，在研究单端 MMC 系统时进行了约 10∶1 的缩比，在保留 MMC 系统特征的同时，能够适用于实验室的仿真实验。

表 7.1 MMC 系统主要参数

参数	参数值
额定直流电压 U_{dc}	40 kV
交流系统额定电压 U_g	23 kV

续表

参数	参数值
额定容量 S	80 MV·A
单个桥臂子模块个数 N	20
交流系统额定频率 f	50 Hz
交流系统等效电感 L_g	0.1 mH
交流系统等效电阻 R_g	0.1 Ω
变压器等效感抗 L_T	2.1 mH
滤波电感 L_f	1.0 mH
桥臂等效电感 L_0	4 mH
桥臂等效电阻 R_0	0.1 Ω
子模块电容 C	13 mF

7.1.1　小信号模型

MMC 的电容通常分散布置在各个子模块中，这一特殊的拓扑结构使得在桥臂电流对子模块电容充放电过程中出现电容电压波动的情况，这就导致各相电压并不相等，从而在 MMC 内部产生二倍频及更高次谐波的环流，反过来影响桥臂电流，这样形成了一个循环相互影响的过程。因此，子模块电容电压和桥臂电流的各谐波分量构成了 MMC 内部动态特性。通过子模块电容电压和桥臂电流能够方便地计算出 MMC 中的其余电气量，为构建 MMC 的状态空间模型奠定了基础。本节接下来主要以 a 相上桥臂为例来推导子模块电容电压和桥臂电流的状态方程。

为了简化电路分析，假设在排序均压算法下同一桥臂所有子模块的电容电压均相等，且具有相同的动态特性，则等效受控源可以进一步表现为图 7.2 的形式。其中，C_{eq} 为所有子模块的等效电容。

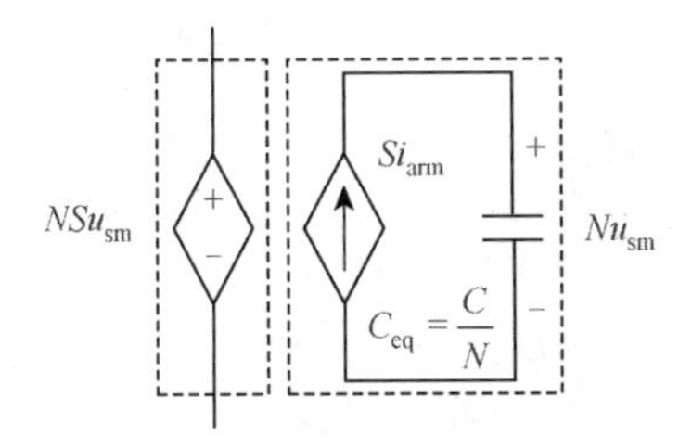

图 7.2　等效受控源结构图

根据图 7.2 可以得到桥臂电压 u_{arm}、桥臂电流 i_{arm} 与子模块电容电压 u_{sm} 的关系为

$$u_{arm} = NSu_{sm} \tag{7.1}$$

$$C\frac{du_{sm}}{dt} = Si_{arm} \tag{7.2}$$

由于 MMC 三相电气参数的对称性，桥臂电流由直流电流的 1/3、交流电流的 1/2 和二倍频环流组成。但在不对称电网条件下，二倍频环流还会出现正序分量和零序分量，因此上下桥臂电流可以写成

$$\begin{cases} i_{ua}=\dfrac{1}{3}i_{dc}-\dfrac{1}{2}i_s^+\sin\left(\omega t+\alpha_1^+\right)-\dfrac{1}{2}i_s^-\sin\left(\omega t+\alpha_1^-\right) \\ \qquad +i_{cir}^+\sin\left(2\omega t+\alpha_2^+\right)+i_{cir}^-\sin\left(2\omega t+\alpha_2^-\right)+i_{cir}^0\sin\left(2\omega t+\alpha_2^0\right) \\ i_{la}=\dfrac{1}{3}i_{dc}+\dfrac{1}{2}i_s^+\sin\left(\omega t+\alpha_1^+\right)+\dfrac{1}{2}i_s^-\sin\left(\omega t+\alpha_1^-\right) \\ \qquad +i_{cir}^+\sin\left(2\omega t+\alpha_2^+\right)+i_{cir}^-\sin\left(2\omega t+\alpha_2^-\right)+i_{cir}^0\sin\left(2\omega t+\alpha_2^0\right) \end{cases} \tag{7.3}$$

式中，α_1^+ 和 α_1^- 分别为交流电流正序分量和负序分量的初始相角；α_2^+、α_2^- 和 α_2^0 分别为二倍频环流正序分量、负序分量和零序分量的初始相角。

MMC 采用最近电平调制的方式来控制子模块的开通与关断。考虑到调制信号是由控制器输出的电压作为参考生成的，则上下桥臂的平均开关函数（S_{ua}，S_{la}）可以表示为

$$\begin{cases} S_{ua}=\dfrac{1}{2}-\dfrac{u_c^+}{U_{dc}}\sin\left(\omega t+\beta^+\right)-\dfrac{u_c^-}{U_{dc}}\sin\left(\omega t+\beta^-\right)+\dfrac{u_{cir}^-}{U_{dc}}\sin\left(2\omega t+\varphi^-\right) \\ S_{la}=\dfrac{1}{2}+\dfrac{u_c^+}{U_{dc}}\sin\left(\omega t+\beta^+\right)+\dfrac{u_c^-}{U_{dc}}\sin\left(\omega t+\beta^-\right)+\dfrac{u_{cir}^-}{U_{dc}}\sin\left(2\omega t+\varphi^-\right) \end{cases} \tag{7.4}$$

式中，β^+、β^- 和 φ^- 分别为正序电流控制器、负序电流控制器和环流抑制器输出参考电压的初始相角。

由式（7.2）可知，桥臂电流各分量通过开关函数作用使得子模块电容出现电压波动的情况。因为 MMC 具有较高的等效开关频率，子模块电容电压中高于三倍频的谐波分量可以忽略不计。但是在不对称电网条件下，子模块电容电压中的各频率谐波成分还会包含负序分量和零序分量，表示为

$$\begin{aligned} u_{sm}=u_{smdc}&+u_{sm1}^+\sin\left(\omega t+\gamma_1^+\right)+u_{sm1}^-\sin\left(\omega t+\gamma_1^-\right)+u_{sm1}^0\sin(\omega t+\gamma_1^0)+u_{sm2}^+\sin\left(2\omega t+\gamma_2^+\right) \\ &+u_{sm2}^-\sin\left(2\omega t+\gamma_2^-\right)+u_{sm2}^0\sin\left(2\omega t+\gamma_2^0\right)+u_{sm3}\sin(3\omega t+\gamma_3) \end{aligned} \tag{7.5}$$

式中，u_{smdc} 为子模块电容电压的直流分量；$\left(u_{sm1}^+,\ \gamma_1^+\right)$、$\left(u_{sm1}^-,\ \gamma_1^-\right)$ 和 $\left(u_{sm1}^0,\ \gamma_1^0\right)$ 分别为子模块电容电压基频分量的幅值和初始相角；$\left(u_{sm2}^+,\ \gamma_2^+\right)$、$\left(u_{sm2}^-,\ \gamma_2^-\right)$ 和 $\left(u_{sm2}^0,\ \gamma_2^0\right)$ 分别为子模块电容电压二倍频分量的幅值和初始相角；$(u_{sm3},\ \gamma_3)$ 为子模块电容电压三倍频分量的幅值和初始相角。

1. 子模块电容电压状态方程

将式（7.3）和式（7.4）代入式（7.2）中可以求出子模块电容电压在时域下的动态方程，提取出各谐波分量后的表达式为

$$\begin{aligned}\frac{\mathrm{d}u_{\mathrm{smdc}}}{\mathrm{d}t}=&\frac{i_{\mathrm{dc}}}{6C}+\frac{1}{4CU_{\mathrm{dc}}}\Big[u_c^+i_s^+\cos\left(\alpha_1^+-\beta^+\right)+u_c^+i_s^-\cos\left(\alpha_1^--\beta^+\right)\\&+u_c^-i_s^+\cos\left(\alpha_1^+-\beta^-\right)+u_c^-i_s^-\cos\left(\alpha_1^--\beta^-\right)+2u_{\mathrm{cir}}^-i_{\mathrm{cir}}^+\cos\left(\alpha_2^+-\varphi^-\right)\\&+2u_{\mathrm{cir}}^-i_{\mathrm{cir}}^-\cos\left(\alpha_2^--\varphi^-\right)+2u_{\mathrm{cir}}^-i_{\mathrm{cir}}^0\cos\left(\alpha_2^0-\varphi^-\right)\Big]\end{aligned}\tag{7.6}$$

$$\begin{aligned}\frac{\mathrm{d}u_{\mathrm{sm1}}^+}{\mathrm{d}t}=&-\frac{i_s^+}{4C}\sin\left(\omega t+\alpha_1^+\right)-\frac{1}{4CU_{\mathrm{dc}}}\left[\frac{4u_c^+i_{\mathrm{dc}}}{3}\sin(\omega t+\beta^+)+2u_c^+i_{\mathrm{cir}}^-\cos\left(\omega t+\alpha_2^--\beta^+\right)\right.\\&\left.+2u_c^-i_{\mathrm{cir}}^0\cos\left(\omega t+\alpha_2^0-\beta^-\right)+u_{\mathrm{cir}}^-i_s^+\cos\left(\omega t-\alpha_1^++\varphi^-\right)\right]\end{aligned}\tag{7.7}$$

$$\begin{aligned}\frac{\mathrm{d}u_{\mathrm{sm1}}^-}{\mathrm{d}t}=&-\frac{i_s^-}{4C}\sin\left(\omega t+\alpha_1^-\right)-\frac{1}{4CU_{\mathrm{dc}}}\left[2u_c^+i_{\mathrm{cir}}^0\cos\left(\omega t+\alpha_2^0-\beta^+\right)\right.\\&\left.+\frac{4u_c^-i_{\mathrm{dc}}}{3}\sin(\omega t+\beta^-)+2u_c^-i_{\mathrm{cir}}^+\cos\left(\omega t+\alpha_2^+-\beta^-\right)\right]\end{aligned}\tag{7.8}$$

$$\begin{aligned}\frac{\mathrm{d}u_{\mathrm{sm1}}^0}{\mathrm{d}t}=&-\frac{1}{4CU_{\mathrm{dc}}}\Big[2u_c^+i_{\mathrm{cir}}^+\cos\left(\omega t+\alpha_2^+-\beta^+\right)+2u_c^-i_{\mathrm{cir}}^-\cos\left(\omega t+\alpha_2^--\beta^-\right)\\&+u_{\mathrm{cir}}^-i_s^-\cos\left(\omega t-\alpha_1^-+\varphi^-\right)\Big]\end{aligned}\tag{7.9}$$

$$\frac{\mathrm{d}u_{\mathrm{sm2}}^+}{\mathrm{d}t}=\frac{i_{\mathrm{cir}}^+}{2C}\sin\left(2\omega t+\alpha_2^+\right)-\frac{u_c^-i_s^-}{4CU_{\mathrm{dc}}}\cos\left(2\omega t+\alpha_1^-+\beta^-\right)\tag{7.10}$$

$$\frac{\mathrm{d}u_{\mathrm{sm2}}^-}{\mathrm{d}t}=\frac{i_{\mathrm{cir}}^-}{2C}\sin\left(2\omega t+\alpha_2^-\right)+\frac{1}{4CU_{\mathrm{dc}}}\left[-u_c^+i_s^+\cos\left(2\omega t+\alpha_1^++\beta^+\right)+\frac{4u_{\mathrm{cir}}^-i_{\mathrm{dc}}}{3}\sin(2\omega t+\varphi^-)\right]\tag{7.11}$$

$$\frac{\mathrm{d}u_{\mathrm{sm2}}^0}{\mathrm{d}t}=\frac{i_{\mathrm{cir}}^0}{2C}\sin\left(2\omega t+\alpha_2^0\right)-\frac{1}{4CU_{\mathrm{dc}}}\left[u_c^+i_s^-\cos\left(2\omega t+\alpha_1^-+\beta^+\right)+u_c^-i_s^+\cos(2\omega t+\alpha_1^++\beta^-)\right]\tag{7.12}$$

$$\begin{aligned}\frac{\mathrm{d}u_{\mathrm{sm3}}}{\mathrm{d}t}=&\frac{1}{4CU_{\mathrm{dc}}}\Big[2u_c^+i_{\mathrm{cir}}^-\cos\left(3\omega t+\alpha_2^-+\beta^+\right)+2u_c^-i_{\mathrm{cir}}^+\cos\left(3\omega t+\alpha_2^++\beta^-\right)\\&+u_{\mathrm{cir}}^-i_s^+\cos\left(3\omega t+\alpha_1^++\varphi^-\right)\Big]\end{aligned}\tag{7.13}$$

由于表达式（7.6）～式（7.13）两边均为交流量且各表达式之间频率和相序均不相同，下面将变换到同步旋转坐标系下以建立一个统一的模型。

1）直流分量

将式（7.6）右边的三角函数展开后得到的同步旋转坐标系下的表达式为

$$\begin{aligned}\frac{\mathrm{d}u_{\mathrm{smdc}}}{\mathrm{d}t}=&\frac{i_{\mathrm{dc}}}{6C}+\frac{1}{4CU_{\mathrm{dc}}}\big(u_{cd}^+i_{sd}^++u_{cq}^+i_{sq}^+-u_{cd}^+i_{sd}^-+u_{cq}^+i_{sq}^--u_{cd}^-i_{sd}^++u_{cq}^-i_{sq}^++u_{cd}^-i_{sd}^-\\&+u_{cq}^-i_{sq}^--2u_{\mathrm{cir}d}^-i_{\mathrm{cir}d}^++2u_{\mathrm{cir}q}^-i_{\mathrm{cir}q}^++2u_{\mathrm{cir}d}^-i_{\mathrm{cir}d}^-+2u_{\mathrm{cir}q}^-i_{\mathrm{cir}q}^--2u_{\mathrm{cir}d}^-i_{\mathrm{cir}y}^0+2u_{\mathrm{cir}q}^-i_{\mathrm{cir}x}^0\big)\end{aligned}\tag{7.14}$$

2）基频正序分量

将式（7.7）经过基频正序 Park 变换之后得到的表达式为

$$\begin{cases}\dfrac{\mathrm{d}u_{\mathrm{sm1}d}^{+}}{\mathrm{d}t}=\omega u_{\mathrm{sm1}q}^{+}-\dfrac{i_{sd}^{+}}{4C}+\dfrac{1}{4CU_{\mathrm{dc}}}\Big(-\dfrac{4}{3}u_{cd}^{+}i_{\mathrm{dc}}+2u_{cd}^{+}i_{\mathrm{cir}q}^{-}\\ \qquad +2u_{cq}^{+}i_{\mathrm{cir}d}^{-}-2u_{cd}^{-}i_{\mathrm{cir}x}^{0}-2u_{cq}^{-}i_{\mathrm{cir}y}^{0}+u_{\mathrm{cir}q}^{-}i_{sd}^{+}+u_{\mathrm{cir}d}^{-}i_{sq}^{+}\Big)\\ \dfrac{\mathrm{d}u_{\mathrm{sm1}q}^{+}}{\mathrm{d}t}=-\omega u_{\mathrm{sm1}d}^{+}-\dfrac{i_{sq}^{+}}{4C}+\dfrac{1}{4CU_{\mathrm{dc}}}\Big(-\dfrac{4}{3}u_{cq}^{+}i_{\mathrm{dc}}+2u_{cd}^{+}i_{\mathrm{cir}d}^{-}\\ \qquad -2u_{cq}^{+}i_{\mathrm{cir}q}^{-}+2u_{cd}^{-}i_{\mathrm{cir}y}^{0}-2u_{cq}^{-}i_{\mathrm{cir}x}^{0}+u_{\mathrm{cir}d}^{-}i_{sd}^{+}-u_{\mathrm{cir}q}^{-}i_{sq}^{+}\Big)\end{cases} \tag{7.15}$$

3）基频负序分量

将式（7.8）经过基频负序 Park 变换之后得到的表达式为

$$\begin{cases}\dfrac{\mathrm{d}u_{\mathrm{sm1}d}^{-}}{\mathrm{d}t}=-\omega u_{\mathrm{sm1}q}^{-}-\dfrac{i_{sd}^{-}}{4C}+\dfrac{1}{4CU_{\mathrm{dc}}}\left(-2u_{cd}^{+}i_{\mathrm{cir}x}^{0}+2u_{cq}^{+}i_{\mathrm{cir}y}^{0}-\dfrac{4i_{\mathrm{dc}}u_{cd}^{-}}{3}+2u_{cd}^{-}i_{\mathrm{cir}q}^{+}+2u_{cq}^{-}i_{\mathrm{cir}d}^{+}\right)\\ \dfrac{\mathrm{d}u_{\mathrm{sm1}q}^{-}}{\mathrm{d}t}=\omega u_{\mathrm{sm1}d}^{-}-\dfrac{i_{sq}^{-}}{4C}+\dfrac{1}{4CU_{\mathrm{dc}}}\left(-2u_{cd}^{+}i_{\mathrm{cir}y}^{0}-2u_{cq}^{+}i_{\mathrm{cir}x}^{0}-\dfrac{4i_{\mathrm{dc}}u_{cq}^{-}}{3}+2u_{cd}^{-}i_{\mathrm{cir}d}^{+}-2u_{cq}^{-}i_{\mathrm{cir}q}^{+}\right)\end{cases} \tag{7.16}$$

4）基频零序分量

为了将式（7.9）中的交流量转变为直流量，基频零序分量还可以写成以下形式：

$$u_{\mathrm{sm1}}^{0}=u_{\mathrm{sm1}x}^{0}\cos(\omega t)+u_{\mathrm{sm1}y}^{0}\sin(\omega t) \tag{7.17}$$

将式（7.17）代入式（7.9）后再合并同类项可以得到

$$\begin{cases}\dfrac{\mathrm{d}u_{\mathrm{sm1}x}^{0}}{\mathrm{d}t}=-\omega u_{\mathrm{sm1}y}-\dfrac{1}{4CU_{\mathrm{dc}}}\left(2u_{cd}^{+}i_{\mathrm{cir}d}^{+}+2u_{cq}^{+}i_{\mathrm{cir}q}^{+}+2u_{cd}^{-}i_{\mathrm{cir}d}^{-}+2u_{cq}^{-}i_{\mathrm{cir}q}^{-}+u_{\mathrm{cir}d}^{-}i_{sd}^{-}+u_{\mathrm{cir}q}^{-}i_{sq}^{-}\right)\\ \dfrac{\mathrm{d}u_{\mathrm{sm1}y}^{0}}{\mathrm{d}t}=\omega u_{\mathrm{sm1}x}+\dfrac{1}{4CU_{\mathrm{dc}}}\left(2u_{cd}^{+}i_{\mathrm{cir}q}^{+}-2u_{cq}^{+}i_{\mathrm{cir}d}^{+}-2u_{cd}^{-}i_{\mathrm{cir}q}^{-}+2u_{cq}^{-}i_{\mathrm{cir}d}^{-}-u_{\mathrm{cir}q}^{-}i_{sd}^{-}+u_{\mathrm{cir}d}^{-}i_{sq}^{-}\right)\end{cases} \tag{7.18}$$

5）二倍频正序分量

将式（7.10）经过二倍频正序 Park 变换之后得到的表达式为

$$\begin{cases}\dfrac{\mathrm{d}u_{\mathrm{sm2}d}^{+}}{\mathrm{d}t}=2\omega u_{\mathrm{sm2}q}^{+}+\dfrac{i_{\mathrm{cir}d}^{+}}{2C}-\dfrac{1}{4CU_{\mathrm{dc}}}\left(u_{cd}^{-}i_{sq}^{-}+u_{cq}^{-}i_{sd}^{-}\right)\\ \dfrac{\mathrm{d}u_{\mathrm{sm2}q}^{+}}{\mathrm{d}t}=-2\omega u_{\mathrm{sm2}d}^{+}+\dfrac{i_{\mathrm{cir}q}^{+}}{2C}+\dfrac{1}{4CU_{\mathrm{dc}}}\left(-u_{cd}^{-}i_{sd}^{-}+u_{cq}^{-}i_{sq}^{-}\right)\end{cases} \tag{7.19}$$

6）二倍频负序分量

将式（7.11）经过二倍频负序 Park 变换之后得到的表达式为

$$\begin{cases}\dfrac{\mathrm{d}u_{\mathrm{sm2}d}^{-}}{\mathrm{d}t}=-2\omega u_{\mathrm{sm2}q}^{-}+\dfrac{i_{\mathrm{cir}d}^{-}}{2C}+\dfrac{1}{4CU_{\mathrm{dc}}}\left(-u_{cd}^{+}i_{sq}^{+}-u_{cq}^{+}i_{sd}^{+}+\dfrac{4i_{\mathrm{dc}}u_{\mathrm{cir}d}^{-}}{3}\right)\\ \dfrac{\mathrm{d}u_{\mathrm{sm2}q}^{-}}{\mathrm{d}t}=2\omega u_{\mathrm{sm2}d}^{-}+\dfrac{i_{\mathrm{cir}q}^{-}}{2C}+\dfrac{1}{4CU_{\mathrm{dc}}}\left(-u_{cd}^{+}i_{sd}^{+}+u_{cq}^{+}i_{sq}^{+}+\dfrac{4i_{\mathrm{dc}}u_{\mathrm{cir}q}^{-}}{3}\right)\end{cases} \tag{7.20}$$

7）二倍频零序分量

为了将式（7.12）中的交流量转变为直流量，二倍频零序分量还可以写成以下形式：

$$u_{\mathrm{sm2}}^{0}=u_{\mathrm{sm2}x}^{0}\cos(\omega t)+u_{\mathrm{sm2}y}^{0}\sin(\omega t) \tag{7.21}$$

将式（7.21）代入式（7.12）后，再合并同类项可以得到

$$\begin{cases}\dfrac{\mathrm{d}u_{\mathrm{sm2}x}^{0}}{\mathrm{d}t}=-2\omega u_{\mathrm{sm2}y}^{0}+\dfrac{i_{\mathrm{cir}x}^{0}}{2C}+\dfrac{1}{4CU_{\mathrm{dc}}}\left(u_{cd}^{+}i_{sd}^{-}+u_{cq}^{+}i_{sq}^{-}+u_{cd}^{-}i_{sd}^{+}+u_{cq}^{-}i_{sq}^{+}\right)\\ \dfrac{\mathrm{d}u_{\mathrm{sm2}y}^{0}}{\mathrm{d}t}=2\omega u_{\mathrm{sm2}x}^{0}+\dfrac{i_{\mathrm{cir}y}^{0}}{2C}+\dfrac{1}{4CU_{\mathrm{dc}}}\left(u_{cd}^{+}i_{sq}^{-}-u_{cq}^{+}i_{sd}^{-}-u_{cd}^{-}i_{sq}^{+}+u_{cq}^{-}i_{sd}^{+}\right)\end{cases} \tag{7.22}$$

8）三倍频分量

为了将式（7.13）中的交流量转变为直流量，三倍频分量还可以写成以下形式：

$$u_{\mathrm{sm3}}=u_{\mathrm{sm3}x}\cos(\omega t)+u_{\mathrm{sm3}y}\sin(\omega t) \tag{7.23}$$

将式（7.23）代入式（7.13）后，再合并同类项可以得到

$$\begin{cases}\dfrac{\mathrm{d}u_{\mathrm{sm3}x}}{\mathrm{d}t}=-3\omega u_{\mathrm{sm3}y}-\dfrac{1}{4CU_{\mathrm{dc}}}\left(2u_{cd}^{+}i_{\mathrm{cir}d}^{-}+2u_{cq}^{+}i_{\mathrm{cir}q}^{-}+2u_{cd}^{-}i_{\mathrm{cir}d}^{+}+2u_{cq}^{-}i_{\mathrm{cir}q}^{+}+u_{\mathrm{cir}d}^{-}i_{sd}^{+}+u_{\mathrm{cir}q}^{-}i_{sq}^{+}\right)\\ \dfrac{\mathrm{d}u_{\mathrm{sm3}y}}{\mathrm{d}t}=3\omega u_{\mathrm{sm3}x}+\dfrac{1}{4CU_{\mathrm{dc}}}\left(-2u_{cd}^{+}i_{\mathrm{cir}q}^{-}+2u_{cq}^{+}i_{\mathrm{cir}d}^{-}+2u_{cd}^{-}i_{\mathrm{cir}q}^{+}-2u_{cq}^{-}i_{\mathrm{cir}d}^{+}+u_{\mathrm{cir}d}^{-}i_{sq}^{+}-u_{\mathrm{cir}q}^{-}i_{sd}^{+}\right)\end{cases} \tag{7.24}$$

由此，式（7.14）～式（7.16）、式（7.18）～式（7.20）、式（7.22）和式（7.24）构成了子模块电容电压在同步旋转坐标系下的状态方程。可以看出，在不对称电网条件下，子模块电容电压中新增的负序分量和零序分量使得谐波成分更加复杂，同时这些新增的谐波分量也会极大地影响桥臂电流。

2. 桥臂电流状态方程

将式（7.4）和式（7.5）代入式（7.1）中可以求出桥臂电压在时域下的动态方程，提取出各谐波分量后的表达式为

$$\begin{aligned}u_{\mathrm{armdc}}=\frac{Nu_{\mathrm{smdc}}}{2}+\frac{N}{2U_{\mathrm{dc}}}\Big[&-u_{c}^{+}u_{\mathrm{sm1}}^{+}\cos\left(\beta^{+}-\gamma_{1}^{+}\right)-u_{c}^{+}u_{\mathrm{sm1}}^{-}\cos\left(\beta^{+}-\gamma_{1}^{-}\right)-u_{c}^{+}u_{\mathrm{sm1}}^{0}\cos\left(\beta^{+}-\gamma_{1}^{0}\right)\\&-u_{c}^{-}u_{\mathrm{sm1}}^{+}\cos\left(\beta^{-}-\gamma_{1}^{+}\right)-u_{c}^{-}u_{\mathrm{sm1}}^{-}\cos\left(\beta^{-}-\gamma_{1}^{-}\right)-u_{c}^{-}u_{\mathrm{sm1}}^{0}\cos\left(\beta^{-}-\gamma_{1}^{0}\right)\\&+u_{\mathrm{cir}}^{-}u_{\mathrm{sm2}}^{+}\cos\left(\gamma_{2}^{+}-\varphi^{-}\right)+u_{\mathrm{cir}}^{-}u_{\mathrm{sm2}}^{-}\cos\left(\gamma_{2}^{-}-\varphi^{-}\right)+u_{\mathrm{cir}}^{-}u_{\mathrm{sm2}}^{0}\cos\left(\gamma_{2}^{0}-\varphi^{-}\right)\Big]\end{aligned} \tag{7.25}$$

$$\begin{aligned}u_{\mathrm{arm1}}^{+}=\frac{Nu_{\mathrm{sm1}}^{+}}{2}\sin\left(\omega t+\gamma_{1}^{+}\right)+\frac{N}{2U_{\mathrm{dc}}}\Big[&-2u_{c}^{+}u_{\mathrm{smdc}}\sin(\omega t+\beta^{+})-u_{c}^{+}u_{\mathrm{sm2}}^{-}\cos\left(\omega t-\beta^{+}+\gamma_{2}^{-}\right)\\&-u_{c}^{-}u_{\mathrm{sm2}}^{0}\cos\left(\omega t-\beta^{-}+\gamma_{2}^{0}\right)+u_{\mathrm{cir}}^{-}u_{\mathrm{sm1}}^{+}\cos\left(\omega t-\gamma_{1}^{+}+\varphi^{-}\right)+u_{\mathrm{cir}}^{-}u_{\mathrm{sm3}}\cos(\omega t+\gamma_{3}-\varphi^{-})\Big]\end{aligned} \tag{7.26}$$

$$u_{\text{arm1}}^{-}=\frac{Nu_{\text{sm1}}^{-}}{2}\sin(\omega t+\gamma_1^{-})+\frac{N}{2U_{\text{dc}}}\Big[-u_c^{+}u_{\text{sm2}}^{0}\cos\left(\omega t-\beta^{+}+\gamma_2^{0}\right)$$
$$-2u_c^{-}u_{\text{smdc}}\sin(\omega t+\beta^{-})-u_c^{-}u_{\text{sm2}}^{+}\cos\left(\omega t-\beta^{-}+\gamma_2^{+}\right)+u_{\text{cir}}^{-}u_{\text{sm1}}^{0}\cos\left(\omega t-\gamma_1^{0}+\varphi^{-}\right)\Big] \tag{7.27}$$

$$u_{\text{arm2}}^{+}=\frac{Nu_{\text{sm2}}^{+}}{2}\sin\left(2\omega t+\gamma_2^{+}\right)+\frac{N}{2U_{\text{dc}}}\Big[u_c^{+}u_{\text{sm1}}^{0}\cos\left(2\omega t+\beta^{+}+\gamma_1^{0}\right)$$
$$+u_c^{-}u_{\text{sm1}}^{-}\cos\left(2\omega t+\beta^{-}+\gamma_1^{-}\right)-u_c^{-}u_{\text{sm3}}\cos(2\omega t-\beta^{-}+\gamma_3)\Big] \tag{7.28}$$

$$u_{\text{arm2}}^{-}=\frac{Nu_{\text{sm2}}^{-}}{2}\sin\left(2\omega t+\gamma_2^{-}\right)+\frac{N}{2U_{\text{dc}}}\Big[u_c^{+}u_{\text{sm1}}^{+}\cos\left(2\omega t+\beta^{+}+\gamma_1^{+}\right)$$
$$-u_c^{+}u_{\text{sm3}}\cos(2\omega t-\beta^{+}+\gamma_3)+u_c^{-}u_{\text{sm1}}^{0}\cos\left(2\omega t+\beta^{-}+\gamma_1^{0}\right)+2u_{\text{cir}}^{-}u_{\text{smdc}}\sin(2\omega t+\varphi^{-})\Big] \tag{7.29}$$

$$u_{\text{arm2}}^{0}=\frac{Nu_{\text{sm2}}^{0}}{2}\sin\left(2\omega t+\gamma_2^{0}\right)+\frac{N}{2U_{\text{dc}}}\Big[u_c^{+}u_{\text{sm1}}^{-}\cos\left(2\omega t+\beta^{+}+\gamma_1^{-}\right)+u_c^{-}u_{\text{sm1}}^{+}\cos\left(2\omega t+\beta^{-}+\gamma_1^{+}\right)\Big] \tag{7.30}$$

在已知桥臂电压的条件下，可以根据桥臂电压和桥臂电流的电路关系推导出桥臂电流的微分方程。对于单相，桥臂电流各频率分量回路图如图 7.3 所示，其本质为图 7.3 所示的直流电路分解之后的电路图。

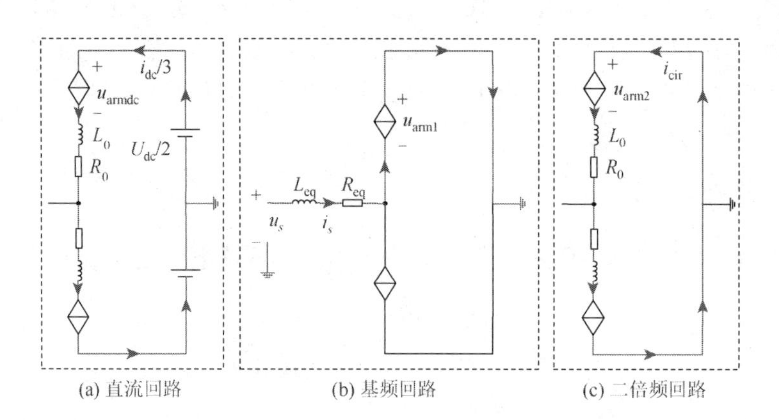

图 7.3 各频率分量回路图

根据图 7.3，各频率分量回路的基尔霍夫电压定律方程为

$$\begin{cases}2u_{\text{armdc}}+\dfrac{2}{3}R_0 i_{\text{dc}}+\dfrac{2}{3}L_0\dfrac{\mathrm{d}i_{\text{dc}}}{\mathrm{d}t}=U_{\text{dc}}\\-u_{\text{arm1}}+L_{\text{eq}}\dfrac{\mathrm{d}i_s}{\mathrm{d}t}+R_{\text{eq}}i_s=u_s\\2u_{\text{arm2}}+2L_0\dfrac{\mathrm{d}i_{\text{cir}}}{\mathrm{d}t}+2R_0 i_{\text{cir}}=0\end{cases} \tag{7.31}$$

将式（7.25）～式（7.30）代入式（7.31）中即可求出桥臂电流各谐波分量，由于等式两边均为交流量且各表达式之间的频率和相序均不相同，下面将变换到同步旋转坐标系下，以建立一个统一的模型。

1）直流电流

将式（7.25）代入式（7.31）的直流回路基尔霍夫电压定律方程中可以得到直流电流的表达式，再将该式中的三角函数展开得到同步旋转坐标系下的表达式为

$$
\begin{aligned}
\frac{\mathrm{d}i_{\mathrm{dc}}}{\mathrm{d}t}=&-\frac{R_0 i_{\mathrm{dc}}}{L_0}+\frac{3U_{\mathrm{dc}}}{2L_0}-\frac{3Nu_{\mathrm{smdc}}}{2L_0}+\frac{3N}{2L_0U_{\mathrm{dc}}}\Big(u_{cd}^{+}u_{\mathrm{sm}1d}^{+}+u_{cq}^{+}u_{\mathrm{sm}1q}^{+}-u_{cd}^{+}u_{\mathrm{sm}1d}^{-}+u_{cq}^{+}u_{\mathrm{sm}1q}^{-}\\
&+u_{cd}^{+}u_{\mathrm{sm}1y}^{0}+u_{cq}^{+}u_{\mathrm{sm}1x}^{0}-u_{cd}^{-}u_{\mathrm{sm}1d}^{+}+u_{cq}^{-}u_{\mathrm{sm}1q}^{+}+u_{cd}^{-}u_{\mathrm{sm}1d}^{-}+u_{cq}^{-}u_{\mathrm{sm}1q}^{-}-u_{cd}^{-}u_{\mathrm{sm}1y}^{0}+u_{cd}^{-}u_{\mathrm{sm}1x}^{0}\\
&+u_{\mathrm{cir}d}^{-}u_{\mathrm{sm}2d}^{+}-u_{\mathrm{cir}q}^{-}u_{\mathrm{sm}2q}^{+}-u_{\mathrm{cir}d}^{-}u_{\mathrm{sm}2d}^{-}-u_{\mathrm{cir}q}^{-}u_{\mathrm{sm}2q}^{-}+u_{\mathrm{cir}d}^{-}u_{\mathrm{sm}2y}^{0}-u_{\mathrm{cir}q}^{-}u_{\mathrm{sm}2x}^{0}\Big)
\end{aligned}
\tag{7.32}
$$

2）正序交流电流

将式（7.26）代入式（7.31）基频回路的基尔霍夫电压定律方程中可以得到正序交流电流的表达式，再将该式经过基频正序 Park 变换之后可以得到

$$
\begin{cases}
\dfrac{\mathrm{d}i_{sd}^{+}}{\mathrm{d}t}=\dfrac{u_{sd}^{+}}{L_{\mathrm{eq}}}-\dfrac{R_{\mathrm{eq}}i_{sd}^{+}}{L_{\mathrm{eq}}}+\omega i_{sq}^{+}+\dfrac{Nu_{\mathrm{sm}1d}^{+}}{2L_{\mathrm{eq}}}+\dfrac{N}{2L_{\mathrm{eq}}U_{\mathrm{dc}}}\Big(-2u_{\mathrm{smdc}}u_{cd}^{+}+u_{cd}^{+}u_{\mathrm{sm}2q}^{-}+u_{cq}^{+}u_{\mathrm{sm}2d}^{-}\\
\qquad -u_{cd}^{-}u_{\mathrm{sm}2x}^{0}-u_{cq}^{-}u_{\mathrm{sm}2y}^{0}-u_{\mathrm{cir}q}^{-}u_{\mathrm{sm}1d}^{+}-u_{\mathrm{cir}d}^{-}u_{\mathrm{sm}1q}^{+}+u_{\mathrm{cir}d}^{-}u_{\mathrm{sm}3x}+u_{\mathrm{cir}q}^{-}u_{\mathrm{sm}3y}\Big)\\
\dfrac{\mathrm{d}i_{sq}^{+}}{\mathrm{d}t}=\dfrac{u_{sq}^{+}}{L_{\mathrm{eq}}}-\dfrac{R_{\mathrm{eq}}i_{sq}^{+}}{L_{\mathrm{eq}}}-\omega i_{sd}^{+}+\dfrac{Nu_{\mathrm{sm}1q}^{+}}{2L_{\mathrm{eq}}}+\dfrac{N}{2L_{\mathrm{eq}}U_{\mathrm{dc}}}\Big(-2u_{\mathrm{smdc}}u_{cq}^{+}+u_{cd}^{+}u_{\mathrm{sm}2d}^{-}-u_{cq}^{+}u_{\mathrm{sm}2q}^{-}\\
\qquad +u_{cd}^{-}u_{\mathrm{sm}2y}^{0}-u_{cq}^{-}u_{\mathrm{sm}2x}^{0}-u_{\mathrm{cir}d}^{-}u_{\mathrm{sm}1d}^{+}+u_{\mathrm{cir}q}^{-}u_{\mathrm{sm}1q}^{+}-u_{\mathrm{cir}d}^{-}u_{\mathrm{sm}3y}+u_{\mathrm{cir}q}^{-}u_{\mathrm{sm}3x}\Big)
\end{cases}
\tag{7.33}
$$

3）负序交流电流

将式（7.27）代入式（7.31）的基频回路基尔霍夫电压定律方程中可以得到负序交流电流的表达式，再将该式经过基频负序 Park 变换之后可以得到

$$
\begin{cases}
\dfrac{\mathrm{d}i_{sd}^{-}}{\mathrm{d}t}=\dfrac{u_{sd}^{-}}{L_{\mathrm{eq}}}-\dfrac{R_{\mathrm{eq}}i_{sd}^{-}}{L_{\mathrm{eq}}}-\omega i_{sq}^{-}+\dfrac{Nu_{\mathrm{sm}1d}^{-}}{2L_{\mathrm{eq}}}+\dfrac{N}{2L_{\mathrm{eq}}U_{\mathrm{dc}}}\Big(-u_{cd}^{+}u_{\mathrm{sm}2x}^{0}+u_{cq}^{+}u_{\mathrm{sm}2y}^{0}\\
\qquad -2u_{\mathrm{smdc}}u_{cd}^{-}+u_{cd}^{-}u_{\mathrm{sm}2q}^{+}+u_{cq}^{-}u_{\mathrm{sm}2d}^{+}+u_{\mathrm{cir}q}^{-}u_{\mathrm{sm}1y}^{0}+u_{\mathrm{cir}d}^{-}u_{\mathrm{sm}1x}^{0}\Big)\\
\dfrac{\mathrm{d}i_{sq}^{-}}{\mathrm{d}t}=\dfrac{u_{sq}^{-}}{L_{\mathrm{eq}}}-\dfrac{R_{\mathrm{eq}}i_{sq}^{-}}{L_{\mathrm{eq}}}+\omega i_{sd}^{-}+\dfrac{Nu_{\mathrm{sm}1q}^{-}}{2L_{\mathrm{eq}}}+\dfrac{N}{2L_{\mathrm{eq}}U_{\mathrm{dc}}}\Big(-u_{cd}^{+}u_{\mathrm{sm}2y}^{0}-u_{cq}^{+}u_{\mathrm{sm}2x}^{0}\\
\qquad -2u_{\mathrm{smdc}}u_{cq}^{-}+u_{cd}^{-}u_{\mathrm{sm}2d}^{+}-u_{cq}^{-}u_{\mathrm{sm}2q}^{+}-u_{\mathrm{cir}d}^{-}u_{\mathrm{sm}1y}^{0}+u_{\mathrm{cir}q}^{-}u_{\mathrm{sm}1x}^{0}\Big)
\end{cases}
\tag{7.34}
$$

4）二倍频正序环流

将式（7.28）代入式（7.31）的二倍频回路基尔霍夫电压定律方程中可以得到二倍频正序环流的表达式，再将该式经过二倍频正序 Park 变换之后可以得到

$$\begin{cases}\dfrac{\mathrm{d}i_{\mathrm{cir}d}^{+}}{\mathrm{d}t}=-\dfrac{R_0 i_{\mathrm{cir}d}^{+}}{L_0}+2\omega i_{\mathrm{cir}q}^{+}-\dfrac{Nu_{\mathrm{sm}2d}^{+}}{2L_0}+\dfrac{N}{2L_0U_{\mathrm{dc}}}\left(u_{cq}^{+}u_{\mathrm{sm}1y}^{0}\right.\\ \qquad\left.+u_{cd}^{+}u_{\mathrm{sm}1x}^{0}-u_{cq}^{-}u_{\mathrm{sm}1d}^{-}-u_{cd}^{-}u_{\mathrm{sm}1q}^{-}+u_{cd}^{-}u_{\mathrm{sm}3x}+u_{cq}^{-}u_{\mathrm{sm}3y}\right)\\ \dfrac{\mathrm{d}i_{\mathrm{cir}q}^{+}}{\mathrm{d}t}=-\dfrac{R_0 i_{\mathrm{cir}q}^{+}}{L_0}-2\omega i_{\mathrm{cir}d}^{+}-\dfrac{Nu_{\mathrm{sm}2q}^{+}}{2L_0}+\dfrac{N}{2L_0U_{\mathrm{dc}}}\left(-u_{cd}^{+}u_{\mathrm{sm}1y}^{0}\right.\\ \qquad\left.+u_{cq}^{+}u_{\mathrm{sm}1x}^{0}-u_{cd}^{-}u_{\mathrm{sm}1d}^{-}+u_{cq}^{-}u_{\mathrm{sm}1q}^{-}-u_{cd}^{-}u_{\mathrm{sm}3y}+u_{cq}^{-}u_{\mathrm{sm}3x}\right)\end{cases}\tag{7.35}$$

5）二倍频负序环流

将式（7.29）代入式（7.31）的二倍频回路基尔霍夫电压定律方程中可以得到二倍频负序环流的表达式，再将该式经过二倍频负序 Park 变换之后可以得到

$$\begin{cases}\dfrac{\mathrm{d}i_{\mathrm{cir}d}^{-}}{\mathrm{d}t}=-\dfrac{R_0 i_{\mathrm{cir}d}^{-}}{L_0}-2\omega i_{\mathrm{cir}q}^{-}-\dfrac{Nu_{\mathrm{sm}2d}^{-}}{2L_0}+\dfrac{N}{2L_0U_{\mathrm{dc}}}\left(-u_{cq}^{+}u_{\mathrm{sm}1d}^{+}-u_{cd}^{+}u_{\mathrm{sm}1q}^{+}\right.\\ \qquad\left.+u_{cd}^{+}u_{\mathrm{sm}3x}-u_{cq}^{+}u_{\mathrm{sm}3y}-u_{cq}^{-}u_{\mathrm{sm}1y}^{0}+u_{cd}^{-}u_{\mathrm{sm}1x}^{0}-2u_{\mathrm{cir}d}^{-}u_{\mathrm{smdc}}\right)\\ \dfrac{\mathrm{d}i_{\mathrm{cir}q}^{-}}{\mathrm{d}t}=-\dfrac{R_0 i_{\mathrm{cir}q}^{-}}{L_0}+2\omega i_{\mathrm{cir}d}^{-}-\dfrac{Nu_{\mathrm{sm}2q}^{-}}{2L_0}+\dfrac{N}{2L_0U_{\mathrm{dc}}}\left(-u_{cd}^{+}u_{\mathrm{sm}1d}^{+}+u_{cq}^{+}u_{\mathrm{sm}1q}^{+}\right.\\ \qquad\left.+u_{cd}^{+}u_{\mathrm{sm}3y}+u_{cq}^{+}u_{\mathrm{sm}3x}+u_{cd}^{-}u_{\mathrm{sm}1y}^{0}+u_{cq}^{-}u_{\mathrm{sm}1x}^{0}-2u_{\mathrm{cir}q}^{-}u_{\mathrm{smdc}}\right)\end{cases}\tag{7.36}$$

6）二倍频零序环流

将式（7.30）代入式（7.31）的二倍频回路基尔霍夫电压定律方程中可以得到二倍频零序环流的表达式，为了将其中的交流量转变为直流量，二倍频零序环流还可以写成以下形式：

$$i_{\mathrm{cir}}^{0}=i_{\mathrm{cir}x}^{0}\cos(\omega t)+i_{\mathrm{cir}y}^{0}\sin(\omega t)\tag{7.37}$$

将式（7.37）代入二倍频零序环流的表达式中，再合并同类项可以得到

$$\begin{cases}\dfrac{\mathrm{d}i_{\mathrm{cir}x}^{0}}{\mathrm{d}t}=-\dfrac{R_0 i_{\mathrm{cir}x}^{0}}{L_0}-2\omega i_{\mathrm{cir}y}^{0}-\dfrac{Nu_{\mathrm{sm}2x}^{0}}{2L_0}+\dfrac{N}{2L_0U_{\mathrm{dc}}}\left(u_{cd}^{+}u_{\mathrm{sm}1d}^{-}+u_{cq}^{+}u_{\mathrm{sm}1q}^{-}+u_{cd}^{-}u_{\mathrm{sm}1d}^{+}+u_{cq}^{-}u_{\mathrm{sm}1q}^{+}\right)\\ \dfrac{\mathrm{d}i_{\mathrm{cir}y}^{0}}{\mathrm{d}t}=-\dfrac{R_0 i_{\mathrm{cir}y}^{0}}{L_0}+2\omega i_{\mathrm{cir}x}^{0}-\dfrac{Nu_{\mathrm{sm}2y}^{0}}{2L_0}+\dfrac{N}{2L_0U_{\mathrm{dc}}}\left(-u_{cq}^{+}u_{\mathrm{sm}1d}^{-}+u_{cd}^{+}u_{\mathrm{sm}1q}^{-}+u_{cq}^{-}u_{\mathrm{sm}1d}^{+}-u_{cd}^{-}u_{\mathrm{sm}1q}^{+}\right)\end{cases}\tag{7.38}$$

由此，式（7.32）～式（7.36）和式（7.38）构成了桥臂电流在同步旋转坐标系下的状态方程。可以看出，新增的交流电流负序分量使得三相电流不对称，而新增的二倍频环流正序分量和零序分量会使得环流波动增大，迫使在桥臂上产生更多额外的功率损耗。

通过上述推导的子模块电容电压和桥臂电流方程建立了 MMC 的状态空间模型。同时，通过这些状态方程也可以求出其余电气量，并提供与控制系统及交流侧的接口。

由 7.1 节的内容可知，不对称电网条件下 MMC 的控制系统一共包括相序分离环节、正序电流控制器、负序电流控制器、环流抑制器和锁相环，其控制系统结构框图如图 7.4 所示。

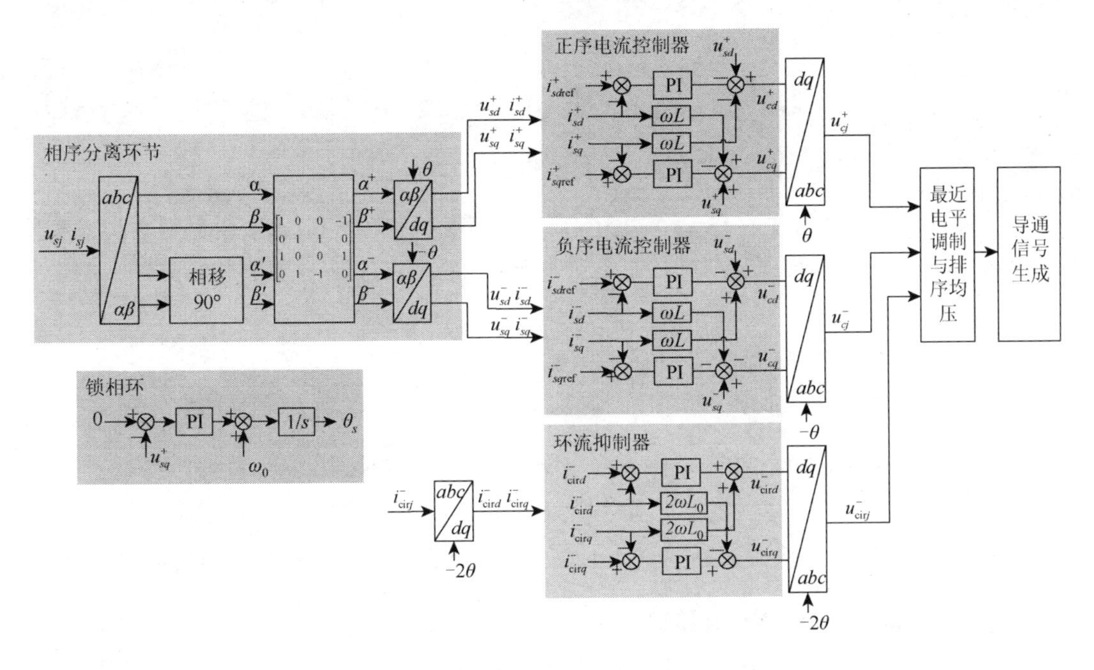

图 7.4　MMC 系统结构框图

在经过相序分离环节后将 PCC 三相电压和电流的正序分量、负序分量提取出来，然后对正序电流、负序电流分别进行控制，环流抑制器以抑制二倍频负序环流为主。通过电流矢量控制器和环流抑制器输出的参考电压可以得到调制后的子模块触发电平信号，进而控制子模块的投切。锁相环则主要提供与电网保持同步的电压参考相位和频率以及变换矩阵中的基准相位。下面将根据图 7.4 推导各个控制器的表达式。

（1）双序电流控制器。电流控制器中存在的 PI 环节使得输入的误差信号和输出的参考电压呈非线性关系，因此这里引进了中间状态变量 s_1、s_2、s_3 和 s_4 来表示输入误差信号的积分，则正序电流、负序电流控制器的输出参考电压方程为

$$\begin{cases} u_{cd}^{+}=-\left[k_{p1}\left(i_{sdref}^{+}-i_{sd}^{+}\right)+k_{i1}s_{1}\right]+u_{sd}^{+}+\omega L_{\mathrm{eq}}i_{sq}^{+} \\ u_{cq}^{+}=-\left[k_{p1}\left(i_{sqref}^{+}-i_{sq}^{+}\right)+k_{i1}s_{2}\right]+u_{sq}^{+}-\omega L_{\mathrm{eq}}i_{sd}^{+} \\ \mathrm{d}s_{1}/\mathrm{dt}=i_{sdref}^{+}-i_{sd}^{+},\ \mathrm{d}s_{2}/\mathrm{dt}=i_{sqref}^{+}-i_{sq}^{+} \end{cases} \tag{7.39}$$

$$\begin{cases} u_{cd}^{-}=-\left[k_{p2}\left(i_{sdref}^{-}-i_{sd}^{-}\right)+k_{i2}s_{3}\right]+u_{sd}^{-}-\omega L_{\mathrm{eq}}i_{sq}^{-} \\ u_{cq}^{-}=-\left[k_{p2}\left(i_{sqref}^{-}-i_{sq}^{-}\right)+k_{i2}s_{4}\right]+u_{sq}^{-}+\omega L_{\mathrm{eq}}i_{sd}^{-} \\ \mathrm{d}s_{3}/\mathrm{dt}=i_{sdref}^{-}-i_{sd}^{-},\ \mathrm{d}s_{4}/\mathrm{dt}=i_{sqref}^{-}-i_{sq}^{-} \end{cases} \tag{7.40}$$

（2）环流抑制器。同样，环流抑制器中也存在 PI 环节，因此需要引进中间状态变量 s_1 和 s_2 来表示输入二倍频环流误差信号的积分，则环流抑制器的输出参考电压方程为

$$\begin{cases} u_{\text{cir}d}^{-} = k_{p\text{cir}}\left(i_{\text{cir}d\text{ref}}^{-} - i_{\text{cir}d}^{-}\right) + k_{i\text{cir}}s_5 + 2\omega L_0 i_{\text{cir}q}^{-} \\ u_{\text{cir}q}^{-} = k_{p\text{cir}}\left(i_{\text{cir}q\text{ref}}^{-} - i_{\text{cir}q}^{-}\right) + k_{i\text{cir}}s_6 - 2\omega L_0 i_{\text{cir}d}^{-} \\ \text{d}s_5/\text{d}t = i_{\text{cir}d\text{ref}}^{-} - i_{\text{cir}d}^{-},\ \text{d}s_6/\text{d}t = i_{\text{cir}q\text{ref}}^{-} - i_{\text{cir}q}^{-} \end{cases} \tag{7.41}$$

（3）锁相环。锁相环中存在一个 PI 环节和一个积分环节，因此需要引进两个状态变量 s_7 和 δ_s 来分别表示输入正序 q 轴电压的积分和输出角频率的积分，则锁相环的输出角频率方程为

$$\begin{cases} \omega = \omega_0 - k_{p\text{pll}}u_{sq}^{+} - k_{i\text{pll}}s_7 \\ \text{d}s_7/\text{d}t = u_{sq}^{+},\ \text{d}\delta_s/\text{d}t = -k_{p\text{pll}}u_{sq}^{+} - k_{i\text{pll}}s_7 \end{cases} \tag{7.42}$$

另外，δ_s 还有一层含义为 PCC 电压与电网电压之间的相角差可以表示为

$$\theta = \omega_0 t + \delta_s \tag{7.43}$$

由此，式（7.39）～式（7.43）构建了 MMC 系统在同步旋转坐标系下的状态空间模型。

3. 状态空间模型的线性化及接口

将子模块电容电压和桥臂电流的状态方程在某一稳态运行点处线性化之后得到的 MMC 小信号模型为

$$\Delta\dot{\boldsymbol{x}}_1 = \boldsymbol{A}_1\Delta\boldsymbol{x}_1 + \boldsymbol{B}_1\Delta\boldsymbol{u}_1 \tag{7.44}$$

式中，$\boldsymbol{A}_1$ 和 $\boldsymbol{B}_1$ 分别为 26×26 和 26×12 的矩阵；MMC 的状态变量 $\Delta\boldsymbol{x}_1$ 和输入变量 $\Delta\boldsymbol{u}_1$ 包括：

$$\begin{cases} \Delta\boldsymbol{x}_1 = \big[\Delta u_{\text{smdc}}\ \Delta u_{\text{sm}1d}^{+}\ \Delta u_{\text{sm}1q}^{+}\ \Delta u_{\text{sm}1d}^{-}\ \Delta u_{\text{sm}1q}^{-}\ \Delta u_{\text{sm}1x}^{0}\ \Delta u_{\text{sm}1y}^{0} \\ \qquad \Delta u_{\text{sm}2d}^{+}\ \Delta u_{\text{sm}2q}^{+}\ \Delta u_{\text{sm}2d}^{-}\ \Delta u_{\text{sm}2q}^{-}\ \Delta u_{\text{sm}2x}^{0}\ \Delta u_{\text{sm}2y}^{0}\ \Delta u_{\text{sm}3x}^{0}\ \Delta u_{\text{sm}3y}^{0} \\ \qquad \Delta i_{\text{dc}}\ \Delta i_{sd}^{+}\ \Delta i_{sq}^{+}\ \Delta i_{sd}^{-}\ \Delta i_{sq}^{-}\ \Delta i_{\text{cir}d}^{+}\ \Delta i_{\text{cir}q}^{+}\ \Delta i_{\text{cir}d}^{-}\ \Delta i_{\text{cir}q}^{-}\ \Delta i_{\text{cir}x}^{0}\ \Delta i_{\text{cir}y}^{0}\big]^{\text{T}} \\ \Delta\boldsymbol{u}_1 = \big[\Delta u_{\text{cir}d}^{-}\ \Delta u_{\text{cir}q}^{-}\ \Delta u_{cd}^{+}\ \Delta u_{cq}^{+}\ \Delta u_{cd}^{-}\ \Delta u_{cq}^{-}\ \Delta\omega\ \Delta u_{sd}^{+}\ \Delta u_{sq}^{+}\ \Delta u_{sd}^{-}\ \Delta u_{sq}^{-}\ \Delta U_{\text{dc}}\big]^{\text{T}} \end{cases} \tag{7.45}$$

将各个控制器的状态空间方程在某一稳态运行点线性化后得到的 MMC 控制系统的小信号模型为

$$\begin{cases} \Delta\dot{\boldsymbol{x}}_2 = \boldsymbol{A}_2\Delta\boldsymbol{x}_2 + \boldsymbol{B}_2\Delta\boldsymbol{u}_2 \\ \Delta\boldsymbol{y}_2 = \boldsymbol{C}_2\Delta\boldsymbol{x}_2 + \boldsymbol{D}_2\Delta\boldsymbol{u}_2 \end{cases} \tag{7.46}$$

式中，$\boldsymbol{A}_2$、$\boldsymbol{B}_2$、$\boldsymbol{C}_2$ 和 $\boldsymbol{D}_2$ 分别为 8×8、8×17、7×8 和 7×17 的矩阵；MMC 系统的状态变量 $\Delta\boldsymbol{x}_2$、输入变量 $\Delta\boldsymbol{u}_2$ 和输出变量 $\Delta\boldsymbol{y}_2$ 包括：

$$\begin{cases} \Delta\boldsymbol{x}_2 = [\Delta s_1\ \Delta s_2\ \Delta s_3\ \Delta s_4\ \Delta s_5\ \Delta s_6\ \Delta s_7\ \Delta\delta_s]^{\text{T}} \\ \Delta\boldsymbol{u}_2 = \big[\Delta i_{sd}^{+}\ \Delta i_{sq}^{+}\ \Delta i_{sd}^{-}\ \Delta i_{sq}^{-}\ \Delta i_{\text{cir}d}^{-}\ \Delta i_{\text{cir}q}^{-}\ \Delta u_{sd}^{+}\ \Delta u_{sq}^{+}\ \Delta u_{sd}^{-} \\ \qquad \Delta u_{sq}^{-}\ \Delta i_{sd\text{ref}}^{+}\ \Delta i_{sq\text{ref}}^{+}\ \Delta i_{sd\text{ref}}^{-}\ \Delta i_{sq\text{ref}}^{-}\ \Delta i_{\text{cir}d\text{ref}}^{-}\ \Delta i_{\text{cir}q\text{ref}}^{-}\ \Delta\omega_0\big]^{\text{T}} \\ \Delta\boldsymbol{y}_2 = \big[\Delta u_{cd}^{+}\ \Delta u_{cq}^{+}\ \Delta u_{cd}^{-}\ \Delta u_{cq}^{-}\ \Delta u_{\text{cir}d}^{-}\ \Delta u_{\text{cir}q}^{-}\ \Delta\omega\big]^{\text{T}} \end{cases} \tag{7.47}$$

对于交流侧，根据图 7.1 可以得到 PCC 处的电压与电网电压的关系，经过基频正序和基频负序 Park 变换之后得到的表达式为

$$\begin{cases} u_{sd}^{+} = U_{g}^{+}\cos\left(\alpha_{0}^{+} - \delta_{s}\right) - L_{g}\dfrac{\mathrm{d}i_{sd}^{+}}{\mathrm{d}t} - R_{g}i_{sd}^{+} + \omega L_{g}i_{sq}^{+} \\ u_{sq}^{+} = U_{g}^{+}\sin\left(\alpha_{0}^{+} - \delta_{s}\right) - L_{g}\dfrac{\mathrm{d}i_{sq}^{+}}{\mathrm{d}t} - R_{g}i_{sq}^{+} - \omega L_{g}i_{sd}^{+} \\ u_{sd}^{-} = -U_{g}^{-}\cos\left(\alpha_{0}^{-} - \delta_{s}\right) - L_{g}\dfrac{\mathrm{d}i_{sd}^{-}}{\mathrm{d}t} - R_{g}i_{sd}^{-} - \omega L_{g}i_{sq}^{-} \\ u_{sq}^{-} = U_{g}^{-}\sin\left(\alpha_{0}^{-} - \delta_{s}\right) - L_{g}\dfrac{\mathrm{d}i_{sq}^{-}}{\mathrm{d}t} - R_{g}i_{sq}^{-} + \omega L_{g}i_{sd}^{-} \end{cases} \tag{7.48}$$

式中，$\left(U_{g}^{+},\ \alpha_{0}^{+}\right)$和$\left(U_{g}^{-},\ \alpha_{0}^{-}\right)$分别为电网电压正序分量、负序分量的幅值和初始相角。

将式（7.48）在某一稳态运行点线性化之后得到的交流侧小信号模型为

$$\begin{bmatrix} \Delta u_{sd}^{+} \\ \Delta u_{sq}^{+} \\ \Delta u_{sd}^{-} \\ \Delta u_{sq}^{-} \end{bmatrix} = \boldsymbol{E}\Delta\delta_{s} - L_{g}\frac{\mathrm{d}}{\mathrm{d}t}\begin{bmatrix} \Delta i_{sd}^{+} \\ \Delta i_{sq}^{+} \\ \Delta i_{sd}^{-} \\ \Delta i_{sq}^{-} \end{bmatrix} + \boldsymbol{H}\begin{bmatrix} \Delta i_{sd}^{+} \\ \Delta i_{sq}^{+} \\ \Delta i_{sd}^{-} \\ \Delta i_{sq}^{-} \end{bmatrix} = \boldsymbol{EF}\Delta\boldsymbol{x}_{2} - L_{g}\boldsymbol{J}\Delta\dot{\boldsymbol{x}}_{1} + \boldsymbol{HJ}\Delta\boldsymbol{x}_{1} \tag{7.49}$$

式中，矩阵 $\boldsymbol{E}$、$\boldsymbol{F}$、$\boldsymbol{H}$ 和 $\boldsymbol{J}$ 分别为

$$\begin{cases} \boldsymbol{E} = \begin{bmatrix} U_{g}^{+}\sin\left(\alpha_{0}^{+} - \delta_{s}\right) \\ -U_{g}^{+}\cos\left(\alpha_{0}^{+} - \delta_{s}\right) \\ -U_{g}^{-}\sin\left(\alpha_{0}^{-} - \delta_{s}\right) \\ -U_{g}^{-}\cos\left(\alpha_{0}^{-} - \delta_{s}\right) \end{bmatrix} \\ \boldsymbol{F} = [0\ 0\ 0\ 0\ 0\ 0\ 0\ 1]^{\mathrm{T}} \\ \boldsymbol{H} = \begin{bmatrix} -R_{g} & \omega L_{g} & 0 & 0 \\ -\omega L_{g} & -R_{g} & 0 & 0 \\ 0 & 0 & -R_{g} & -\omega L_{g} \\ 0 & 0 & \omega L_{g} & -R_{g} \end{bmatrix} \\ \boldsymbol{J} = \begin{bmatrix} \overbrace{0 & \cdots & 0}^{16\text{列}} & 1 & 0 & 0 & 0 & \overbrace{0 & \cdots & 0}^{6\text{列}} \\ 0 & & 0 & 0 & 1 & 0 & 0 & 0 & & 0 \\ 0 & & 0 & 0 & 0 & 1 & 0 & 0 & & 0 \\ 0 & \cdots & 0 & 0 & 0 & 0 & 1 & 0 & \cdots & 0 \end{bmatrix} \end{cases} \tag{7.50}$$

为了对整个 MMC 系统进行稳定性分析，需要将各部分的小信号模型进行合并。图 7.5 为 MMC 系统小信号模型的结构框图，描述了 MMC、控制系统以及交流侧之间的传递关系。

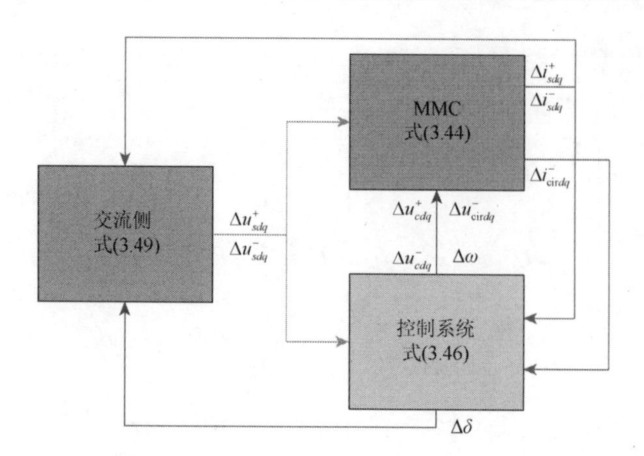

图 7.5　MMC 系统小信号模型的结构框图

从图 7.5 可以看到，交流侧和控制系统的输出变量以及 MMC 的部分状态变量能够作为其中的接口变量，从而合并建立 MMC 系统的小信号模型。为此，式（7.44）和式（7.46）应改写为

$$\begin{cases}\Delta\dot{\boldsymbol{x}}_1=\boldsymbol{A}_1\Delta\boldsymbol{x}_1+\boldsymbol{B}_{11}\Delta\boldsymbol{u}_{11}+\boldsymbol{B}_{12}\Delta\boldsymbol{u}_{12}+\boldsymbol{B}_{13}\Delta\boldsymbol{u}_{13}\\ \Delta\dot{\boldsymbol{x}}_2=\boldsymbol{A}_2\Delta\boldsymbol{x}_2+\boldsymbol{B}_{21}\Delta\boldsymbol{u}_{21}+\boldsymbol{B}_{22}\Delta\boldsymbol{u}_{22}+\boldsymbol{B}_{23}\Delta\boldsymbol{u}_{23}\\ \Delta\boldsymbol{y}_2=\boldsymbol{C}_2\Delta\boldsymbol{x}_2+\boldsymbol{D}_{21}\Delta\boldsymbol{u}_{21}+\boldsymbol{D}_{22}\Delta\boldsymbol{u}_{22}+\boldsymbol{D}_{23}\Delta\boldsymbol{u}_{23}\end{cases}\tag{7.51}$$

式中，$\boldsymbol{B}_{11}$、$\boldsymbol{B}_{12}$ 和 $\boldsymbol{B}_{13}$ 分别对应 $\boldsymbol{B}_1$ 的第 1～7 列、第 8～11 列和第 12 列；$\boldsymbol{B}_{21}$、$\boldsymbol{B}_{22}$ 和 $\boldsymbol{B}_{23}$ 分别对应 $\boldsymbol{B}_2$ 的第 1～6 列、第 7～10 列和第 11～17 列；$\boldsymbol{D}_{21}$、$\boldsymbol{D}_{22}$ 和 $\boldsymbol{D}_{23}$ 分别对应 $\boldsymbol{D}_2$ 的第 1～6 列、第 7～10 列和第 11～17 列。其余输入变量可表示为

$$\begin{cases}\Delta\boldsymbol{u}_{11}=\left[\Delta u_{\mathrm{cir}d}^{-}\ \Delta u_{\mathrm{cir}q}^{-}\ \Delta u_{cd}^{+}\ \Delta u_{cq}^{+}\ \Delta u_{cd}^{-}\ \Delta u_{cq}^{-}\ \Delta\omega\right]=\Delta\boldsymbol{y}_2\\ \Delta\boldsymbol{u}_{12}=\Delta\boldsymbol{u}_{22}=\left[\Delta u_{sd}^{+}\ \Delta u_{sq}^{+}\ \Delta u_{sd}^{-}\ \Delta u_{sq}^{-}\right]\\ \Delta\boldsymbol{u}_{13}=\Delta U_{\mathrm{dc}}\\ \Delta\boldsymbol{u}_{21}=\left[\Delta i_{sd}^{+}\ \Delta i_{sq}^{+}\ \Delta i_{sd}^{-}\ \Delta i_{sq}^{-}\ \Delta i_{\mathrm{cir}d}^{-}\ \Delta i_{\mathrm{cir}q}^{-}\right]=\boldsymbol{G}\Delta\boldsymbol{x}_1\\ \Delta\boldsymbol{u}_{23}=\left[\Delta i_{sd\mathrm{ref}}^{+}\ \Delta i_{sq\mathrm{ref}}^{+}\ \Delta i_{sd\mathrm{ref}}^{-}\ \Delta i_{sq\mathrm{ref}}^{-}\ \Delta i_{\mathrm{cir}d\mathrm{ref}}^{-}\ \Delta i_{\mathrm{cir}q\mathrm{ref}}^{-}\ \Delta\omega_0\right]\end{cases}\tag{7.52}$$

在式（7.52）中，矩阵 $\boldsymbol{G}$ 为

$$\boldsymbol{G}=\begin{bmatrix}\overbrace{0\ \cdots\ 0}^{16\text{列}} & 1 & 0 & 0 & 0 & 0 & 0 & 0 & 0 & 0\\ 0\ \quad\ \ 0 & 0 & 1 & 0 & 0 & 0 & 0 & 0 & 0 & 0\\ 0\ \quad\ \ 0 & 0 & 0 & 1 & 0 & 0 & 0 & 0 & 0 & 0\\ 0\ \quad\ \ 0 & 0 & 0 & 0 & 1 & 0 & 0 & 0 & 0 & 0\\ 0\ \quad\ \ 0 & 0 & 0 & 0 & 0 & 0 & 1 & 0 & 0 & 0\\ 0\ \cdots\ 0 & 0 & 0 & 0 & 0 & 0 & 0 & 1 & 0 & 0\end{bmatrix}\tag{7.53}$$

最后，将式（7.49）和式（7.52）代入式（7.51），可得到整合后的 MMC 系统小信号模型为

$$\begin{bmatrix}\Delta\dot{\boldsymbol{x}}_1\\ \Delta\dot{\boldsymbol{x}}_2\end{bmatrix}=\begin{bmatrix}\boldsymbol{A}_1+\boldsymbol{B}_{11}\boldsymbol{D}_{21}\boldsymbol{G}+(\boldsymbol{B}_{11}\boldsymbol{D}_{22}+\boldsymbol{B}_{12})\boldsymbol{M}_1 & \boldsymbol{B}_{11}\boldsymbol{C}_2+(\boldsymbol{B}_{11}\boldsymbol{D}_{22}+\boldsymbol{B}_{12})\boldsymbol{M}_3\\ \boldsymbol{B}_{21}\boldsymbol{G}+\boldsymbol{B}_{22}\boldsymbol{M}_1 & \boldsymbol{A}_2+\boldsymbol{B}_{22}\boldsymbol{M}_3\end{bmatrix}\begin{bmatrix}\Delta\boldsymbol{x}_1\\ \Delta\boldsymbol{x}_2\end{bmatrix}$$
$$+\begin{bmatrix}\boldsymbol{B}_{13}-(\boldsymbol{B}_{11}\boldsymbol{D}_{22}+\boldsymbol{B}_{12})\boldsymbol{M}_2 & \boldsymbol{B}_{11}\boldsymbol{D}_{23}-(\boldsymbol{B}_{11}\boldsymbol{D}_{22}+\boldsymbol{B}_{12})\boldsymbol{M}_4\\ -\boldsymbol{B}_{22}\boldsymbol{M}_2 & \boldsymbol{B}_{23}-\boldsymbol{B}_{22}\boldsymbol{M}_4\end{bmatrix}\begin{bmatrix}\Delta\boldsymbol{u}_{13}\\ \Delta\boldsymbol{u}_{23}\end{bmatrix} \tag{7.54}$$

式中，

$$\begin{cases}\boldsymbol{M}_1=[\boldsymbol{I}+L_g\boldsymbol{J}(\boldsymbol{B}_{12}+\boldsymbol{B}_{11}\boldsymbol{D}_{22})]^{-1}[\boldsymbol{HJ}-L_g\boldsymbol{J}(\boldsymbol{A}_1+\boldsymbol{B}_{11}\boldsymbol{D}_{21}\boldsymbol{G})]\\ \boldsymbol{M}_2=L_g[\boldsymbol{I}+L_g\boldsymbol{J}(\boldsymbol{B}_{12}+\boldsymbol{B}_{11}\boldsymbol{D}_{22})]^{-1}\boldsymbol{J}\boldsymbol{B}_{13}\\ \boldsymbol{M}_3=[\boldsymbol{I}+L_g\boldsymbol{J}(\boldsymbol{B}_{12}+\boldsymbol{B}_{11}\boldsymbol{D}_{22})]^{-1}(\boldsymbol{EF}-L_g\boldsymbol{J}\boldsymbol{B}_{11}\boldsymbol{C}_2)\\ \boldsymbol{M}_4=L_g[\boldsymbol{I}+L_g\boldsymbol{J}(\boldsymbol{B}_{12}+\boldsymbol{B}_{11}\boldsymbol{D}_{22})]^{-1}\boldsymbol{J}\boldsymbol{B}_{11}\boldsymbol{D}_{23}\end{cases} \tag{7.55}$$

7.1.2 稳定边界

在不对称电网条件下，故障扰动后的稳态工作点发生改变可能会导致控制环的失稳，MMC 系统处于不稳定工作状态，利用李雅普诺夫稳定性判据可以分析此时 MMC 系统的小信号稳定性。令状态方程中的时间导数为 0 可以求出稳态工作点，将其代入式（7.54）中的状态矩阵，通过式（7.56）求出所有的系统特征根 λ。根据所有特征根的实部可以判定系统在该稳态工作点的小信号稳定性：当所有特征根只有负实部时，系统在该稳态工作点处受扰后恢复稳定；而当至少一个特征根有正实部时，系统会在该稳态工作点处受扰后失稳。

$$\det|\lambda\boldsymbol{I}-\boldsymbol{A}|=0 \tag{7.56}$$

为了研究不同电压跌落条件下参数的变化对 MMC 系统稳定性的影响，设置 MMC 系统正常运行时各控制器参数为正序电流控制器 PI 参数 $k_{p1}=3$、$k_{i1}=200$；负序电流控制器 PI 参数 $k_{p2}=10$、$k_{i2}=200$；环流抑制器 PI 参数 $k_{p\text{cir}}=5$、$k_{i\text{cir}}=200$；锁相环 PI 参数 $k_{P_{\text{PLL}}}=1$、$k_{i\text{PLL}}=200$，其他系统参数如表 7.1 所示。在电网电压发生变化后，只需要相应地改变模型中输入的 U_g^+ 和 U_g^- 即可。后面主要研究了不同电压跌落程度下电路参数、控制器参数和电流参考值的改变对系统稳定性的影响，并得到对应的稳定边界。

MMC 主电路参数如桥臂电感、桥臂电阻及子模块电容电压等主要影响 MMC 内部的谐波动态特性，而外部电路参数如电网阻抗、变压器阻抗和滤波电感等会改变端电压动态，进而使电流环的动态产生变化。这里以滤波电感为例研究不同电网电压跌落条件下电路参数对 MMC 系统稳定性的影响规律。设置一组正序 d 轴电流参考值 $i_{sd\text{ref}}^+$ 和正序 q 轴电流参考值 $i_{sq\text{ref}}^+$ 分别为–2.8 kA 和–2.4 kA，在电网电压分别跌落 100%和 60%的条件下，滤波电感由 0.5 mH 增大至 3.0 mH 时的系统特征根轨迹如图 7.6 所示。

从图 7.6 可以看出，随着滤波电感逐渐增大，主导模态对应的一对系统特征根逐渐靠近虚轴，说明滤波电感的增大会削弱 MMC 系统的稳定性。对比图 7.6（a）和图 7.6（b）可知，电网电压跌落程度的加深会使得主导模态对应的系统特征根更靠近虚轴右半平面，且 $k=0$ 时这对特征根会在滤波电感增大到一定值时越过虚轴，使 MMC 系统失稳，而在 $k=0.4$ 时，这对特征根不会越过虚轴，MMC 系统在受扰后仍能维持稳定。

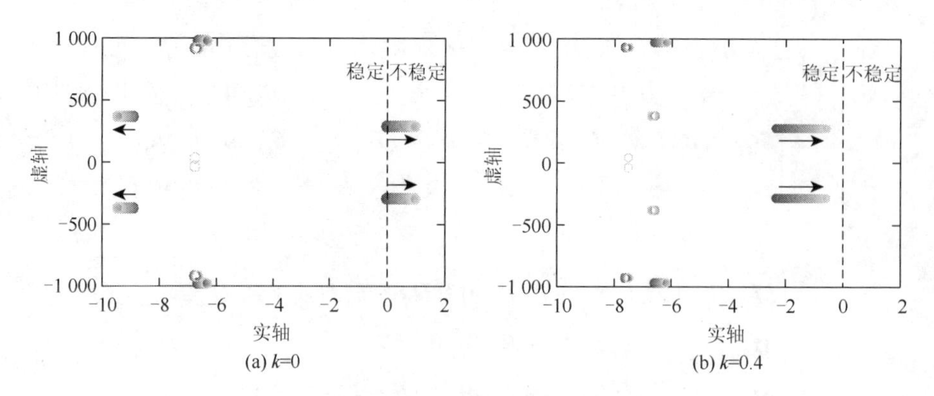

(a) k=0　　(b) k=0.4

图 7.6　滤波电感变化时的系统特征根轨迹

一般来说，控制器带宽的增大容易引发系统振荡失稳现象。因此，控制器比例增益和积分增益的变化会极大地影响 MMC 系统的稳定性。同时，在不对称电网电压跌落条件下，产生的交流电流负序分量需要通过负序电流控制器进行抑制，而新增的负序电流控制器也必然会给 MMC 系统的稳定性带来影响。因此，这里以负序电流控制器参数为例研究不同电压跌落程度下控制器参数对 MMC 系统稳定性的影响规律。保持正序电流参考值不变，在电网电压分别跌落 100%和 60%的条件下，当负序电流控制器比例增益由 6 增大至 12 时，系统特征根轨迹如图 7.7 所示。

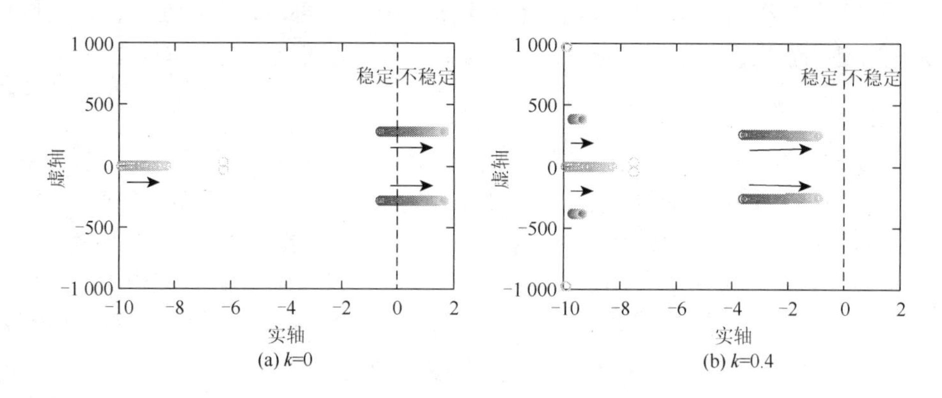

(a) k=0　　(b) k=0.4

图 7.7　负序电流控制器参数变化时的系统特征根轨迹

从图 7.7 可以看出，负序电流控制器比例增益的增大会使得主导模态对应的系统特征根往靠近虚轴的方向移动，导致 MMC 系统的稳定性减弱。将图 7.7（a）和图 7.7（b）进行对比可以发现，与图 7.6 不同电网电压跌落条件时的特征根轨迹变化趋势相似，k 越小时主导模态对应的系统特征根越靠近虚轴右半平面，使得 MMC 系统在电压跌落程度加深时越难保持稳定。

通过对系统特征根轨迹的分析，可以根据其在不同电压跌落条件下使系统特征根刚好不越过虚轴的电路参数与控制器参数，得到其相应的稳定边界。图 7.8 为滤波电感、桥臂电阻、正序电流控制器参数和负序电流控制器参数在不同电压跌落条件下的稳定边界。滤波电感、正序电流控制器参数和负序电流控制器参数越大，MMC 系统稳定性越弱；而桥臂电阻越大，MMC 系统稳定性越强，说明桥臂电阻的增大能很好地改善 MMC 内部谐波的动态特性。同时，随着电压跌落程度的加深，滤波电感、桥臂电阻、正序电流控制器参数和负序电流控制器参数的可行域均会缩小。

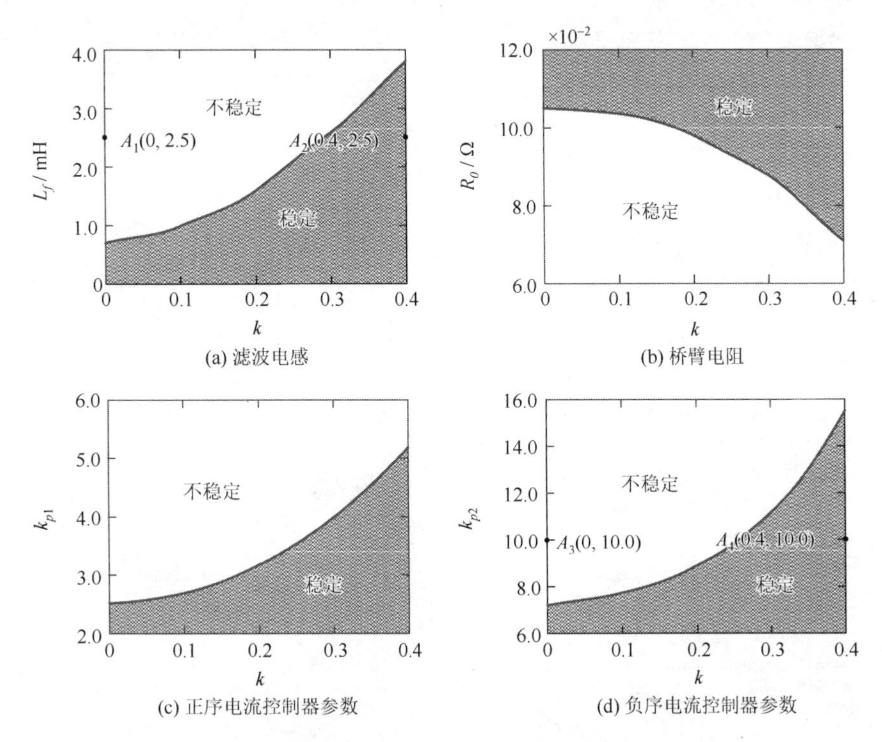

图 7.8　不同电压跌落条件下的电路参数和控制器参数稳定边界

前面研究了不同电压跌落程度下的电路参数和控制器参数稳定边界。但是对于 MMC 系统，电流参考值的大小极大地影响了其功率运行范围。在电网电压跌落后，功率往往会发生突变，系统能承受的极限运行功率也会变小。在此情况下，如果设置的电流参考值超过一定值，则会导致故障后实际电流无法跟随电流参考值，进而使得电流控制失效。不同的电压跌落程度也会影响故障后的稳态工作点，使得对电流参考值的约束也不一样。因此，MMC 系统的稳定运行对电流参考值有一定的限制范围。这里主要研究正序电流参考值 i_{sdref}^{+}-i_{sqref}^{+} 平面下的稳定边界。

图 7.9 为 i_{sdref}^{+} 和 i_{sqref}^{+} 在不同电压跌落条件下分别变化时的系统特征根轨迹。在图 7.9（a）和（c）中，保持 i_{sqref}^{+} 不变，i_{sdref}^{+} 由−1.8 kA 变化至−3.8 kA；在图 7.9（b）和（d）中，保持 i_{sdref}^{+} 不变，i_{sqref}^{+} 由−1.4 kA 变化至−3.4 kA。随着 i_{sdref}^{+} 和 i_{sqref}^{+} 幅值的增大，系统特征根均会向靠近虚轴的方向移动，从而使得 MMC 系统的稳定性减弱；而当电压跌落程度越深，主导模态对应的系统特征根越接近虚轴右半平面，这说明越过虚轴的特征根对应的电流参考值幅值变小，MMC 系统运行范围也随之缩小。

但是，只针对 d 轴电流方向和 q 轴电流方向均为负的情况分析其在不同电压跌落条件下的稳定性趋势显然不适用于所有情形，因为幅值相同、电流方向不同对应的稳态工作点不一样，所以需要分析运行于所有可能电流参考值的 MMC 系统的稳定性。通过计算某一电网电压条件下所有可能电流参考值对应的特征根，标记其中刚好不越过虚轴对应的一组值，并将这些点在 i_{sdref}^{+}-i_{sqref}^{+} 平面依次连接，即可得到电流参考值的稳定边界。

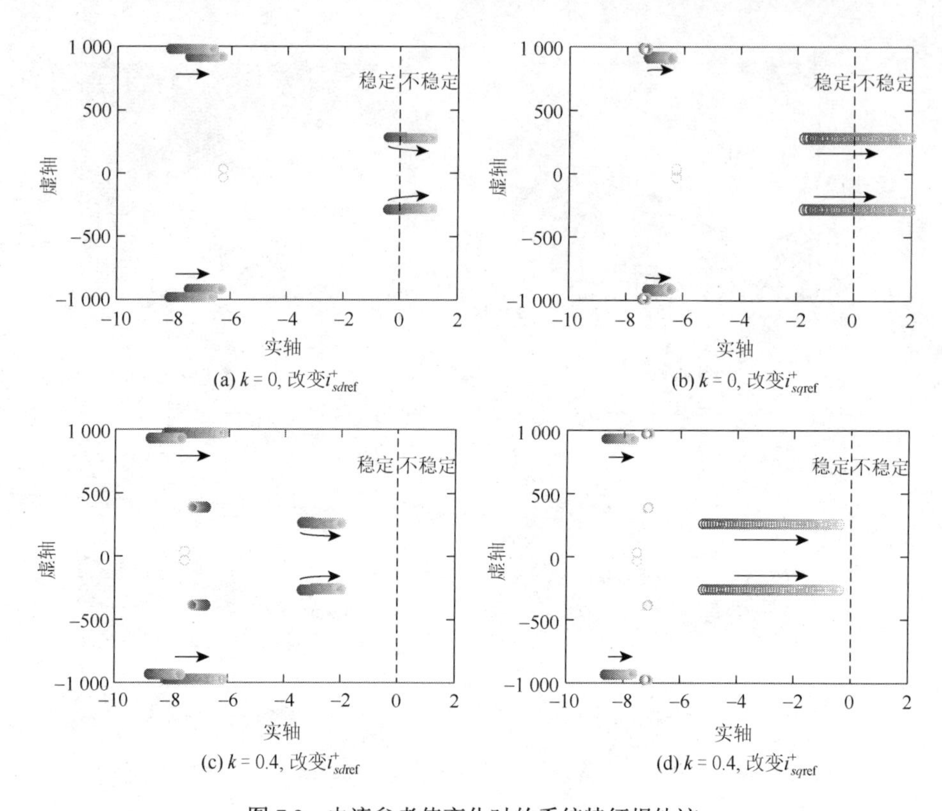

(a) $k=0$, 改变i_{sdref}^{+}　(b) $k=0$, 改变i_{sqref}^{+}

(c) $k=0.4$, 改变i_{sdref}^{+}　(d) $k=0.4$, 改变i_{sqref}^{+}

图 7.9　电流参考值变化时的系统特征根轨迹

图 7.10 显示的是 $k=0.4$、$k=0.2$ 和 $k=0$ 时四象限下的电流参考值稳定边界。通过对比可以发现，第二象限电流参考值的稳定区域最大；而随着电压跌落程度的加深，第三、四象限电流参考值的稳定区域会沿着 q 轴方向逐渐缩小，第一象限电流参考值的稳定区域会沿着 d 轴方向逐渐扩大。这表明，在电压跌落故障发生后第三、四象限下电流参考值对应的工作点更易失稳，而第一、二象限下电流参考值对应的工作点仍能维持稳定。

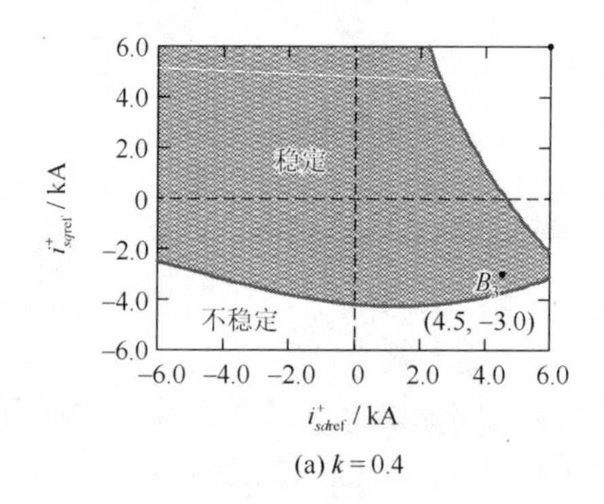

(a) $k=0.4$

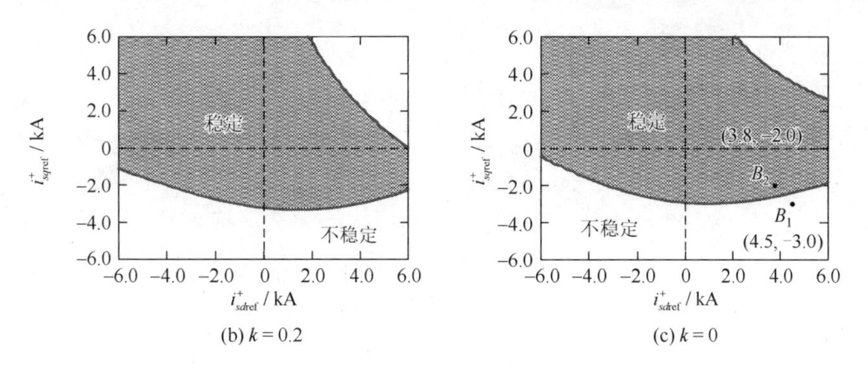

图 7.10　$k=0.4$、$k=0.2$ 和 $k=0$ 时的电流参考值稳定边界

7.1.3　仿真验证

对于电路参数，本书主要验证滤波电感的稳定边界。选取 MMC 系统运行于滤波电感为 2.5 mH 的情况，并以图 7.8（a）中的 A_1 点和 A_2 点为例进行仿真验证。A_1 点位于空白区域的不稳定区域，而 A_2 点位于阴影区域的稳定区域。保持其他系统参数不变，1.5 s 时 a 相电压分别跌落为 0%和 40%额定值，则正序 dq 轴电流和有功功率/无功功率的仿真波形如图 7.11 所示。对比图 7.11（a）和（c）以及（b）和（d）可以看出，a 相电压跌落为 0 后，正序 dq 轴电流和有功功率/无功功率均出现了振荡失稳现象，此时 MMC 系统已经失稳；而 a 相电压跌落为 40%额定值后 MMC 系统仍能维持稳定运行。因此，图 7.11 的仿真结果验证了前面推导的滤波电感稳定边界的正确性。

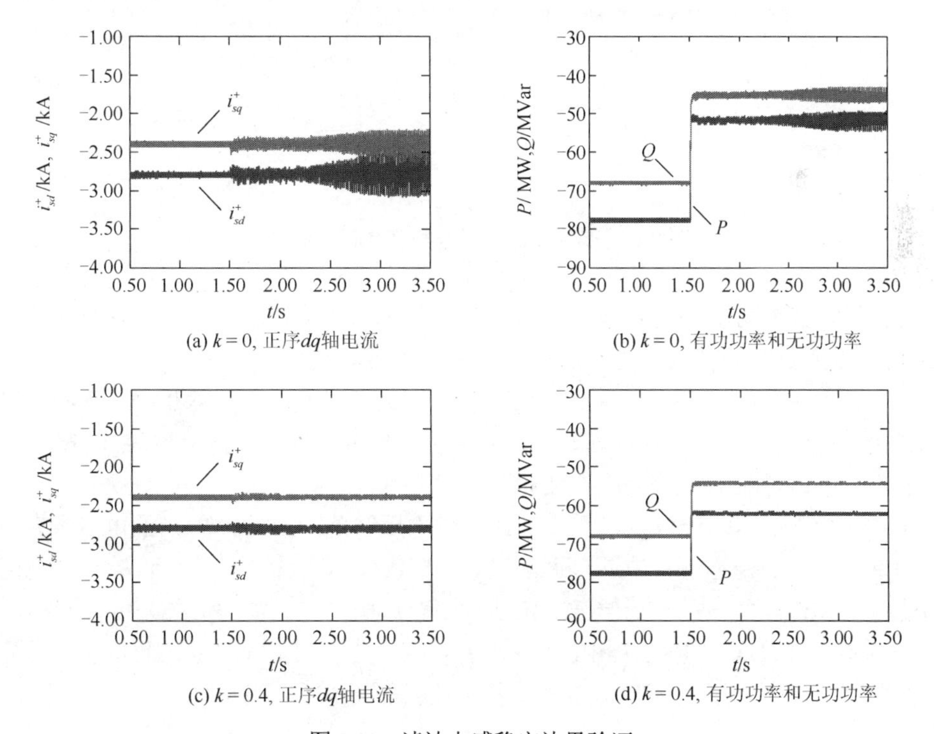

图 7.11　滤波电感稳定边界验证

对于控制器参数，这里主要验证负序电流控制器参数的稳定边界。选取 MMC 系统运行于负序电流控制器比例增益为 10.0 的情况，并以图 7.8（d）中的 A_3 点和 A_4 点为例进行仿真验证。保持其他系统参数不变，1.5 s 时 a 相电压分别跌落为 0%和 40%额定值，则系统响应波形如图 7.12 所示。从图中可以看出，由于 a 相电压跌落为 0 后系统工作点 A_3 位于不稳定区域，正序 dq 轴电流和有功功率/无功功率均已无法保持正常值；而在 a 相电压跌落为 40%额定值后的系统工作点 A_4 位于稳定区域内，MMC 系统仍能维持稳定运行。因此，图 7.12 的仿真结果验证了前面推导的负序电流控制器参数稳定边界的正确性。

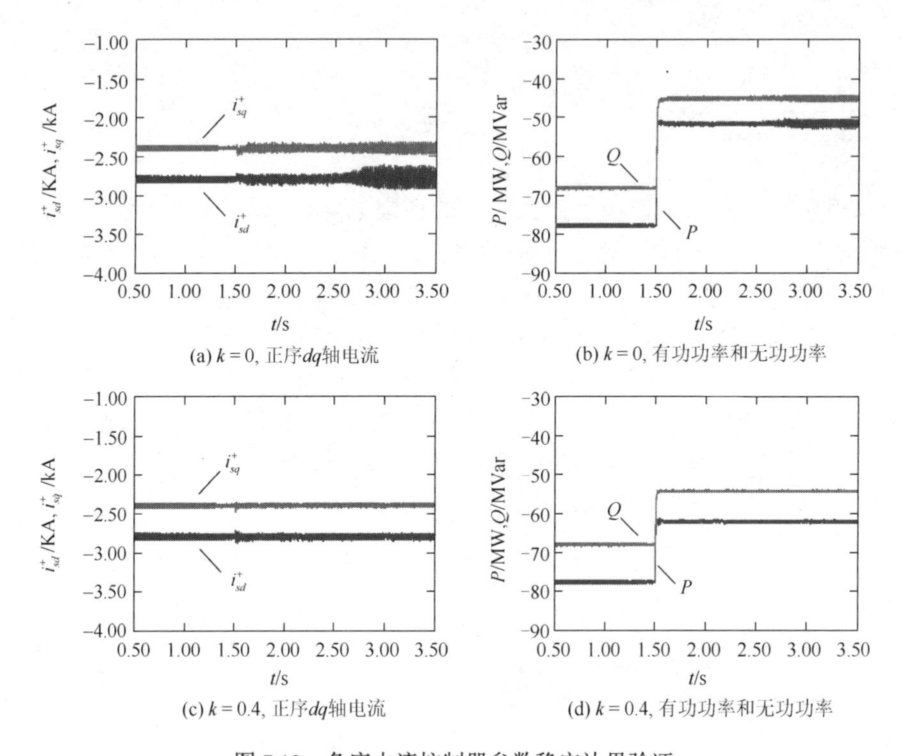

图 7.12 负序电流控制器参数稳定边界验证

为了验证电流参考值的稳定边界，本小节选取 MMC 系统运行于正序 d 轴电流为负、正序 q 轴电流为负时的情况。保持其他系统参数不变，电流参考值和跌落程度 k 分别设置为（4.5 kA，–3.0 kA，0）、（3.8 kA，–2.0 kA，0）和（4.5 kA，–3.0 kA，0.4），对应于图 7.10 中的 B_1 点、B_2 点和 B_3 点。其中，B_1 点位于稳定边界之外，而 B_2 点和 B_3 点位于稳定边界之内，则故障后的系统响应曲线如图 7.13 所示。

对比图 7.13（a）和（b）可以看出，在 a 相电压跌落为 0 后，B_1 点的电流参考值使得电流和功率在故障后稳态过程中逐渐振荡发散，导致 MMC 系统失稳；而 B_2 点的电流参考值能够使得 MMC 系统在故障后继续稳定运行。对比图 7.13（a）和（c）可以看出，B_1 点和 B_3 的电流参考值相同，但在 a 相电压跌落为 40%额定值时 MMC 系统仍能保持稳定。因此，图 7.13 的仿真结果验证了电流参考值稳定边界的正确性

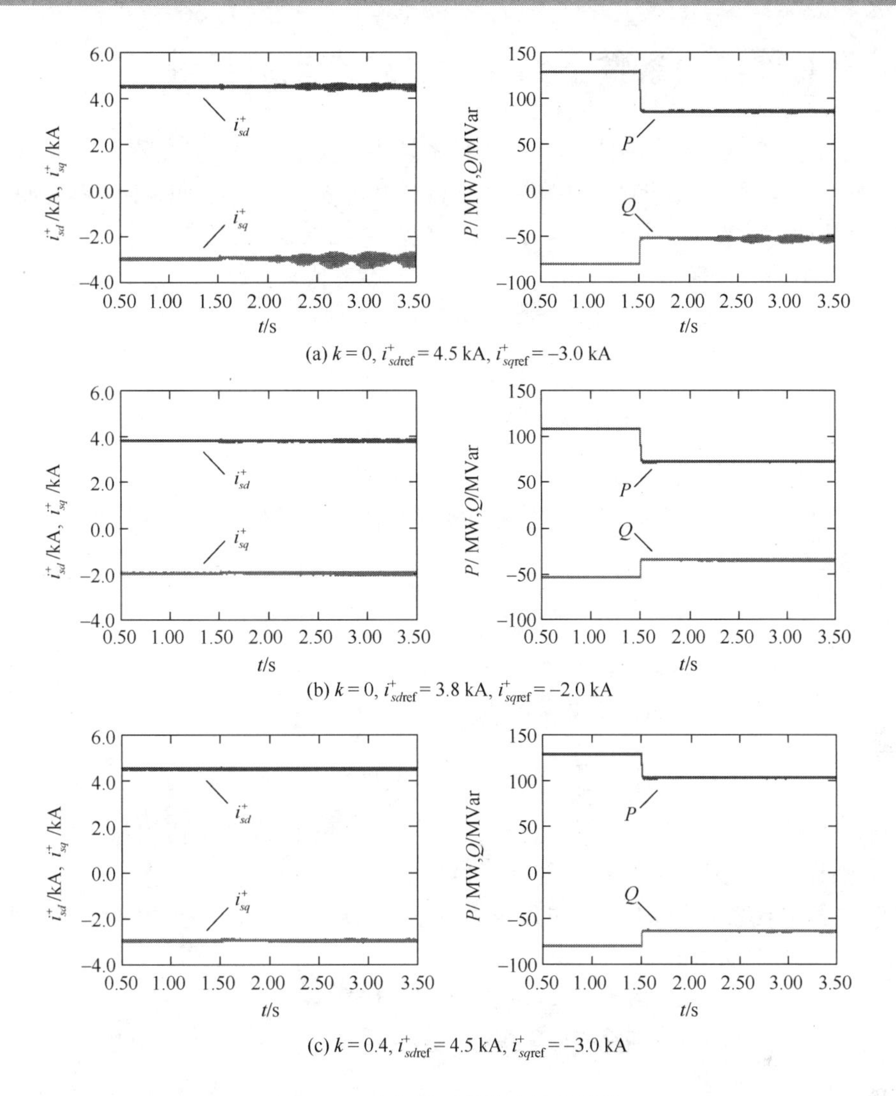

(a) $k = 0$, $i^+_{sdref} = 4.5$ kA, $i^+_{sqref} = -3.0$ kA

(b) $k = 0$, $i^+_{sdref} = 3.8$ kA, $i^+_{sqref} = -2.0$ kA

(c) $k = 0.4$, $i^+_{sdref} = 4.5$ kA, $i^+_{sqref} = -3.0$ kA

图 7.13　电流参考值稳定边界验证

7.2　不对称电网条件下并网变流器暂态电流峰值

针对图 7.1 中电网电压跌落故障发生后 MMC 短时电流上升的问题，往往需要根据实际经验及数据手册将电流峰值限制在安全约束范围，以保证电力电子器件和设备不被损坏。因此，电流峰值计算是限幅保护方案设计中的一个重要环节。然而仅考虑故障电流的稳态特征无法精确描述其在暂态响应过程中的变化，这使得电流峰值计算结果比较保守，传统的限幅保护方案存在一定的局限性。为此，本节首先推导暂态电流峰值表达式，并以此分析不同参数对暂态电流峰值的影响。然后基于 IEEE std 519—2014[58]标准中对故障电流峰值的限制求出不同电压跌落程度以及不同参数条件下 MMC 暂态安全运行边界。最后通过仿真对暂态电流峰值计算结果及暂态安全运行边界进行验证。

7.2.1 不对称电网条件下的 MMC 暂态电流特性

MMC 交流电流的变化情况与电流参考值密切相关。在正常工作状态下，MMC 按照预设的功率参考值运行；而在图 7.1 中电网电压跌落故障发生后，为了减小功率传输的损失，电流参考值往往会随着电压短时跌落而突增，使得交流电流出现暂态过流的现象。因此，为求解此过程中的故障暂态电流，需要先推导电流参考值与并网点电压之间的关系。

根据瞬时功率理论，MMC 输出的有功功率和无功功率可以表示为

$$\begin{cases} P(t)=1.5\left[u_\alpha(t)i_\alpha(t)+u_\beta(t)i_\beta(t)\right] \\ Q(t)=1.5\left[u_\beta(t)i_\alpha(t)-u_\alpha(t)i_\beta(t)\right] \end{cases} \tag{7.57}$$

式中，$(u_\alpha(t), u_\beta(t))$和$(i_\alpha(t), i_\beta(t))$分别为 PCC 电压和电流在两相静止坐标系下的分量。

在不对称电网电压跌落条件下，交流电压和电流中会同时含有正序分量和负序分量。根据式（2.3），PCC 电压和电流的 $\alpha\beta$ 分量可以写成

$$\begin{cases} u_\alpha(t)=u_s^+\sin\left(\omega t+\phi_u^+\right)+u_s^-\sin\left(\omega t+\phi_u^-\right) \\ u_\beta(t)=-u_s^+\cos\left(\omega t+\phi_u^+\right)+u_s^-\cos\left(\omega t+\phi_u^-\right) \\ i_\alpha(t)=i_s^+\sin\left(\omega t+\phi_i^+\right)+i_s^-\sin\left(\omega t+\phi_i^-\right) \\ i_\beta(t)=-i_s^+\cos\left(\omega t+\phi_i^+\right)+i_s^-\cos\left(\omega t+\phi_i^-\right) \end{cases} \tag{7.58}$$

式中，$\left(u_s^+,\ \phi_u^+\right)$和$\left(u_s^-,\ \phi_u^-\right)$分别为正序电压、负序电压的幅值和初始相角；$\left(i_s^+,\ \phi_i^+\right)$和$\left(i_s^-,\ \phi_i^-\right)$分别为正序电流、负序电流的幅值和初始相角。

将式（7.58）代入式（7.57）中可以求出瞬时有功功率和无功功率的表达式，其包含直流分量和二倍频波动分量，即

$$\begin{cases} P(t)=P_0+P_s\sin(2\omega t)+P_c\cos(2\omega t) \\ Q(t)=Q_0+Q_s\sin(2\omega t)+Q_c\cos(2\omega t) \end{cases} \tag{7.59}$$

式中，(P_0, P_s, P_c)分别为有功功率直流量、二倍频正弦量和二倍频余弦量的幅值；(Q_0, Q_s, Q_c)分别为无功功率直流量、二倍频正弦量和二倍频余弦量的幅值。各分量幅值具体为

$$\begin{bmatrix} P_0 \\ P_s \\ P_c \\ Q_0 \\ Q_s \\ Q_c \end{bmatrix}=1.5\begin{bmatrix} u_{sd}^+ & u_{sq}^+ & u_{sd}^- & u_{sq}^- \\ u_{sq}^- & -u_{sd}^- & -u_{sq}^+ & u_{sd}^+ \\ u_{sd}^- & u_{sq}^- & u_{sd}^+ & u_{sq}^+ \\ u_{sq}^+ & -u_{sd}^+ & u_{sq}^- & -u_{sd}^- \\ -u_{sd}^- & -u_{sq}^- & u_{sd}^+ & u_{sq}^+ \\ u_{sq}^- & -u_{sd}^- & u_{sq}^+ & -u_{sd}^+ \end{bmatrix}\begin{bmatrix} i_{sd}^+ \\ i_{sq}^+ \\ i_{sd}^- \\ i_{sq}^- \end{bmatrix} \tag{7.60}$$

根据故障发生后控制目标的不同，通过式（7.60）可以求出相应的正序电流、负序电流参考值。由 2.3 节内容可知，控制目标主要为有效抑制变流器输出负序电流，因此负序电流环参考值 i_{sdref}^- 和 i_{sqref}^- 均设为 0。4 个控制自由度无法对 6 个功率分量进行控制，此时需要忽略掉 P_s、P_c、Q_s 和 Q_c，有功功率和无功功率为给定值 P_0 和 Q_0，则正序电流环的参考值可以计算为

$$\begin{cases} i_{sd\text{ref}}^{+}=\dfrac{2\left(P_0u_{sd}^{+}+Q_0u_{sq}^{+}\right)}{3\left[\left(u_{sd}^{+}\right)^2+\left(u_{sq}^{+}\right)^2\right]} \\ i_{sq\text{ref}}^{+}=\dfrac{2\left(P_0u_{sq}^{+}-Q_0u_{sd}^{+}\right)}{3\left[\left(u_{sd}^{+}\right)^2+\left(u_{sq}^{+}\right)^2\right]} \end{cases} \tag{7.61}$$

在故障暂态过程中，电流控制器中的 PI 环节会使得实际电流滞后于电流参考值，尽管电流环控制时间尺度只有几毫秒到几十毫秒，但实际电流仍有可能超过电流参考值并出现过调现象，因此需要对这一暂态过程中实际电流的变化情况进行详细分析。为了方便后续研究，假设负序电流的波动足够小，相对于正序电流来说可以忽略不计，因此认为相电流中仅包含正序分量，下面推导故障暂态电流的表达式。

故障暂态电流属于变流器的外部特性，并不涉及子模块电容电压波动和桥臂环流等内部谐波特性，因此在暂态电流计算中将忽略掉这些内部谐波特性，仅考虑变流器外部等效电路和电流控制环的暂态响应。考虑到变流器输出电压近似等于电流环输出电压，将式（2.13）表示的等效回路方程代入式(7.39)表示的电流环控制方程中可以消去 PCC 电压 dq 轴分量、变流器输出电压 dq 轴分量以及电流 dq 轴耦合项，将等式两边同时微分之后得到

$$\begin{cases} L\dfrac{\mathrm{d}^2 i_{sd}^{+}}{\mathrm{d}t^2}+(R+k_{p1})\dfrac{\mathrm{d}i_{sd}^{+}}{\mathrm{d}t}+k_{i1}i_{sd}^{+}=k_{p1}\dfrac{\mathrm{d}i_{sd\text{ref}}^{+}}{\mathrm{d}t}+k_{i1}i_{sd\text{ref}}^{+} \\ L\dfrac{\mathrm{d}^2 i_{sq}^{+}}{\mathrm{d}t^2}+(R+k_{p1})\dfrac{\mathrm{d}i_{sq}^{+}}{\mathrm{d}t}+k_{i1}i_{sq}^{+}=k_{p1}\dfrac{\mathrm{d}i_{sq\text{ref}}^{+}}{\mathrm{d}t}+k_{i1}i_{sq\text{ref}}^{+} \end{cases} \tag{7.62}$$

从式（7.62）可以看出，故障暂态电流满足二阶响应过程，且 d 轴和 q 轴方向上的暂态电流二阶微分表达式具有相同的特征方程，即

$$Lp^2+(R+k_{p1})p+k_{i1}=0 \tag{7.63}$$

式中，p 为特征方程的根，求解式（7.63）得到

$$p_1,p_2=\frac{-(R+k_{p1})\pm\sqrt{(R+k_{p1})^2-4k_{i1}L}}{2L} \tag{7.64}$$

由此得到二阶微分方程组的通解形式为

$$\begin{cases} i_{sd}^{+}(t)=A_1\mathrm{e}^{p_1(t-t_0)}+A_2\mathrm{e}^{p_2(t-t_0)}+A_3 \\ i_{sq}^{+}(t)=A_4\mathrm{e}^{p_1(t-t_0)}+A_5\mathrm{e}^{p_2(t-t_0)}+A_6 \end{cases},\quad t\geqslant t_0 \tag{7.65}$$

式中，t_0 为故障发生时间；A_1～A_6 为待定系数。

根据式（7.64）中特征根 p_1 和 p_2 的求解结果，式（7.65）中故障后暂态电流的响应规律分为三种：

（1）若 $R+k_{p1}>2\sqrt{k_{i1}L}$，p_1 和 p_2 为两个不相等的负实根，暂态响应为非振荡衰减过程；

（2）若 $R+k_{p1}=2\sqrt{k_{i1}L}$，p_1 和 p_2 为两个相等的负实根，暂态响应为临界振荡衰减过程；

（3）若 $R+k_{p1}<2\sqrt{k_{i1}L}$，p_1 和 p_2 为一对具有负实部的共轭复根，暂态响应为振荡衰减过程。

为了求解通解中暂态分量和稳态分量的系数，需要提供电流和电流一阶导数的初始值作为定解条件。由于变流器内部及变流器出口电感元件的存在，根据换路定则，电压跌落故障发生后实际电流并不会发生突变，即满足

$$\begin{cases} i_{sd}^{+}\left(t_0^{+}\right)=i_{sd}^{+}\left(t_0^{-}\right)=i_{sdref}^{+}\left(t_0^{-}\right) \\ i_{sq}^{+}\left(t_0^{+}\right)=i_{sq}^{+}\left(t_0^{-}\right)=i_{sqref}^{+}\left(t_0^{-}\right) \end{cases} \tag{7.66}$$

式中，$\left(t_0^{-},t_0^{+}\right)$分别表示故障前后时刻。

根据式（7.61），电压跌落使得电流参考值也跟着发生阶跃变化，导致等式（7.62）右边电流参考值的一阶导数项含有冲激函数，即

$$\begin{cases} \dfrac{\mathrm{d}i_{sdref}^{+}}{\mathrm{d}t}=\left[i_{sdref}^{+}\left(t_0^{+}\right)-i_{sdref}^{+}\left(t_0^{-}\right)\right]\delta(t-t_0) \\ \dfrac{\mathrm{d}i_{sqref}^{+}}{\mathrm{d}t}=\left[i_{sqref}^{+}\left(t_0^{+}\right)-i_{sqref}^{+}\left(t_0^{-}\right)\right]\delta(t-t_0) \end{cases},\quad t\geqslant t_0 \tag{7.67}$$

为了平衡等式两边，等式（7.62）左边实际电流的二阶微分项也含有冲激函数，因此需要对式（7.62）求$[t_0^{-},t_0^{+}]$区间上的积分，得到的结果为

$$\begin{cases} L\left[\dfrac{\mathrm{d}i_{sd}^{+}\left(t_0^{+}\right)}{\mathrm{d}t}-\dfrac{\mathrm{d}i_{sd}^{+}\left(t_0^{-}\right)}{\mathrm{d}t}\right]+(R+k_{p1})\left[i_{sd}^{+}\left(t_0^{+}\right)-i_{sd}^{+}\left(t_0^{-}\right)\right]=k_{p1}\left[i_{sdref}^{+}\left(t_0^{+}\right)-i_{sdref}^{+}\left(t_0^{-}\right)\right] \\ L\left[\dfrac{\mathrm{d}i_{sq}^{+}\left(t_0^{+}\right)}{\mathrm{d}t}-\dfrac{\mathrm{d}i_{sq}^{+}\left(t_0^{-}\right)}{\mathrm{d}t}\right]+(R+k_{p1})\left[i_{sq}^{+}\left(t_0^{+}\right)-i_{sq}^{+}\left(t_0^{-}\right)\right]=k_{p1}\left[i_{sqref}^{+}\left(t_0^{+}\right)-i_{sqref}^{+}\left(t_0^{-}\right)\right] \end{cases} \tag{7.68}$$

将式（7.68）化简后得到

$$\begin{cases} \dfrac{\mathrm{d}i_{sd}^{+}\left(t_0^{+}\right)}{\mathrm{d}t}=\dfrac{k_{p1}}{L}\left[i_{sdref}^{+}\left(t_0^{+}\right)-i_{sdref}^{+}\left(t_0^{-}\right)\right] \\ \dfrac{\mathrm{d}i_{sq}^{+}\left(t_0^{+}\right)}{\mathrm{d}t}=\dfrac{k_{p1}}{L}\left[i_{sqref}^{+}\left(t_0^{+}\right)-i_{sqref}^{+}\left(t_0^{-}\right)\right] \end{cases} \tag{7.69}$$

则式（7.66）和式（7.69）构成了电流二阶微分方程组的初始条件，将其代入通解中可以求出待定系数A_1～A_6，其结果表示为

$$\begin{cases} A_1=-\dfrac{k_{p1}+Lp_2}{L(p_2-p_1)}\left[i_{sdref}^{+}\left(t_0^{+}\right)-i_{sdref}^{+}\left(t_0^{-}\right)\right] \\ A_2=\dfrac{k_{p1}+Lp_1}{L(p_2-p_1)}\left[i_{sdref}^{+}\left(t_0^{+}\right)-i_{sdref}^{+}\left(t_0^{-}\right)\right] \\ A_4=-\dfrac{k_{p1}+Lp_2}{L(p_2-p_1)}\left[i_{sqref}^{+}\left(t_0^{+}\right)-i_{sqref}^{+}\left(t_0^{-}\right)\right] \\ A_5=\dfrac{k_{p1}+Lp_1}{L(p_2-p_1)}\left[i_{sqref}^{+}\left(t_0^{+}\right)-i_{sqref}^{+}\left(t_0^{-}\right)\right] \\ A_3=i_{sdref}^{+}\left(t_0^{+}\right),\quad A_6=i_{sqref}^{+}\left(t_0^{+}\right) \end{cases} \tag{7.70}$$

将式（7.64）和式（7.70）代入式（7.65）中即可求出 dq 轴暂态电流的表达式。为了

更好地刻画三相电流大小在暂态过程中的变化情况，由式（7.65）也可以计算出三相暂态电流幅值$\left|i_s(t)\right|$，其实质为三相电流曲线的包络线，一般表示成

$$\left|i_s(t)\right|=\sqrt{\left[i_{sd}^{+}(t)\right]^2+\left[i_{sq}^{+}(t)\right]^2} \tag{7.71}$$

定义故障电流到达暂态峰值的时刻为t_p，一般通过令$\left|i_s(t)\right|$的一阶导数为0进行求解，并取第一次到达极值的时间点作为结果。由此故障暂态电流峰值I_p可以写为

$$I_p=\sqrt{\left[i_{sd}^{+}(t_p)\right]^2+\left[i_{sq}^{+}(t_p)\right]^2} \tag{7.72}$$

从式（7.64）、式（7.65）和式（7.70）可以看出，影响暂态电流大小的因素包括电压跌落程度、电流控制器参数和电路阻抗参数等。电压跌落程度主要改变的是故障后电流参考值，即式（7.65）中的稳态分量A_3和A_6，但从式（7.70）中可以看出，电压跌落程度也会影响暂态分量的系数A_1–A_2和A_3–A_4。而电流控制器参数和电路阻抗参数主要改变的是暂态分量的系数A_1–A_2和A_3–A_4以及指数部分p_1和p_2，因此其不仅影响暂态过渡时间和到达暂态峰值的时刻，还会对过调量产生影响，使得暂态电流峰值有所不同。

为了研究不同参数对暂态电流峰值的影响，设置额定有功功率P_0为–64 MW，额定无功功率Q_0为48 Mvar，其余主电路参数如表7.1所示，控制器参数与7.1.2节中设置的初始值保持一致。图7.14显示了不同电压跌落程度下的暂态电流峰值和稳态电流峰值计算结果。暂态电流峰值与稳态电流峰值的差即为三相电流在暂态过程中的过调部分，由此可以明显地看到，随着电压跌落程度的加深，故障后三相电流的稳态分量和暂态分量均会增大，使得暂态电流峰值急剧升高。

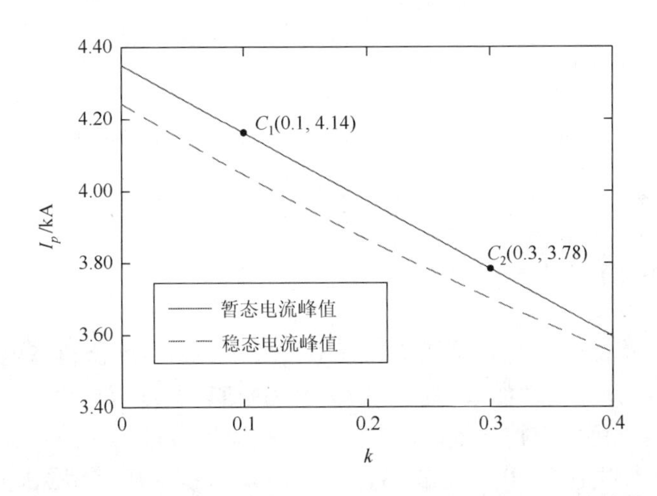

图7.14 不同电压跌落程度下的暂态电流峰值与稳态电流峰值

另外，本节以滤波电感、桥臂电阻、正序电流控制器比例增益和正序电流控制器积分增益为例研究阻抗参数和控制器PI参数对暂态电流峰值的影响。当a相电压跌落至20%额定值时，不同参数条件下的暂态电流峰值计算结果如图7.15所示。滤波电感和正序电流控制器积分增益的增大会导致暂态电流峰值升高，但其上升的幅度也会随之变小。而桥臂电阻和正序电流控制器比例增益的增大会削减暂态电流峰值的大小，并且从图7.15（b）可以

看到，在桥臂电阻增大到 0.7 Ω 左右后，实际电流在故障暂态过程中不会出现峰值，而是会平稳地过渡到准稳态。在图 7.15（c）中，当正序电流控制器比例增益超过 6 时，暂态电流峰值的变化已经较小；但当其小于 1 后会将暂态电流峰值抬升到一个较高的水平。综合图 7.15 可知，相对来说正序电流控制器参数的改变对暂态电流峰值的影响更大。

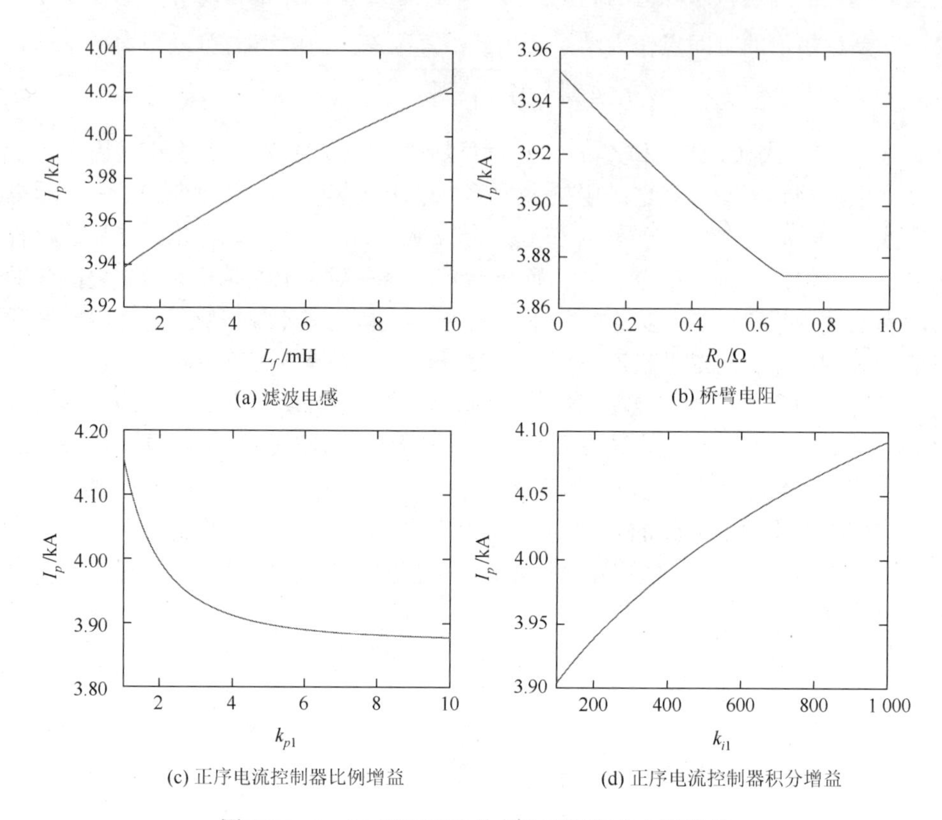

图 7.15　$k=0.2$ 时不同参数条件下的暂态电流峰值

7.2.2　暂态运行边界

在电网电压跌落故障下电力系统的运行中，如果并网变流器暂态电流超过某一安全约束范围，电力电子开关器件如 IGBT 等极易因为过流以及过流导致的器件过温等问题发生短时失效，严重时可能会被烧毁。因此，考察变流器运行电流是否满足安全要求至关重要。对于故障暂态过电流，IEEE Std 1547.6—2018[59]规定故障最大相电流不能超过额定电流 I_{rate} 的 1.25 倍[15]，即满足

$$\max\{i_{sa}, i_{sb}, i_{sc}\} \leqslant 1.25 I_{\text{rate}} \tag{7.73}$$

在 7.2.1 节中计算的暂态电流峰值能够代表三相电流在故障暂态过程中的最大幅值，因此式（7.73）也可以写为

$$I_p \leqslant 1.25 I_{\text{rate}} \tag{7.74}$$

这样，结合式（7.72）和式（7.74）可以求出满足安全要求的电流参考值运行范围。当

a 相电压跌落为 40%额定值、20%额定值以及 0 时，四象限下的电流参考值安全运行范围如图 7.16 所示。蓝色实线和黄色实线分别代表故障前和故障后的稳态电流边界，其根据功率参考值和故障前后的并网点电压大小计算得出；红色实线为根据式（7.74）计算得到的考虑暂态电流峰值的限制边界。因此，故障前稳态电流边界和暂态电流峰值限制边界之间的阴影区域即为电流参考值的暂态安全运行范围。通过将故障后的电流参考值限制在暂态安全运行范围之内即可满足暂态电流峰值不超过 1.25 倍额定电流值的要求。

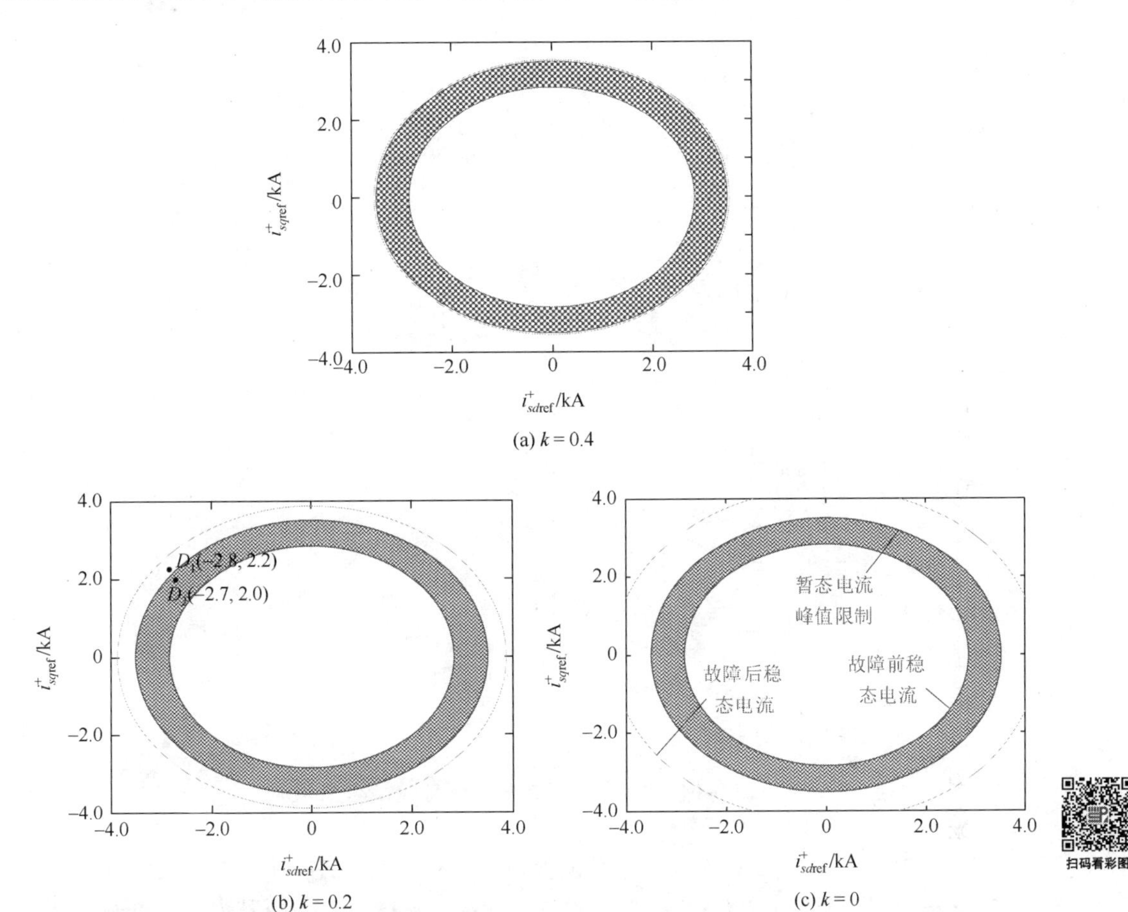

图 7.16　不同跌落程度下电流参考值的暂态运行边界

从图 7.16 可以发现，k 小于 0.4 时故障后稳态电流边界会超过暂态电流峰值限制边界，说明 a 相电压跌落至 40%额定值以下已经属于较为严重的电网故障，需要考虑对故障后的电流参考值进行限制；而 k 大于 0.4 时，故障后稳态电流边界将小于暂态电流峰值限制边界，因此无须采取限制措施也能满足变流器安全运行的要求。另外，虽然电压跌落程度会影响故障电流的暂态分量，但根据式（7.74）计算得到的电流参考值暂态安全运行范围在不同电压跌落程度下的变化不大。

由 7.2.1 节内容可知，滤波电感和桥臂电阻等阻抗参数以及正序电流控制器 PI 参数均会改变暂态电流峰值的大小，因此其也会对电流参考值的暂态安全运行范围产生一定的影响。选取 MMC 系统运行于 a 相电压跌落至 20%额定值时的故障场景，则不同参数条件下电流参考值的暂态安全运行范围如图 7.17 所示。

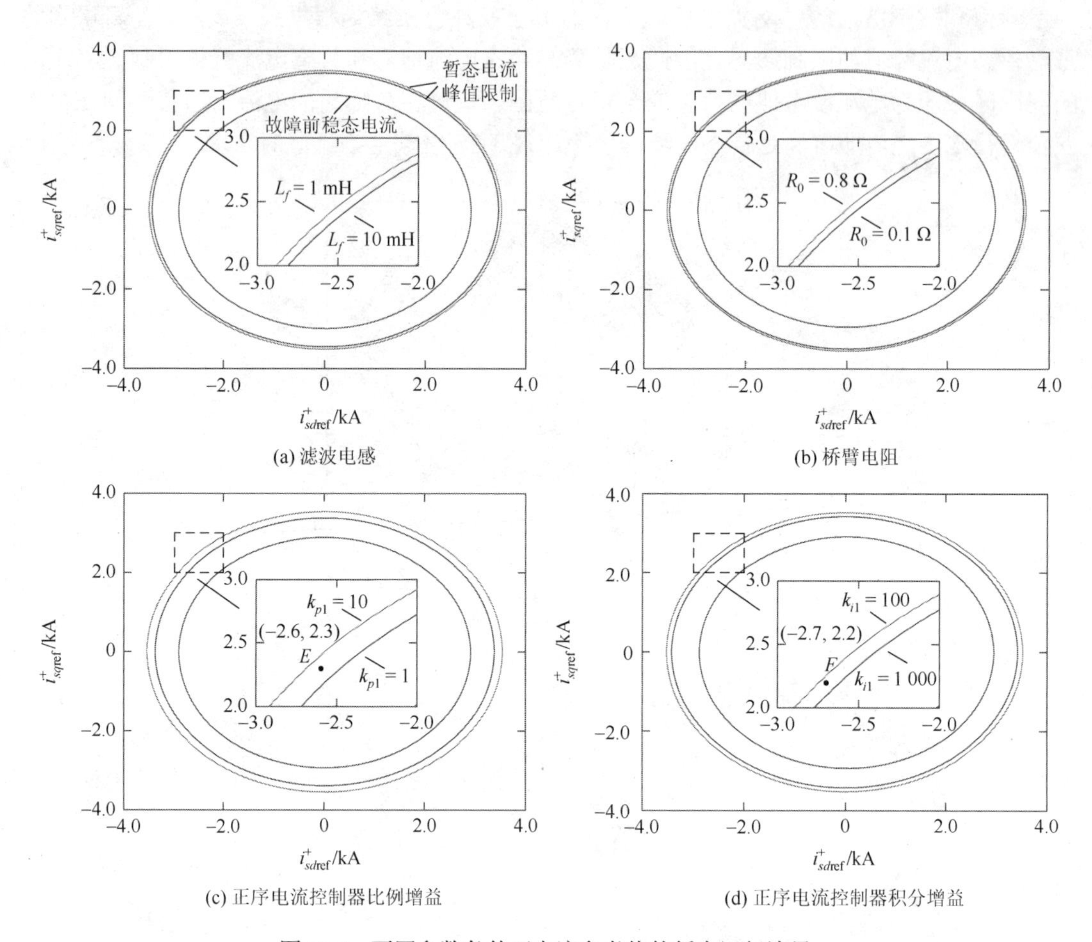

(a) 滤波电感 (b) 桥臂电阻

(c) 正序电流控制器比例增益 (d) 正序电流控制器积分增益

图 7.17 不同参数条件下电流参考值的暂态运行边界

在图 7.17（a）中，滤波电感 L_f 分别设置为 1 mH 和 10 mH；在图 7.17（b）中，桥臂电阻 R_0 分别设置为 0.1 Ω 和 0.8 Ω；在图 7.17（c）中，正序电流控制器比例增益 k_{p1} 分别设置为 1 和 10；在图 7.17（d）中，正序电流控制器积分增益 k_{i1} 分别设置为 100 和 1 000，并且在改变某一参数时，其他参数与表 7.1 中的数据保持一致。从第二象限放大的暂态安全运行范围可以看出，滤波电感和正序电流控制器积分增益的增大会使得暂态安全运行范围缩小，而桥臂电阻和正序电流控制器比例增益的增大能够使得暂态安全运行范围扩大。因此，合理地设置电路参数和控制器参数是维持变流器安全运行的关键。

7.2.3 仿真验证

为了验证前面暂态电流幅值计算的正确性，本小节在仿真软件 PSCAD/EMTDC 上搭建了三相 21 电平 MMC 系统模型，额定有功功率 P_0 和额定无功功率 Q_0 与前面暂态电流计算时的设定值保持一致，其他系统参数如表 7.1 所示，1.5 s 时 a 相电网电压跌落为 0，则三相电流幅值的计算曲线和仿真曲线如图 7.18 所示。电流幅值在故障后迅速达到暂态峰值，然后逐渐回落至稳态值附近。通过对比可以看出，暂态电流到达最大峰值时刻会有些许误差，这是由于仿真中的相序分离环节存在通过延时实现的相移过程，导致电流、电压采样有一些滞后。在忽略这一影响因素后，计算曲线能够与仿真曲线吻合。

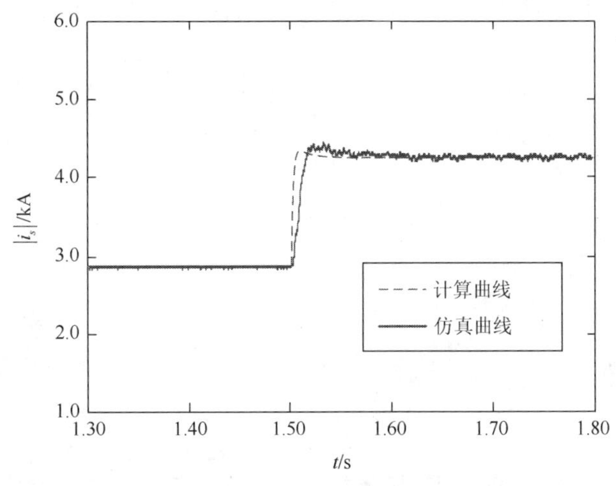

图 7.18　暂态电流计算结果验证

同时为了验证暂态电流峰值计算的正确性，本节对 a 相电网电压分别跌落为 10%额定值和 30%额定值的情况进行了仿真，如图 7.19 所示，暂态电流峰值仿真结果为 4.21 kA 和

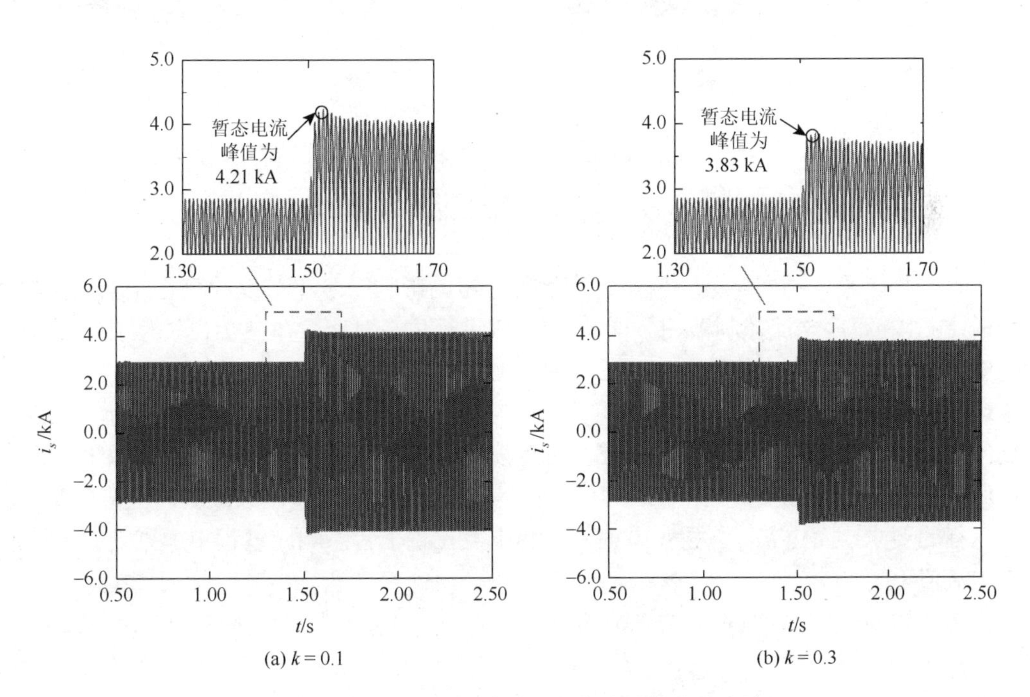

图 7.19　不同电压跌落程度下暂态电流峰值仿真结果

3.83 kA，而在图 4.14 中对应 C_1 点和 C_2 点的计算结果分别为 4.14 kA 和 3.78 kA。在误差允许的范围内，以上结果验证了暂态电流的正确性。

本小节以 a 相电压跌落至 20%额定值的故障场景为例，对暂态安全运行范围进行仿真验证。保持其他参数不变，将故障后的电流参考值$\left(i_{sdref}^{+}, i_{sqref}^{+}\right)$分别限制在（−2.8 kA，2.2 kA）和（−2.7 kA，2.0 kA），对应于图 7.16 中的 D_1 点和 D_2 点，然后观察三相电流的暂态响应情况，如图 7.20 所示，带有引出线标记的黑色实线代表 1.25 倍额定电流限制边界。在图 7.20（a）中，D_1 点位于暂态安全运行范围之外，因此三相电流在暂态响应过程中会超过 1.25 倍额定电流值；而在图 7.20（b）中，由于 D_2 点位于暂态安全运行范围之内，可以看到三相电流在整个暂态响应过程中一直处于 1.25 倍额定电流值以下。

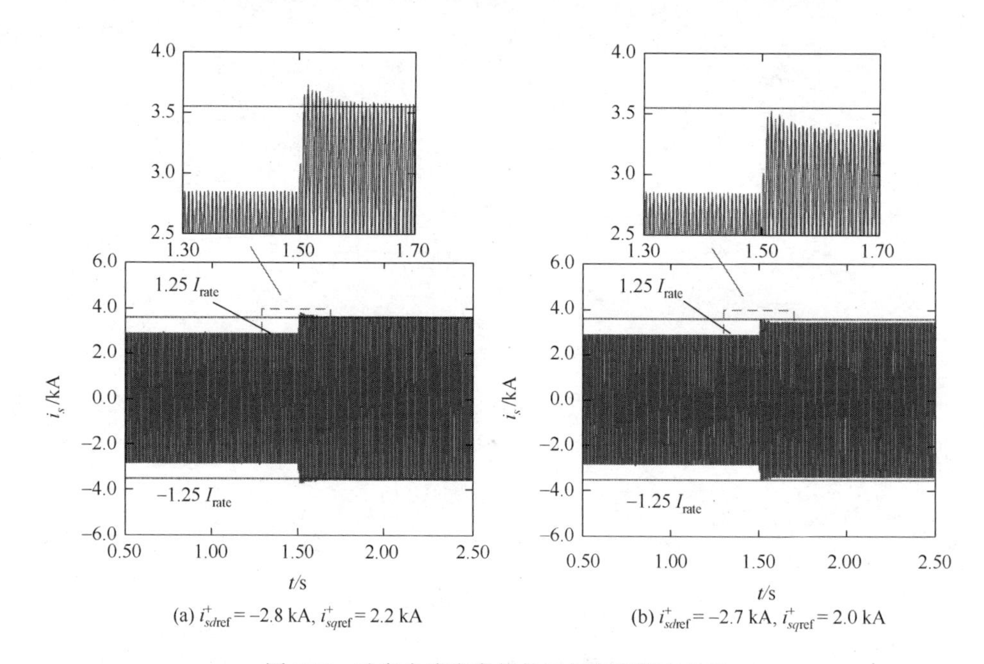

(a) $i_{sdref}^{+}=-2.8$ kA, $i_{sqref}^{+}=2.2$ kA　　(b) $i_{sdref}^{+}=-2.7$ kA, $i_{sqref}^{+}=2.0$ kA

图 7.20　改变电流参考值的三相电流暂态响应

同时，为了验证不同参数对暂态安全运行范围的影响，本小节以改变正序电流控制器比例增益 k_{p1} 和正序电流控制器积分增益 k_{i1} 为例进行仿真对比。在图 7.17（c）中，若故障后的电流参考值$\left(i_{sdref}^{+}, i_{sqref}^{+}\right)$被限制在 E 点（−2.6 kA，2.3 kA），则 k_{p1} 为 1 时 E 点位于暂态安全运行范围之外，而 k_{p1} 为 10 时 E 点位于暂态安全运行范围之内。图 7.21 显示了相应的仿真结果，通过对比图 7.21（a）和（b）可以发现，k_{p1} 为 1 时，暂态响应过程变长且稳态电流峰值处于 1.25 倍额定电流值以下，但暂态电流峰值会明显超出该限制，不符合变流器安全运行的要求；而当 k_{p1} 增大为 10 时，三相电流在整个暂态响应过程中一直处于 1.25 倍额定电流值以下。

在图 7.17（d）中，若故障后的电流参考值$\left(i_{sdref}^{+}, i_{sqref}^{+}\right)$被限制在 F 点（−2.7 kA，2.2 kA），则 k_{i1} 为 1 000 时 F 点位于暂态安全运行范围之外，而 k_{i1} 为 100 时 F 点位于暂态安全运行范围之内。图 7.22 显示了相应的仿真结果，对比图 7.22（a）和（b）可以发现，k_{i1} 为 1 000

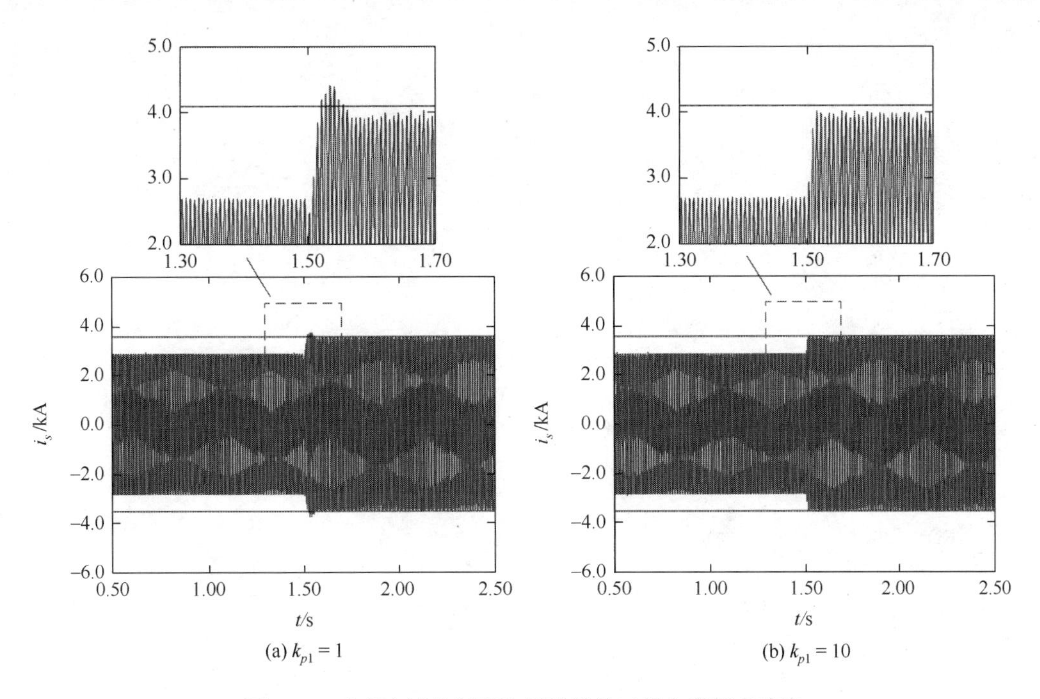

图 7.21　改变电流控制器比例增益的三相电流暂态响应

时，暂态响应过程变短且暂态电流峰值会明显超出 1.25 倍额定电流限制；而 k_{i1} 减小为 100 时，三相电流在整个暂态响应过程中一直处于 1.25 倍额定电流值以下。以上仿真结果均验证了 7.2.2 节电流参考值暂态安全运行范围的正确性。

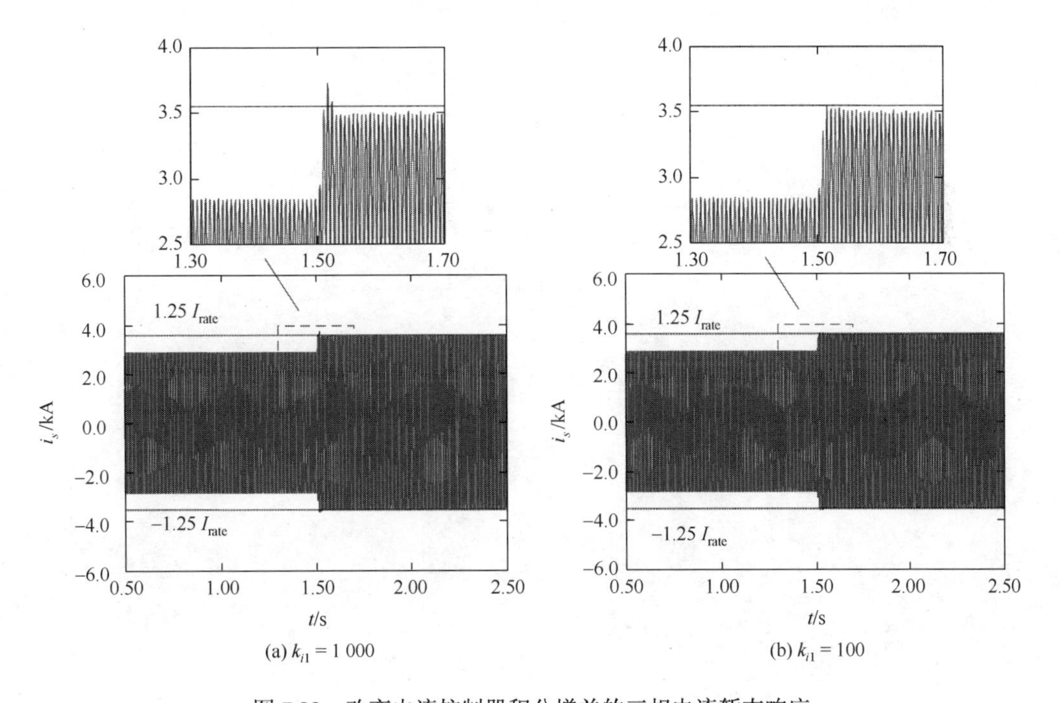

图 7.22　改变电流控制器积分增益的三相电流暂态响应

第 8 章

并网变流器运行韧性提升策略

在新能源发电、柔性直流输电等应用中，大功率并网电力电子变流器已成为电力系统的关键设备，而并网变流器的控制极限以及功率器件的耐受极限等极大地限制着并网变流器的安全运行范围。尤其在电网故障扰动下，暂态冲击带来的电应力给并网变流器的安全运行带来极大的威胁。因此，研究合适的控制和保护方法以最大限度地发挥并网电力电子变流器快速灵活运行的特性，避免其受电网故障冲击而脱网或损坏，已成为并网变流器设计和运行的重要挑战。针对此问题，本章致力于改进并网变流器的控制和保护策略，提出并网变流器运行韧性提升方法，设计在电网故障冲击下可稳定运行、器件不会发生短时失效、且在故障清除后可主动恢复至故障前运行状态的韧性变流器。

本章首先分析并网变流器锁相环输出限幅策略，得出锁相环参数优化设计和输出限幅整定方法。其次，分析并网变流器电流动态限幅策略，结合并网变流器多时间尺度边界以及关键元器件 IGBT 的短时失效边界，对并网变流器的参考电流进行动态限幅，实现其耐受电网故障能力和运行韧性提升。最后分析不对称电网条件下并网变流器的电流限幅策略，给出相应的限幅方案设计。

8.1 并网变流器锁相环输出限幅策略

8.1.1 基于阻尼的系统控制参数设计

为了避免由阻尼不足而导致的 PLL 不稳定，可以根据实际应用场景设置控制参数限制。稳定的 PLL 应该能够承受电网 SCR 显著降低的扰动而不至于失去稳定。当 SCR 降低至 1 以下时，不存在 PLL 的稳定平衡点，因此本节将电网强度从强电网降至极弱电网状态的扰动（SCR 从 8 降低至 1.05）作为并网变流器 PLL 可以承受的最大幅度的扰动。阻尼比的急剧下降将导致 PLL 的抗扰动能力下降，为了避免不稳定，在控制参数的设计之初，应当为极弱电网下的 PLL 保留一定的阻尼裕量。但是，同时应当考虑整个并网变流器系统的稳定性以及 PLL 的滤波性能，控制参数直接与 PLL 系统的带宽相关，因此保留系统阻尼的同时也不应将系统阻尼比 ε 设置得过高。在图 8.1 中，阻尼比 0.2 对应的曲线相对于零阻尼曲线保留了足够的裕度，如图 8.1 中的粗线所示。由于 SCR、ω_n 和 V_g 是固定的，根据式（4.20），基于阻尼特性的控制参数限制可以表示为

$$\frac{47.26K_p - 0.47K_i}{\sqrt{1-0.47K_p}} - 2.750\sqrt{K_i} \geqslant 0 \tag{8.1}$$

根据式（8.1）进行参数设置，可以保障大幅度的扰动发生后 PLL 系统仍能够有效地阻尼振荡，使得 PLL 的相角偏差不至于增大至对应失稳点。

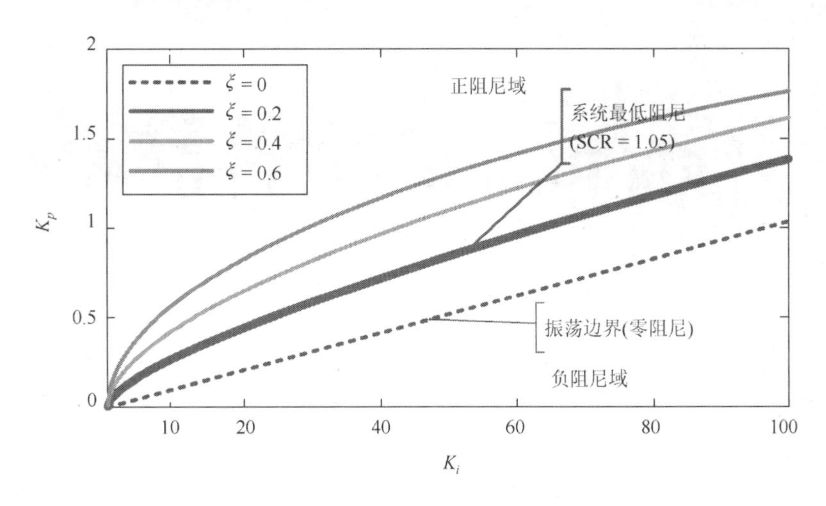

图 8.1　PLL 控制参数对系统阻尼的影响

为了确保这一方案的有效性，本书进行了仿真和实验。仿真和实验参数如表 4.3 所示。电网电压 V_g、频率 f 和电流环路控制参数是始终不变的。

1. 仿真验证

在 K_{A1}、K_{B1} 两组控制参数下，PLL 对注入电流变化的响应如图 8.2 所示。在初始时刻，并网变流器的线电流为 I_1，SCR 等于 8，变流器连接的是强电网；在 0.4 s 时，线电流立即升高到 I_2，SCR 降至 1.05。在图 8.2 中可以发现，控制参数为 K_{A1} 的 PLL 满足阻尼限制，其输出的相角偏差的振荡幅度可以被逐渐抑制。PLL 可以很快恢复到新的稳态点继续运行，如图 8.2 中的实线所示。变流器的注入电流和 PCC 相电压如图 8.3 所示，扰动后它们在短暂的暂态过程后仍然能保持稳定。

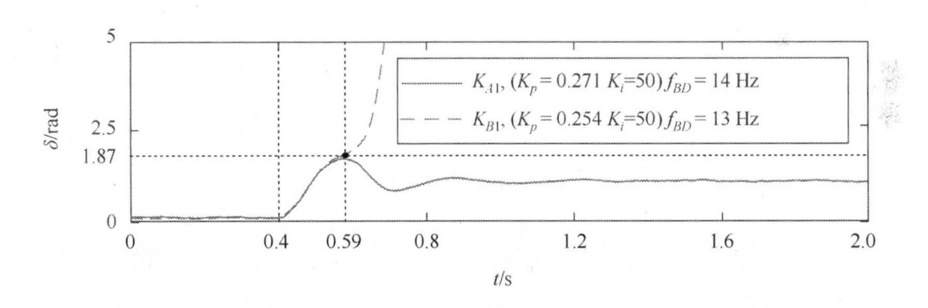

图 8.2　控制参数 K_{A1}、K_{B1} 对应的 PLL 在扰动下的输出响应

控制参数组 K_B 不满足阻尼要求，在同样的扰动幅度下，其对应的 PLL 无法有效抑制 PLL 的输出振荡。因此，PLL 输出的相角偏差在 0.59 s 时越过不稳定平衡点 1.87 rad，最终失去同步，如图 8.2 中的虚线所示。变流器输出的线电流和相电压如图 8.4 所示。在 PLL 失稳后，PCC 电压和电流波形也随即失去稳定。

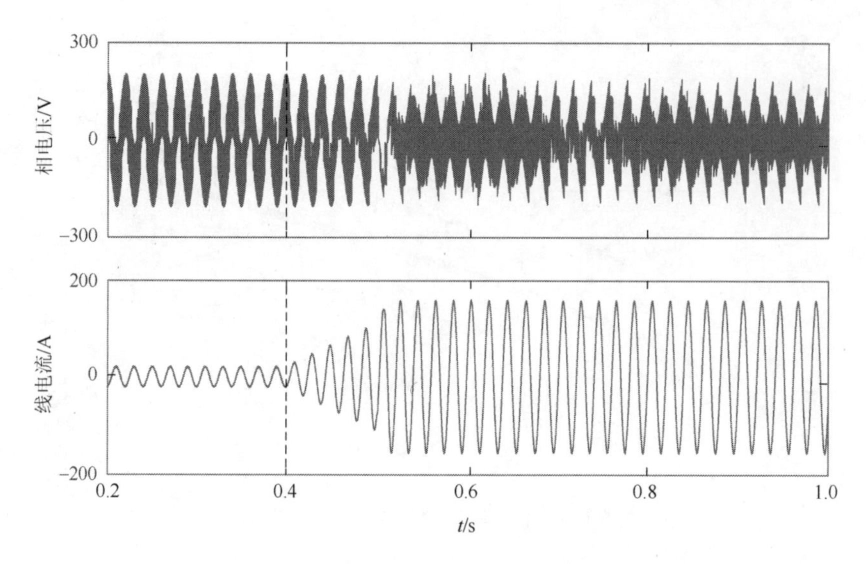

图 8.3　控制参数 K_{A1} 所对应的 PCC 电压和电流

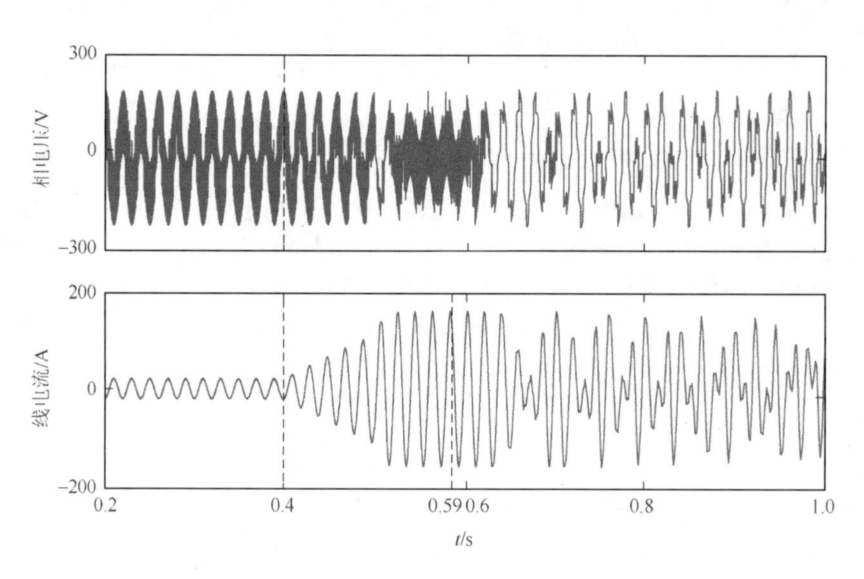

图 8.4　控制参数 K_{B1} 所对应的 PCC 电压和电流

为了验证不同带宽下这一阻尼裕度的充分性，本书通过选择不同的控制参数来调整 PLL 的带宽。不同 PLL 带宽下的仿真结果如图 8.5 所示。控制参数分为 K_A 和 K_B 两组，K_A 满足式（8.1）所要求的阻尼限制，所有属于控制参数组 K_A 的 PLL 在扰动后仍然具有 0.2 的阻尼比。控制参数组 K_B 均为不满足式（8.1）约束条件的参数值，采用控制参数 K_B 的 PLL 系统在扰动后的系统阻尼均为 0.18。可以发现，PLL 的响应速度和输出频率偏差随着带宽的增加而增加。同时，具有相同阻尼比的 PLL 的输出振荡幅度接近。具有控制参数 K_A 的 PLL 可以在扰动后保持稳定，如图 8.5 中的各条实线所示。由于系统阻尼不足，带有 K_B 的 PLL 会在受到扰动后快速地直接越过不稳定平衡点 1.87 rad，如图 8.5 中的各条虚线所示。

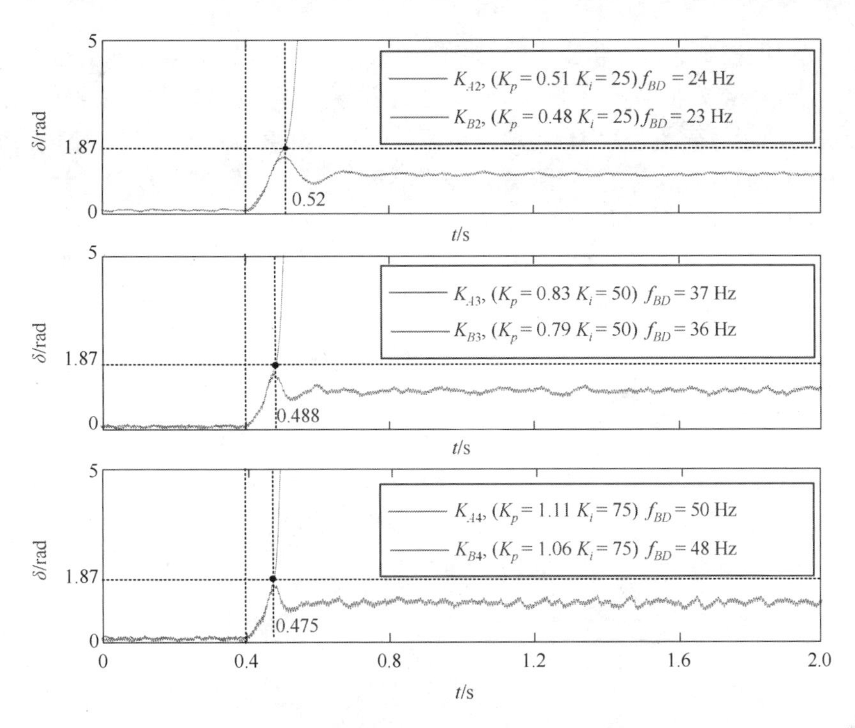

图 8.5　不同带宽下控制参数 K_{A1}、K_{B1} 对应的 PLL 在扰动下的响应

2. 实验验证

采用 OPAL-RT 硬件在环进行实验验证，实验装置如图 8.6 所示。控制器由 ARM STM32F407 和 FPGA EP4CE115F23C7 组成，用于执行特定的控制程序。该控制器嵌入采样平台上方。采用 AD7606 进行模拟采样信号的模数转换。这些数据被发送到现场可编程门阵列（field programmable gate array，FPGA）进行进一步的数据处理。ARM 单片机将 PLL 的输出相位通过 RS232 串行端口通信传输至上位机。波特率设置为 460 800，通过串口每秒可以发送 1 150 个值到上位机。

图 8.6　实验设备（OPAL-RT 与控制器）

实验中使用的控制参数与仿真中的控制参数 K_{A1} 和 K_{B1} 相同。同样地，当扰动发生时，通过增加线电流，SCR 将从 8 降低至 1.05。参数设置为 K_{A1} 和 K_{B1} 的变流器的暂态响应如图 8.7 和图 8.8 所示。在图 8.7 中，当线路电流升高时，SCR 减小至 1.05，电流突变后 PLL 的输出可以恢复到新的稳态点，如图 8.7（a）所示。线路电流和相电压在扰动后可以保持稳定，如图 8.7（b）所示。

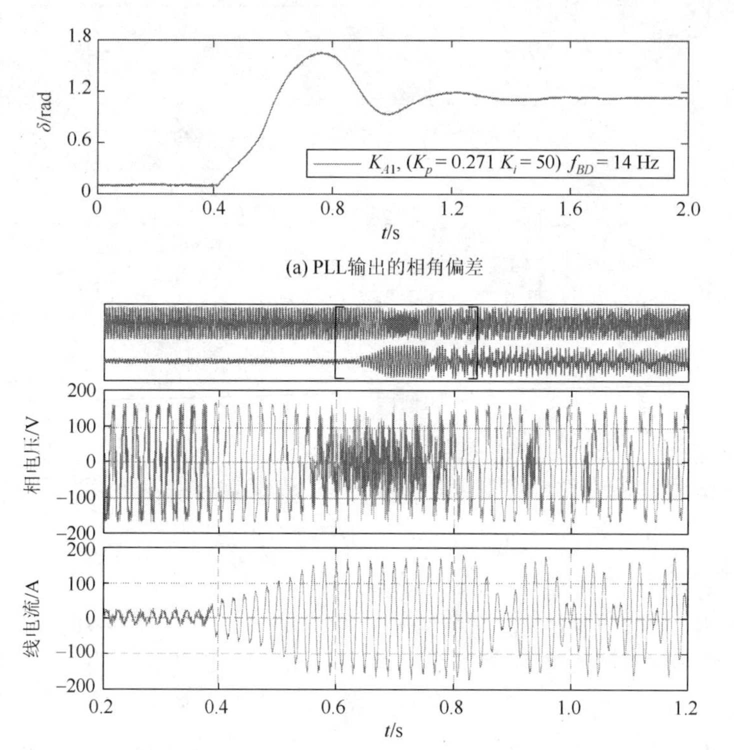

(a) PLL输出的相角偏差

(b) 相电压(100 V/格)和线电流(100 A/格)(采用示波器保存的波形数据进行了重新绘制)

图 8.7 控制参数为 K_{A1} 锁相环在扰动下响应的实验结果

在图 8.8 中，将 PLL 的比例增益 K_p 从 0.271 调整到 0.254，从而进一步减小 PLL 系统的阻尼比，在相同电流阶跃幅度下与控制参数 K_{B1} 对应的 PLL 系统的响应是不稳定的。PLL 的输出相角偏差在 0.72 s 处越过不平衡点 1.87 rad 之后 PLL 失去同步。变流器的注入电流和 PCC 电压也在 0.72 s 后失稳，如图 8.8（b）所示。

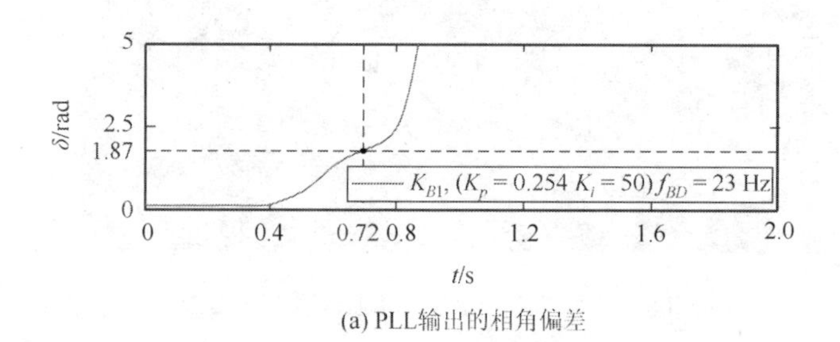

(a) PLL输出的相角偏差

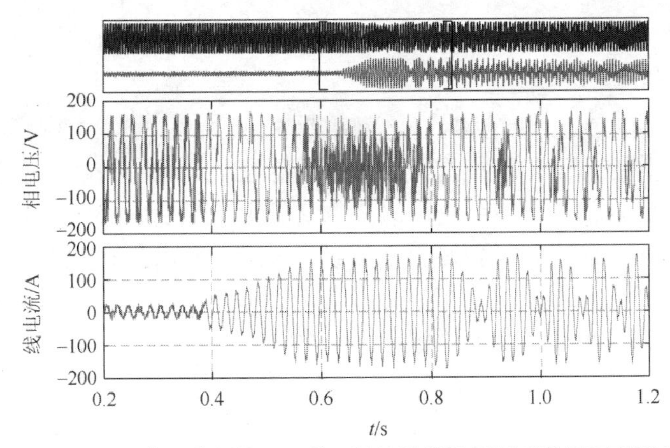

(b) 相电压(100 V/格)和线电流(100 A/格)(采用示波器保存的波形数据进行了重新绘制)

图 8.8　控制参数为 K_{B1} 锁相环在扰动下响应的实验结果

8.1.2　基于时域解析稳定域的锁相环输出限幅

锁相环最终失去同步是由于锁相环所输出的相角偏差超过了当前的 UEP。为了避免锁相环失去同步，可以为锁相环的输出相角偏差设置输出上下限，从根本上杜绝锁相环由于越过 UEP 而失稳的可能性。理论上，只要 PLL 输出的相角偏差限制设置为低于 UEP，就可以在故障消除之前保持 PLL 的稳定性，或者直接将其设置为$\pm\pi/2$，这样可以确保锁相环在任意幅度扰动下都不至于越过失稳点。该方法可以通过图 8.9 所示的新型锁相环控制框图来实现。但应当注意的是，这一设置的前提是电网电压的输出相角为零度。若并网变流器接入电网时刻的电网初始相角不为 0°，则锁相环稳定时输出的相角偏差 δ 应为式（8.2）所示。

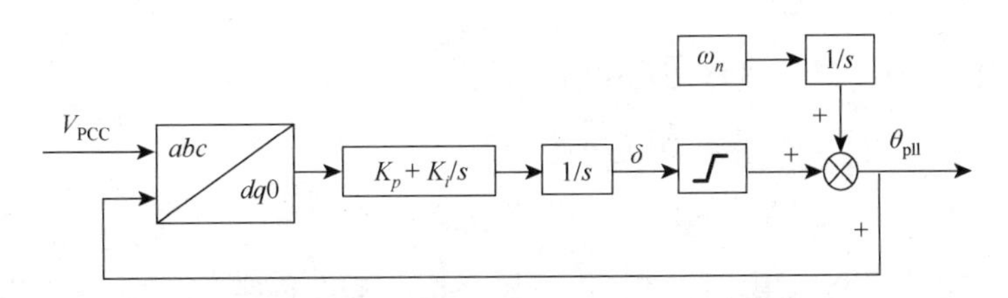

图 8.9　具有输出限制的 SRF-PLL 控制框图

$$\delta=\theta_{\text{pll}}-\theta_{gn}=\theta_{g0}+\delta_{a0} \tag{8.2}$$

式中，θ_{g0} 是 PLL 开始工作时刻的电网电压相角；δ_{a0} 是 PLL 相角与电网相角的偏差；δ 是与 PLL 的 SEP 相对应的角度。电网相角不为零时 PLL 稳定平衡点的位置如图 8.10 中的 a 点所示。此时，锁相环输出的相角偏差 δ_a 由变流器投入运行时的电网相角 θ_{g0} 和受电网阻抗影响的相角偏差 δ_{a0} 两部分组成。变流器可能在任意时刻接入电网，因此 θ_{g0} 是不可预测的。这就意味着，在不进行网侧阻抗测量的情况下无法明确获得 PLL 的输出相位偏差 δ_a 或者 PLL 输出相角与电网相角之间的实际差值 δ_{a0}。这给 PLL 输出限制的实际应用造成了困难。为了提高这一设计方案的实用性，提出了一种自适应的锁相环输出相角限制方法。

若已知网侧阻抗值，PLL 相角相对于电网相角 δ_{a0} 可以通过式（4.35）求出。然而，现实情况下变流器并不能获得网侧阻抗信息，因此不能通过具体计算获得 δ_{a0} 值。但是，考虑到并网变流器的锁相环在弱电网下系统阻尼将急剧降低，当 SCR 小于 1.5 时，这一现象将变得愈发显著，如图 4.6 所示。SCR 更低的系统是不适宜并网变流器锁相环运行的，因此选取 SCR 等于 1.5 作为保证锁相环稳定运行的最低 SCR 值。在此基础上进行保护限制值设计，以确保锁相环可以在大幅度扰动的暂态过程中维持稳定。

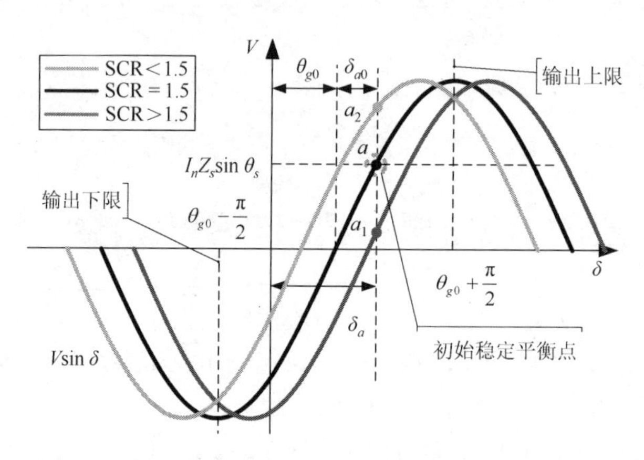

图 8.10　并网变流器工作在不同 SCR 条件下的限制值

假设变流器输出为额定电流时 SCR 为 1.5，对应于图 8.10 中的黑色曲线。可以计算 PLL 的相角偏差，如式（8.3）所示。

$$\delta_{a0}=\arcsin(I_nZ_s/V_g)=\arcsin(1/\mathrm{SCR}) \tag{8.3}$$

获得 δ_{a0} 的值之后，可以直接通过 PLL 获得 δ_a，因此输出限制范围可以设置为

$$\begin{cases}\delta_{\text{low}}=\delta_a-\delta_{a0}-\pi/2\\ \delta_{\text{high}}=\delta_a-\delta_{a0}+\pi/2\end{cases} \tag{8.4}$$

这一限制值基于假设 SCR 等于 1.5 这一最严重的工作条件，因此限制值设置偏于保守。如果实际电网系统 SCR 高于 1.5，如图 8.10 中红色曲线所示，则该限制值可以确保 PLL 在变流器正常输出范围条件下的稳定性。但是，PLL 可以输出的相角偏差范围将受到限制。如果扰动导致 SEP 超过限制值上限 $\delta_{g0}+\pi/2$，则公共连接点处将产生电压和电流相位偏差。而如果实际电网系统 SCR 低于 1.5，如图 8.10 中黄色曲线所示，则基于 SCR 等于 1.5 的限制值设置将不再能够确保 PLL 在所有扰动幅度下的稳定性。

图 8.11 中标注了变流器在维持有功输出状态下遭遇几种可能类型的扰动后锁相环稳定平衡点的迁移过程。从图 8.11 中可以发现，在变流器维持输出有功功率状态下，导致引起锁相环失稳的扰动造成的后果都是使锁相环的输出相角增大，因此锁相环输出相角偏差的上限在这一过程中起到关键作用。

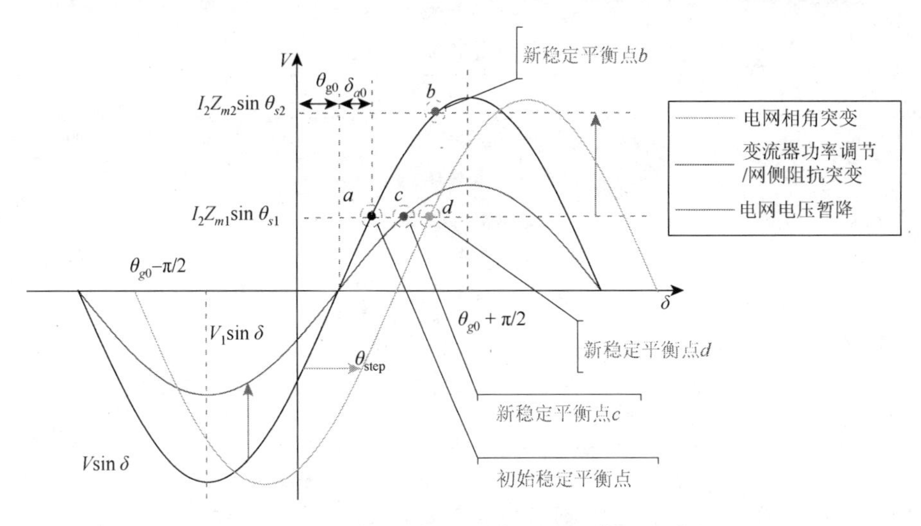

图 8.11　四种扰动类型下锁相环 SEP 的迁移过程

锁相环输出限幅值的大小不同将导致锁相环输出所经历的暂态过程也不相同，图 8.12 给出了相同扰动、不同限幅值下锁相环的暂态响应过程。电网初始相角为 0°，系统仿真参数如表 8.1 中参数组 1 所示。参数组 1 扰动对应的 UEP 为 1.802 6 rad，因此可以将相角限制值设置为比 UEP 更低，以确保 PLL 不会到达 UEP，如图 8.12（a）所示，其中锁相环的输出相角偏差上限设置为 1.79 rad。即使系统无法在短时间内迅速清除故障，相角限制也可以防止 PLL 在清除系统故障之前失去同步。在这种情况下，交流电流增大至 160 A，系统在新的 SEP 仍然具有正阻尼。输出上限设置为 1.79 rad 可以避免锁相环的输出相角偏差越过 UEP，在 6 s 清除故障后，锁相环可以快速地恢复稳定。

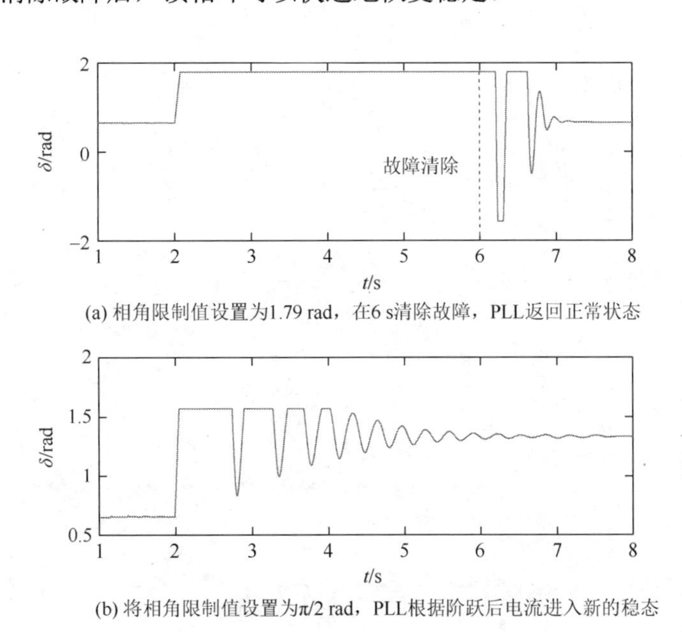

(a) 相角限制值设置为1.79 rad，在6 s清除故障，PLL返回正常状态

(b) 将相角限制值设置为$\pi/2$ rad，PLL根据阶跃后电流进入新的稳态

图 8.12　不同限制值下锁相环的暂态响应过程

表 8.1 仿真中的系统参数

参数	说明	值
V_g(pk)	电网电压	160 V
f	系统频率	50 Hz
I_0(pk)	交流电流（扰动前）	100 A
I_1(pk)	交流电流（扰动后）参数组 1	155 A
I_2(pk)	交流电流（扰动后）参数组 2	140 A
K_{p1}, K_{i1}	锁相环控制参数组 1	0.2，10
K_{p2}, K_{i2}	锁相环控制参数组 2	0.045，10
$Z_s(R, L)$	电网阻抗	0.13 mH

若进一步降低锁相环的相角限制值至 π/2 rad，这一限制值依然可以在暂态过程中稳定系统。在一段时间的振荡后，在清除扰动之前，系统可以达到新的稳定状态，如图 8.12（b）所示。

图 8.13 中展示了图 8.12（b）中相同条件下同时刻的电压和电流波形。可以看出，扰动使得该处 PCC 电压表现出不稳定的暂态过程，但在 PLL 中存在相角限制的情况下，仍可以恢复到正常工作状态。线路电流幅值的变化导致 PLL 输出相位、频率的不稳定，经由控制环路也会造成线路电流相位、频率的不稳定。如图 8.13（a）所示，公共连接点的功率传输在扰动后受到极大影响，导致电网电压明显下降，但这并非锁相环输出相角限制造成的结果，相反，锁相环的输出相角限制能够阻止暂态过程中 PCC 电压的过度跌落。锁相环的输出限制避免了变流器在扰动发生后直接失稳，在振荡结束后，6 s 时刻系统恢复到新的稳定状态。

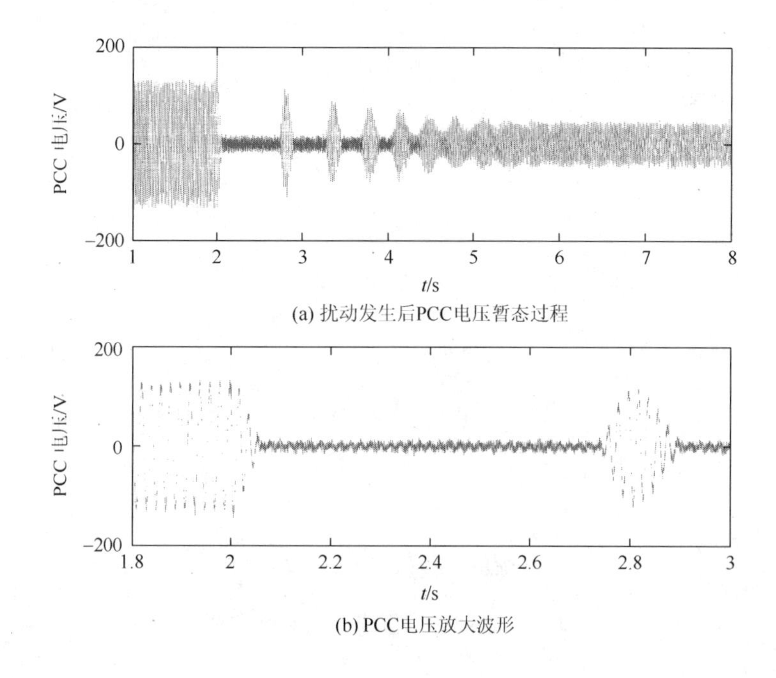

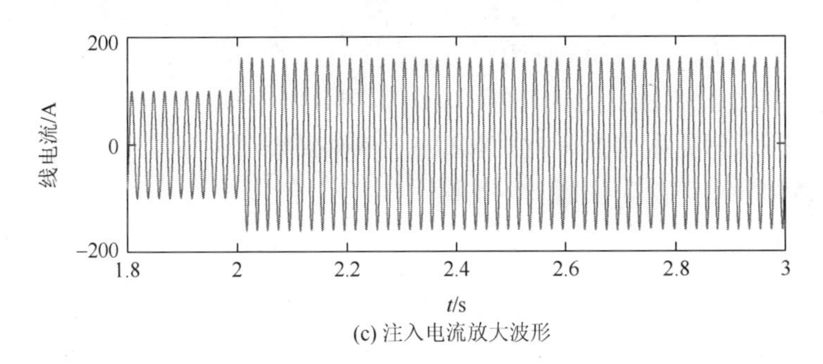

(c) 注入电流放大波形

图 8.13 扰动后 PCC 电压与电流的暂态过程

考虑到变流器连接到电网时电网电压相角的不确定性，因此需要采用自适应值设置方法。在图 8.14 的仿真中，当变流器连接到电网时，电网电压 θ_{g0} 的相角为 π/6。系统参数初始值为表 8.1 中的参数组 1。在稳态下，可以通过 PLL 获得 PCC 电压相角 δ_a。在这种情况下，δ_a 为 1.18 rad。根据式（8.4）可以计算出，应当将限制值设置为−1.12～2.02 rad。SCR 大于 1.5，SEP 的位置由图 8.12 中的 a_1 表示。在图 8.14（a）中，线路阻抗在 2 s 阶跃至 5 mH。此时 PLL 没有 SEP，因此锁相环的输出将被持续限制为 2.02 rad。在此期间，线电流可以保持稳定。故障在 3 s 清除，短暂振荡后 PLL 返回到原始 SEP。图 8.14（b）中，故障发生后电网阻抗变为 4.8 mH，此时 PLL 的 SEP 仍然存在。配合此前设置的锁相环输出相角偏差，PLL 将能够自行恢复稳定。

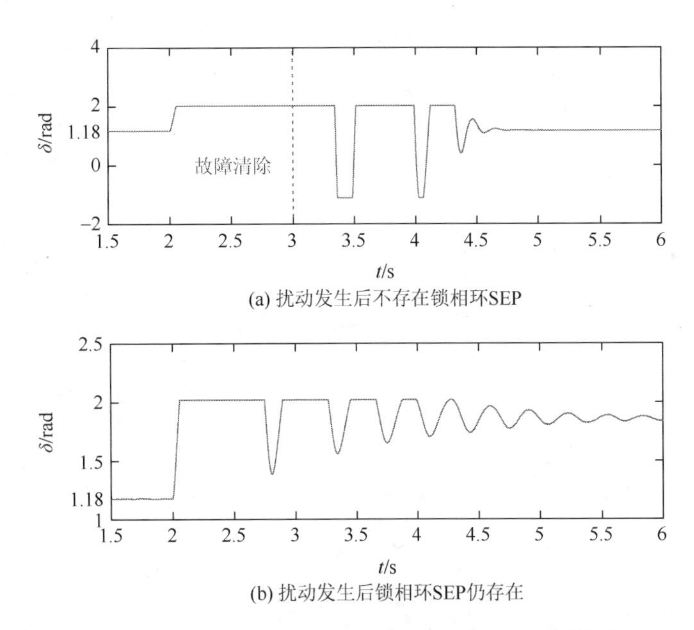

(a) 扰动发生后不存在锁相环SEP

(b) 扰动发生后锁相环SEP仍存在

图 8.14 网侧相角未知情况下应用锁相环输出限制的效果

在图 8.15 的仿真中，稳定时锁相环输出的相角偏差 δ_a 仍为 1.18 rad，电网初始相角 θ_{g0} 为 π/12，电网阻抗为 3.9 mH，比例增益 K_p 为 0.1，积分增益 K_i 为 10。其余电路参数与表 8.1 相同，参数组 1 的初始值相同。δ_a 与图 8.14 仿真中相同，因此限幅值也设置为相同的值。当电网相角阶跃时，如果阶跃的角度值不大于限制值和初始 SEP 之间的差，则限幅可以帮助 PLL 恢复稳定性并达到新的 SEP。如图 8.15（a）所示，在 2 s 时，电网的相角从 π/12 阶跃至 π/3。短暂振荡后，PLL 可以达到新的稳定点。而在没有设置锁相环输出限制的情况下，锁相环将直接失去同步，如图 8.15（b）所示。

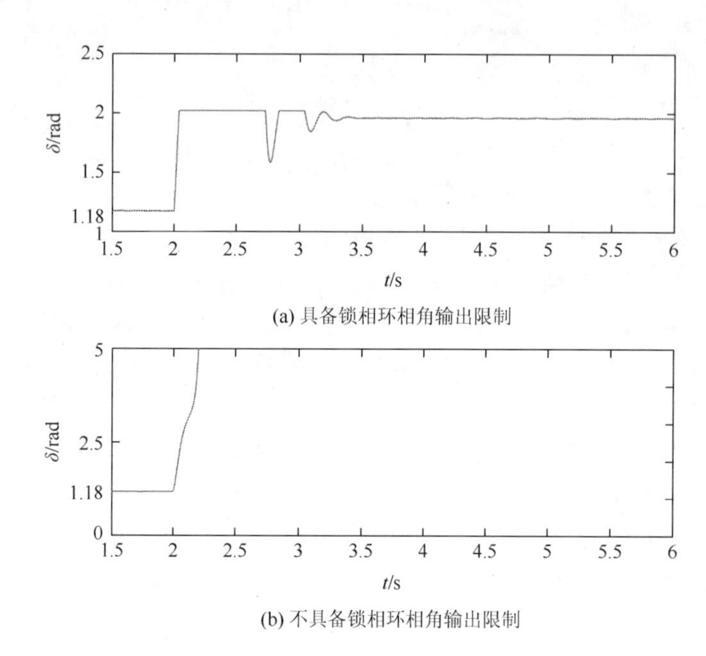

(a) 具备锁相环相角输出限制

(b) 不具备锁相环相角输出限制

图 8.15 电网相角阶跃时锁相环相角限制效果

采用实际的并网变流器在 2 kW 的功率等级下对锁相环的暂态行为进行了实验验证。这一变流器通过 ARM-FPGA 数字控制器进行控制，实验平台如图 8.16 所示。电路和控制参数如表 8.2 所示。

表 8.2 电路和控制参数

参数	说明	值
V_g(pk)	电网电压	57 V
f	系统频率	50 Hz
I_1/I_2(pk)	交流电流扰动前/扰动后	4/19 A
K_p, K_i	锁相环控制参数	0.001，0.64
Z_s	电网阻抗	6.5 mH
$\text{Lim}_p/\text{Lim}_i$	比例/积分输出限制	0.000 15/0.000 15

在这种情况下，PLL 的阻尼效果很差，连接至弱电网的并网变流器系统由于 PLL 的调节能力不足而不稳定。但是，如果具有适当的控制器输出限制，则即使在较大的线路电流阶跃下，变流器也可以保持稳定。PCC 电压和电流响应波形如图 8.17 所示。

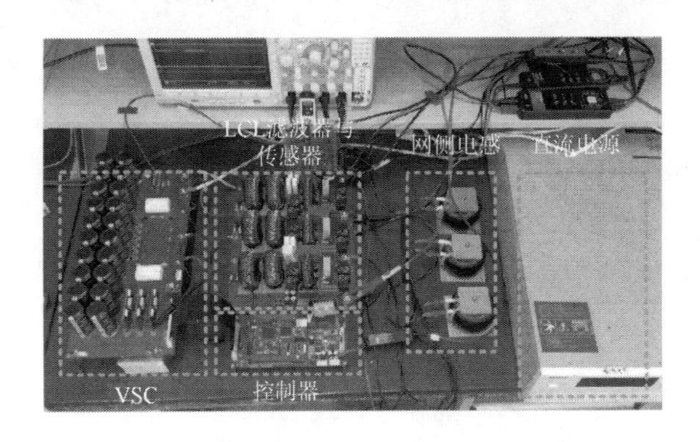

图 8.16　实验中采用的 2 kW 并网变流器

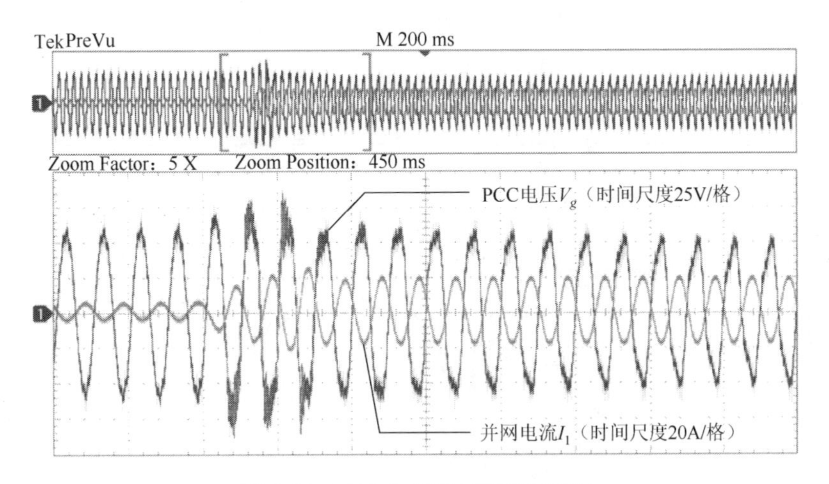

图 8.17　PCC 电压和电流响应波形

当线路电流从 4 A 升至 19 A 时，变流器将变得不稳定，PCC 电压会出现大量谐波。在发生电流扰动后，可以观察到由控制输出偏差导致的明显的相位误差。但是，得益于适当的 PLL 输出限制阻止了进一步的失稳，并且变流器可以恢复到新的稳定状态，此时 PCC 电压更低而线电流更高，通过 PLL 的调节增强了变流器的暂态稳定性。

根据新能源并网发电系统的并网导则，并网风电机组应当具有低电压穿越的能力，并且风机还需要具备输出无功电流来支持电网电压的能力。现有的低电压穿越的研究成果普遍认为可以在故障发生时降低有功功率以提升低电压穿越能力[17]。基于此前的分析，降低有功功率无疑可以提升锁相环系统的暂态稳定性，这是由于一方面提升了系统阻尼，另一方面工作点向左移动，远离了失稳点。由于在电压暂降过程中维持变流器的有功功率输出意义不大，效果最好的措施是直接将有功功率输出降低到 0。但是根据并网导则，并网变流器应当在暂态过程中提供无功功率支撑，必要时要输出 100%的无功功率，但这无疑会导致更大的振荡幅度。在很多弱电网条件下，即使将有功功率降低至 0，仍然不能阻止变流器锁相环失去同步，进而导致低电压穿越失败，在此类情况下，对锁相环的输出限制变得尤为重要。

为了验证这一方案的实际应用效果，首先给出系统参数，如表 8.3 所示。电网初始相角为 0°，在变流器正常运行时，其工作点位于图 8.18 中的 SEP_a，δ 为 0.44 rad。基于式（8.4）所提出的限制值设定方法，此时控制应当将锁相环输出相角的上下限设定为

$$\begin{cases}\delta_{\text{low}} = \delta_a - \arcsin(1/\text{SCR}) - \pi/2 = -1.86 \\ \delta_{\text{high}} = \delta_a - \arcsin(1/\text{SCR}) + \pi/2 = 1.28\end{cases} \tag{8.5}$$

表 8.3　低电压穿越的变流器系统仿真参数

参数	说明	值
V_g(pk)	电网电压	155 V（1 p.u.）
f	系统频率	50 Hz（1 p.u.）
I_1(pk)	交流电流参数组 1	70 A（1 p.u.）
K_p, K_i	锁相环控制参数	0.05，10
Z_s	电网阻抗	0.3 Ω，3 mH（0.14 p.u.，0.43 p.u.）

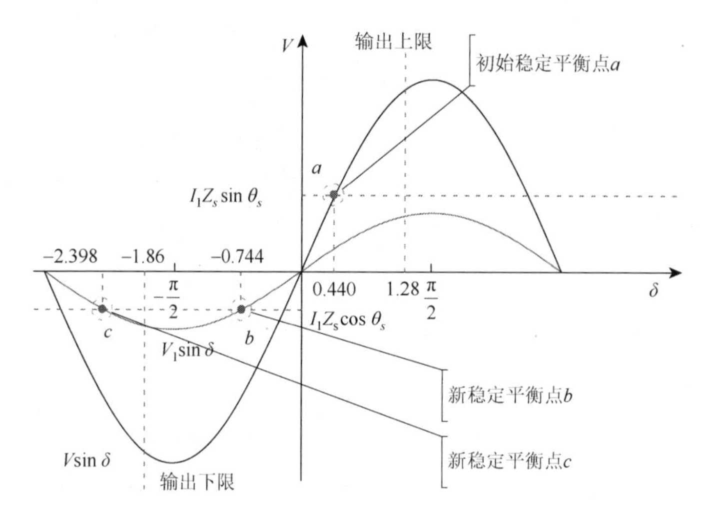

图 8.18　电网电压暂降时锁相环 SEP 迁移过程

当电压暂降发生时，电网电压从 1 p.u.降低至 0.2 p.u.。此时，根据并网导则的要求，并网变流器需要向电网注入无功电流。新的锁相环工作点应当满足

$$V_g\sin\delta - (-I_1Z_s\cos\theta_s) = 0 \tag{8.6}$$

因此，扰动后新的锁相环工作点如图 8.18 中的 SEP_b 所示。与之对应的 UEP 为 c 点。输出限制是按照 SCR 等于 1.5 的情况进行设置的，实际中的电网强度通常大于这一值，限制值的下限必然会低于$-\pi/2$，因此不会对变流器输出无功功率造成限制。

图 8.19 为未施加限制时的仿真结果。图 8.19（a）为锁相环输出的相角偏差，在没有限幅的情况下，锁相环输出相角很快越过 UEP。图 8.19（b）和（c）为 PCC 电压和电流。在扰动后，随着锁相环相角越过失稳点，PCC 电压和电流也很快失稳。

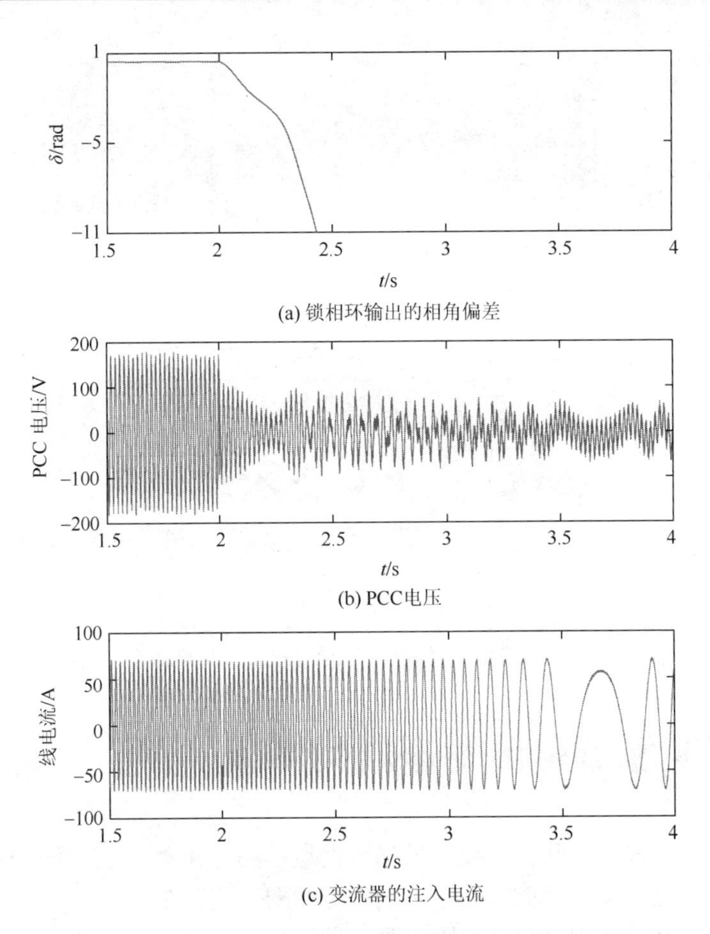

图 8.19　未设置锁相环相角输出限制的变流器低电压穿越过程

图 8.20 为施加限制时的仿真结果。图 8.20（a）为锁相环输出的相角偏差，2 s 发生电压暂降后，可以发现锁相环的输出限幅阻止了输出相角越过失稳点，锁相环输出的相角偏差峰值被限制在−1.86 rad，两个周期后锁相环恢复到正常的振荡状态，锁相环的振荡幅度逐渐收敛。在 6 s 时，故障清除，变流器恢复注入有功电流，锁相环在短暂的振荡后恢复到原有工作点。这一过程对应的 PCC 电压、电流波形如图 8.20（b）和（c）所示，可以看出，即使在扰动发生后的锁相环振荡过程中 PCC 电压也受到了影响，但是锁相环的输出相角限制阻止了 PCC 电压的进一步跌落。

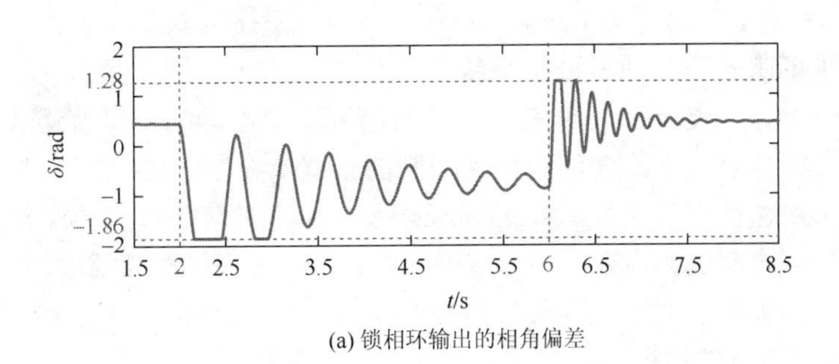

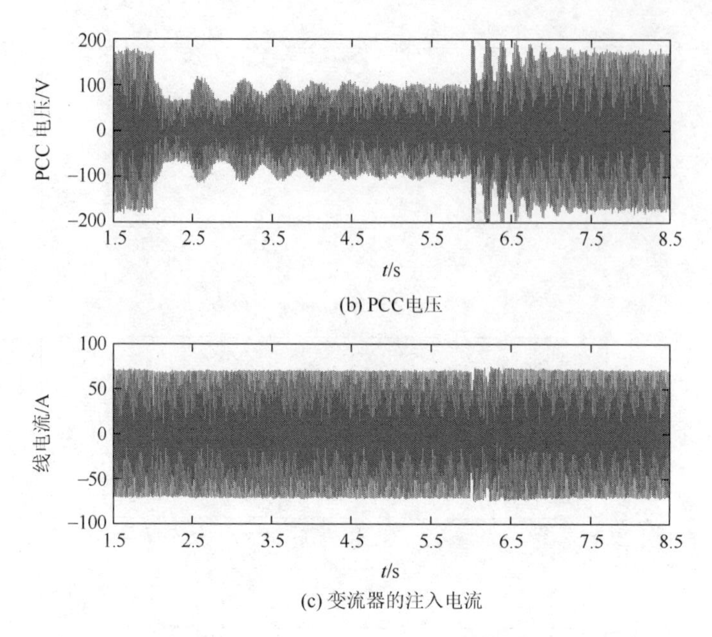

(b) PCC电压

(c) 变流器的注入电流

图 8.20 设置锁相环相角输出限制的变流器低电压穿越过程

8.2 并网变流器电流动态限幅策略

基于运行韧性概念，为了结合变流器稳定性运行约束和元器件安全运行约束提出参考电流动态限幅和恢复控制策略，本小节分别推导并网变流器在多时间尺度下的稳定性运行约束、器件耐受电流约束以及故障清除后重合闸时的外环积分约束。

8.2.1 稳定性运行约束

对前面所建的变流器在电流控制时间尺度和功率控制时间尺度下的数学模型分别进行稳定性分析，基于 dq 轴参考电流给出各自稳定性边界，可获得变流器的多时间尺度运行约束。

在并网变流器受到电网接地故障扰动后，受电流环和环流抑制控制主导的并网变流器的稳定性可以由李雅普诺夫稳定性分析方法得到。因此，令 7.2.1 节中所建电流控制时间尺度下并网变流器状态方程微分为 0，求得系统在故障扰动下的新工作点 X_Q，并在新工作点附近求解系统雅可比矩阵，通过分析系统特征值实部的正负性，画出使得特征值实部为正的电流参考值边界，便可得到电流控制时间尺度下变流器的李雅普诺夫稳定性运行约束范围，如图 8.21 所示。电流内环和环流控制的带宽均在 100 Hz 左右，因此电流内环和环流控制环路失稳往往容易引发系统的高频振荡。电网故障下，并网变流器的工作点从图 8.21 所示运行域内穿过边界越到运行域外，系统会出现高频振荡现象。因此，将变流器参考电流限制在电流控制时间尺度下的运行边界之内，变流器响应中的高频振荡便可消除，称电流控制时间尺度下的约束为限制Ⅰ。

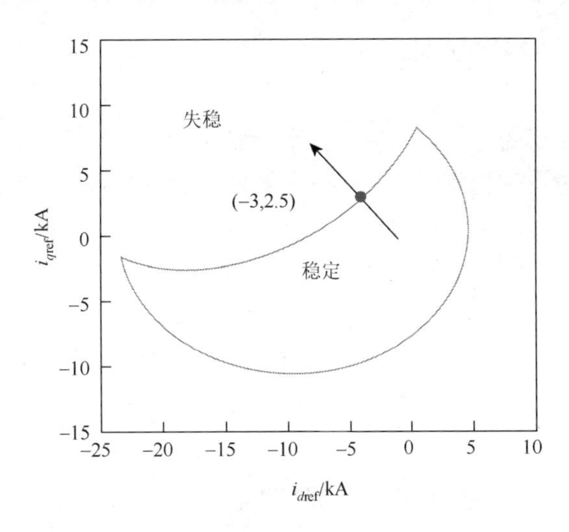

图 8.21　电网接地故障时电流控制时间尺度下的运行边界

同理，将 7.2.2 节中所建功率控制时间尺度下并网变流器状态方程的微分项设为 0，可以得到系统在故障扰动下的新稳态工作点。通过计算并网变流器在功率控制时间尺度下新稳态工作点处的雅可比矩阵，求解并网变流器系统功率控制时间尺度下的特征方程 $\det|\lambda I-A|=0$，同样可通过分析特征值实部的符号得到并网变流器在功率控制时间尺度下的运行边界，如图 8.22 所示。PLL 和功率外环的带宽在 10 Hz 左右，因此 PLL 和功率外环的不稳定运行极易引起电流的发散和低频振荡。电网故障下，并网变流器的工作点从图 8.22 所示运行域内穿过边界越到运行域外，系统会出现电流的发散或低频振荡现象。而若将变流器参考电流限制在功率控制时间尺度下的运行边界之内，则可消除变流器响应中的低频振荡和发散现象，称功率控制时间尺度下的约束为限制 II。

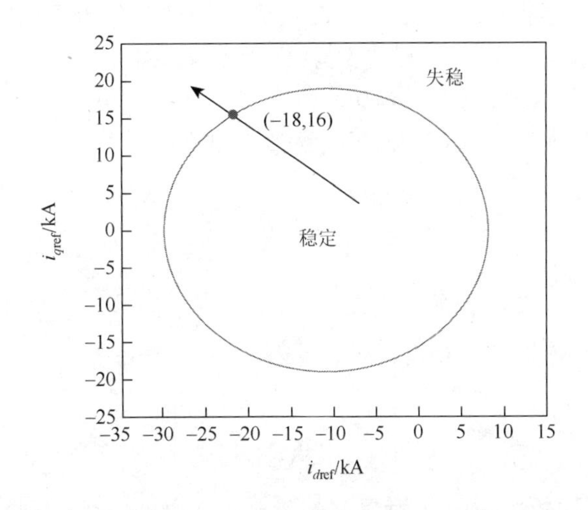

图 8.22　电网接地故障时功率控制时间尺度下的运行边界

8.2.2 器件耐受电流约束

在电网故障下变流器的运行中，变流器上元器件 IGBT 极易由于过流、过压，以及过流引发瞬时过热等发生短时失效。因此，考虑器件运行时是否满足安全运行域的要求。

在所建并网变流器系统中，假设选用某型号 IGBT，额定集电极-发射极电压 V_{CES} 为 4 500 V，额定集电极电流 I_C 为 3 000 A，集电极重复峰值电流 I_{CRM} 为 6000 A，最大损耗功率 $P_{\max}$ 为 33.3 kW。根据并网变流器上下桥臂电流 i_p 和 i_n 与交直流电流 i_g 和 i_{dc} 的关系，可知

$$\begin{cases} i_p(t) = \dfrac{1}{3}i_{\text{dc}} + \dfrac{1}{2}I_g\cos(\omega t + \theta_i) + I_{\text{cir}}\cos(2\omega t + \theta_{i2}) \\ i_n(t) = \dfrac{1}{3}i_{\text{dc}} - \dfrac{1}{2}I_g\cos(\omega t + \theta_i) + I_{\text{cir}}\cos(2\omega t + \theta_{i2}) \end{cases} \tag{8.7}$$

式中，I_g 和 I_{cir} 分别为交流与环流电流幅值。变流器环流电流在环流抑制器的作用下一般可以限制在比较低的水平，因此为了简化计算，忽略了环流对于故障下 IGBT 失效的作用，认为 $I_{\text{cir}} = 0$，则桥臂电流最大值 $I_{p\max} = 1/3i_{\text{dc}} + 1/2I_g$。

直流电流可由系统功率守恒求得

$$i_{\text{dc}} = \frac{3\left[v_{gd}i_d + v_{gq}i_q + (R_g + R_{\text{eq}})\left(i_d^2 + i_q^2\right)\right]}{2V_{\text{dc}}} \tag{8.8}$$

考虑到在桥臂子模块 IGBT 耐受范围内桥臂电流不能超过集电极重复峰值电流 I_{CRM}，同时以 dq 轴电流参考值来约束 dq 轴电流实际值，则可得并网变流器电流参考约束条件：

$$\frac{v_{gd}i_{d\text{ref}} + v_{gq}i_{q\text{ref}} + (R_g + R_{\text{eq}})\left(i_{d\text{ref}}^2 + i_{q\text{ref}}^2\right)}{2V_{\text{dc}}} + \frac{\sqrt{i_{d\text{ref}}^2 + i_{q\text{ref}}^2}}{2} \leqslant I_{\text{CRM}} \tag{8.9}$$

此外，IGBT 的正常运行也需要使得 IGBT 的集电极-发射极电压在额定值以内。当桥臂上 N 个子模块被投入使用时，这 N 个子模块上与电容并联的 IGBT 两端电压与电容电压相等，即 $v_{ce} = v_c$。那么子模块上的 IGBT 承受的电压峰值可以记为 $V_{ce\max} = V_{c\max} = (1 + \varepsilon)V_{c0}$。

由于在并网变流器的正常运行中，子模块最大电容电压波动率可计算为

$$\varepsilon = \frac{1}{3}\frac{S_v}{mN\omega CV_{c0}^2}\left[1 - \left(\frac{m\cos\varphi}{2}\right)^2\right]^{\frac{3}{2}} \tag{8.10}$$

式中，S_v 和 φ 分别为并网变流器的视在功率及功率因数角；m 为调制比。当调制比取最大值 1 时，可得到并网变流器功率参考约束条件为

$$V_{c0} + \frac{\sqrt{P^2 + Q^2}}{3N\omega CV_{c0}}\left[1 - \frac{Q^2}{4(P^2 + Q^2)}\right]^{\frac{3}{2}} \leqslant V_{\text{CES}} \tag{8.11}$$

另外，考虑到电流过大时 IGBT 温度升高对器件失效的影响，IGBT 在实际使用过程中的损耗 P_{loss} 也不能超过其可耐受的最大功率损耗 $P_{\max}$。将 IGBT 在使用过程中的损耗简化为四部分：IGBT 通态损耗 P_{c1}、IGBT 开关损耗 P_{s1}、续流二极管通态损耗 P_{c2} 以及续流二极管开关损耗 P_{s2}，则可计算：

$$P_{c1}=\frac{\omega}{2\pi}\int_0^{\pi/\omega}[V_{CE}+R_{\text{th1}}i_p(t)]i_p(t)\frac{1+m\sin(\omega t+\varphi)}{2}\text{d}t \tag{8.12}$$

$$P_{s1}=\frac{1}{\pi}f(E_{\text{on}}+E_{\text{off}}) \tag{8.13}$$

$$P_{c2}=\frac{\omega}{2\pi}\int_0^{\pi/\omega}[V_F+R_{\text{th2}}i_p(t)]i_p(t)\frac{1-m\sin(\omega t+\varphi)}{2}\text{d}t \tag{8.14}$$

$$P_{s2}=\frac{1}{\pi}fE_{\text{rec}} \tag{8.15}$$

假设电网故障下 IGBT 结温限制为 125°，IGBT 和二极管的结壳热阻 $R_{\text{th1}}=3$ K/kW，$R_{\text{th2}}=5.6$ K/kW，V_{CE} 为集电极发射极饱和电压 3.35 V，V_F 为二极管正向电压 3.1 V。IGBT 开通损耗 $E_{\text{on}}=18$ J，IGBT 关断损耗 $E_{\text{off}}=15.3$ J，二极管反向恢复损耗 $E_{\text{rec}}=6.4$ J。

根据正常工作的 IGBT 的损耗不能超过其最大耐受的损耗值，可知使得 IGBT 不会因为过热而失效的约束条件可以建立为

$$P_{c1}+P_{s1}+P_{c2}+P_{s2}\leqslant P_{\max} \tag{8.16}$$

结合式（8.9）、式（8.11）和式（8.16），可得到以电流参考值的形式给出的并网变流器桥臂子模块中 IGBT 的短时失效边界，如图 8.23 所示。将参考电流限制在 IGBT 短时失效边界之内，称为器件安全约束。

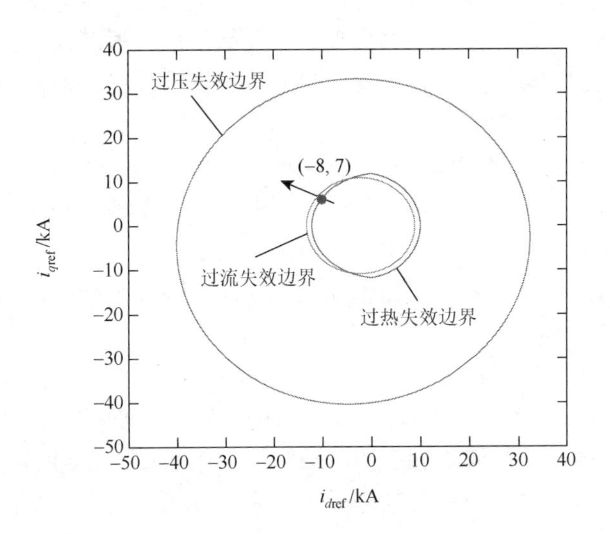

图 8.23　考虑器件短时失效的并网变流器运行边界

8.2.3　重合闸时外环积分约束

考虑到一旦在故障期间对变流器参考电流进行限幅，有功功率/无功功率因电流受限而保持在较低水平，无法对功率参考值进行跟踪，变流器功率外环也无法对功率进行调节。当变流器故障清除后启动重合闸，如果在功率外环上没有对功率积分进行重置的环节，在因故障而设置的参考电流限幅取消后，参考电流极有可能因故障期间的功率积分过大而失

去控制，使得系统无法安全恢复至稳定运行工况。因此，系统在故障恢复环节还需要考虑功率外环积分约束。

若要使得参考电流由限幅值平稳地过渡到正常工作值，需要使得系统重合闸时变流器参考电流可以迅速恢复到故障前的参考值。系统重合闸时参考电流限幅取消，其参考电流由功率外环产生，如式（7.5）所示，主要包含两部分：比例环节所得值和积分所得值。考虑到系统取消限幅后功率外环的比例环节中只要功率跟随上参考值，$k_{p2}(P_{\text{ref}}-P)$与$k_{p2}(Q_{\text{ref}}-Q)$项可迅速为 0；而积分环节则由于故障期间功率长时间的不受控，使得 $k_{i2}x_5$ 与 $k_{i2}x_6$ 项过大且无法迅速降至稳定值，所以启动重合闸前 x_5 和 x_6 需要重设为

$$\begin{cases} x_5 = \dfrac{i_{d\text{ref}0}}{k_{i2}} = \dfrac{2P_{\text{ref}}}{3V_{m0}k_{i2}} \\ x_6 = \dfrac{i_{q\text{ref}0}}{k_{i2}} = \dfrac{2Q_{\text{ref}}}{3V_{m0}k_{i2}} \end{cases} \tag{8.17}$$

式中，V_{m0} 为变流器正常工作时电网电压 v_{g0} 的幅值；$i_{d\text{ref}0}$ 与 $i_{q\text{ref}0}$ 分别为故障前的电流参考值。

综合以上运行边界与约束分析，可以通过设定 dq 轴参考电流限幅值并在重合闸时重置外环积分量，提升并网变流器的运行韧性。根据变流器故障后的响应时序，提出一种先消除发散和低频振荡，再消除高频振荡的参考电流动态限幅及重启方案，即在故障发生时，首先使用限制Ⅱ来确保并网系统中不会出现功率发散及低频振荡现象；然后，采用限制Ⅰ来降低故障下系统中的高频谐波；在清除故障后，重置外环积分器输出再启动重合闸使得系统安全恢复稳定工作状态。

具体的变流器参考电流动态限幅及恢复流程如图 8.24 所示，分以下三个阶段来实现：

（1）故障检测及第一次限幅。当交流电流 I_g 幅值升至其额定值 I_b 的 120%时，判定系统处于故障状态，断开故障线路断路器，开始清除故障，同时参考电流限幅器开始第一次限幅。限幅器幅值通过比较限制Ⅱ与器件安全约束的范围大小给出，选择较小的范围为限流器的幅值。

（2）高频谐波检测及第二次限幅。当第一次限幅工作 200 ms 时，如果 200 ms 内交流电流的谐波失真率（total harmonic distortion，THD）仍超过 5%，则限幅器需要调整幅值，进行第二次限幅，直至线路故障清除完成。限幅器幅值通过比较限制Ⅰ与器件安全约束范围大小给出。同样选取范围更小的限制值，而如果 THD 低于 5%，系统限幅器则继续保持在第一次限幅值。

（3）外环积分重置及重合闸启动。故障清除后，将功率外环中 PI 环节的积分器重置为 $2P_{\text{ref}}/(3V_{m0}k_{i2})$和 $2Q_{\text{ref}}/(3V_{m0}k_{i2})$。然后启动重合闸，同时取消参考电流限幅，变流器即可安全恢复至故障前的稳定运行状态。

为了验证所设计的并网变流器韧性提升策略的有效性，对图 7.1 中的三相并网变流器系统进行了仿真。在该系统中，1 s 时发生电网线路接地故障，检测到故障后线路 2 两端断路器断开并清除故障，1.6 s 时重合闸动作线路 2 重新恢复工作。初始参考功率 P_{ref} 和 Q_{ref} 分别设为–150 MW 和 120 MVA，其他参数与表 7.1 中的参数相同。

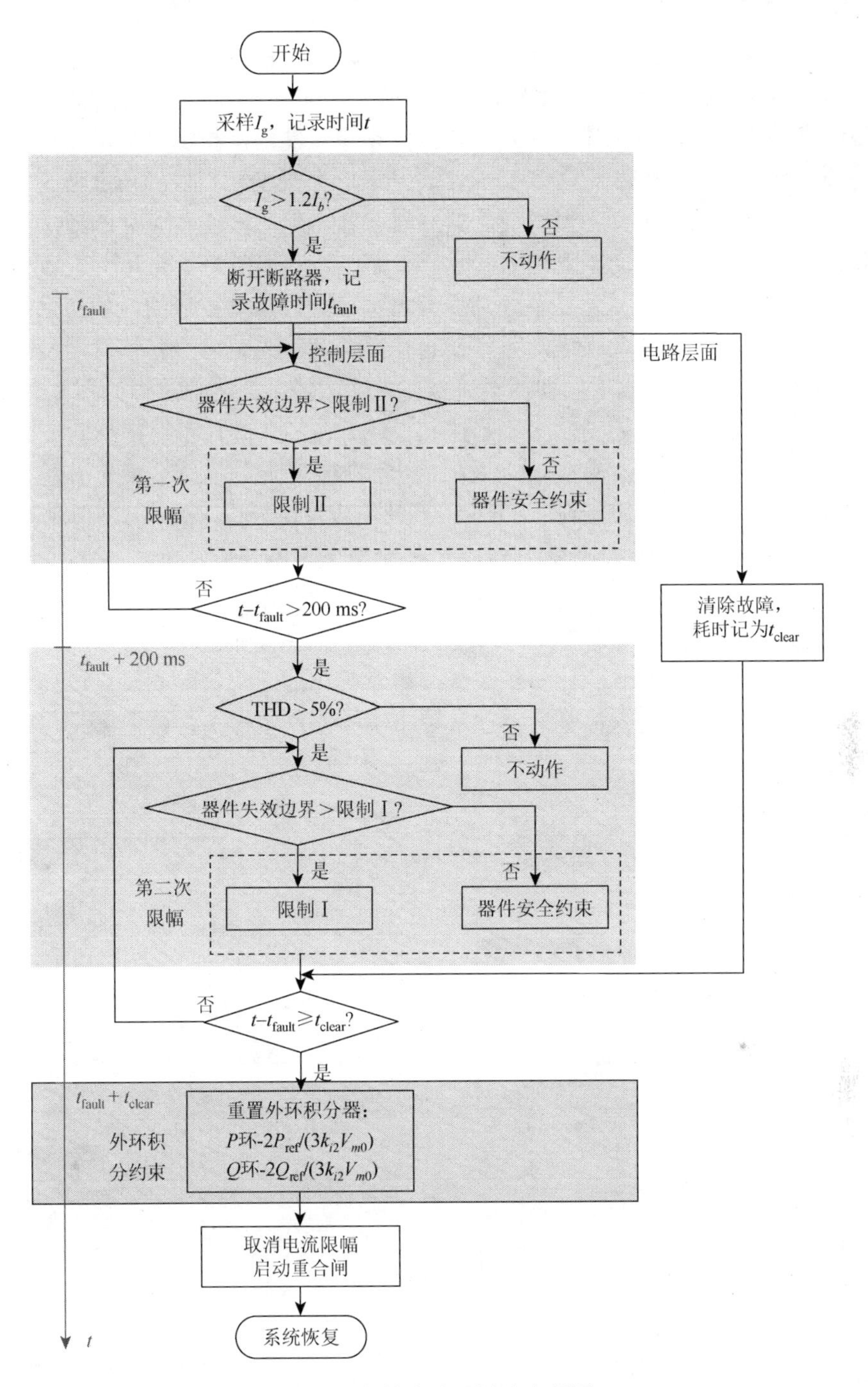

图 8.24　韧性变流器设计流程图

电网线路发生接地故障后，dq 轴电流参考值发散，系统无法安全运行，如图 8.25（a）和（b）所示。为提升故障后并网变流器的韧性，系统控制器中加入了参考电流限幅器及外环积分重置环节，其控制流程如图 8.24 所示。当系统检测到电网故障时，从多时间尺度稳定性的角度考虑需要限制Ⅱ进行约束，即 i_{dref} 最小值被限制在−18 kA，i_{qref} 最大值被限制为

16 kA。而从 IGBT 耐受电流的角度考虑需要使得 i_{dref} 最小值为–8 kA，i_{qref} 最大值为 7 kA。IGBT 耐受电流限幅范围更小，因此在故障发生后的 200 ms 内，参考电流限幅由 IGBT 耐受电流限幅确定，同时使得电流不再发生发散的现象。然而，检测交流电流谐波分量，仍然存在高频谐波。因此，故障发生 200 ms 后，从多时间尺度稳定性的角度考虑需要限制 I 来消除电流的高频谐波。限制 I 使得变流器 d 轴参考电流 i_{dref} 最小值为–3 kA，q 轴参考电流 i_{qref} 最大值为 2.5 kA。在动态限幅的同时，故障线路两端断路器断开用于清除线路 2 的故障。在故障清除完成后，重置功率外环积分器输出，并启动重合闸，使得系统恢复到故障前的电压水平，变流器的参考电流限幅不再作用，此时系统可平稳恢复至故障前的稳定运行状态。增加参考电流限幅后的韧性变流器在电网故障下的响应波形如图 8.25（c）和（d）所示。通过该波形，所提出的韧性变流器控制设计方法的有效性可以得到验证。

而在此电网故障工况下，对文献[2]采用的电流限幅策略进行了仿真，在检测到系统电流异常上升时，将参考电流限制在 1.5 p.u.，系统响应波形如图 8.25（e）和（f）所示。虽然该传统限幅策略可以在故障后变流器控制环路不失稳的工况下有效控制系统电流的增大，保证变流器的安全运行。但是，在故障后变流器的工作点越过运行边界使得控制环路失稳时，传统限幅无法将参考电流限制在控制环路的稳定范围之内，仍然存在一定的振荡，如图 8.25（e）和（f）所示。相比传统限幅，本章提出的限幅策略不仅可以避免系统出现电流过大的情况，还可以确保控制环路在故障工况下不产生振荡，使得系统可耐受电网故障且器件安全。

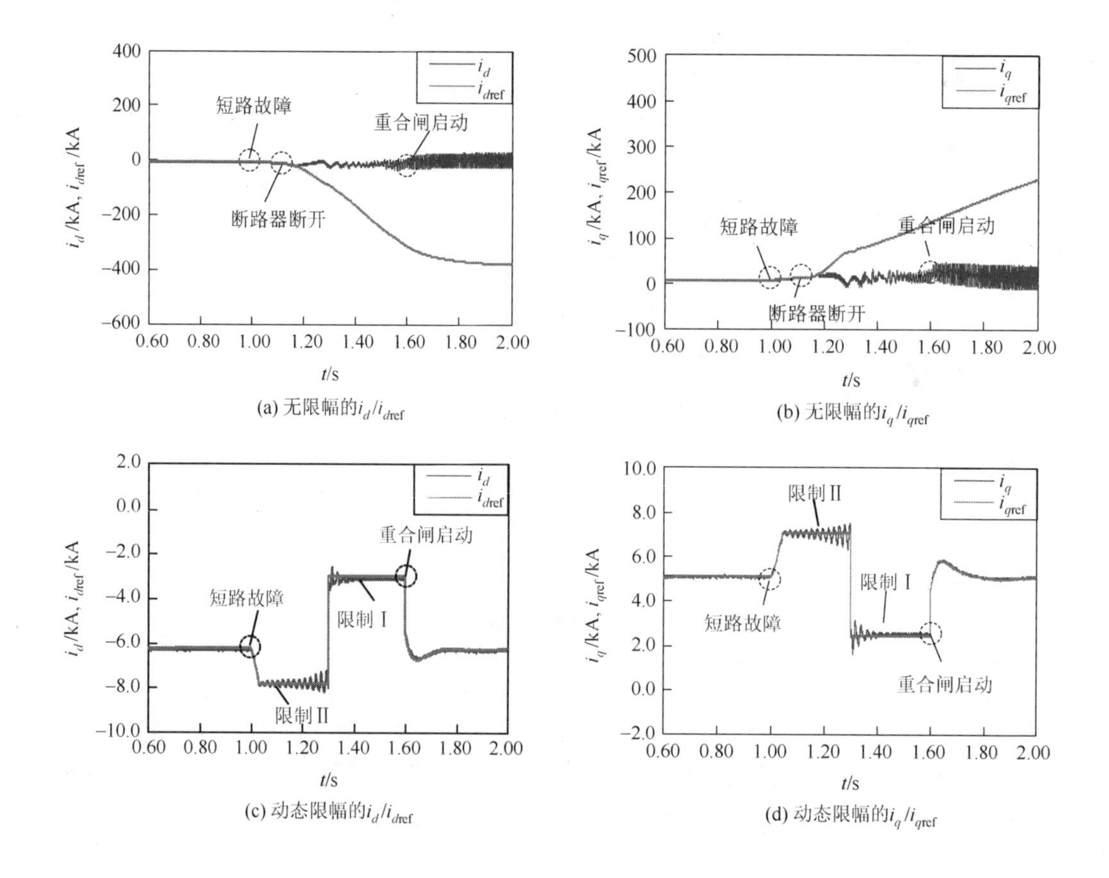

(a) 无限幅的 i_d/i_{dref}　(b) 无限幅的 i_q/i_{qref}

(c) 动态限幅的 i_d/i_{dref}　(d) 动态限幅的 i_q/i_{qref}

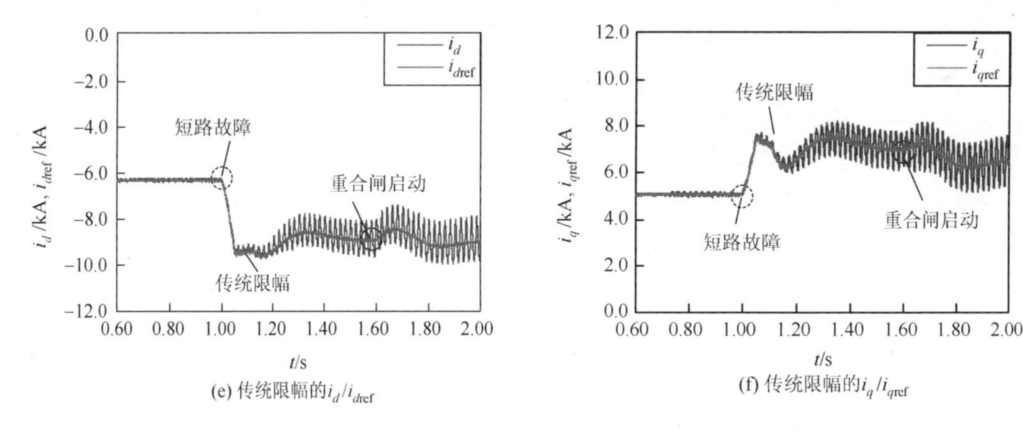

(e) 传统限幅的i_d/i_{dref}　(f) 传统限幅的i_q/i_{qref}

图 8.25　短路及重合闸工况下韧性变流器设计验证及与其他电流限幅方法的比较

进一步地，对所提出的韧性提升策略进行了硬件在环实验验证。在 OPAL-RT 实时仿真器中搭建了并网三相 5 电平并网变流器的电路模型，通过硬件控制器实现该并网变流器的所有控制策略，并将控制产生的开关信号输送至 OPAL-RT 中并网变流器电路的桥臂开关器件中，以实现并网变流器的正常工作。实验平台搭建如图 8.26 所示，实验参数示于表 8.4 中。1 s 时发生线路 2 接地故障的情况，当检测到故障发生时，线路断路器断开，故障清除后 1.6 s 重合闸启动，不考虑动态限幅与考虑动态限幅的实验结果示于图 8.27 中。由图 8.27 可知，不加动态限幅时，故障下并网变流器参考电流发散，进而引发控制环输出电压发散，调制环节饱和，系统产生大量谐波，无法安全运行；而在加上动态限幅环节后，故障下的第一次限幅避免了变流器的参考电流发散的现象，第二次限幅则消除了变流器中的高频谐波分量，故障清除后系统重合闸时，系统也可自动恢复至故障前的安全运行状态。因此，所设计的韧性提升策略能够有效改善并网变流器在电网故障下保持并网及恢复正常运行的能力。

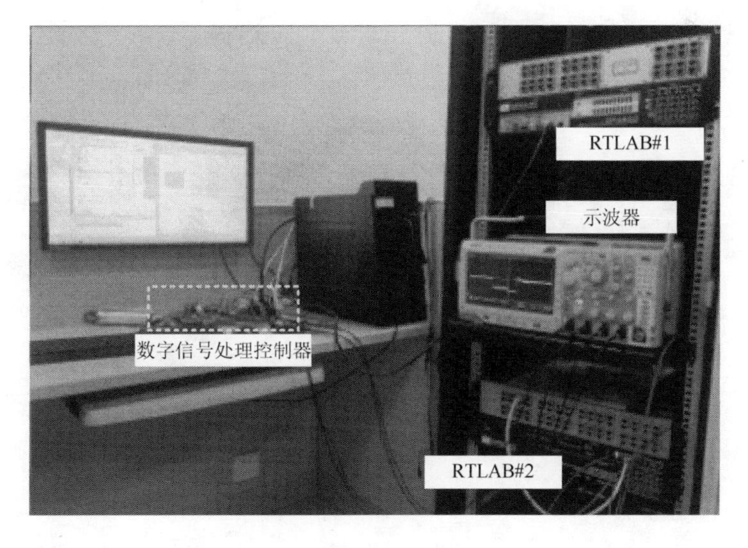

图 8.26　硬件在环实验平台

表 8.4　实验参数

参数	参数值
电网线电压额定值 v_{g0}	3 740 V
电网电压相位 θ_g	0(°)
直流电压额定值 V_{dc}	8 000 V
桥臂子模块数 N	4
子模块电容值 C	2.6 mF
电网频率 f_g	50 Hz
桥臂阻抗 $Z_0(L_0, R_0)$	4 mH，0.1 Ω
交流侧滤波阻抗 $Z_f(L_f, R_f)$	1 mH，0.2 Ω
线路 1 阻抗 $Z_{line1}(L_{line1}, R_{line1})$	0.1 mH，0.2 Ω
线路 2 阻抗 $Z_{line2}(L_{line2}, R_{line2})$	0.1 mH，0.2 Ω
短路故障接地阻抗 $Z_{gnd}(L_{gnd}, R_{gnd})$	0.05 mH，0.1 Ω
第一次限幅范围$(i_{dref,\ max}, i_{qref,\ min})$/kA	1 250，–4 650
第二次限幅范围$(i_{dref,\ max}, i_{qref,\ min})$/kA	880，–400

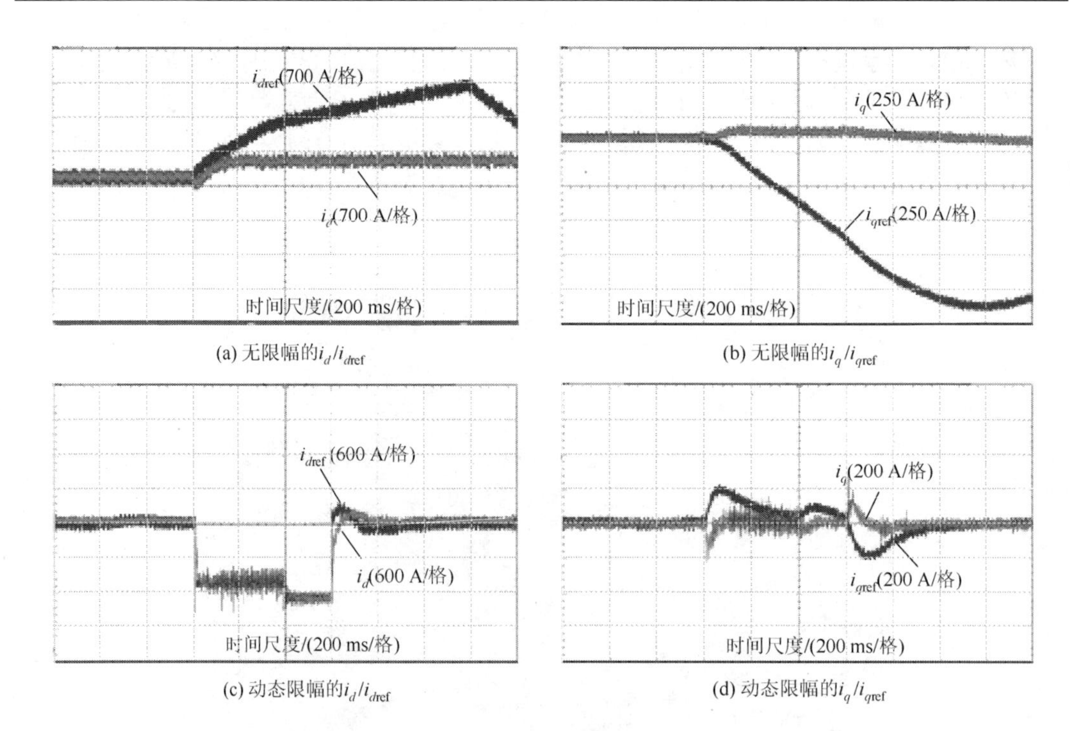

(a) 无限幅的i_d/i_{dref}　(b) 无限幅的i_q/i_{qref}

(c) 动态限幅的i_d/i_{dref}　(d) 动态限幅的i_q/i_{qref}

图 8.27　实验验证

由于并网变流器中控制环路的多样性，电网故障扰动下并网变流器可能发生多时间尺度下的失稳现象，如电流控制环引发的高频振荡、锁相环和功率控制环引发的低频振荡等。此外，电网故障下变流器中功率半导体器件也极易因过大的电应力、热应力等发生短时失效。多时间尺度失稳以及短时失效都是造成并网变流器无法耐受电网故障冲击，难以在故障下继续安全运行的关键因素。因此，本节在原有的控制环路上加以改进，以期用最简单且实用的控制方法实现并网在故障下的安全运行。本章主要结论总结如下：

（1）在电网故障扰动期间，并网电力电子变流器系统会在多个时间尺度下响应，由于在各时间尺度上起作用的控制环不同，每个时间尺度上的响应均有不同的安全运行边界。通过分别分析各控制环路在不同时间尺度下的响应特点，可得不同时间尺度下并网变流器的数学模型。对电网故障下的并网变流器在不同时间尺度上分别进行稳定性分析，根据不同时间尺度下的稳定性分析结果，可获得电网故障下并网变流器在多时间尺度下的稳定性运行约束。

（2）根据并网变流器桥臂子模块所采用的半导体器件可耐受的最大电流、电压以及功率损耗，分别倒推并网变流器可承受的故障电流约束范围，可得电网故障下并网变流器元器件的安全工作约束。

（3）结合电流控制时间尺度和功率控制时间尺度下的稳定性运行约束以及元器件安全工作约束，在并网变流器控制环节中对参考电流进行动态限幅，并在故障清除后对功率外环积分环节进行重置，可以设计出使得并网变流器在电网故障冲击下稳定运行、器件不会短时失效并且可主动恢复至故障前运行状态的韧性提升策略。相比于传统电流限幅控制，本章所提出的韧性提升策略发挥了电力电子灵活控制特征，变流器在故障时能快速进入新的安全工作状态，在故障切除后恢复稳定运行。

8.3　不对称电网条件下电流限幅策略

8.3.1　不同电压跌落程度下的电流指令范围

由图 5.1 可知，不对称电网电压跌落下 MMC 的运行会同时受到稳定性约束和安全约束。第 3 章和第 4 章已经分别根据小信号稳定性分析方法和暂态电流计算方法求出了电流参考值平面下的小信号稳定边界和考虑暂态电流峰值的变流器安全运行边界。当系统在实际运行过程中受到电网故障扰动时，MMC 在暂态过程中的工作点可能会越过安全运行边界，从而影响电力电子器件的正常工作；之后在恢复至稳态时，系统工作点可能会越过小信号稳定边界，从而使得 MMC 系统小信号失稳。

为此，通常的做法是在电流参考值计算和电流控制器之间增加一个限幅环节，如图 8.28 所示。限幅控制是一种基本的非线性控制方法，设置一组限幅值 $i_{d\lim}^{+}$ 和 $i_{q\lim}^{+}$ 将参考电流限制在目标运行边界之内，这样可以对故障后并网 MMC 的工作点运动轨迹进行重塑，从而有效地抑制实际三相电流的增大，使并网 MMC 满足安全稳定运行的要求。

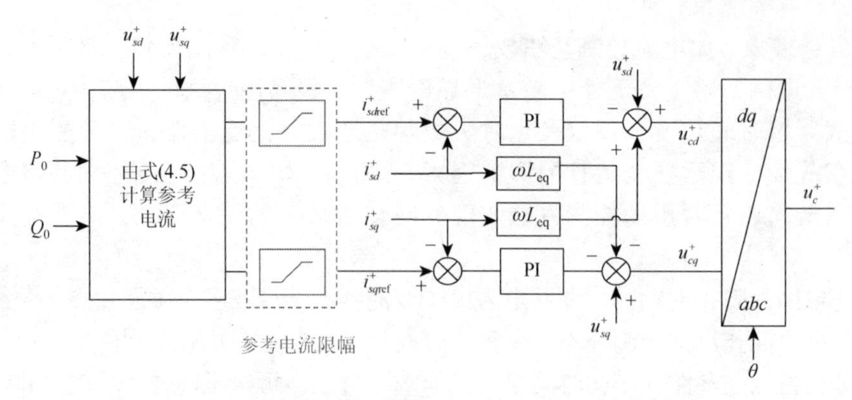

图 8.28 考虑 dq 轴参考电流限幅的正序电流控制器框图

根据图 8.28，故障后参考电流可以表示为

$$\begin{cases} i_{sdref}^+\left(t_0^+\right) = i_{d\lim}^+ \\ i_{sqref}^+\left(t_0^+\right) = i_{q\lim}^+ \end{cases} \tag{8.18}$$

由于锁相环的作用，u_{sq}^+ 一般被控制为 0。考虑到若电流限幅值超过未限幅时的故障后稳态电流将变得没有意义，因此仅计及故障前后稳态电流值区间内的限幅范围，即

$$\begin{cases} \left|\dfrac{2P_0}{3u_{sd}^+\left(t_0^-\right)}\right| \leqslant \left|i_{d\lim}^+\right| \leqslant \left|\dfrac{2P_0}{3u_{sd}^+\left(t_0^+\right)}\right| \\ \left|\dfrac{2Q_0}{3u_{sd}^+\left(t_0^-\right)}\right| \leqslant \left|i_{q\lim}^+\right| \leqslant \left|\dfrac{2Q_0}{3u_{sd}^+\left(t_0^+\right)}\right| \end{cases} \tag{8.19}$$

同时，$i_{d\lim}^+$ 和 $i_{q\lim}^+$ 自身也应满足式（8.20），即

$$\sqrt{\left(i_{d\lim}^+\right)^2 + \left(i_{q\lim}^+\right)^2} \leqslant 1.25 I_{rate} \tag{8.20}$$

在 a 相电压分别跌落至 0%、20%额定值和 40%额定值后，结合第 3 章中的小信号稳定边界、第 4 章中的暂态电流峰值限制边界以及式（8.19）和式（8.20）代表的限制条件得到的 $i_{d\lim}^+ - i_{q\lim}^+$ 限幅范围如图 8.29 所示。

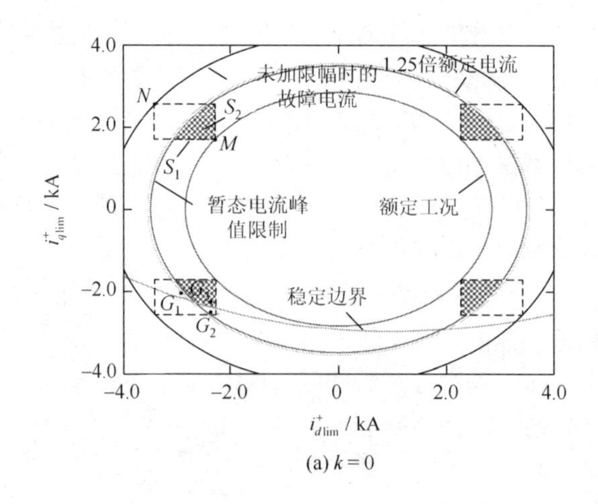

(a) $k = 0$

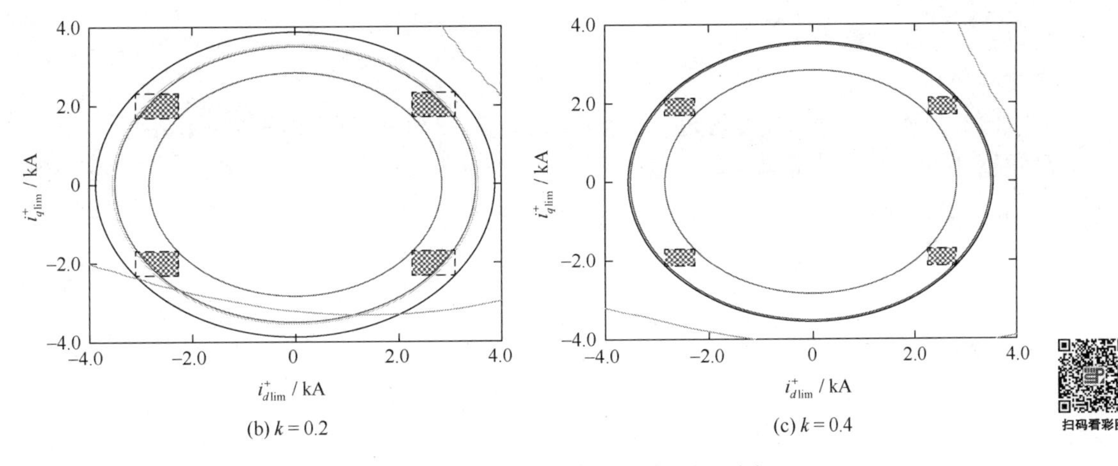

图 8.29　不同电压跌落程度下的电流限幅范围

在图 8.29 中，四象限下的黑色虚线区域 S_1 是由 5.1 节中额定工况下的故障前稳态电流和未加限幅时故障后稳态电流形成的矩形边界，代表该条件下的 dq 轴电流在故障后的可能运行范围。例如，在图 8.29（a）中，当有功功率为负、无功功率为正时，系统在 M 点运行；而在 a 相电压跌落为 0 后，系统工作点将变化至 N 点，此时通过对电流限幅能够使系统工作在 M、N 两点形成的矩形区域中的任何一点。而红色阴影区域 S_2 为使该工况下的系统在故障后维持安全稳定运行的限幅范围，即通过综合小信号稳定边界和暂态电流峰值限制边界之后对比选取更小的范围得到。

为了描述不同电压跌落程度下相对安全稳定限幅范围的变化趋势，在此引进一个变量 ρ，其大小为 S_2 与 S_1 的比值，即

$$\rho=\frac{S_2}{S_1} \tag{8.21}$$

对比图 8.29（a）、（b）和（c）可以发现，当电网电压跌落幅度变小时，未加限幅时的故障电流也会变小，同时，其与故障前稳态电流形成的矩形区域也会变小，ρ 值会相应增大，说明限幅值的安全稳定范围会相对增大。在电压跌落为 40%额定值时，未加限幅时的故障电流边界将与 1.25 倍额定电流边界完全重合，此时 ρ 值已接近 1。而发生了较为严重的电压跌落故障后，稳定边界可能会小于暂态电流限制的安全边界。在图 8.29（a）中，第三象限下的限幅范围相较于其他象限时的情况会因稳定性边界进一步缩小。

8.3.2　限幅方案设计

考虑到在电网电压跌落至一定程度时需要对参考电流限幅以消除故障带来的危害，图 8.29 给出了以 a 相电压分别跌落至 0%、20%额定值和 40%额定值为例的参考电流限幅范围。为此，不对称电网条件下 MMC 安全稳定运行的电流限幅方案可设计成图 8.30，具体流程为：

（1）故障发生后，首先检测并网点电压，若电压跌落故障发生，则需要根据故障发生

相以及电压跌落程度快速识别故障类型，然后计算相应电压跌落程度下的暂态安全约束边界和稳定约束边界。

（2）电流控制时间尺度很短，暂态电流到达峰值的时间在 10～20 ms，因此需要在故障发生 10 ms 时启动限幅环节。通过比较安全约束边界和稳定约束边界，并选取更小的参考电流范围给出电流限幅值，这样可保证故障持续期间变流器控制和器件的正常工作。

（3）最后故障清除时取消电流限幅，此时系统已经恢复。

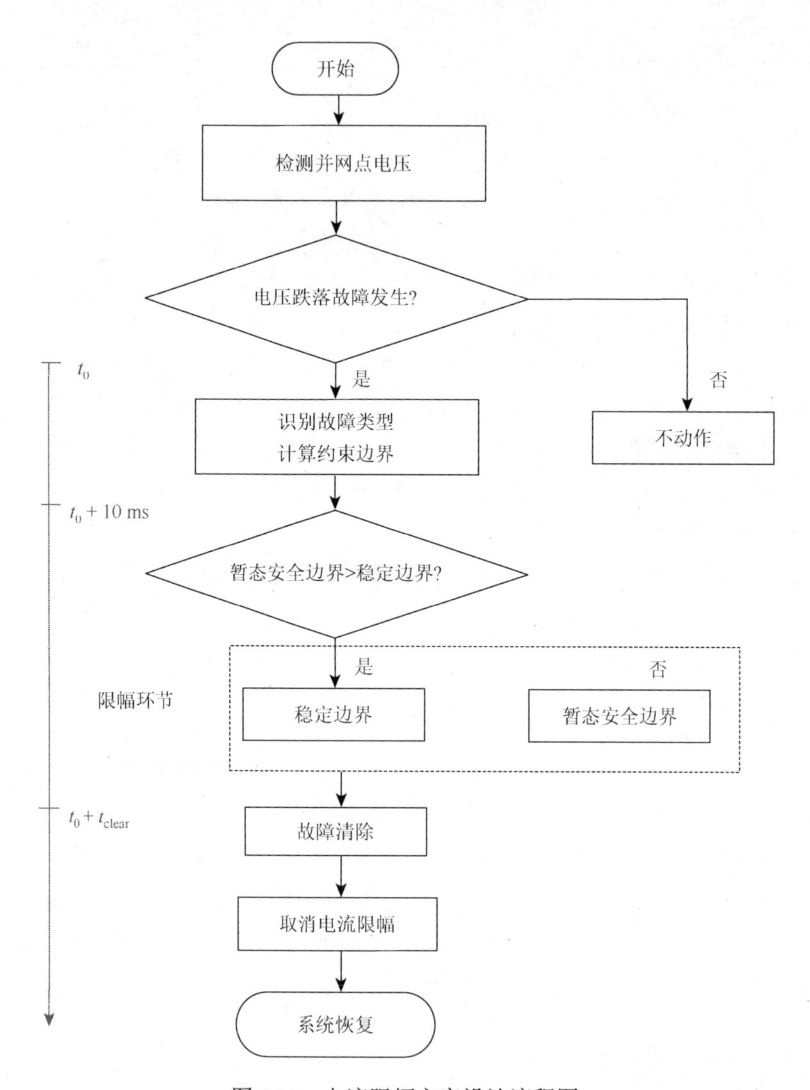

图 8.30 电流限幅方案设计流程图

为了验证不对称电网电压跌落条件下电流限幅策略的正确性，本小节对并网 MMC 系统进行了相关仿真。初始有功功率 P_0 和无功功率 Q_0 分别设定为–64 MW 和–48 Mvar，其他参数与表 7.1 保持一致。在 MMC 系统运行过程中，1.5 s 时 a 相电网电压跌落为 0，2.5 s 时电压跌落故障清除。在电网电压跌落故障发生后，如不采取限幅措施，则三相电流既会超过安全界限幅值，也会出现发散现象。为此，需要在电流参考值计算和正序电流控制器之间增加限幅环节，并按照图 8.30 的方案设计流程对参考电流限幅。

如果仅从小信号稳定性的角度考虑对参考电流进行限幅，则可能无法满足 MMC 安全运行的要求。以 d 轴电流限幅值 $i^{+}_{d\lim}$ 设置为–2.9 kA、q 轴电流限幅值 $i^{+}_{q\lim}$ 设置为–2.0 kA 为例，对应于图 8.19（a）中的 G_1 点，则三相电流和有功功率/无功功率的仿真结果如图 8.31 所示。G_1 点位于小信号稳定边界之内、暂态安全运行边界之外，因此在故障持续期间虽然 MMC 能够稳定工作，但暂态电流峰值会越过 1.25 倍额定电流限制值。

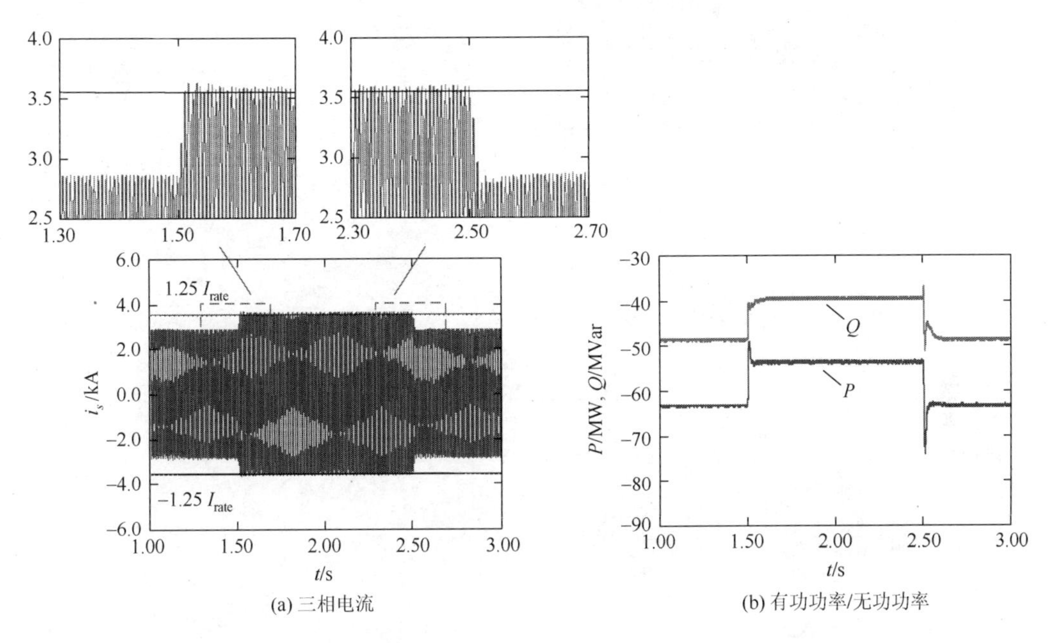

(a) 三相电流　　(b) 有功功率/无功功率

图 8.31　电流限幅值 $i^{+}_{d\lim}$ 和 $i^{+}_{q\lim}$ 分别为–2.9 kA 和–2.0 kA 时的仿真验证

如果仅从 MMC 安全运行的角度考虑对参考电流进行限幅，则可能无法满足 MMC 稳定运行的要求。以 d 轴电流限幅值 $i^{+}_{d\lim}$ 设置为–2.4 kA、q 轴电流限幅值 $i^{+}_{q\lim}$ 设置为–2.5 kA 为例，对应于图 8.29（a）中的 G_2 点，则三相电流和有功功率/无功功率的仿真结果如图 8.32 所示。G_2 点位于小信号稳定边界之外、暂态安全运行边界之内，因此在故障持续期间虽然暂态电流峰值不会越过 1.25 倍额定电流限制值，但三相电流以及有功功率/无功功率均会振荡发散，同时产生大量谐波分量，即使在故障清除后的一段时间内谐波分量也不会消失，这严重干扰了 MMC 的稳定运行。

因此对参考电流的限幅需要同时考虑上述约束条件，以 d 轴电流限幅值 $i^{+}_{d\lim}$ 设置为–2.4 kA、q 轴电流限幅值 $i^{+}_{q\lim}$ 设置为–2.2 kA 为例，对应于图 8.29（a）中的 G_3 点，则三相电流和有功功率/无功功率的仿真结果如图 8.33 所示。G_3 点位于满足要求的红色阴影区域内［图 8.29（a）］，因此并网 MMC 在整个故障穿越期间均能够维持安全稳定运行状态。

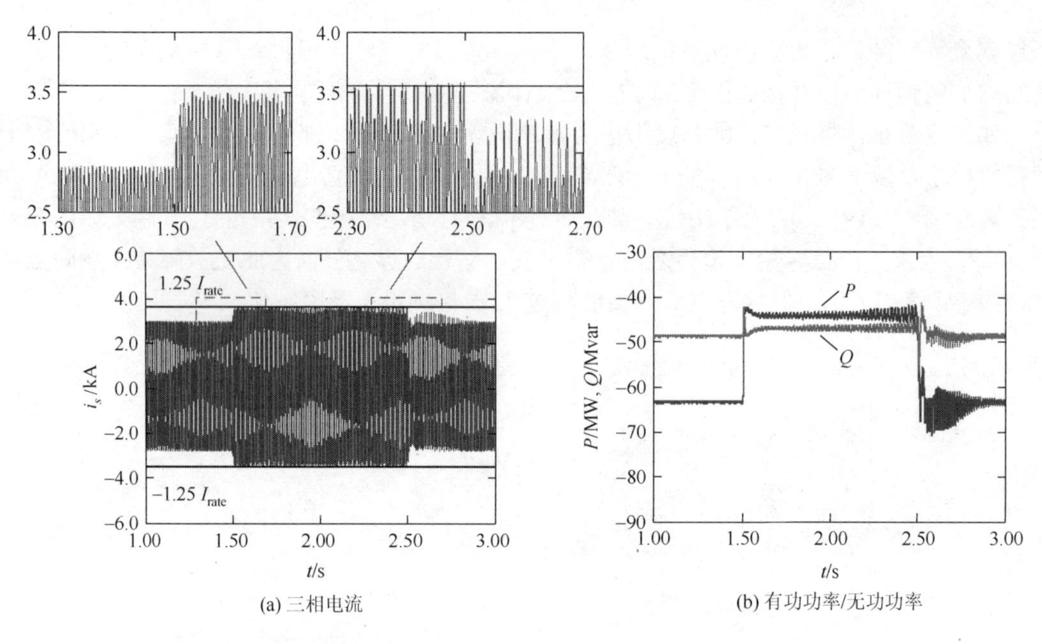

(a) 三相电流　　(b) 有功功率/无功功率

图 8.32　电流限幅值 $i_{d\lim}^{+}$ 和 $i_{q\lim}^{+}$ 分别为−2.4 kA 和−2.5 kA 时的仿真验证

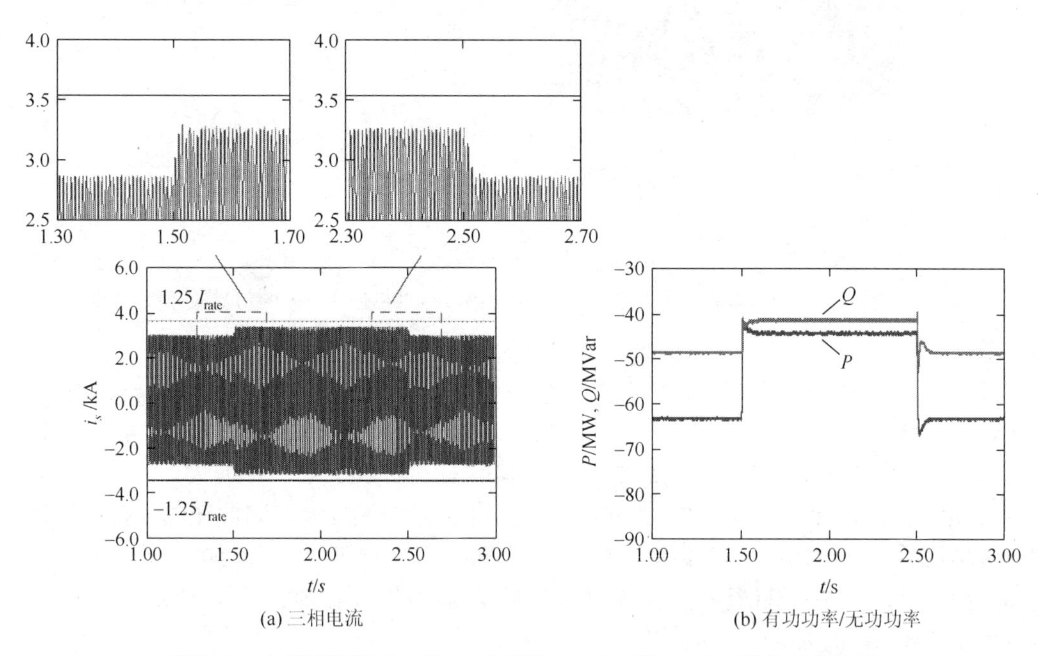

(a) 三相电流　　(b) 有功功率/无功功率

图 8.33　电流限幅值 $i_{d\lim}^{+}$ 和 $i_{q\lim}^{+}$ 分别为−2.4 kA 和−2.2 kA 时的仿真验证

参考文献

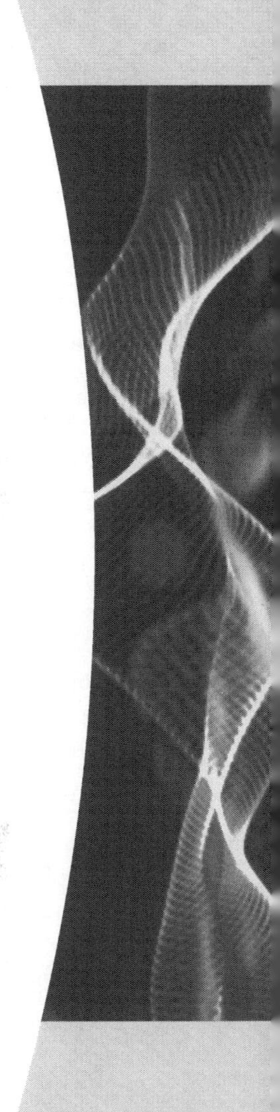

[1] 王鹏，王文涛，辛力. 新型电力系统内涵特征及发展方向[J]. 中国基础科学，2023，25（3）：23-28，35.
[2] 新华网. 习近平主持召开中央全面深化改革委员会第二次会议强调 建设更高水平开放型经济新体制 推动能耗双控逐步转向碳排放双控[EB/OL]. http://www.news.cn/2023-07/11/c_1129744148.htm[2023-07-11].
[3] 田廓，董文杰. 新型电力系统目标模式构建及实施路径探索[J]. 企业管理，2022（S1）：60-61.
[4] 张英杰. 构建以新能源为主体的新型电力系统的发展路径研究[J]. 电工技术，2022（18）：172-174，178.
[5] 周孝信，陈树勇，鲁宗相，等. 能源转型中我国新一代电力系统的技术特征[J]. 中国电机工程学报，2018，38（7）：1893-1904.
[6] 康重庆，姚良忠. 高比例可再生能源电力系统的关键科学问题与理论研究框架[J]. 电力系统自动化，2017，41（9）：1-11.
[7] TSE C K，HUANG M，ZHANG X，et al. Circuits and systems issues in power electronics penetrated power grid[J]. IEEE Open Journal of Circuits & Systems，2020，1：140-156.
[8] 王兆安，刘进军. 电力电子技术[M]. 5 版. 北京：机械工业出版社，2009.
[9] NEWELL W E. Power electronics：Emerging from limbo[J]. IEEE Transactions on Industry Applications，1974，IA-10（1）：7-11.
[10] 中国电子技术标准化研究院. 功率半导体分立器件产业及标准化白皮书[R/OL]. [2019-11-04] https://sgpibg.com/baogao/8568.html .
[11] 刘国友，王彦刚，李想，等. 大功率半导体技术现状及其进展[J]. 机车电传动，2021（5）：1-11.
[12] MARQUARDT R. Stromrichterschaltungen Mit Verteilten Energiespeichern：DE10103031A1[P]. 2001-01-24.
[13] 熊健，张凯，裴雪军，等. 一种改进的 PWM 整流器间接电流控制方案仿真[J]. 电工技术学报，2003，18（1）：57-63.
[14] 中国政府网. 国家能源局举行新闻发布会发布 2021 年可再生能源并网运行情况等并答问[EB/OL]. http://www.gov.cn/xinwen/2022-01/29/content_5671076.htm[2022-01-29].
[15] 徐政，肖晃庆，张哲任. 柔性直流输电系统[M]. 2 版. 北京：机械工业出版社，2017.
[16] 中国能源报. 3800 亿!“十四五”国网将再建 38 条特高压! [EB/OL]. http://www.chinapower.com.cn/xw/gnxw/20220117/128522.html，2022-01-17.
[17] AKAGI H，KANAZAWA Y，NABAE A. Instantaneous reactive power compensators comprising switching devices without energy storage components[J]. IEEE Transactions on Industry Applications，1984，IA-20（3）：625-630.
[18] KROPOSKI B，JOHNSON B，ZHANG Y C，et al. Achieving a 100% renewable grid：operating electric power systems with extremely high levels of variable renewable energy[J]. IEEE Power and Energy Magazine，2017，15（2）：61-73.
[19] 张美清. 含高比例电力电子化装备的弱送端系统动态相互作用分析研究[D]. 武汉：华中科技大学，2018.
[20] 谢小荣，刘华坤，贺静波，等. 电力系统新型振荡问题浅析[J]. 中国电机工程学报，2018，38（10）：2821-2828，3133.
[21] 陈露洁，徐式蕴，孙华东，等. 高比例电力电子电力系统宽频带振荡研究综述[J]. 中国电机工程学报，2021，41（7）：2297-2310.
[22] 马宁宁，谢小荣，贺静波，等. 高比例新能源和电力电子设备电力系统的宽频振荡研究综述[J]. 中国电机工程学报，2020，40（15）：4720-4732.
[23] 辛建波，舒展，赵诗萌，等. 双馈-直驱混合风电场次同步振荡影响因素分析[J]. 电工电能新技术，2019，38（11）：24-32.
[24] 徐定康. 沽源双馈风机次同步振荡网侧抑制技术研究[D]. 北京：华北电力大学，2018.

[25] BUCHHAGEN C，RAUSCHER C，MENZE A，et al. first experiences with harmonic interactions in converter dominated grids[C]. International ETG Congress 2015，Bonn，2015.

[26] 张剑云. 哈密并网风电场次同步振荡的机理研究[J]. 中国电机工程学报，2018，38（18）：5447-5460.

[27] 肖湘宁，郭春林，高本锋. 电力系统次同步振荡及其抑制方法[M]. 北京：机械工业出版社，2013.

[28] 向昇，孙骁强，张小奇，等. 2·24 甘肃酒泉大规模风电脱网事故暴露的问题及解决措施[J]. 华北电力技术，2011（9）：1-7.

[29] YAN R F，MASOOD N A，KUMAR S T，et al. The anatomy of the 2016 South Australia blackout：A catastrophic event in a high renewable network[J]. IEEE Transactions on Power Systems，2018，33（5）：5374-5388.

[30] 孙华东，许涛，郭强，等. 英国"8·9"大停电事故分析及对中国电网的启示[J]. 中国电机工程学报，2019，39（21）：6183-6192.

[31] 雷万钧，刘进军，吕高泰，等. 大容量电力电子装备关键器件及系统可靠性综合分析与评估方法综述[J]. 高电压技术，2020，46（10）：3353-3361.

[32] 汪春江，孙建军，宫金武，等. 并网逆变器与电网阻抗交互失稳机理及阻尼策略[J]. 电工技术学报，2020，35（S2）：503-511.

[33] 唐英杰，查晓明，田震，等. 弱电网条件下虚拟同步机与 SVG 并联系统的暂态稳定性分析[J]. 电网技术，2022，46（10）：4020-4034.

[34] WU H，WANG X F. Design-oriented transient stability analysis of PLL-synchronized voltage-source converters[J]. IEEE Transactions on Power Electronics，2019，35（4）：3573-3589.

[35] ZHAO J T，HUANG M，YAN H，et al. Nonlinear and transient stability analysis of phase-locked loops in grid-connected converters[J]. IEEE Transactions on Power Electronics，2021，36（1）：1018-1029.

[36] 闫寒，黄萌，唐英杰，等. 电网频率扰动下并网变换器系统暂态稳定性分析[J]. 电力系统自动化，2021，45（18）：78-84.

[37] 胡伟，孙建军，马谦，等. 多个并网逆变器间的交互影响分析[J]. 电网技术，2014，38（9）：2511-2518.

[38] Zou Z X，Besheli B D，Rosso R，et al. Interactions between two phase-locked loop synchronized grid converters[J]. IEEE Transactions on Industry Applications，2021，57（4）：3935-3947.

[39] ZHAO J T，HUANG M，ZHA X M. Nonlinear analysis of PLL damping characteristics in weak-grid-tied inverters[J]. IEEE Transactions on Circuits and Systems-II：Express Briefs，2020，67（11）：2752-2756.

[40] EGEA-ALVAREZ A，FEKRIASL S，HASSAN F，et al. Advanced vector control for voltage source converters connected to weak grids[J]. IEEE Transactions on Power Systems，2015，30（6）：3072-3081.

[41] 唐轶，文雷，于琪，等. 基于扰动功率的电压暂降源方向判断[J]. 中国电机工程学报，2015，35（9）：2202-2208.

[42] 肖先勇，崔灿，汪洋，等. 电压暂降分类特征可比性、相关性及马氏距离分类法[J]. 中国电机工程学报，2015，35（6）：1299-1305.

[43] 耿华，刘淳，张兴，等. 新能源并网发电系统的低电压穿越[M]. 北京：机械工业出版社，2014.

[44] NETZ E O. Grid Code：High and extra high voltage[EB/OL]. https://www.doc88.com/p-0857236266278.html[2022-01-29].

[45] MONTAO A O. Response of a fixed-seep wind generator under low voltage ride through requirements[C]. Annual Seminar on Automation，Industrial Electronics and Instrumentation，Guimarães，2012.

[46] SÁNCHEZ T G，LÁZARO E G，GARCÍA A M. A review and discussion of the grid-code requirements for renewable energy sources in Spain[C]. International Conference on Renewable Energies and Power Quality，Cordoba，2014.

[47] Generator Frequency and Voltage Protective Relay Settings：Standard PRC-024-1 [S]. Washington：North

American Electric Reliability Corporation，2014. https://www.nerc.com/pa/Stand/Reliability%20Standards/PRC-024-1.pdf#search=generator%20frequency%20and%20voltage%20protective%20relay%20settings.

[48] IEEE.IEEE Standard Conformance Test Procedures for Equipment Interconnecting Distributed Resource with Electric Power System：IEEE Std. 1547.1-2005[S]. New York：The Institute of Electrical and Electronics Engineers，2005. [2023-02-23]https://www.techstreet.com/ieee/standards/ieee-1547-1-2005?product_id=1220605

[49] IEEE Standard Conformance Test Procedure for Equipment Interconnecting Distributed Energy Resources with Electric Power Systems and Associated Interfaces：IEEE Std. 1547.1-2020 [S]. New York：The Institute of Electrical and Electronics Engineers，2020. https://www.techstreet.com/ieee/standards/ieee-1547-1-2020?gateway_code=ieee&vendor_id=6039&product_id=2045401.

[50] 国家质量监督检验检疫总局，中国国家标准化管理委员会. 风电场接入电力系统技术规定 第1部分：陆上风电：GB/T 19963.1—2021[S]. 北京：中国标准出版社，2021.

[51] Wang B. Review of power semiconductor device reliability for power converters[J]. CPSS Transactions on Power Electronics and Applications，2017，2（2）：101-117.

[52] 杨子千，马锐，程时杰，等. 电力电子化电力系统稳定的问题及挑战：以暂态稳定比较为例[J]. 物理学报，2020，69（8）：103-116.

[53] 赵争鸣，袁立强，鲁挺. 电力电子系统电磁瞬态过程[M]. 北京：清华大学出版社，2017.

[54] 沈霞，帅智康，沈超，等. 大扰动时交流微电网的运行与控制研究综述[J]. 电力系统自动化，2021，45（24）：174-188.

[55] Yang Z Q，Yu J W，Kurths J，et al. Nonlinear modeling of multi-converter systems within DC-link timescale[J]. IEEE Journal on Emerging & Selected Topics in Circuits & Systems，2021，11（1）：5-16.

[56] 张嗣瀛，高立群. 现代控制理论[M]. 北京：清华大学出版社，2006.

[57] KHALIL H K. Nonlinear Systems[M]. 3rd ed. New Jersey：Prentice Hall，2002.

[58] IEEE.IEEE Recommended Practice and Requirements for Harmonic Control in Electric Power Systems：IEEE Std. 519-2014[S]. New York：The Institute of Electrical and Electronics Engineers，2014. [2022-10-20] https://standards.ieee.org/ieee/519/3710/.

[59] IEEE.IEEE Standard for Interconnection and Interoperability of Distributed Energy Resources with Associated Electric Power Systems Interfaces：IEEE Std. 1547-2018[S]. New York：The Institute of Electrical and Electronics Engineers，2018. [2023-02-20] https://standards.ieee.org/ieee/1547/5915/.